西安交通大学 本科"十四五"规划教材

 普通高等教育能源动力类专业"十四五"系列教材

环境工程实验教程

主 编 张 瑜

副主编 杨树成 张润霞 杨 柳

西安交通大学出版社

XI'AN JIAOTONG UNIVERSITY PRESS

内容简介

本教材内容涵盖整个环境工程教学体系中专业主干课程,涉及三层次实验教学内容:环境相关专业基础实验,污染控制综合实验及研究型创新实验。此外,本教材还针对在教学过程中发现的问题,补充了实验室安全知识及实验报告、科技论文写作中实验数据分析讨论等相关内容,从实验教学的角度更好地培养学生的综合能力。

图书在版编目(CIP)数据

环境工程实验教程 / 张瑜主编. — 西安:西安交通大学出版社,2022.8
ISBN 978 - 7 - 5693 - 1861 - 6

Ⅰ. ①环… Ⅱ. ①张… Ⅲ. ①环境工程-实验-高等学校-教材 Ⅳ. ①X5 - 33

中国版本图书馆 CIP 数据核字(2021)第 139692 号

书　　名	环境工程实验教程	
	HUANJING GONGCHENG SHIYAN JIAOCHENG	
主　　编	张　瑜	
副 主 编	杨树成　张润霞　杨　柳	
丛书策划	田　华	
责任编辑	王　娜	
责任校对	邓　瑞	
出版发行	西安交通大学出版社	
	(西安市兴庆南路 1 号　邮政编码 710048)	
网　　址	http://www.xjtupress.com	
电　　话	(029)82668357　82667874(市场营销中心)	
	(029)82668315(总编办)	
传　　真	(029)82668280	
印　　刷	西安日报社印务中心	
开　　本	787mm×1092mm　1/16	印张 26.875　字数 670 千字
版次印次	2022 年 8 月第 1 版　2022 年 8 月第 1 次印刷	
书　　号	ISBN 978 - 7 - 5693 - 1861 - 6	
定　　价	58.00 元	

如发现印装质量问题,请与本社市场营销中心联系。
订购热线:(029)82665248　(029)82667874
投稿热线:(029)82668818
读者信箱:465094271@qq.com

前　言

环境工程是一门具有较强交叉性、综合性和实践性的学科。许多污染现象的解释、污染治理技术的确定、处理设备设计参数的确定及运行方式的确定，都需要通过实验来解决。因此，编写《环境工程实验教程》在环境保护类相关专业人才培养领域尤为重要，对培养学生的理论联系实际和动手操作能力也起到了关键作用。

"环境工程实验"是环境工程专业课程设置的重要组成部分。本教材在总结环境工程专业课程设置的特点上，将环境监测实验、环境微生物学实验、环境工程原理实验、大气污染控制实验、水污染控制工程实验和固体废物处理与处置实验等系统地结合起来，同时调整了专业基础实验、污染控制实验及综合设计实验的层次比例，着重体现了实验体系的基础性、应用性、创新性。

本教材内容是在参考国内外资料，并结合编者多年的教学经验的基础上编写而成的。全书按实验层次构架分为5章（包括绪论、质量与安全保证、专业基础实验、污染控制实验、专业综合实验），其中第3章到第5章为环境工程专业主要实验内容。本教材在实验项目的选择上追求科学性、准确性和实用性，内容由简到难。每个实验在内容上力求实验原理叙述清楚，实验步骤简明扼要，相关实验仪器的原理、操作方法介绍清晰，实验数据处理过程和结论分析条理清楚。一方面，本教材在全面系统体现多门理论课交叉融合的同时与时俱进地融合了部分新理论和新技术，与学科的基础理论和技术发展相辅相成。另一方面，本教材注重培养学生掌握专业基础实验技能，并使学生能够运用已掌握的基础实验技能解决本领域的综合环境问题，开阔学生的视野，提高学生的实验兴趣，从而推动创新型人才的培养。

本教材适用于高等院校师生的实验教学和学习，并可供从事环境科学、环境工程、资源循环等领域的研究生、科研人员及工程技术人员选用、参考。

本教材第1、2章，第3.1、4.3、5.1、5.2、5.4节及附录由张瑜编写；第4.2、5.2节由杨树成编写；第3.3、4.1节由张润霞编写；第1.4、3.2节由杨柳编写；全书由张瑜负责统稿。在本教材编写过程中，学生白周央、谢莹、抚威、严晓、康浩铭、刘东亮、路旷、徐海跃、王昭婷等协助收集和整理了部分资料；同时本教材也参考了大量专家学者的相关文献和研究成果，借鉴引用了部分内容；另外，本教材的编写得到了西安交通大学本科"十四五"规划教材建设资助。在此一并表示诚挚的感谢。

由于编者水平有限，疏漏和不妥之处在所难免，恳请广大读者批评指正。

编者
2022年1月

目　　录

第1章　绪　论 ……………………………………………………………… (1)

1.1　教学要求 …………………………………………………………… (1)

1.2　实验设计 …………………………………………………………… (3)

1.3　误差分析 …………………………………………………………… (11)

1.4　实验数据处理 ……………………………………………………… (16)

第2章　质量与安全保证 ………………………………………………… (18)

2.1　样品的采集与保存 ………………………………………………… (18)

2.2　实验基础 …………………………………………………………… (28)

2.3　实验室安全与废物处理 …………………………………………… (37)

第3章　专业基础实验 …………………………………………………… (45)

3.1　环境监测实验 ……………………………………………………… (45)

实验1　空气中颗粒污染物的测定 …………………………………… (46)

实验2　空气中二氧化硫的测定 ……………………………………… (49)

实验3　空气中氮氧化物的测定 ……………………………………… (53)

实验4　室内空气中氨的测定 ………………………………………… (56)

实验5　室内空气中甲醛的测定 ……………………………………… (59)

实验6　室内空气中总挥发性有机物(TVOC)的测定 ……………… (63)

实验7　水样物理性质的测定 ………………………………………… (67)

实验8　水样中溶解氧的测定 ………………………………………… (73)

实验9　化学需氧量的测定 …………………………………………… (77)

实验10　水样中氨氮的测定 ………………………………………… (80)

实验11　水样中硝酸盐的测定 ……………………………………… (85)

实验12　水样中总氮的测定 ………………………………………… (90)

实验13　水样中总磷的测定 ………………………………………… (93)

实验14　水样中苯酚的测定 ………………………………………… (95)

实验15　水样中铬的测定 …………………………………………… (98)

3.2　环境微生物学实验 ………………………………………………… (101)

实验1　显微镜的使用及细菌形态观察 ……………………………… (102)

实验2　微生物染色及霉菌形态观察 ………………………………… (106)

实验3　酵母菌大小的测定及细胞计数 ……………………………… (110)

实验4　培养基的制备 ………………………………………………… (113)

实验5　微生物的分离、培养与转接 ………………………………… (118)

实验6　水样中大肠菌群的测定 ……………………………………… (120)

实验7　水样中细菌总数的测定 ……………………………………… (126)

　　实验 8　细菌纯培养生长曲线的测定 ………………………………………… (128)

　　实验 9　细菌淀粉酶和过氧化氢酶的测定 ……………………………………… (129)

　　实验 10　活性污泥的形态观察及耗氧速率的测定 …………………………… (131)

　　实验 11　空气中微生物的检测 ………………………………………………… (133)

　3.3　环境工程原理实验 ……………………………………………………………… (135)

　　实验 1　流体力学演示实验 ……………………………………………………… (136)

　　实验 2　管路沿程阻力实验 ……………………………………………………… (146)

　　实验 3　局部阻力损失实验 ……………………………………………………… (149)

　　实验 4　传热学演示实验 ………………………………………………………… (152)

　　实验 5　水平管外自然对流换热实验 …………………………………………… (158)

　　实验 6　空气横掠单管强制对流换热实验 ……………………………………… (161)

　　实验 7　固体流态化实验 ………………………………………………………… (166)

　　实验 8　活性炭吸附实验 ………………………………………………………… (170)

　　实验 9　恒压过滤常数测定实验 ………………………………………………… (175)

　　实验 10　吸收与解吸实验 ……………………………………………………… (178)

第 4 章　污染控制实验 ……………………………………………………………………… (183)

　4.1　大气污染控制实验 ……………………………………………………………… (183)

　　实验 1　粉尘真密度的测定 ……………………………………………………… (185)

　　实验 2　移液管法测定粉体粒径分布 …………………………………………… (187)

　　实验 3　粉尘比电阻的测量 ……………………………………………………… (192)

　　实验 4　旋风除尘器性能实验 …………………………………………………… (196)

　　实验 5　静电除尘器除尘效率的测定 …………………………………………… (201)

　　实验 6　吸附法净化有机废气 …………………………………………………… (203)

　　实验 7　碱液吸收气体中的二氧化硫 …………………………………………… (206)

　　实验 8　烟气脱硝 ………………………………………………………………… (208)

　　实验 9　催化降解有机废气 ……………………………………………………… (212)

　4.2　水污染控制工程实验 …………………………………………………………… (214)

　　实验 1　颗粒自由沉淀 …………………………………………………………… (217)

　　实验 2　混凝沉淀 ………………………………………………………………… (222)

　　实验 3　过滤及反冲洗实验 ……………………………………………………… (226)

　　实验 4　压力溶气气浮实验 ……………………………………………………… (228)

　　实验 5　酸性废水中和吹脱实验 ………………………………………………… (231)

　　实验 6　污水曝气充氧修正系数 α 和 β 的测定 ………………………………… (235)

　　实验 7　好氧污泥的活性测试 …………………………………………………… (239)

　　实验 8　厌氧污泥产甲烷活性实验 ……………………………………………… (243)

　　实验 9　废水可生化降解性的评价 ……………………………………………… (246)

　　实验 10　产甲烷毒性实验 ……………………………………………………… (249)

　　实验 11　离子交换实验 ………………………………………………………… (252)

　　实验 12　高级氧化处理染料废水 ……………………………………………… (254)

实验 13　污泥厌氧消化 ･･･ (259)

实验 14　污泥比阻测定 ･･･ (262)

4.3　固体废物处理与处置实验 ･･ (267)

实验 1　固体废物的破碎与筛分 ･･･････････････････････････････････････ (269)

实验 2　固体废物的风力分选 ･･･ (271)

实验 3　固体废物样品基本理化性质分析 ･･････････････････････････････ (273)

实验 4　危险废物浸出毒性实验 ･･･････････････････････････････････････ (282)

实验 5　固体废物热值测定 ･･･ (283)

实验 6　固体废物热解实验 ･･･ (285)

实验 7　固体废物堆肥及腐熟度评价 ･･････････････････････････････････ (287)

实验 8　堆肥中不同形态重金属含量测定 ･････････････････････････････ (289)

实验 9　水泥固化对炼油废渣土样浸出液毒性的影响 ･･････････････････ (291)

第 5 章　专业综合实验 ･･･ (293)

5.1　环境监测综合实验 ･･･ (293)

实验 1　地表水体富营养化程度的评价 ･･･････････････････････････････ (293)

实验 2　校园空气质量监测 ･･･ (298)

实验 3　室内空气质量监测 ･･･ (303)

实验 4　土壤环境质量监测 ･･･ (306)

实验 5　环境噪声监测 ･･･ (320)

5.2　"三废"污染控制综合实验 ･･･････････････････････････････････････ (324)

实验 1　好氧生物反应器的运行实验 ･･････････････････････････････････ (324)

实验 2　UASB 处理高浓度有机废水实验 ･･････････････････････････････ (327)

实验 3　废水处理单元组合设计实验 ･･････････････････････････････････ (330)

实验 4　水处理剂的制备与应用实验 ･･････････････････････････････････ (333)

实验 5　农林废物制备生物炭 ･･･ (335)

实验 6　城市生活垃圾的处理工艺实验 ･･･････････････････････････････ (336)

实验 7　固体废弃物的淋滤实验 ･･･････････････････････････････････････ (340)

实验 8　剩余污泥中磷的不同形态测定 ･･･････････････････････････････ (343)

5.3　设计创新实验 ･･･ (346)

5.4　环境工程虚拟仿真实验 ･･･ (349)

实验 1　电除尘器性能仿真实验 ･･･････････････････････････････････････ (350)

实验 2　碱液吸收 SO_2 仿真实验 ･････････････････････････････････････ (356)

实验 3　有机固体废物好氧堆肥仿真实验 ･････････････････････････････ (358)

实验 4　垃圾焚烧仿真实验 ･･･ (360)

实验 5　SBR 工艺仿真实验 ･･･ (362)

附录 A　科技论文的撰写 ･･ (366)

A.1　科技论文的内容 ･･･ (366)

A.2　写作中的注意事项 ･･･ (372)

附录 B　常用主要仪器设备的使用说明 ………………………………… (373)

  B.1　电子天平 ………………………………………………………… (373)

  B.2　便携式 pH 计 …………………………………………………… (375)

  B.3　电导率仪 ………………………………………………………… (377)

  B.4　便携式溶解氧测试仪 …………………………………………… (380)

  B.5　浊度计 …………………………………………………………… (381)

  B.6　混凝搅拌机 ……………………………………………………… (383)

  B.7　低速离心机 ……………………………………………………… (386)

  B.8　分光光度计 ……………………………………………………… (389)

  B.9　COD 快速测定仪 ………………………………………………… (395)

  B.10　BOD_5 分析仪 …………………………………………………… (397)

附录 C　相关监测方法及排放标准 …………………………………… (401)

附录 D　常用单位及数据表 …………………………………………… (403)

附录 E　微生物常用染色液的配制 …………………………………… (418)

参考文献 ……………………………………………………………… (420)

第1章

绪　论

1.1　教学要求

实验教学作为整个教学过程的重要组成部分,对于学生的实践能力培养起着重要作用。实验教学是培养学生掌握科学实验方法与技能,提高学生科学素质、动手能力与创新能力的重要手段,是高等学校的重要教学环节,在创新型人才培养中有着不可替代的作用。

环境工程实验是环境工程学科内容的重要组成部分,是科研和工程技术人员解决环境污染各种问题的重要手段之一。通过实验研究,可以解决以下问题:

(1)掌握污染物在自然界的迁移转化规律,为环境保护提供依据。

(2)掌握污染治理过程中污染物去除的基本规律,以改进和提高现有的处理技术和设备。

(3)开发新的污染治理技术和设备。

(4)实现污染治理设备的优化设计和优化控制。

(5)解决污染治理技术开发中的放大问题。

1.1.1　教学目的

环境工程本身就是工程类学科,需要做大量的实验来解决科学问题,因而实验技术尤为重要。一些现象、规律、理论需要通过实验来验证和掌握。就连工程设计、运行管理中的很多问题,也都离不开实验,需要通过实验来确定相关参数,解决相关问题。例如废水处理中吸附剂的用量及吸附装置尺寸的确定,需要通过实验获取吸附容量及吸附常数后才能确定。同时可通过处理研究环境工程实验监测到的污染指标,改进现有的工艺、设备及研究新工艺、新设备。因此,学生在学习环境工程相关专业课的同时,必须加强环境污染治理技术的实验学习,培养独立解决工程实验技术问题的能力。

环境工程专业实验将相关的专业核心课程有机地集合起来,避免了相关内容的重复。环境工程实验根据实验层次构架分为专业基础实验、污染控制实验及专业综合实验。

专业基础实验:加深和巩固学生对环境微生物、环境监测及环境工程原理等课程所学理论知识的理解,使学生掌握常用水质、大气、微生物、噪声等环境要素的监测方法;掌握常规采样仪器、分析仪器的原理和使用方法,了解各种指标的意义;掌握监测数据的处理方法。

污染控制实验:帮助学生掌握水污染控制工程、大气污染控制工程及固体废物处理与处置中相关处理工艺的基本原理、流程及控制过程,加深学生对相关理论知识的理解和巩固;熟悉工艺设备的操作过程及相关仪器的使用方法,锻炼学生的实践动手能力。

专业综合实验:培养学生综合运用相关学科知识设计实验方案,获得实验结论,解决环境污染控制实际问题,增强学生的专业兴趣。通过实验操作、数据处理、报告编写等过程培养学生独立分析、解决问题的科研能力,工程应用能力及创新能力。通过实验操作,锻炼学生的基本动手能力,提高学生的实验技能。

本书的实验按类型分主要有 5 种:

(1)演示性实验,是由实验指导教师操作、学生观摩的实验。由于此类实验一般操作复杂,难度较大,若让学生操作则超过了本科教学培养的目标要求,但同时学生又必须对此类实验内容、先进的实验方法和现代的实验仪器有所认识和了解,因此需要实验教师操作演示。此类实验也包括一些操作量较少,经实验教师准备后,大部分过程由仪器及设备完成的实验。本书的演示性实验较少,主要出现在第 3 章专业基础实验的 3.3 节中。

(2)验证性实验,是结合学生在课堂上所学的理论知识,为验证某个理论、某个实验方法而进行的、预先知道实验结论的实验。学生通过验证性实验可以更好地消化吸收课堂上所学的理论知识。本书第 3 章专业基础实验基本上为这类型实验。

(3)综合性实验,即学生经过一个阶段的理论课和实验课的学习,综合运用所学知识和技能,完成一定的实验内容的实验。一般在专业基础实验之后安排综合性实验,旨在培养学生理论联系实际和综合实验能力。综合性实验也是几个实验的组合,分为一般综合实验和大综合实验。一般综合实验也是一门课程的几个实验的综合,该类实验主要涉及某门课程的几个章节的内容;大综合实验则是涉及几门课程的综合实验。本书的第 4 章污染控制实验及第 5 章专业综合实验及附录包括了这类型实验内容。

(4)设计性实验,即学生根据实验题目,运用所学知识确定实验方案,独立操作完成实验,写出实验报告,并且进行综合分析。旨在培养学生的思考能力、组织能力和实验能力,并可夯实学生的基础理论知识,提高学生的专业综合素质。设计性实验也可根据实验设计题目的不同分为一般设计性的实验和综合设计性的实验。本书的第 5 章专业综合实验包括了这类型实验内容。

(5)探究性实验,是在不确定实验结果的前提下,先进行合理假设,再设计一系列实验来验证假设的实验过程。探究性实验能够培养学生的学习兴趣、启迪学生正确的科研思想,培养学生的创新能力和解决环境问题的实践能力。本书的探究性实验在第 5 章的 5.3 节中。

1.1.2　具体教学要求

随着社会对环境保护和污染治理要求的提高,对高校环境工程专业人才培养的目标提出了更高的要求,为培养出适应社会发展的环境保护相关新型人才,应进一步加强实验教学改革,以培养学生的动手能力为基础,逐步提高学生独立发现问题、分析问题和解决问题的能力,培养其运用理论知识进行分析、设计和开发的实践技能,并使其适应工程类学科教学的要求。

环境工程实验的教学要求一般包括以下几个方面:

1. 课前预习

为完成好每个实验,学生在课前必须认真阅读实验教材,清楚地了解实验项目的目的、原理和内容,写出简明的预习报告。预习报告包括:实验目的、实验方法、实验步骤、注意事项、实验记录表格、可能出现的问题、预期结果和准备向老师提出的问题。实验之前将预习报告交给指导老师。

2. 方案设计

对于部分综合实验,要求学生设计实验方案。实验设计是实验研究的重要环节,是获得满足要求的实验结果的基本保障。在实验教学中,将此环节的训练放在专业基础实验项目完成后进行,以达到使学生掌握实验设计方法的目的。

3. 实验操作

学生实验前应仔细检查实验设备、仪器仪表是否正常、齐全,实验材料和药剂是否满足实验要求。实验时要严格按照操作规程认真操作,仔细观察实验现象,精心测定实验数据,并详细填写实验记录表。实验结束后,要将实验设备和仪器仪表恢复原状,将周围环境整理干净。学生应注意培养自己严谨的科学态度和团队协作精神,养成良好的学习和操作习惯。

4. 实验数据处理

通过实验取得数据后,必须对实验数据进行科学的整理及分析,去伪存真,去粗取精,优化工艺参数,以便得到正确和可靠的结论。

5. 编写实验报告

实验报告的编写是实验教学中必不可少的环节。这一环节的训练可为学生今后写好科技论文或科研报告打下基础。实验报告应包括:实验项目、实验目的、实验原理、实验仪器和材料、分析项目和方法、实验数据处理、实验结果与讨论以及建议等。

6. 撰写研究报告

对于探索研究型实验,要求撰写实验研究报告,在实验过程中,由小组长组织全组人员讨论与交流,最终完成实验研究报告的撰写。其内容包括:实验计划、实验日志、数据记录、异常现象、原因分析、执行情况评估、实验收获与技能提高等。全组的讨论交流也是培养学生的团队精神、合作意识,提高其综合素质的一个重要而有效的教学环节。

1.1.3　实验教学考核

实验教学考核是对教学效果进行评估,保证教学质量,不断改进教学内容与方法的重要手段;也是对学生的学习效果、知识的掌握程度、能力和素质的提高程度进行评估的重要教学环节。而实验课教学考核与其他理论课不同,应针对实验课教学内容、方法与规律,探索实验课的考核方法。其考核的内容应包括:

(1)学生对理论知识的应用能力。

(2)学生的动手能力,对实验现象的观察能力,分析问题、解决问题的能力。

(3)学生的实验态度、学习态度、团队合作精神、语言交流能力、提出问题的能力。

(4)学生对实验方法、实验结果的表达是否正确,以及其实验预习报告、实验报告的正确性、完整性。

不同的实验课程(如单项实验课程和综合实验课程)考核的方法、考核的内容有所不同。应确定一个量化考核评分指标体系,从横向、纵向多层次、多角度进行考核。即横向指标将过程考核与考试考核相结合,纵向指标将教师评价与学生评价相结合,构建相对具体的可量化的科学考核体系,便于更加客观、公正地对实验课程教学进行评价。

1.2　实验设计

实验设计的目的是避免系统误差,控制、降低实验误差,无偏估计处理效应,从而对样本所在总体作出可靠、正确的推断。按实验设计的概念可分为广义的实验设计和狭义的实验设计。广义的理解是指整个实验课题的拟定,主要包括课题的名称,实验目的,研究依据,内容及预期达到的效果,实验方案,实验单位的选取,重复数的确定,实验单位的分组,实验的记录项目和要求,实验结果的分析方法,经济效益或社会效益估计,已具备的条件,需要购置的仪器设备,参加研究人员的分工,实验时间、地点、进度的安排和经费预算,成果鉴定,学术论文的撰写等内容。而狭义的理解是指实验流程的确定、实验分析方法的选择及其质量保证。综上,研究人员可通过实验设计和规划做出周密安排,力求用较少的人力、物力和时间,最大限度地获得丰富而可靠的资料,通过分析得出正确的结论。如果实验设计不合理,不仅达不到实验的目的,甚至会导致整个实验的失败。

1.2.1 设计原则

1. 随机化原则

随机化原则是指每个处理以概率均等的原则,随机地选择实验单位。统计学中的很多方法都是建立在独立样本的基础上的,用随机化原则设计和实施可以保证实验数据的独立性。

2. 重复原则

由于实验中个体差异、操作差异及其他影响因素的存在,同一处理对不同的实验单位所产生的效果也是有差异的。通过一定数量的重复实验,该处理的真实效应就会比较确定地显现出来,可以从统计学上对处理的效应给以肯定或予以否定。

(1)独立重复实验。即在相同的处理条件下对不同的实验单位做多次实验。这是通常意义下所指的重复实验,其目的是降低由样品差异而产生的实验误差,并正确估计这个实验的误差。

(2)重复测量。即在相同的处理条件下对同一个样品做多次重复实验,以排除操作方法产生的误差。例如在实验过程中可以把一份样品分成几份,对每份样品分别做实验,以排除操作方法产生的误差。

3. 局部控制

局部控制是指在实验时采取一定的技术措施或方法来控制或降低非实验因素对实验结果的影响。在实验中,当实验环境或实验单位差异较大时,仅根据随机化和重复两原则进行设计不能将实验环境或实验单位差异所引起的变异从实验误差中分离出来,因而实验误差大,实验的精确性与检验的灵敏度低。为解决这一问题,在实验环境或实验单位差异大的情况下,根据局部控制的原则,可将整个实验环境或实验单位分成若干个小环境或小组,在小环境或小组内使非处理因素尽量一致。每个比较一致的小环境或小组,称为单位组(或区组)。因为单位组之间的差异可在方差分析时从实验误差中分离出来,所以局部控制原则能较好地降低实验误差。

以上所述随机化、重复、区组化三个基本原则称为费歇尔(Fischer)三原则,是实验设计中必须遵循的原则,在此原则基础上再采用相应的统计分析方法,就能够最大程度地降低实验误差,并无偏估计实验误差和处理的效应,从而对各处理间的比较得出可靠的结论。

1.2.2 方案设计

实验方案是指根据实验目的与要求而拟定的进行比较的一组实验处理的总称,是整个实验工作的核心部分,实验方案按供试因素的多少可分为单因素实验方案、多因素实验方案。

1. 单因素实验方案

单因素实验是指整个实验中只比较一个实验因素的不同水平的实验。单因素实验方案由该实验因素的所有水平构成,是最基本、最简单的实验方案。而利用数学原理,合理地安排实验点,减少实验次数,从而迅速找到最佳点的一类科学方法被称为优选法。单因素优选法的实验方案设计包括均分法、对分法、黄金分割法等。

1)均分法

均分法是在实验范围 $[a,b]$ 内,根据精度要求和实际情况,均匀地安排实验点,在每个实验点上进行实验并相互比较以求得最优点的方法。在对目标函数的性质没有全面掌握的情况下,均分法是最常用的方法。该方法既可了解目标函数的前期工作,又可以确定有效的实验范围 $[a,b]$。均分法的优点是得到的实验结果可靠、合理,适用于各种实验,缺点是实验次数较多、工作量较大、不经济。

2)对分法

对分法也被称为等分法、平分法,是一种简单方便、广泛应用的方法。对分法总是在实验范围 $[a,b]$ 的中点 $x_1=(a+b)/2$ 上安排实验,根据实验结果判断下一步的实验范围,并在新范围的中点进行实验。如结果显示 x_1 取大了,则去掉大于 x_1 的一半,第二次实验范围为 $[a,x_1]$,实验点在其中点 $x_2=(a+x_1)/2$ 上。重复以上过程,每次实验就可以把查找的目标范围减小一半,这样通过 7 次实验就可以将目标范围缩小到原实验范围的 1% 之内,10 次实验就可以将目标范围缩小到原实验范围的 1‰ 之内。对分法的优点是每次实验能去掉上次实验范围的 50%,取点方便,实验次数大大减小;缺点是适用范围较窄,要根据上一次实验结果得到下一次实验范围。

3)黄金分割法

黄金分割法的思想是每次在实验范围内选取两个对称点做实验,这两个对称点的位置直接决定实验的效率。理论证明这两个点分别位于实验范围 $[a,b]$ 的 0.382 倍和 0.618 倍处是最优的选取方法。这两个点分别记为 x_1 和 x_2,则 $x_1=a+0.382(b-a)$、$x_2=a+0.618(b-a)$,对应的实验指标值记为 y_1 和 y_2。如果 y_1 比 y_2 好,则 x_1 是好点,把实验范围 $[x_2,b]$ 划去,保留的新的实验范围是 $[a,x_1]$;如果 y_2 比 y_1 好,则 x_2 是好点,把实验范围 $[a,x_1]$ 划去,保留的新的实验范围是 $[x_2,b]$。不论保留的实验范围是 $[a,x_1]$ 还是 $[x_2,b]$,不妨统一记为 $[a_1,b_1]$。对此新的实验范围 $[a_1,b_1]$ 重新使用以上黄金分割过程,得到新的实验范围 $[a_2,b_2]$,$[a_3,b_3]$,…,逐步做下去,直到找到满意的、符合要求的实验结果。

2. 多因素实验方案

多因素实验是指在同一实验中同时研究两个或两个以上实验因素的实验。在生产过程中影响实验指标的因素通常有很多,一般需要从众多的影响因素中挑选出少数几个主要的影响因素进行研究。多因素实验方案由该实验的所有实验因素的水平组合构成。

1)选择实验方案的原则

(1)实验因素的数目要适中。实验因素不宜选得太多,如果实验因素选得太多(例如超过 10 个),不仅需要做较多的实验,而且会造成主次不分。如果仅用专业知识不能确定少数几个影响因素,就要借助筛选实验来完成这项工作。实验因素也不宜选得太少,若实验因素选得太少(例如只选定一两个因素),可能会遗漏重要的因素,使实验的结果达不到预期的目的。

(2)实验因素的水平范围应当尽可能大一些。如果实验在实验室中进行,实验范围尽可能大的要求比较容易实现;如果实验直接在生产等现场进行,则实验范围不宜太大,以防实验性生产产生过多次品或发生危险。如果实验范围允许大一些,则每一个因素的水平数要尽量多一些。

(3)在实验设计中实验指标要使用计量的测度,不要使用合格或不合格这样的属性测度,更不要把计量的测度转化为不合格品率,这样会丧失数据中的有用信息,甚至产生误导。

2)因素轮换法

因素轮换法也称为单因素轮换法,是解决多因素实验问题的一种非全面实验方法,是在实际工作中被工程技术人员所普遍采用的一种方法。这种方法的思想是:每次实验中只变化一个因素的水平,其他因素的水平保持固定不变,逐一地把每个因素对实验指标的影响摸清,分别找到每个因素的最优水平,最终找到全部因素的最优实验方案。

实际上这个想法是有缺陷的,它只适合于因素间没有交互作用的情况,当因素间存在交互作用时,每次变动一个因素的做法不能反映因素间交互作用的效果。该方法中实验的结果受起始点影响,如果起始点选得不好,就可能得不到好的实验结果。因此该方法下的实验数据也难以做深入的统计分析,是一种低效的实验设计方法。

3)完全方案

完全方案在列出因素水平组合时,要求每一个因素的每个水平都要碰见一次,这时,水平组合数等于各个因素水平数的乘积。根据完全方案进行的实验称为全面实验。全面实验既能考察实验因素对实验指标的影响,也能考察因素间的交互作用,并能选出最优水平组合,从而能充分揭示事物的内部规律。多因素全面实验的效率高于多个单因素实验的效率。全面实验的主要不足是当因素个数和水平数较多时,水平组合数太多,以至于在实验时,人力、物力、财力、场地等都难以承受,实验误差也不易控制。因而全面实验宜在因素个数和水平数都较少时应用。

4)不完全方案

不完全方案也是一种多因素实验方案,但与上述多因素实验完全方案不同,它是将实验因素的某些水平组合在一起形成少数几个水平组合。这种实验方案的目的在于探讨实验因素中某些水平组合的综合作用,而不在于考察实验因素对实验指标的影响和交互作用。这种在全部水平组合中挑选部分水平组合获得的方案称为不完全方案。

3.正交实验设计

以正交表为工具安排实验方案和进行结果分析的实验称为正交实验,它是常见的多因素分析方法,适用于多因素、多指标(实验需要考察的结果)、多因素间存在交互作用(因素之间联合起作用)、具有随机误差的实验。通过正交实验,可以分析各因素及其交互作用对实验指标的影响,按其重要程度找出主次关系,并确定对实验指标的最优工艺条件。在正交实验中要求每个所考虑的因素都是可控的。在整个实验中每个因素所取值的个数称为该因素的水平。

在科学实验中,考察的因素往往很多,而每个因素的水平数也很多。如果要进行全面实验,即对每一个因素的每一种水平组合都要进行实验,将导致实验次数太多,费时又费力。正交实验设计是一种多因素的优化实验设计方法,是从全面实验的样本点中挑选出部分有代表性的样本点进行实验。这些代表点具有正交性,其作用是只用较少的实验次数就可以找出因素水平间的最优或较优实验方案,了解并找到因素影响指标的规律,在诸多影响指标的因素中找到主要影响因素,避免实验的盲目性和人力、物力、财力的浪费。例如,一个3因素3水平的优选实验,如果按照全面实验的方法,则需要做 $3^3 = 27$ 次实验,而用正交实验的方法,只需要9次实验就能得到满意的结果。

正交表是正交实验设计中合理安排实验,及对数据进行统计分析的一种特殊表格,如表1-2-1为 $L_9(3^4)$ 正交表。

表 1-2-1　$L_9(3^4)$ 正交表

实验号	列号			
	1	2	3	4
1	1	1	1	1
2	1	2	2	2
3	1	3	3	3
4	2	1	2	3
5	2	2	3	1
6	2	3	1	2
7	3	1	3	2
8	3	2	1	3
9	3	3	2	1

正交表都以统一形式的记号来表示。如图1-2-1所示的 $L_9(3^4)$ 中,"L"为正交表的符号,是 Latin 的第一个字母;L 右下角的数字"9"表示实验的次数,用此正交表安排实验包含9个水平组合;括号内的底数"3"表示因素的水平数;括号内 3 的指数"4"表示正交表有 4 列,最多可以安排 4 个 3 水平的因素(包括交互作用、误差等)。

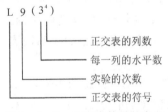

图 1-2-1　正交表符号的意义

正交实验设计包括实验方案设计和结果分析两部分,如图1-2-2所示。

1)正交实验方案设计

(1)明确实验目的,确定评价指标。任何一个实验都是为了解决某一个问题,或是为了得到某些结论而进行的,所以任何一个正交实验都应该有一个明确的目的,这是正交实验设计的基础。实验指标则是表示实验结果特性的值,可以用来衡量实验效果。例如为了提高某菌株对一种难降解有机物的去除率,以去除率为实验指标来衡量菌株生长条件的好坏。去除率越

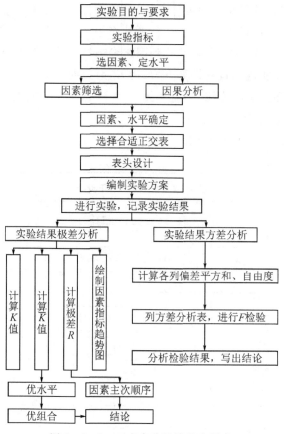

图 1-2-2　正交实验设计基本程序

高,则表明实验效果越好。

(2)挑选因素与水平,列出因素水平表。当影响实验成果的因素很多,且由于条件限制不能对每个因素都进行考察时,需要根据专业知识、以往经验和研究结论,通过因素分析及筛选,从诸多因素中选出需要考察的主要因素,略去次要因素。如对于一些不可控因素,由于无法测出因素的数值,因而看不出不同水平的差别,难以判断该因素的作用,所以不能列为被考察的因素。一般确定实验因素时,应以对实验指标影响大的因素、尚未考察过的因素、尚未完全掌握其规律的因素为先。

当实验因素选定后,根据所掌握的资料信息和相关知识,确定每个因素的水平,一般以 2～4 个水平为宜。对主要考察的实验因素,可以多取水平,但不宜过多,否则会使实验次数骤增。水平的间距应根据专业知识和已有资料,尽可能地将值取在理想区域。对于定性因素,则要根据实验具体内容,赋予该因素每个水平以具体含义。如药剂种类、操作方式等。

当因素和水平都选定后,便可列出因素水平表。以菌株降解有机物为例,选取温度(A)、pH 值(B)和氮源投加量(C)3 个因素,对每个因素设置了 3 个水平,其因素水平表如表 1-2-2所示。

表 1-2-2　菌株降解有机物实验的因素水平表

水平	因素		
	温度/℃	pH 值	氮源投加量/$(g \cdot L^{-1})$
1	25	6	0.5
2	30	7	1.0
3	35	8	2.0

(3)选择合适的正交表。正交表的选择是正交实验设计的首要问题。确定了因素及其水平后,根据因素、水平及是否需要考察交互作用选择合适的正交表。正交表的选择原则是在能够安排下实验因素和交互作用的前提下,尽可能选用较小的正交表,以减少实验次数。另外,为了估计实验误差,所选正交表安排完实验因素及要考察的交互作用后,最好留有空列,否则需进行重复实验以考察实验误差。例如菌株降解实验为 3 因素 3 水平实验,则可选用 $L_9(3^4)$ 正交表,做 9 次实验。若要考察交互作用,则应选用更大的正交表。

(4)表头设计。就是根据实验要求,确定各因素在正交表中的位置。若要考虑因素间的交互作用,在表头设计时应将主要因素、重点考察因素、涉及交互作用较多的因素优先安排,按相对应的正交表的交互作用列表来设计,以防止混杂。对于不考虑交互作用的实验,因素可以任意安排到各列中,如表 1-2-3 所示。

表 1-2-3　菌株降解有机物实验的表头

因素	列号			
	1	2	3	空列

(5)编制实验方案。根据表头设计,将所选正交表中各列的不同水平数字换成对应各因素相应水平值,即得实验方案表,如表中 1-2-4 所示。表中的每一横行即代表所要进行的实验的一种条件。

表 1-2-4　菌株降解有机物的实验方案表

序号	温度/℃	pH 值	氮源投加量/$(g \cdot L^{-1})$	空列	实验结果去除率/%
1	25	6	0.5	1	52
2	25	7	1	2	69
3	25	8	2	3	59
4	30	6	1	3	77
5	30	7	2	1	75
6	30	8	0.5	2	84
7	35	6	2	2	51
8	35	7	0.5	3	61
9	35	8	1	1	58

2)正交实验结果的极差分析

在按照正交实验设计方案进行实验后,将获得大量实验数据,如何利用这些数据进行科学地分析,从中得到正确结论,是正交实验设计的一个重要方面。正交实验设计法的数据分析要解决:①挑选的因素中,哪些因素影响大些,哪些影响小些,各因素对实验目的影响的主次关系如何;②各影响因素中,哪个水平能得到满意的结果,从而找到最佳的运行条件。正交实验的结果分析方法主要包括极差分析和方差分析,这里主要介绍极差分析。

极差分析又称为直观分析,是一种常用的分析实验结果的方法,其具体步骤如下:

(1)填写评价指标。将每组实验的数据分析处理后,求出相应的评价指标值,填入正交表的右栏实验结果栏("去除率"栏)内(见表1-2-5)。

(2)计算各列的水平效应值 K_i、平均水平效应值 $\overline{K_i}$ 和极差值 R:

$$K_i = \text{任一列上水平号为} i \text{时对应的指标值之和}$$

$$\overline{K_i} = \frac{K_i}{\text{任一列上各水平出现的次数}}$$

$$R = \text{任一列上} \overline{K_i} \text{的极大值与极小值之差}$$

R 称为极差,是衡量数据波动大小的重要指标,极差越大的因素越重要。

表1-2-5　菌株降解有机物实验的极差分析

序号	温度/℃	pH 值	氮源投加量/(g·L⁻¹)	空列	去除率/%
1	25	6	0.5	1	52
2	25	7	1	2	69
3	25	8	2	3	59
4	30	6	1	3	77
5	30	7	2	1	75
6	30	8	0.5	2	84
7	35	6	2	2	51
8	35	7	0.5	3	61
9	35	8	1	1	59
K_1	180	180	197	186	
K_2	236	205	205	204	
K_3	171	202	185	197	
$\overline{K_1}$	60.00	60.00	65.67	62.00	
$\overline{K_2}$	78.67	68.33	68.33	68.00	
$\overline{K_3}$	57.00	67.33	61.67	65.67	
R	21.67	8.33	6.67	6.00	
因素主次	A>B>C				
优水平	A_2	B_2	C_2		
优组合	$A_2B_2C_2$				

(3)比较各因素的 R 值。根据 R 值大小,即可排出因素对实验指标影响的主次顺序。有时空列的极差比所有因素的极差还要大,则说明因素之间可能存在不可忽略的交互作用,或者忽略了对实验结果有重要影响的其他因素。从表1-2-5中可以得出,各因素对实验指标即去除率的影响顺序为 A>B>C。即温度对有机物去除率的影响最大,其次是 pH 值,而氮源投加量的影响较小。

(4)比较同一因素下各水平的平均水平效应值$\overline{K_i}$,确定优方案。优方案是指在所做的实验范围内各因素较优水平的组合。各优水平的确定与实验指标有关,若指标是越大越好,则应选取使指标大的水平,即各列中$\overline{K_i}$最大的那个值对应的水平;反之,若指标是越小越好,则应选取使指标小的水平。

从表 1 - 2 - 5 中可以得出,对因素 A,$\overline{K_2} > \overline{K_1} > \overline{K_3}$,所以可判定 A_2 为 A 因素的优水平。同理可确定 B、C 因素的优水平,最终得到的优组合为 $A_2B_2C_2$。即菌株降解有机物的最佳生长条件为温度 30 ℃、pH＝7、氮源投加量 1 g/L。

(5)作因素与指标的关系图。上述优方案是通过直观分析得到的,但它实际上是不是真正的优方案还需要作进一步的验证。因此可以因素水平为横坐标,以指标去除率为纵坐标作图(见图 1 - 2 - 3)。由因素与指标关系图可以更直观地看出实验指标随着因素水平的变化而变化的趋势,可为进一步实验指明方向。

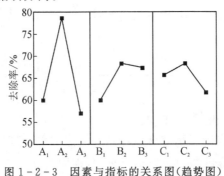

图 1 - 2 - 3 因素与指标的关系图(趋势图)

1.3 误差分析

通过实验测量所得的大批数据是实验的主要成果,但在实验中,由于实验方法和实验设备的不完善,周围环境的影响,以及人的观察力、测定程序等的限制,实验数据总存在一些误差,即便是最精密的测量,其结果也只能趋近于真值。所以在整理实验数据时,有必要对实验数据的可靠性进行客观地评定,并对数据进行合理地解释。

误差分析的目的就是评定实验数据的精确性,认清误差的来源及其影响,并设法消除或减小误差,提高实验的精确性。对实验误差进行分析和估算,在评判实验结果和设计方案方面具有重要的意义。

此外,实验结果最初通常是以数据的形式表达的,要想进一步分析实验现象,就必须对数据进行归纳整理,用一定的方式表现出各个数据之间的相互关系,使人们清楚地了解各变量之间的关系,以便进一步研究实验原因及结果,优化实验方法或得出实验规律。

1.3.1 误差的基本概念

1. 真值与平均值

真值是指某物理量客观存在的确定值。通常一个物理量的真值是不知道的,是我们努力想要测到的。严格来讲,由于测量仪器,测定方法、环境,人的观察力,测量的程序等都不可能是完美无缺的,故真值是无法测得的,是一个理想值。科学实验中真值的定义是:设在测量中观察的次数为无限多,则根据误差分布定律——正负误差出现的概率相等,故将各观察值相加,加以平均,在无系统误差情况下,可能获得极接近于真值的数值。故"真值"在现实中是指观察次数无限多时,所求得的平均值(或是写入文献手册中所谓的"公认值")。然而对我们工程实验而言,观察的次数都是有限的,故用有限观察次数求出的平均值,只能是近似真值,或称为最佳值。一般我们称这一最佳值为平均值。常用的平均值有下列几种。

(1)算术平均值 $\bar{x}$。这种平均值最常用。凡测量值的分布服从正态分布时,用最小二乘法原理可以证明:在一组等精度的测量中,算术平均值为最佳值或最可信赖值。其表达式为

$$\bar{x} = \frac{x_1 + x_2 + \cdots + x_n}{n} = \frac{\sum_{i=1}^{n} x_i}{n} \qquad (1-3-1)$$

式中:$x_1, x_2, \cdots, x_n$ 为各次观测值;n 为观察的次数。

(2)均方根平均值 $x_{均}$:

$$x_{均} = \sqrt{\frac{x_1^2 + x_2^2 + \cdots + x_n^2}{n}} = \sqrt{\frac{\sum_{i=1}^{n} x_i^2}{n}} \qquad (1-3-2)$$

式中符号所表示的量同 $\bar{x}$ 的表达式,下同。

(3)加权平均值 $\bar{w}$。设对同一物理量用不同方法去测定,或同一物理量由不同人去测定,计算平均值时,常对比较可靠的数值予以加重平均,称为加权平均。加权平均值的表达式为

$$\bar{w} = \frac{w_1 x_1 + w_2 x_2 + \cdots + w_n x_n}{w_1 + w_2 + \cdots + w_n} = \frac{\sum_{i=1}^{n} w_i x_i}{\sum_{i=1}^{n} w_i} \qquad (1-3-3)$$

式中:$x_1, x_2, \cdots, x_n$ 为各次观测值;$w_1, w_2, \cdots, w_n$ 为各测量值的对应权重。各观测值的权数一般凭经验确定。

(4)几何平均值 $\bar{x}_{发}$:

$$\bar{\bar{x}}_{发} = \sqrt[n]{x_1 \cdot x_2 \cdot x_3 \cdot \cdots \cdot x_n} \qquad (1-3-4)$$

(5)对数平均值 x_n:

$$x_n = \frac{x_1 - x_2}{\ln x_1 - \ln x_2} = \frac{x_1 - x_2}{\ln \dfrac{x_1}{x_2}} \qquad (1-3-5)$$

以上介绍的各种平均值,目的是要从一组测定值中找出最接近真值的那个值。平均值的选择主要取决于一组观测值的分布类型,在环境工程实验研究中,数据分布较多属于正态分布,故通常采用算术平均值。

2. 误差的定义及分类

在任何一种测量中,无论所用仪器多么精密,方法多么完善,实验者多么细心,不同时间所测得的结果却不一定完全相同,会有一定的误差和偏差。严格来讲,误差是指实验测量值(包括直接和间接测量值)与真值(客观存在的准确值)之差;偏差是指实验测量值与平均值之差,但习惯上通常将两者混淆而不以区别。

根据误差的性质及其产生的原因,可将误差分为系统误差、偶然误差、过失误差三种。

(1)系统误差。又称恒定误差,是由某些固定不变的因素引起的。在相同条件下进行多次测量,其数值的大小和正负保持恒定,或随条件的改变按一定的规律变化。

产生系统误差的原因有:①仪器刻度不准,砝码未经校正等;②试剂不纯,质量不符合要求;③周围环境的改变,如外界温度、压力、湿度的变化等;④个人的操作习惯,如读取数据常偏高或偏低、记录某一信号的时间总是滞后,判定滴定终点的颜色程度因人而异等。可以用准确度一词来表征系统误差的大小,系统误差越小,准确度越高,反之亦然。

由于系统误差是测量误差的重要组成部分,消除和估计系统误差对于提高测量准确度就十分重要。一般系统误差是有规律的,其产生的原因也往往是可知的或找出原因后可以清除掉。至于不能消除的系统误差,我们应设法确定或估计出来。

(2)偶然误差。又称随机误差,是由某些不易控制的因素造成的。在相同条件下做多次测量,其误差的大小在正负方向不恒定,其产生原因一般不详,因而也就无法控制,主要表现在测量结果的分散性,但测量结果完全服从统计规律,因此研究偶然误差可以采用概率统计的方法。在误差理论中,常用精密度一词来表征偶然误差的大小,偶然误差越大,精密度越低,反之亦然。

在测量中,如果已经消除引起系统误差的一切因素,而所测数据仍在末一位或末两位数字上有差别,则为偶然误差。偶然误差的存在,主要是我们只关注影响较大的一些因素,而往往忽略了一些小的影响因素,这些小的影响因素不是我们尚未发现,就是我们无法控制,而它们所造成的影响,正是偶然误差产生的原因。

(3)过失误差。又称粗大误差,是与实际明显不符的误差,主要是由实验人员粗心大意所致,如读错、测错、记错等都会带来过失误差。含有过失误差的测量值称为坏值,应在整理数据时依据常用的准则加以剔除。

综上所述,我们可以认为系统误差和过失误差总是可以设法避免的,而偶然误差是不可避免的,因此最好的实验结果应该只含有偶然误差。

3. 精密度、正确度和精确度

测量的质量和水平,可用误差的概念来描述,也可用准确度等概念来描述。国内外文献所用的名词术语颇不统一,以致精密度、正确度、精确度这几个术语的使用比较混乱。近年来趋于一致的意见是:

精密度:可以衡量某些物理量多次测量之间的一致性,即重复性。它可以反映偶然误差大小的影响程度。

正确度:指在规定条件下,测量中所有系统误差的综合。它可以反映系统误差大小的影响程度。

精确度(准确度):指测量结果与真值偏离的程度。它可以反映系统误差和随机误差综合大小的影响程度。

为说明它们间的区别,往往用打靶来作比喻。如图 1-3-1 所示,A 的系统误差小而偶然误差大,即正确度高而精密度低;B 的系统误差大而偶然误差小,即正确度低而精密度高;C 的系统误差和偶然误差都小,表示精确度(准确度)高。当然实验测量中没有像靶心那样明确的真值,而需设法去测定这个未知的真值。

对于实验测量来说,精密度高,正确度不一定高。正确度高,精密度也不一定高。但精确

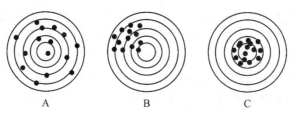

图 1-3-1 精密度、正确度、精确度含义示意图

度(准确度)高,必然是精密度与正确度都高。

1.3.2 有效数字及运算规则

1. 有效数字

实验测定总含有误差,因此表示测定结果数字的位数应恰当,不宜太多,也不能太少。因为数字的位数不仅表示数字的大小,也反映测定的准确程度。

位数多少常用"有效数字"表示。有效数字,就是实际能测得的数字。有效数字保留的位数,应根据分析方法与仪器的准确度来决定,一般使测得的数字中只有最后一位是可疑的。

例如,对于滴定管、移液管和吸量管,它们都能准确测量液体体积到 0.01 mL。所以,当用 50 mL 滴定管测量液体体积时,如测量体积大于 10 mL 小于 50 mL,应记录为 4 位有效数字,例如写成 24.22 mL;如测量体积小于 10 mL,应记录为 3 位有效数字,如 8.13 mL。当用 25 mL 移液管移取液体时,应记录为 25.00 mL;当用 5 mL 吸量管吸取液体时,应记录为 5.00 mL。当用 250 mL 容量瓶配制溶液时,则所配制溶液的体积应记录为 250.00 mL;当用 50 mL 容量瓶配制溶液时,则应记录为 50.00 mL。

2. 数字修约规则

为了适应生产和科技工作的需要,我国颁布了 GB/T 8170—2008《数值修约规则与极限数值的表示和判定》,通常称为"四舍六入五成双"法则。概括说明如下:

四舍六入五考虑,五后非零必进一,五后皆零视奇偶,五前为偶应舍去,五前为奇则进一。

这一法则的具体运用如下:

(1)若被舍弃的第一位数字大于 5,则其前一位数字加 1。如 28.2645 只取 3 位有效数字时,其被舍弃的第一位数字为 6,大于 5,则有效数字应为 28.3。

(2)若被舍弃的第一位数字等于 5,而其后数字全部为零,则视被保留的末位数字为奇数或偶数(零视为偶数)而定进或舍,末位是奇数时进 1、末位为偶数不进 1。如 28.350、28.250、28.050 只取 3 位有效数字时,分别应为 28.4、28.2 及 28.0。

(3)若被舍弃的第一位数字为 5,而其后面的数字并非全部为零,则进 1。如 28.2501,只取 3 位有效数字时,则进 1,成为 28.3。

(4)若被舍弃的数字包括几位数字时,不得对该数字进行连续修约,而应根据以上各条作一次处理。如 2.154546,只取 3 位有效数字时,应为 2.15,而不得按下法连续修约为 2.16:

$$2.154546 \rightarrow 2.15455 \rightarrow 2.1546 \rightarrow 2.155 \rightarrow 2.16$$

(5)整数的修约也应遵照上述法则。如 23438,只取 3 位有效数字时,则应为 23400 或 2.34×10^4。

3. 有效数字运算规则

1)加减法

在加减法运算中,保留有效数字的位数,以小数点后位数最少的为准,即以绝对误差最大的为准,例如计算 $0.0121+25.64+1.05782$：

$$正确计算:原式=0.01+25.64+1.06=26.71$$
$$不正确计算:原式=0.0121+25.64+1.05782=26.70992$$

上例中相加的 3 个数据中,25.64 中的“4”已是可疑数字。因此,最后结果有效数字的保留应以此数为准,即保留有效数字的位数到小数点后第二位。

2)乘除法

乘除法运算中,保留有效数字的位数,以位数最少的数为准,即以相对误差最大的数为准。例如计算 $0.0121\times25.64\times1.05782$,应为

$$0.0121\times25.6\times1.06=0.328$$

在这个算题中,3 个数字的相对误差分别为：

$$相对误差_1=\frac{\pm0.0001}{0.0121}\times100\%=\pm0.8\%$$

$$相对误差_2=\frac{\pm0.01}{25.64}\times100\%=\pm0.04\%$$

$$相对误差_3=\frac{\pm0.00001}{1.05782}\times100\%=\pm0.0009\%$$

在上述计算中,以第一个数的相对误差最大(有效数字位 3 位),应以它为准,将其他数字根据有效数字修约规则,保留 3 位有效数字,然后相乘即得结果 0.328。

再计算一下结果 0.328 的相对误差：

$$相对误差_4=\frac{\pm0.001}{0.328}\times100\%=\pm0.3\%$$

此数的相对误差与第一个数的相对误差相适应,故应保留 3 位有效数字。

如果不考虑有效数字保留原则,直接计算为

$$0.0121\times25.64\times1.05782=0.328182308$$

结果得到 9 位有效数字,显然这是极不合理的。

同样在计算中也不能任意减少位数,如上述结果记为 0.32 也是不正确的。这个数的相对误差为

$$相对误差_5=\frac{\pm0.01}{0.32}\times100\%=\pm3\%$$

显然是又超过了上面 3 个数的相对误差。

在运算中,各数值计算有效数字位数时,当第一位有效数字≥8 时,有效数字位数可以多计一位。如 8.34 是 3 位有效数字,在运算中可以作 4 位有效数字看待。

有效数字的运算法,目前还没有统一的规定,可以先修约后运算,也可以直接用计算器计算,然后修约到应保留的位数,其计算结果可能稍有差别,不过也是最后可疑数字上稍有差别,影响不大。

3)自然数

在分析化学计算中,有时会遇到一些倍数或分数的关系,如

$$\frac{H_3PO_4 \text{ 的相对分子质量}}{3} = \frac{98.00}{3} = 32.67$$

$$\text{水的相对分子质量}(M_r) = 2 \times 1.008 + 16.00 = 18.02$$

在这里分母"3"和"2×1.008"中的"2",都不能看作是 1 位有效数字。因为它们是非测量所得的数,是自然数,其有效数字位数可视为无限的。

4) 报出的分析结果位数

在报出分析结果时,数据≥10%时,保留 4 位有效数字;数据为 1%～10%时,保留 3 位有效数字;数据≤1%时,保留 2 位有效数字。

1.4　实验数据处理

在处理实验数据的时候,我们常常会遇到个别数据偏离预期或偏离大量统计数据的情况,如果我们把这些个别数据和正常数据放在一起进行统计,可能会影响实验结果的正确性,如果把这些数据简单地剔除,又可能忽略了重要的实验信息。这里重要的问题是如何判断可疑数据,然后将其剔除。判断和剔除可疑数据是数据处理中的一项重要任务,目前人们对可疑数据的判断与剔除主要采用物理判别法和统计判别法两种方法。

所谓物理判别法就是根据人们对客观事物已有的认识,判别由于外界干扰、人为误差等原因造成的实测数据偏离正常结果,在实验过程中可随时判断,随时剔除。统计判别法是给定一个置信概率,并确定一个置信限,凡超过此限的误差,就认为它不属于随机误差范围,将其视为异常数据剔除。

在对实验数据进行误差分析、整理并剔除错误数据后,还要通过数据处理将实验所提供的数据进行归纳整理,用图形、表格或经验公式加以表示,以找出影响研究事物的各因素之间互相影响的规律,为得到正确的结论提供可靠的信息。

常用的实验数据表示方法有列表法、图形法和方程式法三种。表示方法的选择主要是依靠经验,可以用其中的一种方法,也可两种或三种方法同时使用。

1.4.1　列表法

列表法是将一组实验数据中的自变量、因变量的各个数值依一定的形式和顺序一一对应,列成表格表示出来,借以反映各变量之间的关系。

列表法具有简单易操作、形式紧凑、数据容易参考比较等优点,但对客观规律的反映不如图形法和方程式法明确,在理论分析方面使用不方便。

1.4.2　图形法

图形法的优点在于形式简明直观,便于比较,易显出数据中的最高点、最低点、转折点、周期性及其他特性等。当图形作得足够准确时,可以不必知道变量间的数学关系,直接根据图形对变量求微分或积分后便可得到需要的结果。

图形法可用于两种场合:① 已知变量间的依赖关系图形,通过实验,将取得的数据作图,然后求出相应的一些参数;② 两个变量之间的关系不清,将实验数据点绘出来,用以分析、反映变量间的关系和规律。

1.4.3 方程式法

实验数据用列表或图形表示后,使用时虽然较直观简便,但不便于理论分析研究,故常需要用数学表达式来反映自变量与因变量的关系,即方程式法。

方程式法通常包括下面两个步骤:

(1)选择经验公式。表示一组实验数据的经验公式的形式应该简单紧凑,式中系数不宜太多。一般没有一个简单方法可以直接获得一个较理想的经验公式,通常是先将实验数据点绘出来,再根据经验和解析几何知识推测经验公式的形式。若经验表明此形式不够理想时,则另选择新的形式,再进行实验,直至得到满意的结果为止。

表达式中容易用实验直接验证的是直线方程,因此应尽量使所得函数形式呈直线式。若得到的函数形式不是直线式,可以通过变量代换,使其变为直线式。

(2)确定经验公式的系数。确定经验公式中系数的方法有多种,常用的有一元线性回归、一元非线性回归等。

对于具有相关关系的两个变量,若能用一条直线来描述,则称为一元线性回归;若可用一条曲线描述,则为一元非线性回归。对于具有相关关系的三个变量(两个自变量、一个因变量),若能用平面描述,则称为二元线性回归;若可用曲面描述,则为二元非线性回归;以此类推。在处理实际问题时,往往将非线性问题转化为线性问题来处理。建立线性回归方程最有效的方法为线性最小二乘法。

一元线性回归是数据处理中使用最多的方法。当两个变量 x 和 y 存在一定的线性关系时,可通过最小二乘法求出系数 a 和 b,并建立回归方程 $y=a+bx$(它称为 y 对 x 的回归线)。如果 x 和 y 不是直线关系,可将实验曲线与典型的函数曲线相对照,选取与实验曲线相似的典型曲线函数,采用直线化方法对所选函数与实验数据的符合程度加以检验。

第 2 章

质量与安全保证

2.1　样品的采集与保存

合理的样品采集和保存方法,是保证检测结果能正确地反映被检测对象特征的重要环节。本节主要介绍水样和气态样品的采集和保存方法。

2.1.1　水样的采集与保存

要想获得真实可靠的样品测定结果,首先必须根据被检测对象的特征拟定水样采集计划,确定采样地点、采样时间、水样数量和采样方法,并根据检测项目决定水样保存方法。力求做到所采集水样的成分的比例或浓度与被检测对象的所有成分一样,并在测定工作开展以前,各成分不发生显著的物理、化学、生物变化。

1. 水样的采集

水样的采集过程中需要注意的事项主要有:

(1)测定悬浮物、pH 值、溶解氧、生化需氧量、油类、硫化物、余氯、放射性、微生物等需要单独采样;测定溶解氧、生化需氧量和有机污染物等的水样必须充满容器;pH 值、电导率、溶解氧等的测定宜在现场进行。

(2)采样时要认真填写采样记录表。内容包括:水体(河流、湖泊、水库)名称、断面名称、样点、采样编号、采样时间、天气、气温、水位、流速、流量、现场监测项目、采样人姓名。

(3)采集到所需要的水样后,应该缩短从采样到分析的间隔时间,尽快进行分析,如不能现场分析,则应妥善保存水样,尽量缩短水样的运送时间。

1)地表水样的采集

地表水样的采集方法和采样器如表 2-1-1 所示。

表 2-1-1　地表水样的采集

采集对象	采样器	采集方法
表层水	桶、瓶等容器	将采样器沉至水面下 0.3~0.5 m 采集
深层水	带重锤的采样器	将采样器沉降至所需深度,上提细绳打开瓶塞,待水样充满容器后提出
急流水的河段	急流采样器	将一根长钢管固定在铁框上,管内装一根橡胶管,上部用夹子夹紧,下部与瓶塞上的短玻璃管相连,瓶塞上另有一长玻璃管通至采样瓶底部。采样前塞紧橡胶塞,然后垂直伸入要求水深处,打开上部橡胶管夹,水样即沿长玻璃管流入样品瓶中,瓶内空气由短玻璃管沿橡胶管排出

续表

采集对象	采样器	采集方法
溶解气体的水样	双瓶采样器	采样器沉入要求水深处后,打开上部的橡胶管夹,水样进入小瓶(采样瓶)并将双瓶采样器内空气驱入大瓶,并将其从连接大瓶短玻璃管的橡胶管排出,直到大瓶中充满水样,提出水面后迅速密封

2) **污(废)水样品的采集**

采集生活污水和工业废水时,由于生产工艺、生产品种的变动,不同时间废水的组分和浓度变化幅度较大,采样前须先进行污染源调查,然后决定采样方法。常用的采集水样有两种:

(1)瞬时水样:指在某一时间或地点,从水体中随机采集的分散样品。这种水样监测的结果只能说明取样时的水质情况。对于生产工艺连续、稳定的工厂,所排放废水中的污染组分及浓度变化不大,瞬时水样具有较好的代表性。

(2)混合水样:由于工业废水的排放量和污染组分的浓度往往随时间起伏较大,为使监测结果具有代表性,需要增大采样和测定频率,但这势必增加工作量,此时比较好的办法是采集平均混合水样或平均比例混合水样。生活污水采样,可在排污口直接以 1 L/min 的流量采集有代表性的水样。

3) **地下水样的采集**

地下水样的采集可分为以下几种情况:

(1)从监测井中采集水样常利用抽水机。启动后,先放水数分钟,将积留在管道内的杂质及陈旧水排出,然后用采样器接取水样。

(2)对于无抽水设备的水井,可选择适合的专用采水器采集水样。

(3)对于自喷泉水,可在涌水口处直接采样。

(4)对于自来水,也要先将水龙头完全打开,放水数分钟,排出管道中积存的死水后再采样。

(5)地下水的水质比较稳定,一般采集瞬时水样即能有较好的代表性。

2. 水样的保存

各种水质的水样,从采集到分析的过程,由于物理的、化学的和生物的作用,会发生各种变化。微生物的新陈代谢活动和化学作用,能引起水样组分和浓度的变化;CO_2 含量的变化,会影响水样 pH 值和总碱度的测定值;悬浮物在采样器、水样容器表面上产生的胶体吸附现象或溶解性物质被溶出等,都会使水样的组分发生变化。为尽可能地降低水样的物理、化学和生物的变化,必须在采样时针对水样的不同情况和待测量的特性实施保护措施。如防止碰撞、破损、丢失,力求缩短运输时间,最大限度地降低水样水质变化,并尽快将水样送至实验室进行分析。

1) **水样保存的基本要求**

正确的保护措施虽然能够降低水样变化的程度和减缓其变化速度,但并不能完全抑制其变化。因此有些项目必须在现场测定,而有一部分项目必须在现场做简单的预处理。水样允许保存的时间与水样的性质、分析的项目、溶液的酸度、贮存容器的材质、存放的温度等多因素有关。其基本要求是:抑制微生物作用;减缓化合物或络合物的水解及氧化还原作用;减少组分的挥发和吸附损失。

2) **水样的保存方法**

(1)冷藏法。水样在 2～5 ℃保存(一般冰箱的冷藏室可满足此要求)一定的时间,能抑制微生物的活动,减缓物理作用和化学作用的速度,并且不影响后续的分析测定。

(2)化学法。①加杀生物剂法。在水样中加入杀生物剂可以阻止生物的作用。常用的试剂有氯化汞($HgCl_2$),加入量为每升水样2060 mg。对测汞的水样可加苯或三氯甲烷($CHCl_3$),每升水样加0.1~1.0 mg。②加化学试剂法。为防止水样中某些金属元素或有机物质在保存期间发生变化,可加入某些化学试剂,如加硝酸(HNO_3)调节水样 pH 值,使其中的金属元素呈稳定状态;加硫酸可抑制细菌生长和有机碱(氨和胺类)形成盐;加氢氧化钠($NaOH$)使其与挥发性化合物形成盐类,如氰化物和有机酸类化合物。

表 2-1-2 按不同的检测项目列出了用于不同分析中的水样保存方法(《水质采样 样品的保存和管理技术规定》HJ493—2009)。由于天然水和废水的性质复杂,分析前须验证按下述方法处理的每种类型水样的稳定性。

表 2-1-2　用于不同分析中的水样保存方法

项目	待测项目	容器类别	保存方法	最少采样量/mL	可保存时间	备注
A.物理、化学及生化分析	pH 值	P 或 G		250	12 h	尽量现场测试
	酸碱度	P 或 G	2~5 ℃暗处冷藏	500	24 h	
	嗅	G	2~5 ℃暗处	250	6 h	尽量现场测试
	电导率	P 或 G		250	12 h	尽量现场测试
	色度	P 或 G		250	24 h	尽量现场测试
	悬浮物及沉淀物	P 或 G	2~5 ℃暗处冷藏	500	24 h	单独定容采样
	浊度	P 或 G		250	12 h	尽量现场测试
	余氧	P 或 G	避光	500	5 min	最好在现场分析,否则应在现场用过量 NaOH 固定,固定后保存时间不应超过6 h
	二氧化碳	P 或 G	水样充满容器,保存温度低于取样温度	500	24 h	尽量现场测定
	溶解氧	G(溶解氧瓶)	现场固定氧,并存放在暗处	500	24 h	尽快分析
	油脂、油类、碳氢化合物、石油及其衍生物	G(溶剂萃取)	用 HCl 或 H_2SO_4 酸化,pH 值为1~2	1000	30 d	建议现场萃取

续表

项目	待测项目	容器类别	保存方法	最少采样量/mL	可保存时间	备注
A.物理、化学及生化分析	阴离子型表面活性剂	G	2～5 ℃处冷藏,硫酸酸化至 pH<2	500	2 d	不能用溶剂清洗
	非离子型表面活性剂	G	加入 40%(体积)的甲醛,使样本为含 1%(体积)的甲醛溶液,并使水样注满容器	500	30 d	不能用溶剂清洗
	砷	P 或 G	1 L 水样中加浓硝酸 10 mL	250	14 d	用氢化物技术分析使用盐酸
	硫化物	P 或 G	水样充满容器。1 L 水样加 NaOH 至 pH=9,加入 5%(体积)的抗坏血酸 5 mL,饱和 EDTA3 mL;滴加饱和 Zn(Ac)₂溶液,至胶体产生。常温避光保存	250	24 h	需现场固定
	总氰	P 或 G	用 NaOH 调节至 pH>12	250	7 d,如果硫化物存在,保存 12 h	
	COD	G	在 2～5 ℃暗处冷藏,硫酸酸化至 pH<2	500	2 d	
		P	—20 ℃冷冻	100	30 d	
	BOD	G	2～5 ℃暗处冷藏	250	12 h	
	硝酸盐氮	P 或 G	酸化至 pH<2 并在 2～5 ℃冷藏	250	24 h	有些废水样本不能保存,需要现场分析
	亚硝酸盐氮	P 或 G	2～5 ℃暗处冷藏	250	24 h	
	总有机碳	G	用硫酸酸化至 pH<2并在 2～5 ℃暗处冷藏	250	7 d	

项目	待测项目	容器类别	保存方法	最少采样量/mL	可保存时间	备注
A.物理、化学及生化分析	叶绿素	P 或 G	2~5 ℃暗处冷藏	1000	24 h	
	汞	P 或 BG	如水样为中性，1 L 水样中加浓 HCl 10 mL	250	14 d	
	铝	P 或 BG	硝酸酸化至 pH<2	250	14 d	
	钡	P 或 G	硝酸酸化至 pH<2	250	14 d	
	镉	P 或 BG	硝酸酸化至 pH<2	250	14 d	
	铜	P	硝酸酸化至 pH<2	250	14 d	
	总铁	P 或 BG	硝酸酸化至 pH<2	250	14 d	
	总铬	P 或 G	硝酸酸化至 pH<2	250	14 d	
	六价铬	G	用 NaOH 调节 pH 值至 7~9	250	14 d	不得使用磨口及内壁有磨毛的容器
	氯化物	P 或 G		100	30 d	
	氟化物	P(聚四氟乙烯除外)		200	30 d	
	碘化物	非光化玻璃	2~5 ℃冷藏，加碱调节 pH 值至 8	250	30 d	样本应避免日光直射
	正磷酸盐	P 或 G 或 BG	2~5 ℃冷藏	250	30 d	采样时现场过滤
	总磷	P 或 G	用硫酸酸化至 pH<2	250	24 h	
		P	−20 ℃冷冻	250	30 d	
	硫酸盐	P 或 G	2~5 ℃冷藏	200	30 d	
B.微生物分析	细菌总数、大肠菌总数、类大肠菌、类链球菌、沙门氏菌、志贺氏菌等	灭菌容器(G)	2~5 ℃冷藏	1000	尽快(地面水、污水及饮用水)	取氯化或溴化过的水样时，所用的样本瓶消毒之前，按每125 mL 加 0.1 mL10%(质量分数)的硫代硫酸钠，以消除氯或溴对细菌的抑制作用；对重金属量>0.01 mg/L 的水样，应在容器消毒前加 EDTA

项目	待测项目	容器类别	保存方法	最少采样量/mL	可保存时间	备注
C.生物学分析	毒性实验	P 或 G	2～5 ℃冷藏	1000	36 h	保存期随分析方法的不同而不同

注:P 为聚乙烯瓶、G 为硬质玻璃瓶、BG 为硼硅酸盐玻璃瓶;COD 为化学需氧量、BOD 为生化需氧量。

3. 水样预处理方法

水样的预处理通常包括消解、富集和分离。

水样消解的目的是破坏有机物,溶解悬浮性固体,将各种价态的待测元素转变为单一高价态或易于分离的无机化合物。要求消解后的水样应清澈、透明、无沉淀。消解水样的方法有湿式消解法和干式分解法(干灰化法)。

水样富集或浓缩的目的是提高待测组分的浓度;水样分离或掩蔽的目的是消除共存干扰组分。常用方法为:过滤、挥发、蒸馏、溶剂萃取、离子交换、吸附、共沉淀、层析、低温浓缩等,要结合具体情况选择使用。

2.1.2　气态样品的采集与保存

1. 样品的采集

采集大气样品的方法可归纳为直接采样法和富集(浓缩)采样法两类。

1) 直接采样法

适用于大气中被测组分浓度较高或监测方法灵敏度高的情况,这时不必浓缩,只需用仪器直接采集少量样品进行分析测定即可。此法测得的结果为瞬时浓度或短时间内的平均浓度。

常用容器有注射器、塑料袋、采气管、真空瓶等。

(1)注射器采样常用 100 mL 注射器采集有机蒸气样品。采样时,先用现场气体抽洗 2～3 次,然后抽取 100 mL 样品,密封进气口,带回实验室分析。样品存放时间不宜长,一般当天分析完。取样后,应将注射器进气口朝下,垂直放置,以使注射器内压略大于外压。气相色谱分析法常采用此法取样。

(2)塑料袋采样应选不吸附、不渗漏,也不与样气中污染组分发生化学反应的塑料袋,如聚四氟乙烯袋、聚乙烯袋、聚氯乙烯袋和聚酯袋等,还有用金属薄膜作衬里(如衬银、衬铝)的塑料袋。采样时,先用二联球打进现场气体冲洗 2～3 次,再充满样气,夹封进气口,带回实验室尽快分析。

(3)采气管采样使用的采气管容积一般为 100～1000 mL。采样时,打开两端旋塞,用二联球或抽气泵接在管的一端,迅速抽进比采气管容积大 6～10 倍的欲采气体,使采气管中原有气体被完全置换出,关上旋塞,采气管体积即为采气体积。

(4)真空瓶采样使用的真空瓶是一种具有活塞的耐压玻璃瓶,容积一般为 500～1000 mL。采样前,先用抽真空装置把采气瓶内气体抽走,使瓶内真空度达到 1.33 kPa 之后,便可打开旋塞采样,采完即关闭旋塞,则采样体积即为真空瓶体积。

2)富集(浓缩)采样法

富集(浓缩)采样法使大量的样气通过吸收液或固体吸收剂得到吸收或阻留,使原来浓度较小的污染物质得到浓缩,以利于分析测定。该法适用于大气中污染物质浓度较低($10^{-6}\sim10^{-9}$)的情况;采样时间一般较长,测得的结果可代表采样时段的平均浓度,更能反映大气污染的真实情况;具体采样方法包括溶液吸收法、填充柱阻留法(固体阻留法)、滤料阻留法、低温冷凝法、自然积集法等。

(1)溶液吸收法。此法是采集大气中气态、蒸气态及某些气溶胶态污染物质的常用方法。采样时,用抽气装置将欲测空气以一定流量抽入装有吸收液的吸收管(瓶),使被测物质的分子阻留在吸收液中,以达到浓缩的目的。采样结束后,倒出吸收液进行测定,根据测得的结果及采样体积计算大气中污染物的浓度。吸收效率主要决定于吸收速度和样气与吸收液的接触面积。

吸收液的选择原则:

(a)与被采集的物质发生不可逆化学反应的速度快或对其溶解度大。

(b)污染物质被吸收液吸收后,要有足够的稳定时间,以满足分析测定所需时间的要求。

(c)污染物质被吸收后,应有利于下一步分析测定,最好能直接用于测定。

(d)吸收液毒性小、价格低、易于购买,并应尽可能地回收利用。

常用吸收管类型:

(a)气泡式吸收管:适用于采集气态和蒸气态物质,不宜采集气溶胶态物质。

(b)冲击式吸收管:适宜采集气溶胶态物质和易溶解的气体样品,而不适用于气态和蒸气态物质的采集。管内有一尖嘴玻璃管作冲击器。

(c)多孔筛板吸收管(瓶):是在内管出气口熔接一块多孔性的砂芯玻板,当气体通过多孔玻板时,一方面被分散成很小的气泡,增大了与吸收液的接触面积;另一方面被弯曲的孔道所阻留,然后被吸收液吸收。所以多孔筛板吸收管既适用于采集气态和蒸气态物质,也适于采集气溶胶态物质。

(2)填充柱阻留法(固体阻留法)。填充柱是用一根 $6\sim10$ cm 长,内径为 $3\sim5$ mm 的玻璃管或塑料管内装颗粒状填充剂制成。采样时,让气样以一定流速通过填充柱,则欲测组分因吸附、溶解或化学反应而被阻留在填充剂上,达到浓缩采样的目的。采样后,通过加热解吸、吹气或溶剂洗脱,使被测组分从填充剂上释放出来以供测定。

根据填充剂阻留作用的原理,可分为吸附型、分配型和反应型三种类型的填充柱。

(a)吸附型填充柱:所用填充剂为颗粒状固体吸附剂,如活性炭、硅胶、分子筛、氧化铝、素烧陶瓷、高分子多孔微球等多孔性物质,对气体和蒸气吸附力强。

(b)分配型填充柱:所用填充剂为表面涂有高沸点有机溶剂(如甘油异十三烷)的惰性多孔颗粒物(如硅藻土、耐火砖等),适于对蒸气和气溶胶态物质(如六六六、DDT、多氯联苯等)的采集。气样通过采样管时,分配系数大的或溶解度大的组分被阻留在填充柱表面的固定液上。

(c)反应型填充柱:其填充柱是由惰性多孔颗粒物(如石英砂、玻璃微球等)或纤维状物(如滤纸、玻璃棉等)表面涂渍能与被测组分发生化学反应的试剂制成。也可用能与被测组分发生化学反应的纯金属(如金、银、铜等)丝毛或细粒作填充剂。采样后,将反应产物用适宜溶剂洗脱或加热吹气解吸下来进行分析。

固体阻留法优点：①用固体采样管可以长时间采样,测得大气中某气体的日平均或一段时间内的平均浓度值;溶液吸收法则由于液体在采样过程中会蒸发,采样时间不宜过长。②只要选择合适的固体填充剂,对气态、蒸气态和气溶胶态物质都有较高的富集效率,而溶液吸收法一般对气溶胶吸收效率要差些。③浓缩在固体填充柱上的待测物质比在吸收液中稳定的时间要长,有时可放置几天或几周也不发生变化。所以,固体阻留法是大气污染监测中具有广阔发展前景的富集方法。

（3）滤料阻留法。此法是将过滤材料（滤纸、滤膜等）放在采样夹上,用抽气装置抽气,则空气中的颗粒物被阻留在过滤材料上,称量过滤材料上富集的颗粒物质量,根据采样体积,即可计算出空气中颗粒物的浓度。

常用滤料:纤维状滤料如定量滤纸、玻璃纤维滤膜（纸）、过氯乙烯滤膜等;筛孔状滤料如微孔滤膜、核孔滤膜、银薄膜等。各种滤料由不同的材料制成,性能不同,适用的气体范围也不同。

（4）低温冷凝法。此法是借制冷剂的制冷作用使空气中某些低沸点气态物质被冷凝成液态物质,以达到浓缩的目的。适用于大气中某些沸点较低的气态污染物质,如烯烃类、醛类等。常用制冷剂:冰、干冰、冰-食盐、液氯-甲醇、干冰-二氯乙烯、干冰-乙醇等。其优点是效果好、采样量大、利于组分稳定。

（5）自然积集法。此法是利用物质的自然重力、空气动力和浓差扩散作用采集大气中的被测物质,如自然降尘量、硫酸盐化速率、氟化物等大气样品的采集。优点是不需动力设备,简单易行,且采样时间长,测定结果能较好地反映大气污染情况。

常见气态污染物采集方式如表 2-1-3 所示。

表 2-1-3　常见气态污染物采集方式

序号	气态污染物名称	采集方式	备注
1	烟尘（颗粒物）、硫酸雾、铬酸雾、铅及其化合物、氟化物（尘）、沥青烟等	滤筒采集	等速采样
2	SO_2、NO_x、HCl、H_2S、苯酚类化合物、氨、甲醇、氟化物、甲醛、苯胺类化合物等	吸收液吸收	
3	苯系物、乙酸酯类、VOCs、挥发性卤代烃、丙酮、乙二醇等有机物等	活性炭、硅胶吸附	
4	非甲烷总烃、总烃、臭气等	注射器、真空瓶采集	

2.1.2.2　样品的保存

样品保存要点:避免高温光照、碰撞,防止挥发氧化分解,保持低温密封避光。表 2-1-4 是部分常见项目的检测方法和保存方式。

表 2-1-4　部分常见项目的检测方法和保存方式

序号	项目	检测方法	保存方式
1	二氧化硫	《环境空气　二氧化硫的测定　甲醛吸收-副玫瑰苯胺分光光度法》(HJ 482—2009)	样品采集、运输、贮存过程应避免阳光照射。采样后如不能当天测定,可将样品溶液贮于冰箱
2	氮氧化物	《环境空气　氮氧化物测定　盐酸萘乙二胺分光光度法》(HJ 479—2009)	样品采集、运输、贮存过程应避免阳光照射。若不能及时测定,将样品于低温处存放。样品在 30 ℃暗处存放,可稳定 8 h;在 20 ℃暗处存放可稳定 24 h;0~4 ℃冷藏,可稳定 3 d
3	氨	《环境空气和废气　氨的测定　纳氏试剂分光光度法》(HJ 533—2009)	采样后应尽快分析,以防止吸收空气中的氨。如不能尽快分析,样品于 2~5 ℃可保存 7 d
4	氯化氢	《固定污染源废气　氯化氢的测定　硝酸银容量法》(HJ 548—2009)	如不能尽快分析,样品密封后于 0~4 ℃保存不超过 48 h
5	臭氧	《环境空气　臭氧的测定　靛蓝二磺酸钠分光光度法》(HJ 504—2009)	磷酸盐缓冲溶液吸收,采样管避光保存,于室温暗处存放至少可稳定 7 d
6	TVOC	《空气和废气监测分析方法》——固体吸附-热脱附气相色谱-质谱法	样品采集后,采样管应贮存在低于 4 ℃的干净环境中,在 30 d 内分析完毕,若含有不稳定的含硫或含氮的挥发性有机物,应在 7 d 内分析完毕
7	镉	《空气和废气监测分析方法》——原子吸收分光光度法	氯乙烯滤膜采集,采样面向里,将滤膜对折放入滤膜袋中

2.1.3　样品预处理技术

1. 超临界流体萃取法

与通常的液-液或液-固萃取一样,超临界流体萃取也是在两相之间进行的一种萃取方法,所不同的是萃取剂不是液体,而是超临界流体。超临界流体是介于气、液之间的一种既非气态又非液态的物态,这种物态只能在物质的温度和压力超过临界点时才能存在。超临界流体的特点:密度大,容易溶解其他物质;黏度较小,传质速率很高;表面张力小,容易渗透;压力改变会引起超临界流体对物质的溶解能力发生很大的变化;温度改变会改变其萃取能力;加入少量溶剂也可改变其对溶质的溶解能力。超临界流体萃取流程如图 2-1-1 所示。

2. 固相萃取法

此法是根据样品中不同组分在固相填料上作用力的强弱不同,使被测组分与其他组分分离。主要用于环境水样及可溶的固体环境样品的萃取,也可用于捕集气体中的痕量有机物及

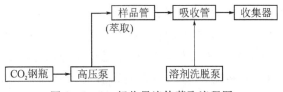

图 2-1-1　超临界流体萃取流程图

气溶胶。改变洗脱剂组分、填料的种类及其他参数可以改变各组分的作用力强度,达到不同组分分离的目的。固相萃取柱及萃取操作如图 2-1-2 所示。

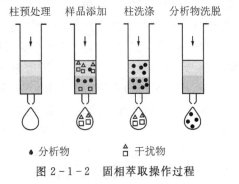

图 2-1-2　固相萃取操作过程

操作步骤:

(1)将柱用适当溶剂润湿。

(2)加入一定体积样品。

(3)加入适当洗涤溶剂。

(4)用合适的洗脱液淋洗,收集所得组分备用。

固相萃取柱内介质是决定萃取成功与否的关键因素之一。

固相萃取法的优点:

(1)快速,特别是膜状萃取柱。

(2)与液-液萃取相比,减少了人力和溶剂的投入。

(3)可用于野外采集样品的处理,方便运输、保存。

(4)应用范围广,包括水、固体和大气中的萃取。

(5)容易与其他技术联用。

3. 液膜萃取法

此法是在聚四氟薄膜(或纤维纸类)上浸透了与水互不相溶的有机溶剂,形成有机液膜,这种液膜把水溶液分成两相,其中流动的一相(样品水溶液)为被萃取相,静止不动的一相为萃取相。样品水溶液中的离子与加入其中的某些试剂形成中性分子(处于活化态),并通过扩散溶入有机液膜,进一步扩散进入萃取相。一旦进入萃取相,中性分子受萃取相中化学条件影响,又分解为离子(处于非活化态)而无法再返回液膜中,结果使离子进入萃取相中。

4. 微波消解法

此法是指利用微波进行样品处理的各种方法。其中,微波溶出法主要适用于固体或半固体样品,样品制备的整个过程需要经过粉碎、与溶剂混合、微波辐射、分离提取等步骤。得到样品后首先要加以粉碎以增大其表面积,使其便于与溶剂分子接触。粉碎后的样品须与合适的溶剂混合。而选择适当的溶剂是影响溶质回收率的关键因素之一,通常极性样品采用极性溶剂,如甲醇、水等;非极性样品采用非极性溶剂,如正己烷等;有时采用混合溶剂会比采用单一溶剂取得更为理想的效果。粉碎后的样品与合适的溶剂充分混合后放入微波炉进行微波辐射。微波炉一般选择市场上的防爆微波炉,处理样品时使用的频率为 2.54 GHz,每次处理时间不超过 30 s,使用的功率以使溶剂不沸腾为佳。辐射后的样品立即冷却,有时需要用冰浴,视情况而定。冷却后的样品再次用微波辐射,反复多次以提高溶质回收率。辐射完毕后的样品溶液需经离心分离出固相残渣,溶液经过滤后备用。

微波萃取法特点:与传统的样品处理技术如索氏提取、超声萃取相比,微波萃取的主要特点是快速与节能,而且有利于萃取热不稳定的物质,可以避免长时间的高温引起样品分解,有助于被萃取物质从样品基体上解析,故特别适合于快速处理大量样品。由于微波可对萃取物质中的不同组分进行选择性加热,因而可使目标组分与基体直接分离开来,从而可提高萃取效率和产品纯度。微波萃取的结果不受物质含水量的影响,回收率较高。基于以上特点,微波萃取也常被誉为"绿色提取工艺"。

2.2 实验基础

2.2.1 实验室用水

水作为实验室最重要、最常见的一种溶剂,对分析结果影响极大。因此要重视实验室用水的质量,注重水质检验,控制其无机离子、还原性物质、固体含量,以满足分析方法的要求。

1. 实验室用水质量指标

根据国标 GB 6682—1992《分析实验室用水规格和试验方法》,各级分析实验室用水规格分为三个级别:一级水(用于配制标准水样或进行痕量分析),二级水(用于精确分析的研究工作),三级水(用于一般实验室的常量分析)。实验室纯水的质量指标如表 2 - 2 - 1 所示。

表 2 - 2 - 1 实验室纯水的质量指标

名称	一级水	二级水	三级水
pH 值范围(25 ℃)	—	—	5.0～7.5
电导率(25 ℃,μS/cm)	≤0.1	≤1.0	≤5.0
电导率(25 ℃,mS/m)	≤0.01	≤0.1	≤0.5
电导率(25 ℃,MS/cm)	≥10.0	≥1.0	≥0.20
可氧化物质(以 O 计,mg/L)	—	≤0.08	≤0.4
吸光度(254 nm,1 cm 光程)	≤0.001	≤0.01	—
蒸发残渣(105 ℃±2 ℃,mg/L)	—	≤1.0	≤2.0
二氧化硅(mg/L)	≤0.02	≤0.05	—
应用	严格分析实验:如高压液相色谱分析用水	无机痕量分析:如原子吸收光谱分析用水	一般化学分析实验

2. 纯水的储存条件

分析实验用水纯度越高要求水储存的条件越严格。一般来讲玻璃容器易溶出金属、硅酸盐,而聚乙烯容器的有机物含量较高。储存水的新容器在使用前需用盐酸(体积分数为 20%)浸泡 2～3 天,再用待储存的水反复冲洗,然后注满水,浸泡 6 h 以上,如上方法处理后方可使用。

一级水:不可储存,使用前制备。

二级水:储存于密闭的、专用的聚乙烯容器中。

三级水:储存于密闭的、专用的聚乙烯容器中,或密闭的、专用的玻璃容器中。

3. 特殊用水的制备

(1)无氨水:水中加入硫酸至 pH<2,把水中各种形态的氨或胺转变成不挥发的盐类,收集馏出液即得。

(2)无氯水:水中加入还原剂亚硫酸钠,将水中余氯还原为氯离子,进行蒸馏制取即得。

(3)无酚水:水中加入氢氧化钠至 pH>11,同时加入少量高锰酸钾使水呈紫红色,使水中的酚生成不挥发的酚钠后进行蒸馏制得。

(4)无铅水:用氢型强酸性阳离子交换树脂制备不含重金属的水,储水容器要用无铅水处理(6 mol/L 硝酸浸洗后充分洗净)。

(5)不含二氧化碳的水:纯水煮沸 10 min 以上,或煮沸后水量蒸发 10% 以上,加盖冷却即可。

(6)不含有机物的水:水中加入碱性高锰酸钾进行二次蒸馏,并保持高锰酸钾的紫红色不消退。

2.2.2　化学试剂

化学试剂是品种繁多、用途广泛的一大类精细化学品。本节仅介绍化验室常用的化学试剂及其相关知识。

1. 化学试剂的分类

按化学试剂的用途和组成,目前通常将化学试剂分为以下十类:无机分析试剂、有机分析试剂、特效试剂、基准试剂、标准物质、指示剂和试纸、仪器分析试剂、生化试剂、高纯物质、液晶。有关化学试剂的分类至今国际上尚未统一,但其趋势是要与当今科研前沿和热点相适应。从生产化学试剂公司的商品分类来看,化学试剂可归纳为四大类:生命科学大类、化学部分大类、分析部分大类和精细化工大类。目前,对化学试剂的分类研究正在不断深入,这将为化学试剂的快速检索、查询、应用及合理管理等提供更有效、更便捷的依据。

我国对化学品有着不同的分类,按 GB 6944—2012《危险货物分类和品名编号》,我国将危险化学品分为以下 9 类。

(1)爆炸品。主要包括各种炸药、三硝基甲苯(TNT)、苦味酸及盐、高氯酸及盐、叠氮或重氮化合物等。

(2)气体。

①易燃气体,如乙炔、丙烷、氢气、液化石油气、天然气、甲烷等;

②非易燃无毒气体,如氧气、氮气、氩气、二氧化碳等;

③毒性气体,如氯气、液氨、水煤气等。

(3)易燃液体。如油漆、香蕉水(醋酸异戊酯)、汽油、煤油、乙醇、甲醇、丙酮、甲苯、二甲苯、溶剂油、苯、乙酸乙酯、乙酸丁酯等。

(4)易燃固体、易于自燃的物质、遇水放出易燃气体的物质。

①易燃固体、自反应物质和固态退敏爆炸品,如硝化棉、硫黄、铝粉等;

②易于自燃的物质,如保险粉等;

③遇水放出易燃气体的物质,如金属钠、镁粉、镁铝粉、镁合金粉等。

(5)氧化性物质和有机过氧化物。

①氧化性物质,如双氧水、高锰酸钾、漂白粉等;

②有机过氧化物。

(6)毒性物质和感染性物质。

①毒性物质,如氰化钠、氰化钾、砒霜(三氧化二砷)、硫酸铜、部分农药等;

②感染性物质。

(7)放射性物质。

(8)腐蚀性物质。主要有盐酸、硫酸、硝酸、磷酸、氢氟酸、氨水、次氯酸钠溶液、甲醛溶液、氢氧化钠、氢氧化钾等。

(9)杂项危险物质和物品,包括危害环境物质。

化学试剂种类很多,用途各异,必须对其性质、类别、用途等方面的知识加以了解,以便更合理地选择、正确使用和妥善管理。

2.化学试剂的质量规格和包装

化学试剂的规格反映了试剂的质量,一般按试剂的纯度及杂质的含量区分为不同的级别。为确保和控制产品质量,相关部门制定了一系列化学试剂的国家标准(代号 GB)、行业标准(代号 HB)和企业标准(代号 QB)。

化学试剂的规格按试剂的纯度及杂质的含量一般划分为四个等级。其试剂级别标志和适用范围如表 2-2-2。

表 2-2-2　化学试剂的级别标志和适用范围

等级	纯度分类	符号	标签颜色	适用范围
1	优级纯	GR	绿色	作为精密分析和科学研究工作使用
2	分析纯	AR	红色	适用于一般分析工作和科学研究工作
3	化学纯	CR	蓝色	适用于工业分析和化学实验
4	实验试剂	IR	棕色	作为实验辅助试剂使用

在购买化学试剂时,除了了解试剂的等级外,还需要知道试剂的包装单位。包装单位的大小是根据化学试剂的性质、用途和经济价值而决定的。化学试剂主要有 5 类包装单位(固体产品以 g 计,液体产品以 mL 计):

第一类:0.1 g、0.25 g、0.5 g、1 g 或 0.5 mL、1 mL;

第二类:5 g、10 g、25 g 或 5 mL、10 mL、20 mL、25 mL;

第三类:50 g、100 g 或 50 mL、100 mL;

第四类:250 g、500 g 或 250 mL、500 mL;

第五类:1000 g、2500 g、5000 或 1000 mL、2500 mL、5000 mL。

应该根据用量决定化学试剂的购买量,以免造成浪费。如过量储存易燃易爆品,则不安全;过量储存易氧化及变质的试剂,则易过期失效;过量储存标准物质等贵重试剂,则易造成积压浪费等。

3. 化学试剂的合理选用及注意事项

1)化学试剂的合理选用

选择化学试剂的基本原则是:要根据不同的工作要求合理选用不同类别和相应级别的试剂,在满足实验要求的前提下,选用试剂的级别就低不就高。下面就不同的工作应该选择或使用何种化学试剂作具体地说明。

(1)标准物质。标准物质是已确定其一种或几种特性的物质,可以是纯物质、固体、液体、气体和水溶液。通常在校准测量仪器和装置、评价测量分析方法、测量物质或材料特性值、考核分析人员的操作技术水平,以及在生产过程中产品质量控制等工作中使用。标准物质分为一级标准物质和二级标准物质。一级标准物质主要用于标定比它低一级的标准物质和作为仲裁分析的定值、校准高准确度的计量仪器等。二级标准物质作为工作标准物质一般直接使用,用于现场方法的研究和评价及日常分析测量。

在使用标准物质时要注意以下问题:

(a)标准物质可从国家市场监督管理总局发布的"标准物质目录"中选择,根据使用目的选择相应类别的一级或二级标准物质。

(b)仔细阅读标准物质的证书,确认该标准物质的用途是否和使用目的一致,做成分分析时,样品的基体组成和被测成分的含量要和标准物质相当。

(c)使用前要检查标准物质的外观和包装有无异常,标准物质的生产日期、有效期及不确定度是否符合要求,必要时可通过实验对标准物质的准确性做验证。

(d)标准物质必须在有效期内使用,有效期是在规定的储存条件下,标准物质特性值稳定的时间间隔。

(e)按照标准物质证书要求正确使用和保存。

(2)基准试剂。基准试剂包括滴定分析标准溶液、杂质标准溶液、滴定分析基准试剂和 pH 基准试剂。滴定分析基准试剂主要用于滴定分析标准溶液时的配制和标定,按 JJG 2061—2015《基准试剂纯度计量器具》规定,基准试剂分为两个级别,即第一基准试剂和工作基准试剂。第一基准试剂中的容量基准试剂有 6 种:邻苯二甲酸氢钾、重铬酸钾、氯化钠、氯化钾、无水碳酸钠和乙二胺四乙酸二钠。它们相当于国际理论和应用化学联合会(IUPAC)的 C 级,纯度范围为 99.98%~100.02%,测量不确定度优于 0.01%(置信概率为 95%)。工作基准试剂有 15 种(见表 2-2-3)。工作基准试剂相当于 IUPAC 的 D 级,纯度范围为 99.95%~100.05%,测量不确定度优于 0.05%(置信概率为 95%)。

表 2 - 2 - 3 滴定分析工作基准试剂

名称	用途	标准号
氯化钾	K 或 Cl 的基准	GB 10736—2008
碳酸钙	碱量基准	GB 12596—2008
邻苯二甲酸氢钾	碱量基准	GB 1257—2007
无水碳酸钠	碱量基准	GB 1255—2007
苯甲酸	酸量基准	GB 12597—2008
氯化钠	Na 或 Cl 的基准	GB 1253—2007
三氧化二砷	还原量基准	GB 1256—2008
草酸钠	还原量基准	GB 1254—2007
重铬酸钾	氧化量基准	GB 1259—2007
碘酸钾	氧化量基准	GB 1258—2008
溴酸钾	氧化量基准	GB 12594—2008
氧化锌	络合量基准	GB 1260—2008
乙二胺四乙酸二钠	络合量基准	GB 12593—2007
硝酸银	Cl 的基准	GB 12595—2008
无水对氨基苯磺酸	有机胺的基准	GB 1261—1977

国家标准 GB/T 602—2002《化学试剂杂质测定用标准溶液的制备》规定了 85 种化学试剂杂质测定用标准溶液的制备方法,它是在单位体积内含有准确数量的物质的溶液,用分析纯以上试剂按标准要求的条件制备而得。主要用于化学试剂中杂质的测定,也可用于其他行业。一般规定保存期为两个月,当出现浑浊、沉淀或颜色有变化等现象,应予重配。

pH 基准试剂用作酸度计的定位标准,其 pH 工作基准试剂共 7 种,如表 2 - 2 - 4 所示,可用于制备 pH 标准缓冲溶液。可以购买整瓶的基准试剂自行准确称量后配制成 pH 标准缓冲溶液;或购买已准确称量的小包装的 pH 基准试剂,将其溶于一定体积的纯水中,即可使用;也可购买 pH 标准缓冲溶液直接使用。

表 2 - 2 - 4 pH 工作基准试剂

名称	标准号	pH 值(25 ℃)	不确定度
四草酸钾	GB 6855—1986	1.680	±0.005pH
酒石酸氢钾	GB 6858—1986	3.559	±0.005pH
邻苯二甲酸氢钾	GB 6857—2008	4.003	±0.005pH
磷酸二氢钾	GB 6853—2008	6.864	±0.005pH
磷酸氢二钠	GB 6854—2008	6.864	±0.005pH
四硼酸钠	GB 6856—2008	9.182	±0.005pH
氢氧化钙	GB 6852—1986	12.460	±0.005pH

(3)化学分析试剂。优级纯(一级品):主成分含量很高、纯度很高,适用于痕量分析、仲裁分析、进出口商品检验和研究工作等,有的可作为基准物质。

分析纯(二级品):纯度略低于优级纯,杂质含量略高于优级纯,适用于化学分析和一般性研究工作。

化学纯(三级品):主成分含量高、纯度较高,存在干扰杂质,适用于化学实验和合成制备。

(4)仪器分析试剂。仪器分析试剂是用于仪器检定、定标和试样分析所用的试剂,按分析仪器的分类包括以下方面:

(a)原子吸收光谱标准品,用于试样分析时作标准品的试剂;

(b)色谱用试剂,用于气相色谱和液相色谱用的试剂,包括色谱纯标准品、固定液、载体、溶剂、减尾剂、离子对试剂等;

(c)分光纯试剂,用于光度分析的标准品和显色剂;

(d)光谱纯试剂,通常指用于发射光谱分析并经发射光谱分析检验过的高纯试剂;

(e)核磁共振用的氘代试剂;

(f)电子显微镜用的固定剂、包埋剂、染色剂等。

2)注意事项

(1)同一规格的试剂要注意制造厂商和批号不同可能引起的性能上的微小差别,在同一实验中应使用相同厂家和相同批号的试剂,以保证测定结果的重现性和可比性。对于以下试剂,如指示剂、有机显色剂、试纸、吸附剂、气相色谱载体、气相和液相色谱柱等,尤其要注意这个问题。

(2)在使用试剂前要尽可能了解试剂的物理和化学性质及其危险性,如腐蚀性、毒性、易燃易爆性等,在操作前,做好防护措施。如打开久置未用的浓硫酸、浓硝酸、浓氨水等试剂瓶时,应佩戴防护面罩和手套;在配制发出大量溶解热的试剂溶液时,如配制浓硫酸溶液、氢氧化钾或氢氧化钠溶液时,切记要将试剂慢慢加入纯水中,绝不可反向加入;取用氢氟酸时,绝不可与皮肤接触,应佩戴防护面罩和手套。

(3)取用固体试剂时,通常用药勺或不锈钢铲从试剂瓶中取用,若取样量为几毫克,可用纸条对折成直角,头部剪成45°代替药勺。当固体颗粒较重时,要沿倾斜的容器壁滑下,以免击碎容器。多取的固体试样不要倒回原瓶。液体试剂用倾注法取用,操作时注意以下几点:取下的瓶塞要倒置放置;握瓶时标签面向手心;倾倒时液体沿器皿内壁缓慢流下,也可沿玻璃棒流入容器,取至所需量后,将瓶口在容器口或玻璃棒上靠一下,再竖起试剂瓶以免液体流到试剂瓶外壁;若需用吸管吸取时,不可将吸管直接插入试剂瓶,要将试剂转移至其他洁净干燥的容器或滴瓶中再吸取,取出的液体不要倒回原瓶。在夏季或室温太高时,取用易挥发性溶剂时,最好在冷水中先冷却试剂瓶后再开盖,瓶口不能对准自己和他人。

(4)不能用嗅味和尝味的方法来识别试剂。若要嗅味,必须将试剂瓶远离鼻子,开瓶塞用手在试剂瓶上方扇动,使空气流向自己而闻其味。

(5)试剂的保管是一项重要工作,一般实验室中不宜保存过多易燃、易爆、剧毒的化学试剂,应随用随领。根据试剂性质采取相应的保存方法,见光易分解、氧化的试剂放于暗处;易腐蚀玻璃的试剂存放于塑料瓶中;吸水性强的试剂要严格密封;易相互作用的试剂不宜一起存放;易挥发、易燃、易爆的试剂存于通风处,不能放于冰箱中;剧毒试剂由专人保管,取用时应登记。

4. 化学中毒及紧急救治方法

(1)根据毒物侵入的途径,中毒分为摄入中毒、呼吸中毒和接触中毒。接触中毒和腐蚀性中毒有一定区别,接触中毒是通过皮肤进入皮下组织,不一定立即引起表皮的灼伤,腐蚀性中毒是使接触它的那一部分组织立即受到伤害。

　　毒物的剂量与效应之间的关系称为毒物的毒性,习惯上用半致死剂量(LD_{50})或半致死浓度(LC_{50})作为衡量急性毒性大小的指标。我国国家职业卫生标准 GBZ 230－2010《职业性接触毒物危害程度分级》以毒物的急性毒性、扩散性、蓄积性、致癌性、生殖毒性、致敏性、刺激与腐蚀性、实际危害后果与预后等 9 项指标为基础制定定级指标。每项指标按危害程度分为四级:轻度危害(Ⅳ级);中度危害(Ⅲ级);高度危害(Ⅱ级);极度危害(Ⅰ级)。国家安全生产监督管理总局等十个部门制定了《危险化学品目录》(2015 版),需要的时候可以查询。

　　(2)操作人员应了解毒物的侵入途径、中毒症状和急救办法。在工作中贯彻预防为主的方针,减少化学毒物引起的中毒事故。一旦发生中毒时能争分夺秒地(这是关键!)、正确地采取自救互救措施,力求在毒物被吸收以前实施抢救,直至医生到来。

　　表 2－2－5 简要地列出了部分化学毒物的中毒症状及救治方法,供参考。

表 2－2－5　部分化学毒物的中毒症状及救治方法

分类	名称	主要致毒作用与症状	救治方法
酸	硫酸、盐酸、硝酸	接触:硫酸则局部红肿痛,重者起水泡、呈烫伤症状;硝酸、盐酸腐蚀性小于硫酸。 吞服:强烈腐蚀口腔、食道、胃黏膜	立即用大量流动清水冲洗,再用 2%(体积比,下同)碳酸氢钠水溶液冲洗,然后清水冲洗。 刚吞服可洗胃;时间长忌洗胃以防穿孔,应立即服 7.5%氢氧化镁悬液 60 mL,或鸡蛋清调水或牛奶 200 mL
酸	氢氟酸	具有极强的腐蚀性,剧毒,如吸入蒸气或接触皮肤会造成难以治愈的灼伤。接触30%以上浓度的氢氟酸,疼痛和皮损立即发生,接触低浓度时,常经数小时后出现疼痛及皮肤灼伤,高浓度灼伤常呈进行性坏死,严重者累及骨骼	皮肤接触:用大量流动清水冲洗至少 15 min,就医。用可溶性钙、镁盐类制剂使其与氟离子形成不溶性氟化钙或氟化镁,如涂抹葡萄糖酸钙软膏等。 眼睛接触:立即提起眼睑,用大量流动清水或生理盐水彻底冲洗至少 15 min,就医。 新的急救方法:在接触氢氟酸 1 min 内用六氟(hexafluorine)冲洗皮肤或眼睛。眼睛用六氟灵洗眼器,500 mL,一次用完。六氟对氢和氟离子的螯合能力是葡萄糖酸钙(传统方式中用于氢氟酸灼伤的解毒剂)的 100 倍
强碱	氢氧化钠、氢氧化钾	接触:强烈腐蚀性,化学烧伤。 吞服:口腔、食道、胃黏膜糜烂	迅速用水、柠檬汁、2%乙酸或 2%硼酸水溶液洗涤。 禁洗胃或催吐,口服稀乙酸或柠檬汁 500 mL, 或 0.5%盐酸 100～500 mL,再服蛋清水、牛奶、淀粉糊、植物油等

续表

分类	名称	主要致毒作用与症状	救治方法
无机物	汞及其化合物	大量吸入汞蒸气或吞食氯化汞等汞盐会引起急性汞中毒,表现为恶心、呕吐、腹痛、腹泻、全身衰弱、尿少或尿闭,甚至死亡。 汞蒸气慢性中毒症状:头晕、头痛、失眠等神经衰弱症候群;植物神经功能紊乱、口腔炎、消化道症状及震颤。 皮肤接触:可能导致皮肤衰老、肌肉疼痛、肤色异常等	误服者立即用温水洗胃(禁用盐水)。如洗胃过晚,须注意可能引起胃穿孔。也可口服或从胃管灌入药用炭混悬液,吸附毒物后,再将其洗出。灌服牛奶或生鸡蛋清以延缓汞的吸收。 急性中毒者,肌肉注射二巯基丙磺酸钠。远离接触汞的环境,就医。 皮肤接触:大量水冲洗后,湿敷 3%~5% 硫代硫酸钠溶液,不溶性汞化合物用肥皂和水洗
	砷及其化合物	皮肤接触:可引起皮炎,表现为毛囊性丘疹、疱疹、痤疮样疹等。 吞服:恶心、呕吐、腹痛、剧烈腹泻。 粉尘和气体也可引起慢性中毒	大量清水冲洗 15 min 以上,皮炎可涂 2.5% 二巯基丙醇油膏。 立即洗胃、催吐,洗胃前口服新配氢氧化铁溶液(12% 硫酸亚铁与 20% 氧化镁混悬液等量混合)催吐,或服蛋清水或牛奶,导泻,就医
	氰化物	皮肤烧伤。 吸入氰化氢或吞食氰化物:量大者造成组织细胞窒息,呼吸停止而死亡。 急性中毒:胸闷、头痛、呕吐、呼吸困难、昏迷。 慢性中毒:神经衰弱症状、肌肉酸痛等	用流动的清水或 5% 硫代硫酸钠溶液彻底冲洗至少 20 min,就医。 眼睛接触:立即提起眼睑,用大量流动清水或生理盐水彻底冲洗至少 15 min,就医。 食入:饮足量温水,催吐,用 1∶5000 高锰酸钾或 5% 硫代硫酸钠溶液洗胃,就医。 吸入亚硝酸异戊酯(医生处置)
	铬酸、重铬酸钾等铬化合物	铬酸、重铬酸钾对黏膜有剧烈的刺激,产生炎症和溃疡;铬的化合物可以致癌。	皮肤接触:脱去污染的衣着,用流动清水冲洗。可用硫代硫酸钠溶液(5%)清洗受污染皮肤。 眼睛接触:立即翻开上下眼睑,用流动清水或生理盐水冲洗。 吸入:远离现场至空气新鲜处。 食入:饮足量温水,催吐,就医

续表

分类	名称	主要致毒作用与症状	救治方法
有机化合物	苯及其同系物(如甲苯)	吸入蒸气及皮肤渗透。 急性:头晕、头痛、恶心,重者昏迷抽搐甚至死亡。 慢性:损害造血系统、神经系统	皮肤接触:用清水彻底冲洗,人工呼吸、输氧、就医。 食入:饮足量温水,催吐,就医
有机化合物	三氯甲烷	皮肤接触:干燥、皲裂。 吸入高浓度蒸气会引起急性中毒、眩晕、恶心、麻醉。 慢性中毒:损害肝、心、肾	皮肤皲裂者选用10%尿素冷霜外敷。 脱离现场,吸氧,就医
有机化合物	四氯化碳	接触:皮肤因脱脂而干燥、皲裂。 吸入,急性:黏膜刺激、中枢神经系统抑制和胃肠道刺激症状 慢性:神经衰弱症候群,损害肝、肾	2%碳酸氢钠或1%硼酸溶液冲洗皮肤和眼。 远离中毒现场急救,人工呼吸、吸氧
有机化合物	甲醇	吸入蒸气中毒,也可经皮肤吸收。 急性:神经衰弱症状,神力模糊、酸中毒症状。 慢性:神经衰弱症状,视力减弱,眼球疼痛。 吞服15 mL可导致失明,70~100 mL致死	皮肤接触:清水彻底冲洗。 眼睛接触:提起眼睑,用流动清水或生理盐水冲洗,就医。 吸入:输氧,就医。 误食:饮温水、催吐、洗胃、就医
有机化合物	芳胺、芳族硝基化合物	吸入或皮肤渗透。 急性中毒致高铁血红蛋白症、溶血性贫血及肝脏损害	皮肤接触:用食醋或乙醇先擦洗,再用肥皂及低温清水冲洗,吸氧,就医。 高铁血红蛋白血症:用小剂量亚甲蓝(1~2 mg/kg)注射。 眼睛接触:立即提起眼睑,用大量流动清水或生理盐水彻底冲洗至少15 min,就医
气体	氮氧化物	呼吸系统急性损害。 急性中毒:口腔、咽喉黏膜、眼结膜充血,头晕,支气管炎、肺炎、肺水肿。 慢性:呼吸道病变	移至新鲜空气处,必要时吸氧
气体	二氧化硫、三氧化硫	对上呼吸道及眼结膜有刺激作用;引起引膜炎、支气管炎、胸痛、胸闷	移至新鲜空气处,吸氧。 液体二氧化硫溅入眼内,必须迅速以大量生理盐水或清水冲洗
气体	硫化氢	眼结膜、呼吸及中枢神经系统损害。 急性:头晕、头痛甚至抽搐昏迷;久闻不觉其气味更具危险性	移至新鲜空气处,吸氧,现场呼吸停止时,应立即进行人工呼吸和体外心脏按压术。 皮肤接触:用肥皂水和清水清洗。 眼睛损害:清水冲洗至少15 min,可用激素软膏涂抹眼睛周围

化验室接触毒物造成的中毒可能发生在取样,管道破裂或阀门损坏等意外事故,样品溶解时通风不良,有机溶剂萃取、蒸馏等操作中。预防中毒的措施主要是:①改进实验设备与实验方法,尽量采用低毒品代替高毒品;②将符合要求的通风设施将有害气体排除;③消除二次污染源,即减少有毒蒸气的逸出及有毒物质的洒落、泼溅;④选用必要的个人防护用具如眼镜、防护油膏、防毒面具、防护服装等。

2.3　实验室安全与废物处理

2.3.1　实验室安全

保护实验人员的安全和健康,防止环境污染,保证实验室工作安全而有效地进行是实验室管理工作的重要内容。根据实验室工作的特点,实验室安全包括防火、防爆、防毒、防腐蚀,保证压力容器和气瓶的安全,保证电气安全和防止环境污染等方面。

1. 防止中毒、化学灼伤和割伤

(1)一切药品和试剂要有与其内容物相符的标签。剧毒药品严格遵守双人双管的保管、领用制度。

(2)严禁试剂入口及以鼻直接接近瓶口进行鉴别。如需鉴别,应将试剂瓶口远离鼻子,以手轻轻煽动,稍闻即止。

(3)处理有毒的气体、产生蒸气的药品及有毒有机溶剂(如氮氧化物、溴、氯、硫化氢、汞、砷化物、甲醇、乙腈、吡啶等),必须在通风橱内进行。取有毒试样时必须站在上风口。

(4)取用腐蚀性药品,如强酸、强碱、浓氨水、浓过氧化氢、氢氟酸、冰乙酸和溴水等,尽可能戴上防护眼镜和手套,操作后立即洗手。如瓶子较大,应一手托住底部,一手拿住瓶颈。

(5)稀释硫酸时,必须在烧杯等耐热容器中进行,必须在玻璃棒不断搅拌下,缓慢地将酸加入水中! 溶解氢氧化钠、氢氧化钾等时,会大量放热,必须在耐热的容器中进行。浓酸和浓碱必须在各自稀释后再进行中和。

(6)取下装有沸腾的水或溶液的烧杯时,需先用烧杯夹夹住摇动后再取下,以防液体突然剧烈沸腾溅出伤人。

2. 防火、防爆

(1)实验室内应备有灭火用具、医用急救箱和个人防护器材。实验人员要熟知这些器材的使用方法。

(2)操作、倾倒易燃液体时应远离火源,瓶塞打不开时,切忌用火加热或贸然敲打。倾倒易燃液体时要有防静电措施。

(3)加热易燃溶剂必须在水浴或严密的电热板上缓慢进行,严禁用火焰或电炉直接加热。

(4)使用酒精灯时,注意酒精切勿装满,应不超过容量的 2/3,灯内酒精不足 1/4 容量时,应灭火后添加酒精。燃着的灯焰应用灯帽盖灭,不可用嘴吹灭,以防引起灯内酒精起燃。酒精灯应用火柴点燃,不应用另一正燃的酒精灯来点,以防失火。

(5)易爆炸类药品,如苦味酸、高氯酸、高氯酸盐、过氧化氢等应放在低温处保管,不应和其他易燃物放在一起。

(6)蒸馏可燃物时,应先通冷却水后再通电。要时刻注意仪器和冷凝器的工作是否正常。如需往蒸馏器内补充液体,应先停止加热,冷却后进行。

(7)易发生爆炸的操作不得对着人进行,必要时操作人员应戴面罩或使用防护挡板。

(8)身上或手上沾有易燃物时,应立即清洗干净,不得靠近灯火,以防着火。

(9)严禁可燃物与氧化剂一起研磨。工作中不要使用不知其成分的物质,因为反应时可能形成危险的产物(包括易燃、易爆或有毒产物)。在必须进行性质不明的实验时,应尽量先从最小剂量开始,同时要采取安全措施。

(10)加热设备周围严禁有易燃物品。电烘箱周围严禁放置可燃、易燃物及挥发性易燃液体。不能烘烤可放出易燃蒸气的物料。

3. 灭火

当发生火灾,如尚未对人身造成很大威胁时,应争分夺秒将小火扑灭于初期。若局部着火,应立即切断电源,关闭可燃气体阀门,用湿抹布(必须可燃物和水不反应)或石棉布覆盖熄灭。若火势较大,应选用适当的灭火器灭火,拨打火警电话,请求救援,安全逃生。

根据可燃物的类型和燃烧特性,火灾分为 A、B、C、D、E、F 六类(GB/T4968—2008《火灾分类》)。

A 类火灾:指固体物质火灾。这种物质通常具有有机物性质,一般在燃烧时能产生灼热的余烬。如木材、煤、棉、毛、麻、纸张等火灾。

B 类火灾:指液体或可熔化的固体物质火灾。如煤油、柴油、原油、甲醇、乙醇、沥青、石蜡、塑料等火灾。

C 类火灾:指气体火灾。如煤气、天然气、甲烷、乙烷、丙烷、氢气等火灾。

D 类火灾:指金属火灾。如钾、钠、镁、铝镁合金等火灾。

E 类火灾:带电火灾。物体带电燃烧的火灾。

F 类火灾:烹饪器具内的烹饪物(如动植物油脂)火灾。

灭火就是要去掉火灾的其中一个因素。水是最价廉的灭火剂,适用于一般木材、各种纤维及可溶(或半溶)于水的可燃液体着火。砂土的灭火原理是隔绝空气,用于不能用水灭火的着火物。实验室应备干燥的砂箱。石棉毯或薄毯的灭火原理也是隔绝空气,用于扑灭人身上燃着的火。

实验室应根据可燃物的类型配备灭火器,同一场火灾存在不同火灾种类时,应选用通用型灭火器,如可扑灭 A、B、C、E 多类火灾的磷酸铵盐干粉(俗称 ABC 干粉)灭火器。当配备两种或两种以上类型灭火器时,应采用与灭火剂相容的灭火器,因为不管是同时使用还是依次(先后)使用,都应防止因灭火剂选择不当而引起干粉与泡沫、干粉与干粉、泡沫与泡沫之间的不利于灭火的相互作用,以避免因发生泡沫消失等不利因素而导致灭火效力明显降低。

A 类火灾场所应选择水型灭火器、磷酸铵盐干粉灭火器、泡沫灭火器或卤代烷灭火器。

B 类火灾场所应选择泡沫灭火器、碳酸氢钠干粉灭火器、磷酸铵盐干粉灭火器、二氧化碳灭火器、水型灭火器或卤代烷灭火器。极性溶剂的 B 类火灾场所应选择灭 B 类火灾的抗溶性灭火器。

C 类火灾场所应选择磷酸铵盐干粉灭火器、碳酸氢钠干粉灭火器、二氧化碳灭火器或卤代烷灭火器。

D 类火灾场所应选择扑灭金属火灾的专用灭火器。

E 类火灾场所应选择磷酸铵盐干粉灭火器、碳酸氢钠干粉灭火器、卤代烷灭火器或二氧化碳灭火器,但不得选用装有金属喇叭喷筒的二氧化碳灭火器。

卤代烷灭火剂的优点是不污染和不损坏物体,适用于精密仪器和图书等贵重物品的灭火,但是,因为它破坏大气臭氧层,非必要场所不应配制卤代烷灭火器。

4. 气体钢瓶的安全使用

实验室常用的气体,如氢气、氮气、氩气、氧气、乙炔、二氧化碳等,都可以通过购置气体钢瓶获得。一些气源,如氢气、氮气、氧气等也可以通过购置发生器来获得,相较气体钢瓶(以下简称"气瓶"),其具有种类齐全、压力稳定、纯度较高、使用方便等优点。气瓶属于高压容器,必须严格遵守安全使用规程才能防止事故发生。

1. 气瓶的结构

气瓶是高压容器,一般是用无缝钢管制成的圆柱形容器,壁厚 5～8 cm,底部为钢质方形平底的座,可以竖放。气瓶顶部有开关阀(启闭气门),外有瓶帽,瓶口侧面有气门接头,如图 2-3-1 所示。

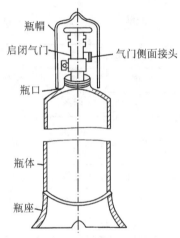

图 2-3-1　气瓶的剖面结构

气瓶侧面接头供安装减压阀使用,不同的气体配不同的专用减压阀;为防止气瓶充气时因装错发生爆炸,可燃气瓶(如氢气、乙炔)的螺纹是反扣(左旋)的,非可燃气瓶(如氮气)的螺纹是正扣(右旋)的。

2) 气瓶的种类和标志

按照 GB/T16163-2012《瓶装气体分类》和 TSG R0006-2014《气瓶安全技术监察规程》,瓶装气体介质分为以下几种:

(1) 压缩气体是指在 -50 ℃ 时加压后完全是气态的气体,包括临界温度(T_c)低于或者等于 -50 ℃ 的气体,也称永久气体;

(2) 高(低)压液化气体是指在温度高于 -50 ℃ 时加压后部分是液态的气体,包括临界温度(T_c)在 -50～65 ℃ 的高压液化气体和临界温度(T_c)高于 65 ℃ 的低压液化气体;

(3) 低温液化气体是指在运输过程中由于深冷低温而部分呈液态的气体,临界温度(T_c)一般低于或者等于 -50 ℃,也称为深冷液化气体或者冷冻液化气体;

(4)溶解气体指在压力下溶解于溶剂中的气体;

(5)吸附气体指在压力下吸附于吸附剂中的气体。

气瓶的标志包括制造标志和定期检验标志,不得更改气瓶制造标志及其用途。盛装混合其他气体的气瓶必须按照气瓶标志确定的气体特性,充装相同特性(指毒性、氧化性、燃烧性和腐蚀性)的混合气体,不得改装单一气体或者不同特性的混合气体。各类气瓶的检验周期和报废年限必须遵照相关规定执行。现行的 GB7144-1999《气瓶颜色标志》规定如表 2-3-1 所示。

表 2-3-1　气瓶颜色标志一览表(部分)

1	充装气体名称	化学式	颜色	字样	字色	色环
1	乙炔	CH≡CH	白	乙炔不可近火	大红	
2	氢	H_2	淡绿	氢	大红	$P=20$,淡黄色单环 $P=30$,淡黄色双环
3	氧	O_2	淡(酞)蓝	氧	黑	$P=20$,白色单环 $P=30$,白色双环
4	氮	N_2	黑	氮	淡色	
5	空气		黑	空气	白	
6	二氧化碳	CO_2	铝白	液化二氧化碳	黑	$P=20$,黑色单环
7	氨	NH_3	淡黄	液氨	黑	
8	氯	Cl_2	深绿	液氯	白	
9	氟	F_2	白	氟	黑	
10	一氧化氮	NO	白	一氧化氮	黑	
47	氩	Ar	银灰	氩	深绿	$P=20$,白色单环
48	氦	He	银灰	氦	深绿	
55	二氧化硫	SO_2	银灰	液态二氧化硫	黑	
81	硫化氢	H_2S	银灰	液态硫化氢	大红	

注:色环栏内的 P 是气瓶的公称工作压力,单位为 MPa。

3)气瓶的存放及安全使用

(1)气瓶必须存放在阴凉、干燥、严禁明火、远离热源的房间,使用中的气瓶立放时,应当妥善固定。

(2)禁止用任何热源加热气瓶。

(3)在可能造成气体回流的使用场合,设备上应配制防倒灌装置,如单向阀、止回阀、缓冲罐等;瓶内气体不得用尽,压缩气体、溶解乙炔气气瓶的剩余压力应当不小于 0.05 MPa,液化气体、低温液化气体及低温液体气瓶应当留有不少于 0.5%~1% 的规定充装量的剩余气体。

(4)搬运气瓶要轻装轻卸,严禁抛、滑、滚、碰、撞、敲击气瓶;吊装时,严禁使用电磁起重机和金属链绳。

(5)气瓶应戴瓶帽,以避免搬运过程中瓶阀损坏,甚至瓶阀飞出事故的发生。

(6)气瓶要按规定定期作技术检验和耐压试验。

(7)易起聚合反应的气体钢瓶,如乙烯、乙炔等,应在储存期限内使用。

(8)高压气瓶的减压器要专用,安装时螺扣要上紧(应旋进 7 圈螺纹,俗称吃七牙),不得漏气。开启高压气瓶时操作者应站在气瓶出口的侧面,动作要慢,以减少气流摩擦,防止产生静电。

(9)氧气瓶及其专用工具严禁与油类接触,氧气瓶不得有油类存在;氧气瓶、可燃气体瓶与明火距离应不小于 10 m,不能达到时,应有可靠的隔热防护措施,并且距离不得小于 5 m。

5. 电气安全

实验室接触的物质可能是易燃易爆的,如有机溶剂、高压气体等,又可能使用大型现代化仪器。因此保障电气安全对人身及仪器设备的保护都是非常重要的。

1)电击防护

(1)确保电气设备完好,绝缘性好。发现设备漏电要立即修理。不得使用不合格的或绝缘损坏、已老化的线路,并建立定期维护检查制度。

(2)良好的保护接地。保护接地线应采用焊接、压接、螺栓连接或其他可靠方法连接,严禁缠绕或钩挂。电缆(线)中的绿/黄双色线在任何情况下只能用作保护接地线,接地措施和接地电阻应符合相关产品标准。

(3)使用漏电保护器。

2)静电防护

静电是在一定的物体中或其表面上存在的电荷。一般 3~4 kV 的静电电压便会使人有不同程度的电击感觉。防止静电的措施有:

(1)防静电区内不要使用塑料地板、地毯或其他绝缘性好的地面材料,可以铺设导电性地板。

(2)在易燃易爆场所,应穿导电纤维材料制成的防静电工作服、防静电鞋(电阻应在 150 kΩ 以下),戴防静电手套。不要穿化纤类织物、胶鞋及绝缘鞋底的鞋。

(3)高压带电体应有屏蔽措施,以防人体感应产生静电。

(4)进入实验室应徒手接触金属接地棒,以消除人体从外界带来的静电。坐着工作的场合可在手腕上带接地腕带。

(5)提高环境空气中的相对湿度,当相对湿度超过 65%~70% 时,由于物体表面电阻降低,便于静电逸散。但这对精密仪器的生产、使用、维修过程仍不能满足防静电要求。(在防静电安全区内静电电压不得超过 100 V)

3)用电安全守则

(1)不得私自拉接临时供电线路。

(2)不得使用不合格的电气设备。室内不得有裸露的电线。保持电器及电线的干燥。

(3)正确操作闸刀开关,应使闸刀处于完全合上或完全拉断的位置,不能若即若离,以防接触不良产生火花。禁止将电线头直接插入插座内使用。

(4)新购的电器使用前必须全面检查,防止因运输震动使电线连接松动,确认没问题并接好地线后方可使用。

(5)使用烘箱和高温炉时,必须确认自动控温装置可靠。同时还须人工定时监测温度,以免温度过高。不得把含有大量易燃易爆溶剂的物品送入烘箱和高温炉加热。

(6)电源或电器的保险丝烧断时,应先查明原因,排除故障后再按原负荷换上适宜的保险丝。

(7)擦拭电气设备前应确认电源已全部切断。严禁用潮湿的手接触电器和用湿布擦电源插座。

6. 实验室安全守则

(1)实验室应配备足够数量的安全用具,如砂箱、灭火器、灭火毯、冲洗龙头、洗眼器、护目镜、防护屏、急救药箱(备有创可贴、碘酒、棉签、纱布等)。每位实验人员应知道气阀、水阀和电开关的位置,以备必要时及时关闭。

(2)学生实验前必须认真学习有关的安全技术规程,了解设备性能及操作中可能发生事故的原因,掌握预防和处理事故的方法。

(3)进行有危险性的工作(如危险物料的现场取样、易燃易爆物品的处理等)应有陪伴者,陪伴者应处于能清楚看到操作地点的地方并观察操作的全过程。

(4)玻璃管与胶管、胶塞等的拆装时,应先用水润湿,手上垫棉布,以免玻璃管折断扎伤。

(5)打开浓盐酸、浓硝酸、浓氨水试剂瓶塞时应戴防护用具,在通风柜中进行。

(6)夏季打开易挥发溶剂瓶塞前,应先用冷水冷却,瓶口不要对着人。

(7)稀释浓硫酸的容器——烧杯或锥形瓶要放在塑料盆中,只能将浓硫酸慢慢倒入水中,不能相反！必要时用水冷却。

(8)蒸馏易燃液体严禁用明火。蒸馏过程不得离人,以防温度过高或冷却水突然中断。

(9)实验室内每瓶试剂必须贴有明显的与内容物相符的标签。严禁将用完的原装试剂空瓶不更新标签而装入别种试剂。

(10)实验室内禁止进食,不能用实验器皿处理食物。离室前用洗手液洗手。

(11)工作时应穿工作服,长发要扎起,不应在食堂等公共场所穿工作服。

(12)每日实验完毕应检查水、电、气、窗,进行安全登记后方可锁门。

2.3.2　实验室废物处理

按照国家环境保护总局环办[2004]15号《关于加强实验室类污染环境监管的通知》要求,已将实验室、化验室、试验场的污染纳入环境监管范围,并自2005年1月1日起正式按污染源管理。按教育部、环境保护总局《关于加强高等学校实验室排污管理的通知》要求,实验室科研教学活动中产生和排放的废气、废液、固体废物、噪声、放射性污染物等,应按环境保护行政主管部门的要求进行申报登记、收集、运输和处置。严禁把废气、废液、固体废物、废渣和废弃化学品等污染物直接向外界排放。

1. 废物分类

高校环境实验室产生的废物主要有废气、固体废物(含废渣)、废液和废水。其中废气种类、数量均较少。由于高校大多数实验室均配制了强制通风设施,实验过程中产生的废气被强制排入周围环境空气中,在大气的稀释作用下,通常不会造成环境污染。但对毒性较大且浓度高的废气,必须采取相应措施处理后,再外排。如氮、硫等酸性氧化物气体,必须集中收集后,用导管通入碱液中,使其被吸收后排出。

固体废物(含废渣)包括空药品瓶(指购买化学药品时原盛装化学药品之玻璃或塑料容器)、各种纸类(如吸水纸、擦镜纸、称量纸等)、废渣(含打烂的玻璃仪器、实验用过的土壤、植物碎屑和撒落的单质汞)等。对于不能自行处理的固体废物,集中收集后,交由环境保护主管行政部门指定的有处理能力的单位统一处理。

单质汞一般是由于操作不慎将压力计、温度计打碎将汞撒落在实验台、水池、地面上,汞的蒸气压较大,生成的汞蒸气具有较大的毒性。此时,要注意实验室的通风,并注意及时用滴管、毛刷等尽可能地将其收集起来,并置于盛有水的烧杯中,对于撒落在地面难以收集的微小汞珠应立即撒上硫黄粉,小心清扫地面,使这些汞珠与硫黄尽可能接触,硫黄将被吸附在汞珠的表面并生成毒性较小的硫化汞。

实验室中排放的液体废物主要是废液和废水,排放量虽然不大,但其成分复杂多样,处理难度最大。若直接排放,污染面广。实验室液体废物主要分为两大类:

1)**有机废液**

(1)含卤素有机溶剂废液:由实验室产生的废弃溶剂,该溶剂含有脂肪族卤素类化合物,如氯仿、甲烷、四氯化碳等。

(2)不含卤素有机溶剂废液:由实验室产生的废弃溶剂,该溶剂不含脂肪族卤素类化合物或芳香族卤素类化合物。

2)**无机废液**

(1)含重金属废液:由实验室产生的含有任一种重金属(如铁、钴、汞、铜、锰、镉、铅、铬、铝、镁、锌、银等)的废液。

(2)含氟废液:由实验室所产生的废液,该废液含有氢氟酸或氟的化合物。

(3)含氰废液:由实验室所产生的废液,该废液含有氢氰酸或氰的化合物。

(4)酸性废液:由实验室产生的含有酸类的废液。

(5)碱性废液:由实验室产生的含有碱类的废液。

2. 贮存

贮存要求:废液应根据其化学特性选择合适的容器和存放地点,密闭容器存放,不可混合贮存,容器标签必须标明废物种类、贮存时间,定期处理。一般废液可通过酸碱中和、混凝沉淀、次氯酸钠氧化处理后排放,有机溶剂废液应根据性质进行回收。

大部分的实验室废液触及皮肤仅有轻微的不适,小部分腐蚀性废液会伤害皮肤,有一部分废液则会经由皮肤吸收而致毒。会经由皮肤吸收产生剧毒的废液,搬运或处理时需要特别注意,不可接触皮肤。实验室废液处理时,如操作不当会产生有毒气体。最常见的有:氰类与酸混合会产生剧毒的氰酸;漂白水与酸混合会产生剧毒的氯气或偏次氯酸;硫化物与酸混合会产生剧毒的硫化物。

实验室废液因浓度高,处理时易因大量放热反应速率增加而致意外发生。为了避免这种情形,在处理实验室废液时应把握下列原则:每次处理时应少量,以防量大引起反应;处理剂倒入时应缓慢,以防止激烈反应;充分搅拌,以防止局部反应;必要时于水溶性废液中加水稀释,以缓和反应速率及降低温度上升的速率。

3. 废物处理具体措施

(1)推行环保实验和绿色实验;大力提倡采用无毒、无害或者低毒、低害的试剂代替毒性大、危害严重的试剂;尽可能减少危险化学品的使用,以减少污染物排放;提倡推行微型实验,尝试计算机模拟实验。

(2)建立完善的高校污染物申报登记制度;建立实验室废液和废水收集、固体废物处理管理制度,并完善登记申报制度。目前由于实验室废液、废水、固体废物处理难度较大,处理费用较高,环境保护和教育主管部门应予以重视,研究处理对策,着重开展实验室废液、废水、固体废物管理制度和措施的研究,制定相应的实验室废液、废水、固体废物排放管理制度及监督管理措施。

(3)由于各个实验室从事的实验大不相同,污染物的性质和成分差异比较大,而且污染物的组成也不尽相同,要求各实验室全部自行处理既不经济,也不现实。因此要求各实验室将不能自行处理的废液、废水和固体废物,分类收集后,交由专业处理中心统一处理。不能自行处理的固体废物,必须交由环境保护主管部门认可、持有危险废物经营许可证的单位处置。

第3章

$\overline{\qquad\qquad\qquad\qquad\qquad\qquad\qquad}$

专业基础实验

3.1 环境监测实验

环境监测技术主要包括采样技术、测试技术和数据处理技术。关于采样技术和数据处理技术有专门的章节介绍,这里以污染物的测试技术为重点作一概述。

3.1.1 常用分析技术

1. 化学分析法

化学分析法是以特定的化学反应为基础的分析方法,分为重量分析法和容量分析法。

重量分析法是将待测物质以沉淀的形式析出,经过过滤、烘干,用天平称其质量,通过计算得出待测物质的含量。由于重量分析法的步骤繁琐,费时费力,因而在环境监测中的应用趋少。但是重量分析法准确度比较高,环境监测中的硫酸盐、二氧化硅、残渣、悬浮物、油类、可吸入颗粒物和降尘等的标准分析方法仍建立在重量分析法的基础上。随着称量工具的改进,重量分析法有可能重新得到重视,例如用压电晶体的微量测重法测定大气可吸入颗粒物和空气中汞蒸气等。

容量分析法的特点是操作简便、迅速,结果准确,费用低,在环境监测中得到较多的应用。例如测定水的酸碱度、化学需氧量、溶解氧、挥发酚、总氮、硫化物和氰化物等。滴定分析是容量分析的一种,它是用一种已知准确溶液(标准溶液)滴加到含有被测物质的溶液中,根据反应完全时消耗标准溶液的体积和浓度,计算出被测物质的含量。滴定分析方法简便,测定结果的准确度高,不需贵重的仪器设备,至今被广泛采用,是一种重要的分析方法。根据化学反应类型的不同,滴定分析法分为酸碱滴定、配位滴定、沉淀滴定和氧化还原滴定4种方法。

2. 仪器分析法

仪器分析法是以被测物质的物理或物理化学性质为基础的分析方法。根据分析原理和仪器的不同,可分为光谱法(可见分光光度法、紫外分光光度法、红外分光光度法、原子吸收光谱法、X射线荧光光谱法、化学发光分析法等),色谱法(气相色谱法、高效液相色谱法、薄层色谱法、离子色谱法、色谱-质谱联用技术),电化学法(极谱分析法、溶出伏安法、电导法、电位分析法、离子选择电极法、库仑滴定法),放射分析法(同位素稀释法、中子活化法)和流动注射分析法等。

仪器分析法被广泛用于对环境中污染物进行定性和定量地测定。如分光光度法常用于大部分金属、无机非金属的测定,气相色谱法常用于有机物的测定,对于污染物定性和结构的分析常采用紫外分光光度法、红外分光光度法、质谱法及核磁共振等技术。

3. 生物监测技术

生物监测技术是利用生物(植物、动物和微生物等)个体、种群或群落在污染环境中所产生的各种反应信息来判断环境质量的方法,是一种最直接反映环境综合质量的方法。

生物监测技术包括生态学方法、生理生态方法、毒理学和遗传毒理学方法及生物化学成分分析法。生态学方法是利用生物群落组成和结构的变化及生态系统功能的变化为指标进行监测,如寻找指示生物或了解污染物对生物群落的影响;生理生态方法是通过将生物的行为、生长、发育及生理生化作为指标来监测环境污染状况,如将鱼的呼吸强度或酶的活性等作为指标监测水的污染情况;毒理学是以污染物引起机体病理状态和死亡为指标监测环境污染物状况,并通过生物的急性、慢性毒性试验来确定污染物的毒性,也可为排放物寻找理论上的允许浓度(安全浓度);遗传毒理学方法是利用染色体畸形和基因突变为指标监测环境微生物的致突作用;生物化学成分分析法(残毒测定法)是通过测定生物体内污染物的含量来估测环境污染程度,如树木年轮化学成分分析法。

3.1.2 监测技术发展趋势

监测技术的发展较快,许多新技术在监测过程中已得到应用。在无机污染物的监测方面,电感耦合等离子体原子发射光谱法用于对 20 多种元素的分析;原子荧光光谱法可用于一切对荧光具有吸收能力的物质的分析;离子色谱技术的应用范围也扩大了。在有毒有害有机污染物的分析方面,气相色谱–质谱联用仪(GC-MS)用于挥发性有机物(VOCs)和半挥发性有机物(SVOCs)及氯酚类、有机氯农药、有机磷农药、多环芳烃(PAHs)、二噁英类、多氯联苯(PCBs)和持久性有机污染物(POPs)的分析;高效液相色谱法(HPLC)用于 PAHs、苯胺类、酞酸酯类、酚类等的分析;离子色谱法(IC)用于可吸附有机卤化物(AOX)、总有机卤化物(TOX)的分析;化学发光分析对超痕量物质的分析也已应用到环境监测中。但是,利用遥测技术对一个地区、整条河流的污染分布情况进行监测,是以往的监测方法很难完成的。

对于区域甚至全球范围的监测和管理,其监测网络及点位的研究,监测分析方法的标准化,连续自动监测系统、数据传送和处理的计算机化的研究应用发展很快。连续自动监测系统(包括在线监测)的质量控制与质量保证工作也在逐步完善。

在发展大型、连续自动监测系统的同时,研究小型便携式、简易快速的监测技术也十分重要。例如:在突发性环境污染事故的现场,瞬时造成很大的危害,但由于空气扩散和水体流动,污染物浓度的变化十分迅速,这时大型固定仪器由于采样、分析时间较长,无法适应现场急需,因此便携式和快速测定技术就显得十分重要,在野外也同样如此。

本书实验中涉及的监测方法以化学分析法及部分仪器分析法为主。

实验 1 空气中颗粒污染物的测定

总悬浮颗粒物(TSP)指能长久悬浮在空气中,空气动力学当量直径≤100 μm 的颗粒物和液粒,即指粒径在 100 μm 以下的颗粒物。根据 TSP 的来源,一般将其分为两大类:一类是一次颗粒物,主要是由工业生产、燃烧、风沙、火山爆发等人为或自然过程排放到大气中的颗粒物;另一类是二次颗粒物,是指某些气体通过大气化学反应和物理作用生成的颗粒物。其对人体的危害程度主要决定于自身的粒度大小及其化学组成。TSP 中粒径大于 10 μm 的物质,几乎都可被鼻腔和咽喉所捕集,但不进入肺泡。对人体危害最大的是 10 μm 以下的浮游状颗粒物,称为飘尘(可吸入颗粒物,PM10)。PM10 可经过呼吸道沉积于肺泡。慢性呼吸道炎症、肺气肿、肺癌的发病与空气颗粒物的污染程度明显相关,当人体长年接触颗粒物浓度高于 0.2 mg/m³ 的空气时,其呼吸系统病症增加。悬浮颗粒物的存在直接影响大气的物理性质,例如悬浮颗粒物能散射光线,减少地面接收的太阳辐射,降低大气能见度等;此外,酸性的悬浮颗粒物还会腐蚀金属和建筑材料,造成酸性降雨。TSP、PM10 是评价大气质量的重要指标。

(一)空气中总悬浮颗粒物(TSP)的测定

1. 实验目的

(1)测定周围大气中 TSP 的浓度,从而了解人为活动对大气中 TSP 浓度的影响。

(2)掌握中流量采样器的使用方法及重量法测定空气中 TSP 的方法步骤。

2. 实验原理

具有一定切割特性的采样器以恒速抽取定量体积的空气,空气中粒径小于 100 μm 的悬浮颗粒物被截留在已恒重的滤膜上。根据采样前、后滤膜质量之差及采样体积,计算 TSP 的浓度。滤膜经处理后,可进行组分分析。

3. 实验仪器

(1)中流量 TSP 采样器:采样器采样口抽气速度 0.3 m/s,采气流量(工作点流量)100 L/min。

(2)电子天平:感量 0.1 mg,再现性(标准差)≤0.2 mg。

(3)恒温恒湿箱:箱内空气温度要求在 15~30 ℃ 范围内连续可调,控温精度为 ±1 ℃;箱内空气相对湿度应控制在(50±5)%。恒温恒湿箱可连续工作。

(4)玻璃纤维滤膜、镊子、滤膜盒。气压计、温度计。

4. 实验步骤

1)滤膜准备

(1)滤膜检查:每张滤膜使用前均须认真检查,不得使用有针孔或有任何缺陷的滤膜,编号备用。

(2)平衡:将滤膜放在恒温恒湿箱中平衡 24 h,平衡温度取 15~30 ℃ 中任一点,相对湿度控制在(50±5)%。记下平衡温度与湿度。

(3)称量:天平放置在平衡室内,室内温度变化应小于 ±3 ℃,在上述平衡条件下称量滤膜,称量精确到 0.1 mg。记下滤膜质量 W_1(g)。

(4)保存:称量好的滤膜平展地放在滤膜袋内,然后贮存于滤膜保存盒中,采样前不得将滤膜弯曲或折叠。

2)安放滤膜及采样

(1)打开采样头顶盖,取出滤膜夹。用清洁干布擦去采样头内及滤膜夹的灰尘。

(2)将已编号并称量过的滤膜毛面向上,放在滤膜网托上,放上滤膜夹,对正、拧紧,使不漏气。安好采样头顶盖,按照采样器使用说明,设置采样时间,即可启动采样。实验中采样流量一般取 100 L/min,若测定日平均浓度,采样时间至少应在 12 h 以上。若污染严重,可用几张滤膜分段采样,合并计算日平均浓度。

(3)采样结束,打开采样头,用镊子轻轻取下滤膜,采样面向里,将滤膜对折,放入号码相同的滤膜袋中。采样过程须测定现场大气压和温度。

3)尘膜的平衡及称量

(1)尘膜在恒温恒湿箱中,与采样前空白滤膜平衡条件相同的温度、湿度下,平衡 24 h。

(2)在上述平衡条件下称量滤膜,称量精确到 0.1 mg。记录下滤膜质量 W_2(g)。

5. 数据记录与处理

(1)有关数据记录在表 3-1-1 中。

表 3-1-1　空气中总悬浮颗粒物(TSP)的测定记录

监测点:＿＿＿＿＿　　　　　　　　　　　　　实验时间:＿＿＿＿＿

时间	采样流量 /(L·min⁻¹)	采样时间 /min	采样体积 /L	采样温度 /K	采样气压 /kPa	标准采样体积 V_0/L	滤膜重量/g			TSP浓度 /(mg·m⁻³)
							采样前 W_1/g	采样后 W_2/g	样品重量/g	

(2)计算。

$$总悬浮颗粒物浓度(TSP,mg/m^3) = \frac{(W_2 - W_1) \times 10^6}{V_0} \tag{3-1-1}$$

式中:W_2 为采样后的滤膜重量,g;W_1 为空白滤膜重量,g;V_0 为标准状态下的采样体积,L。

【注意事项】

(1)采样进气口必须向下,空气气流垂直向上进入采样口,采样口抽气速度规定为 0.30 m/s。

(2)要经常检查采样头是否漏气。当滤膜上颗粒物与四周白边之间的界线逐渐模糊,则表明应更换面板密封垫。

(3)采样高度为 3～5 m,若在层顶上采样,应距层顶 1.5 m,采样点应选择在不接近烟囱、材料仓库、施工工地及停车场等局部污染源的地方,也不能在靠近墙壁、树木的地方及屋檐下采样。

(4)雾天采样使滤膜阻力大于 10 kPa 时,本方法不适用。

(5)滤膜称重时的质量控制:取清洁滤膜若干张,在恒温恒湿箱内平衡 24 h,称重。每张滤膜称重称 10 次以上,每张滤膜称重的平均值为该张滤膜的原始质量,称为标准滤膜。每次称清洁或样品滤膜的同时,称量两张标准滤膜,若称出的质量在原始质量±5 mg 范围内,则认为该批样品滤膜称量合格,数据可用,否则应检查称量环境是否符合要求,并重新称量该批样品滤膜。

6. 思考题

(1)TSP 的量是否就是灰尘自然沉降量?

(2)为了保证分析质量,在采样前后应对滤膜做哪些工作?

(二)空气中可吸入颗粒物(PM10)的测定

空气中 PM10 的测定有自动和手动两种方法,本实验为手动方法,即重量法。此方法所用采样器按采样流量不同,可分为大流量采样器和中流量采样器两种。本实验采用中流量采样器。

1. 实验目的

(1)进一步熟悉中流量采样器的使用方法。

(2)掌握 PM10 切割器分离原理,恒重法滤膜的精确称量。

2. 实验原理

以恒速抽取定量体积的空气,使其通过具有 PM10 切割特性的采样器,空气中粒径小于 $10~\mu m$ 的悬浮颗粒物,随着气流经分离器的出口被截留在已恒重的滤膜上。根据采样前、后滤膜质量之差及采样体积,计算 PM10 的浓度。滤膜经处理后,可进行组分分析。

3. 实验仪器

(1)PM10 切割器。

(2)中流量采样器:中流量孔口流量计量程为 $75\sim125$ L/min,准确度不超过$\pm2\%$。采样流量(工作点流量)一般为 100 L/min。

(3)其他仪器参见 TSP 的测定实验。

4. 实验步骤

(1)滤膜准备参见 TSP 的测定实验。

(2)按照说明书要求操作仪器进行采样,具体参见 TSP 的测定实验。

(3)尘膜的平衡及称量参见 TSP 的测定实验。

5. 数据记录与处理

数据记录与结果计算参见 TSP 的测定实验。

【注意事项】

(1)当 PM10 含量很低时,采样时间不能过短,要保证足够的采尘量,以减少称量误差。

(2)其他注意事项参见 TSP 的测定实验。

6. 思考题

(1)对比 TSP 与 PM10 的测定,二者在采样仪器和测定方法上有什么区别?

(2)PM10 在采样时要注意哪些问题?

实验 2　空气中二氧化硫的测定

二氧化硫(SO_2)是主要空气污染物之一,为常规监测的必测项目。二氧化硫是一种无色、易溶于水、有刺激性气味的气体,能通过呼吸进入气管,对人体局部组织产生刺激和腐蚀作用,是诱发支气管炎等疾病的原因之一,特别是当它与烟尘等气溶胶共存时,可加重对呼吸道黏膜的损害。测定空气中二氧化硫常用的方法有分光光度法、紫外荧光法、电导法和气相色谱法。其中,紫外荧光法和电导法主要用于自动监测。本实验采用甲醛吸收-副玫瑰苯胺分光光度法(HJ 482—2009)测定空气中的二氧化硫。

1. 实验目的

(1)掌握空气采样器的使用方法。

(2)掌握甲醛吸收-副玫瑰苯胺分光光度法的原理和操作步骤。

(3)学会监测数据的处理和评价方法。

2. 实验原理

二氧化硫被甲醛缓冲溶液吸收后,生成稳定的羟甲基磺酸加成化合物,在样品溶液中加入氢氧化钠使加成化合物分解,释放出的二氧化硫与副玫瑰苯胺、甲醛作用,生成紫红色化合物,用分光光度计在波长 577 nm 处测量吸光度。

3. 实验材料

1) 仪器

(1)分光光度计:可见光波长 380～780 nm。

(2)多孔玻板吸收管:10 mL 多孔玻板吸收管,用于短时间采样,采样高度不低于 80 mm。

(3)恒温水浴:温度 0～40 ℃,控制精度为 ±0.5 ℃。

(4)具塞比色管:10 mL,用过的比色管和比色皿应及时用盐酸-乙醇清洗液浸洗,否则红色难以洗净。

(5)空气采样器:用于短时间采样的普通空气采样器,流量范围为 0.1～1 L/ min,应具有保温装置。用于 24 h 连续采样的采样器应具备有恒温、恒流、计时、自动控制开关的功能,流量范围为 0.1～0.5 L/min。

(6)一般实验室常用仪器。

2) 试剂

(1)碘酸钾(KIO_3),优级纯,经 110 ℃ 干燥 2 h。

(2)氢氧化钠溶液($c(NaOH)=1.5$ mol/L):称取 6.0 g NaOH,溶于 100 mL 水中。

(3)环己二胺四乙酸二钠溶液($c(CDTA-2Na)=0.05$ mol/L):称取 1.82 g 反式 1,2-环己二胺四乙酸(CDTA),加入 6.5 mL 氢氧化钠溶液,用水稀释至 100 mL。

(4)甲醛缓冲吸收贮备液:吸取 36%～38% 的甲醛溶液 5.5 mL、CDTA-2Na 溶液 20.00 mL;称取 2.04 g 邻苯二甲酸氢钾,溶于少量水中;将三种溶液混合,再用水稀释至 100 mL,贮于冰箱可保存 1 年。

(5)甲醛缓冲吸收液:用水将甲醛缓冲吸收贮备液稀释 100 倍。临用时现配。

(6)氨基磺酸钠溶液($\rho(NaH_2NSO_3)=6.0$ g/L):称取 0.60 g 氨磺酸[H_2NSO_3H]置于 100 mL 烧杯中,加入 4.0 mL 氢氧化钠溶液,用水搅拌至完全溶解后稀释至 100 mL,摇匀。此溶液密封可保存 10 d。

(7)碘贮备液($c(1/2\ I_2)=0.1000$ mol/L):称取 12.7 g 碘(I_2)于烧杯中,加入 40 g 碘化钾和 25 mL 水,搅拌至完全溶解,用水稀释至 1000 mL,贮存于棕色细口瓶中。

(8)碘溶液($c(1/2\ I_2)=0.0100$ mol/L):量取碘贮备液 50 mL,用水稀释至 500 mL,贮于棕色细口瓶中。

(9)淀粉溶液(ρ(淀粉)$=5.0$ g/L):称取 0.5 g 可溶性淀粉于 150 mL 烧杯中,用少量水调成糊状,慢慢倒入 100 mL 沸水,继续煮沸至溶液澄清,冷却后贮于试剂瓶中。

(10)碘酸钾基准溶液($c(1/6KIO_3)=0.1000$ mol/L):准确称取 3.5667 g 碘酸钾溶于水中,移入 1000 mL 容量瓶中,用水稀至标线,摇匀。

(11)盐酸溶液($c(HCl)=1.2$ mol/L):量取 100 mL 浓盐酸,加入 900 mL 水中。

(12)硫代硫酸钠标准贮备液($c(NaS_2O_3)=0.10$ mol/L):称取 25.0 g 硫代硫酸钠

$(NaS_2O_3 \cdot 5H_2O)$ 溶于 1000 mL、新煮沸但已冷却的水中，加入 0.2 g 无水碳酸钠，贮于棕色细口瓶中，放置一周后备用。如溶液呈现混浊，必须过滤。

标定方法：吸取三份 20.00 mL 碘酸钾基准溶液分别置于 250 mL 碘量瓶中，分别加入 70 mL 新煮沸但已冷却的水、1 g 碘化钾，振摇至完全溶解后，再分别加入 10 mL 盐酸溶液，立即盖好瓶塞，摇匀。于暗处放置 5 min 后，分别用硫代硫酸钠标准溶液滴定溶液至浅黄色，再分别加入 2 mL 淀粉溶液，继续滴定至蓝色刚好褪去。硫代硫酸钠标准溶液的浓度按式(3-1-2)计算：

$$c_1 = \frac{0.1000 \times 20.00}{V} \tag{3-1-2}$$

式中：c_1 为硫代硫酸钠标准溶液的浓度，mol/L；V 为滴定所耗硫代硫酸钠标准溶液的体积，mL。

(13)硫代硫酸钠标准溶液 $(c(NaS_2O_3) \approx 0.010 \text{ mol/L})$：量取 50.0 mL 硫代硫酸钠贮备液置于 500 mL 容量瓶中，用新煮沸但已冷却的水稀释至标线，摇匀。

(14)乙二胺四乙酸二钠盐(EDTA-2Na)溶液，$(\rho(\text{EDTA-2Na}) = 0.50 \text{ g/L})$：称取 0.25 g 乙二胺四乙酸二钠盐 $(C_{10}H_{14}N_2O_8Na_2 \cdot 2H_2O)$ 溶于 500 mL 新煮沸但已冷却的水中。临用时现配。

(15)亚硫酸钠溶液 $(\rho(NaS_2O_3) = 1 \text{ g/L})$：称取 0.2 g 亚硫酸钠 (Na_2SO_3) 溶于 200 mL EDTA-2Na 溶液中，缓缓摇匀以防充氧，使其溶解。放置 2～3 h 后标定。此溶液每毫升相当于 320～400 μg 二氧化硫。

标定方法：

①取 6 个 250 mL 碘量瓶 $(A_1 \, , A_2 \, , A_3 \, , B_1 \, , B_2 \, , B_3)$，在 $A_1 \, , A_2 \, , A_3$ 内各加入 25 mL 乙二胺四乙酸二钠盐溶液，在 $B_1 \, , B_2 \, , B_3$ 内各加入 25.00 mL 亚硫酸钠溶液，分别加入 50.0 mL 碘溶液和 1.00 mL 冰乙酸，盖好瓶盖，摇匀。

②立即吸取 2.00 mL 亚硫酸钠溶液，加到一个已装有 40～50 mL 甲醛吸收液的 100 mL 容量瓶中，并用甲醛吸收液稀释至标线，摇匀。此溶液即为二氧化硫标准贮备液，在 4～5 ℃下冷藏，可稳定 6 个月。

③$A_1 \, , A_2 \, , A_3 \, , B_1 \, , B_2 \, , B_3$ 6 个瓶子于暗处放置 5 min 后，分别用硫代硫酸钠溶液滴定至浅黄色，再分别加入 5 mL 淀粉指示剂，继续滴定至蓝色刚刚消失。平行滴定所用硫代硫酸钠标准溶液的体积之差应不大于 0.05 mL。

二氧化硫标准贮备液的质量浓度由式(3-1-3)计算：

$$\rho(SO_2) = \frac{(V_0 - V) \times c_2 \times 32.02 \times 10^3}{25.00} \times \frac{2.00}{100} \tag{3-1-3}$$

式中：$\rho(SO_2)$ 为二氧化硫标准贮备液的质量浓度，μg/mL；V_0 为空白滴定所用硫代硫酸钠溶液的体积，mL；V 为样品滴定所用硫代硫酸钠溶液的体积，mL；c_2 为硫代硫酸钠标准溶液的浓度，mol/L。

(16)二氧化硫标准溶液 $(\rho(SO_2) = 1.00 \text{ μg/mL})$：将二氧化硫标准贮备液用甲醛吸收液稀释。临用时现配。

(17)盐酸副玫瑰苯胺(PRA)贮备液 $(\rho(\text{PRA}) = 2.0 \text{ g/L})$。

(18)盐酸副玫瑰苯胺使用溶液 $(\rho(\text{PRA}) = 0.50 \text{ g/L})$：吸取 25.00 mL 盐酸副玫瑰苯胺贮备液于 100 mL 容量瓶中，加入 30 mL85％的浓磷酸和 12 mL 浓盐酸，用水稀释至标线，摇匀，放置过夜后使用。避光密封保存。

(19)盐酸-乙醇清洗液:由 3 份盐酸(1+4)和 1 份 95％的乙醇混合配制而成。

4.实验步骤

1)样品的采集与保存

采用内装 10 mL 吸收液的多孔玻板吸收管,以 0.5 L/min 流量采气 45~60 min,吸收液温度保持在 23~29 ℃。

现场空白:将装有吸收液的多孔玻板吸收管带到采样现场,除了不采气之外,其他环境与样品相同。样品采集和贮存过程中应尽量避免阳光照射,如果样品不能当天分析,必须将样品放在 5 ℃的冰箱中保存,但存放时间不得超过 7 d。在采样的同时,记录现场大气压和温度。

2)校准曲线的绘制

取 14 支 10 mL 具塞比色管,分为 A、B 两组,每组 7 支,分别对应编号。A 组按表 3-1-2 配制校准系列。

表 3-1-2　二氧化硫校准系列浓度

项目	0 号管	1 号管	2 号管	3 号管	4 号管	5 号管	6 号管
二氧化硫标准溶液(1.00μg/mL)用量/mL	0	0.50	1.00	2.00	5.00	8.00	10.00
甲醛缓冲吸收液用量/mL	10.00	9.50	9.00	8.00	5.00	2.00	0
二氧化硫含量/μg	0	0.50	1.00	2.00	5.00	8.00	10.00

(1)在 A 组各管中分别加入 0.5 mL 氨磺酸钠溶液和 0.5 mL 氢氧化钠溶液,混匀。

(2)在 B 组各管中分别加入 1.00 mLPRA 溶液。

(3)将 A 组各管的溶液迅速地全部倒入对应编号并盛有 PRA 溶液的 B 管中,立即加塞混匀后放入恒温水浴装置中显色。在波长 577nm 处,用 10 mm 比色皿,以水为参比测量吸光度。以空白校正后各管的吸光度为纵坐标,以二氧化硫的含量(μg)为横坐标,用最小二乘法建立校准曲线的回归方程。

显色温度与室温之差不应超过 3 ℃。根据季节和环境条件按表 3-1-3 选择合适的显色温度与显色时间。

表 3-1-3　显色温度与显色时间

显色温度/℃	10	15	20	25	30
显色时间/min	40	25	20	15	5
稳定时间/min	35	25	20	15	10
试剂空白吸光度 A_0	0.030	0.035	0.040	0.050	0.060

3)样品测定

(1)样品溶液中如有混浊物,则应离心分离除去。

(2)样品放置 20 min,以使臭氧分解。

(3)短时间采集的样品:将吸收管中的样品溶液移入 10 mL 比色管中,用少量甲醛吸收液洗涤吸收管,洗液并入比色管中并稀释至标线。加入 0.5 mL 氨磺酸钠溶液,混匀,放置 10 min 以除去氮氧化物的干扰,再加入 0.5 mL 氢氧化钠,以下步骤同校准曲线的绘制。

(4)连续 24h 采集的样品:将吸收瓶中样品移入 50 mL 容量瓶(或比色管)中,用少量甲醛吸收液洗涤吸收瓶后再倒入容量瓶(或比色管)中,并用吸收液稀释至标线。吸取适当体积的试样(视浓度高低而决定取 2~10 mL)于 10 mL 比色管中,再用吸收液稀释至标线,加入 0.5 mL 氨磺酸钠溶液,混匀,放置 10 min 以除去氮氧化物的干扰,再加入 0.5 mL 氢氧化钠,以下步骤同校准曲线的绘制。

5. 数据记录与处理

空气中二氧化硫的质量浓度可按式(3-1-4)计算:

$$\rho(SO_2) = \frac{(A - A_0 - a)}{b \times V_s} \times \frac{V_t}{V_a} \tag{3-1-4}$$

式中:$\rho(SO_2)$ 为空气中二氧化硫的质量浓度,mg/m³;A 为样品溶液的吸光度;A_0 为试剂空白溶液的吸光度;b 为校准曲线的斜率,吸光度/μg;a 为校准曲线的截距(一般要求小于 0.005);V_t 为样品溶液的总体积,mL;V_a 为测定时所取试样的体积,mL;V_s 为换算成标准状态下(101.325 kPa,273 K)的采样体积,L。

计算结果精确到小数点后三位。

【注意事项】

(1)温度对显色有影响,温度越高,空白值越大;温度高时发色快,退色也快。最好使用恒温水浴控制显色温度。测定样品时的温度和绘制标准曲线时的温度相差不要超过 2 ℃。

(2)六价铬能使紫红色配合物退色,产生负干扰,故应避免用硫酸-铬酸洗液洗涤玻璃器皿。若已用硫酸-铬酸洗液洗涤过,则需用盐酸(1+1)浸洗,再用水充分洗涤。

(3)用过的比色管和比色皿应及时用酸洗涤,否则红色难于洗净,可用盐酸(1+4)加 1/3 乙醇的混合溶液浸洗。

(4)0.2%的盐酸副玫瑰苯胺溶液:如有经提纯合格的产品出售,可直接购买使用;如果自己配制,需进行提纯和检验,合格后方能使用。

6. 思考题

试剂空白和现场空白分别代表什么? 在数据处理过程中如何使用?

实验 3　空气中氮氧化物的测定

空气中的氮氧化物主要包括一氧化氮、一氧化二氮、五氧化二氮、二氧化氮等,其中一氧化氮和二氧化氮是空气中含氮化合物的主要存在形态,为通常所说的氮氧化物(用 NO_x 表示)。它们主要来源于化石燃料的高温燃烧,汽车尾气和硝酸、化肥等生产排放的废气。一氧化氮在空气中易氧化为二氧化氮,二氧化氮具有强烈的刺激性,毒性大。目前二氧化氮为我国环境空气质量标准中的基本监测项目之一,其人工监测常用盐酸萘乙二胺分光光度法,自动监测常用化学发光法、差分吸收光谱分析法。本实验采用盐酸萘乙二胺分光光度法(HJ 479—2009)测定校园环境空气中的二氧化氮。

1. 实验目的

(1)掌握空气中氮氧化物的测定原理。

(2)掌握盐酸萘乙二胺分光光度法测定的基本操作过程和数据处理。

2. 实验原理

空气中的二氧化氮被串联的第一支吸收瓶中的吸收液吸收并反应生成粉红色偶氮染料。空气中的一氧化氮不与吸收液反应，通过氧化管时被酸性高锰酸钾溶液氧化为二氧化氮，被串联的第二支吸收瓶中的吸收液吸收并反应生成粉红色偶氮染料。生成的偶氮染料在波长540 nm 处的吸光度与二氧化氮的含量成正比。分别测定第一支和第二支吸收瓶中样品的吸光度，计算两支吸收瓶内二氧化氮和一氧化氮的质量浓度，二者之和即为氮氧化物的质量浓度（以 NO_2 计）。

3. 实验材料

1)仪器

(1)分光光度计：可见光波长为 380～780 nm。

(2)空气采样器：流量范围为 0.1～1.0 L/ min。采样流量为 0.4 L/ min 时，相对误差小于±5%。恒温、半自动连续空气采样器：采样流量为 0.2 L/ min 时，相对误差小于±5%，能将吸收液温度保持在(20±4)℃。采样连接管线为硼硅玻璃管、不锈钢管、聚四氟乙烯管或硅胶管，内径约为 6 mm，尽可能短些，任何情况下不得超过 2 m，配有朝下的空气入口。

(3)吸收瓶：可装 10 mL 吸收液的多孔玻板吸收瓶，液柱高度不低于 80 mm。图 3-1-1 示出了较为适用的两种多孔玻板吸收瓶。一般使用棕色吸收瓶或在采样过程中吸收瓶外罩黑色避光罩。新的多孔玻板吸收瓶或使用后的多孔玻板吸收瓶，应用 HCl(1+1)浸泡 24 h 以上，用清水洗净。

(4)氧化瓶：可装 5 mL 酸性高锰酸钾溶液的洗气瓶，液柱高度不能低于 80 mm。使用后，用盐酸羟胺溶液浸泡洗涤。图 3-1-2 氧化瓶示意图示出了较为适用的两种氧化瓶。

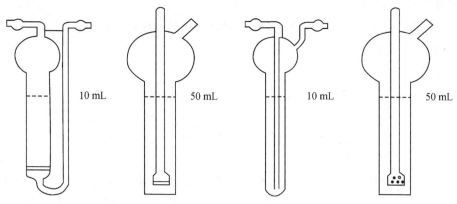

图 3-1-1 多孔玻板吸收瓶示意图   图 3-1-2 氧化瓶示意图

2)试剂

(1)冰乙酸。

(2)盐酸羟胺溶液(ρ=0.2～0.5 g/L)。

(3)硫酸溶液($c(1/2H_2SO_4)$=1 mol/L)：量取 15 mL 浓硫酸(ρ=1.84 g/ mL)，徐徐加入 500 mL 水中，搅拌均匀，冷却备用。

(4)酸性高锰酸钾溶液($\rho(KMnO_4)$=25 g/L)：称取 25 g 高锰酸钾于 1000 mL 烧杯中，加入 500 mL 水，稍微加热使其全部溶解，然后加入 500 mL 1 mol/L 硫酸溶液，搅拌均匀，贮于棕色试剂瓶中。

(5)N -(1-萘基)乙二胺盐酸盐贮备液($\rho(C_{10}H_7NH(CH_2)2NH_2 \cdot 2HCl) = 1.00$ g/L)：称取 0.50g N-(1-萘基)乙二胺盐酸盐于 500 mL 容量瓶中,用水溶解稀释至刻度。此溶液贮于密闭的棕色瓶中,在冰箱中冷藏,可稳定保存三个月。

(6)显色液:称取 5.0 g 对氨基苯磺酸($NH_2C_6H_4SO_3H$)溶解于约 200 mL 40～50 ℃热水中,将溶液冷却至室温,全部移入 1000 mL 容量瓶中,加入 50 mL N -(1-萘基)乙二胺盐酸盐贮备液和 50 mL 冰乙酸,用水稀释至刻度。此溶液贮于密闭的棕色瓶中,在 25 ℃以下暗处存放可稳定三个月。若溶液呈现淡红色,应弃之重配。

(7)吸收液:使用时将显色液和水按 4:1(体积分数)比例混合,即为吸收液。吸收液的吸光度应小于等于 0.005。

(8)亚硝酸盐标准贮备液($\rho(NO_2^-) = 250$ μg/mL):准确称取 0.3750 g 亚硝酸钠($NaNO_2$,优级纯,使用前在(105±5)℃干燥恒重)溶于水中,移入 1000 mL 容量瓶中,用水稀释至标线。此溶液贮于密闭棕色瓶中于暗处存放,可稳定保存三个月。

(9)亚硝酸盐标准工作液($\rho(NO_2^-) = 2.5$ μg/mL):准确吸取亚硝酸盐标准贮备液 1.00 mL 于 100 mL 容量瓶中,用水稀释至标线。临用现配。

3)实验用水

除非另有说明,分析时均使用符合国家标准或专业标准的分析纯试剂和无亚硝酸根的蒸馏水、去离子水或相当纯度的水。必要时,实验用水可在全玻璃蒸馏器中以每升水加入 0.5 g 高锰酸钾($KMnO_4$)和 0.5 g 氢氧化钡($Ba(OH)_2$)重蒸。水为新制备的蒸馏水或同等纯度的水。

4. 实验步骤

1)样品的采集与保存

取 2 支内装 10.0 mL 吸收液的多孔玻板吸收管,用尽量短的硅橡胶管将吸收管与采样器连接,以 0.4 L/min 流量采气 4～24 L。采样期间,样品运输和存放过程中应避免阳光照射。气温超过 25 ℃时,长时间(8 h 以上)运输和存放样品应采取降温措施。样品采集和贮存过程中应尽量避免阳光照射,样品在 30 ℃暗处存放,可稳定 8 h;在 20 ℃暗处存放,可稳定 24 h;在 0～4 ℃的冰箱中冷藏,可稳定 3 d。

2)校准曲线的绘制

取 6 支 10 mL 具塞比色管,按表 3-1-4 制备亚硝酸盐标准溶液系列。分别移取相应体积的亚硝酸钠标准工作液,加水至 2.00 mL,加入显色液 8.00 mL。

表 3-1-4　亚硝酸盐标准溶液系列的制备

项目	0 号管	1 号管	2 号管	3 号管	4 号管	5 号管
标准工作液用量/mL	0.00	0.40	0.80	1.20	1.60	2.00
蒸馏水用量/mL	2.00	1.60	1.20	0.80	0.40	0.00
显色液用量/mL	8.00	8.00	8.00	8.00	8.00	8.00
NO_2^- 质量浓度/(μg・mL^{-1})	0.00	0.10	0.20	0.30	0.40	0.50

各管混匀,于暗处放置 20 min(室温低于 20 ℃时放置 40 min 以上),用 10 mm 比色皿,在波长 540 nm 处,以水为参比测量吸光度,扣除 0 号管的吸光度以后,得出对应 NO_2^- 的质量浓度

（$\mu g / mL$），用最小二乘法计算标准曲线的回归方程。

标准曲线斜率控制在 $0.960 \sim 0.978$ 吸光度·$(mL/\mu g)$，截距控制在 $0.000 \sim 0.005$ 范围内（以 5 mL 体积绘制标准曲线时，标准曲线斜率控制在 $0.180 \sim 0.195$ 吸光度·$(mL/\mu g)$，截距控制在 $-0.003 \sim +0.003$ 范围内）。

3）空白试验

(1)实验室空白试验：取实验室内未经采样的空白吸收液，用 10 mm 比色皿，在波长 540 nm 处，以水为参比测定吸光度。实验室空白吸光度 A_0 在显色规定条件下波动范围不超过 $\pm 15\%$。

(2)现场空白：同(1)测定吸光度。将现场空白和实验室空白的测量结果相对照，若现场空白与实验室空白的结果相差过大，查找原因，重新采样。

4）样品测定

采样后放置 20 min，室温 20 ℃ 以下时放置 40 min 以上，用水将采样瓶中吸收液的体积补充至标线，混匀。用 10 mm 比色皿，在波长 540 nm 处，以水为参比测量吸光度，同时测定空白样品的吸光度，每次采样至少要做 2 个现场空白。

若样品的吸光度超过标准曲线的上限，应用实验室空白试液稀释，再测定其吸光度，但稀释倍数不得大于 6。当现场空白吸光度值高于或低于实验室空白吸光度值时，应以现场空白值为准，对该采样点的实测数据进行校正。

5. 数据记录与处理

空气中二氧化氮质量浓度（mg/m^3）按式（3-1-5）计算：

$$\rho(NO_2) = \frac{(A_1 - A_0 - a) \times V \times D}{b \times f \times V_s} \qquad (3-1-5)$$

式中：A_1 为样品溶液的吸光度；A_0 为试剂空白溶液的吸光度；b 为校准曲线的斜率，吸光度·$(mg/\mu g)$；a 为校准曲线的截距（一般要求小于 0.005）；V 为样品溶液的体积，mL；D 为样品的稀释倍数；V_s 为换算成标准状态下（101.325 kPa，273 K）的采样体积，L；f 为萨尔茨曼（Saltzman）系数，0.88。（当空气中二氧化氮质量浓度大于 0.72 mg/m^3 时，f 取值 0.77）。

计算结果精确到小数点后三位。

【注意事项】

(1)吸收液应尽量避光，防止光照使吸收液显色而使空白吸光度值增高。

(2)采样过程中防止太阳光照射，在阳光照射下采集的样品偏黄。

6. 思考题

测定 NO_2 为什么采用棕色瓶？

实验 4　室内空气中氨的测定

氨是一种无色而有强烈刺激性气味的气体。主要来源于混凝土防冻剂等外加剂、防火板中的阻燃剂等。对眼、喉、上呼吸道有强烈的刺激作用，可通过皮肤或呼吸道引起中毒。

空气中氨的测定方法有：纳氏试剂比色法（GB/T 14668—1993）；次氯酸钠-水杨酸分光光度法（HJ 534—2009）；离子选择电极法（GB/T 14669—1993）；公共场所空气中氨测定方法

（GB/T 18204.25—2000）。纳氏试剂比色法操作简便，但选择性差，且有汞盐污染；次氯酸钠-水杨酸分光光度法方法灵敏，选择性好，但操作复杂；离子选择电极法操作简便，选择性高，但需配备相应的仪器和阳离子分离柱，分析成本高。本实验采用次氯酸钠-水杨酸分光光度法。

1. 实验目的

（1）了解室内空气中氨的测定方法。

（2）掌握次氯酸钠-水杨酸分光光度法测室内空气中氨浓度的方法。

2. 实验原理

空气中的氨被吸收在稀硫酸中，在亚硝基铁氰化钠及次氯酸钠存在下，可与水杨酸反应生成蓝绿色的靛酚蓝染料，根据着色深浅，即可比色定量得到空气中氨的浓度。该方法检出限为 0.1 mg/10 mL，当采样体积为 20 L 时，最低检出浓度为 0.007 mg/m³。

3. 实验材料

1）仪器

（1）空气采样器：流量为 0~2 L/min，使用前用皂膜流量计校准采样系统的流量，误差应小于±5%。

（2）分光光度计：可测波长为 697.5 nm。

（3）玻璃器皿：气泡吸收管 10 mL、具塞比色管 10 mL、容量瓶、移液管等。

2）试剂

本法所用的试剂均为分析纯。水为无氨蒸馏水，制备方法为：于普通蒸馏水中，加少量高锰酸钾至溶液呈浅紫色，再加少量氢氧化钠至溶液呈碱性。蒸馏，取蒸馏中间部分的水，加少量硫酸溶液至溶液呈微酸性，再蒸馏一次。

（1）吸收液（$c_{H_2SO_4}$ = 0.005 mol/L）：量取 2.8 mL 浓硫酸，加入水中，并稀释至 1 L，临用时再稀释 10 倍。

（2）氢氧化钠溶液（c_{NaOH} = 5 mol/L）：称取 100 g 氢氧化钠，溶于水，冷却后稀释至 500 mL。

（3）水杨酸酒石酸钾钠溶液：称取 10.0 g 水杨酸（$C_6H_4(OH)COOH$），置于 150 mL 烧杯中，再加入 5 mol/L 氢氧化钠溶液 15 mL，充分搅拌至完全溶解。称取 10.0 g 酒石酸钾钠（$KNaC_4H_4O_6 \cdot 4H_2O$），加水约 100 mL，加热沸腾至体积剩余一半以除去氨。冷却后，与上述溶液合并，用水稀释至 200 mL，混匀。室温下可稳定 1 个月。

（4）亚硝基铁氰化钠溶液：称取 0.10 g 亚硝基铁氰化钠（$Na_2[Fe(CN)_5NO] \cdot 2H_2O$）置于 10 mL 具塞比色管中，加水至标线，摇振溶解。临用时现配。

（5）次氯酸钠溶液：取 1 mL 次氯酸钠试剂原液（市售），用碘量法标定其浓度，然后用 2 mol/L 氢氧化钠溶液稀释。贮于冰箱中可保存 2 个月。

标定方法：称取 2 g 碘化钾于 250 mL 碘量瓶中，加 50 mL 水溶解。加入 1.00 mL 次氯酸钠试剂，再加入 0.5 mL（1+1）盐酸溶液，摇匀。暗处放置 3 min，用硫代硫酸钠标准溶液[$c(1/2 Na_2S_2O_3)$ = 0.1000 mol/L]滴定至浅黄色，加入 1 mL 5 g/L 淀粉溶液，继续滴定至蓝色刚好褪去。记录滴定所用硫代硫酸钠标准溶液的体积，平行样滴定 3 次，消耗硫代硫酸钠标准溶液的体积之差不应大于 0.04 mL，取其平均值。已知硫代硫酸钠标准溶液的浓度，则次氯酸钠标准溶液浓度按式（3-1-6）计算。

$$c(\text{NaClO}) = \frac{c(1/2\text{Na}_2\text{S}_2\text{O}_3) \times V}{1.00 \times 2} \qquad (3-1-6)$$

式中:$c(\text{NaClO})$为次氯酸钠标准溶液浓度,mol/L;$c(1/2\text{Na}_2\text{S}_2\text{O}_3)$为硫代硫酸钠标准溶液的浓度,mol/L;$V$为滴定消耗硫代硫酸钠标准溶液体积,mL。

(6)氨标准贮备液:称取 0.7855 g 在 105 ℃下干燥 2 h 的氯化铵(NH_4Cl),用少量水溶解,移入 250 mL 容量瓶中,用水稀释至刻度,此溶液每毫升含 1.00 mg 氨。

(7)氨标准使用液:临用时,将标准贮备液用吸收液稀释为每毫升含 10.0 mg 氨的溶液。

4. 实验步骤

1)室内布点

室内检测点应按房间面积设置:

(1)房间面积小于 50 m² 时,设 1 个检测点;

(2)房间面积为 50~100 m² 时,设 2 个检测点;

(3)房间面积大于 100 m² 时,设 3~5 个检测点。

房间内有 2 个及以上检测点时,应取各点检测结果的平均值作为该房间的检测值。

环境污染物浓度现场检测点应距内墙面不小于 0.5 m、距地面高度 0.8~1.5 m。检测点应均匀分布,避开通风道和通风口。

对采用集中空调的民用建筑工程,应在空调正常运转的条件下进行;对采用自然通风的民用建筑工程,检测应在对外门窗关闭 1 h 后进行。

2)样品的采集与保存

用一个内装 10 mL 吸收液的大型气泡吸收管,以 0.5 L/min 流量,采气 10~20 L,及时记录采样点的温度及空气压力。采样后,将样品在室温下保存,并于 24 h 内进行分析;若不能立即分析,可在 2~4 ℃冰箱冷藏,存放 7 d。

3)样品测定

(1)绘制标准曲线。取 10 mL 具塞比色管 7 支,按表 3-1-5 制备氨标准溶液系列。

表 3-1-5　氨标准溶液系列的制备

项目	0 号管	1 号管	2 号管	3 号管	4 号管	5 号管	6 号管
标准使用液用量/mL	0	0.20	0.40	0.60	0.80	1.00	1.20
氨含量/mg	0	2.00	4.00	6.00	8.00	10.00	12.00

在各管中加入 1.00 mL 水杨酸-酒石酸钾钠溶液,再加入 2 滴亚硝基铁氰化钠溶液,加水稀释至标线,混匀,于室温下放置 1 h。用 1 cm 比色皿,于波长 697.5 nm 处,以水作参比,测定各管溶液的吸光度,并以扣除试剂空白后的吸光度对氨含量绘制标准曲线。

(2)样品测定。将样品溶液转入 10 mL 具塞比色管中,用少量水洗涤吸收管,合并洗涤液,加入 1 滴 1.0 mol/L 氢氧化钠溶液,加水稀释至总体积为 10 mL。在每批样品测定的同时,用 10 mL 未采样的吸收液作为空白试剂进行测定。如果样品溶液吸光度超过标准曲线范围,则可用空白试剂稀释样品显色液后再分析。计算样品浓度时,要考虑样品溶液的稀释倍数。

5. 数据记录与处理

(1)将采样体积换算成标准状态下的采样体积,如式(3-1-7)所示:

$$V_0 = V_t \times \frac{273}{273+t} \times \frac{p}{p_0} \tag{3-1-7}$$

式中：V_0 为标准状态下的采样体积，L；V_t 为采样体积，由采样流量乘以采样时间而得，L；p_0 为标准状态下的废气压力，101.3 kPa；p 为采样时的废气压力，kPa；t 为采样时的空气温度，℃。

（2）空气中氨浓度的计算，如式（3-1-8）所示：

$$C_{NH_3} = \frac{W}{V_0} \tag{3-1-8}$$

式中：C_{NH_3} 为空气中的氨浓度，mg/m³；W 为样品溶液中的氨含量，μg；V_0 为标准状态下的采样体积，L。

【注意事项】

（1）为降低空白试剂吸光度值，所有试剂均用无氨水配制。

（2）在氯化铵标准贮备液中加入 1～2 滴氯仿，可以抑制微生物生长。

（3）样品中含有 Fe^{3+} 等金属离子，加入柠檬酸钠溶液可消除；因产生异色而引起干扰（如硫化物存在时为绿色）时，可加入稀盐酸而去除；有些有机物（如甲醛）生成沉淀干扰测定，可在比色前用 0.1 mol/L 的盐酸溶液将吸收液酸化到 pH≤2 后，煮沸即可除去。

6. 思考题

测定过程中加入亚硝基铁氰化钠的作用是什么？

实验 5 室内空气中甲醛的测定

甲醛是一种具有强刺激性、无色、易溶于水的气体，被国际癌症研究机构（IARC）确定为致癌和致畸物质。甲醛会刺激人的眼睛和皮肤，对人的肺功能、肝功能及免疫功能都会产生一定的影响。室内环境的甲醛主要来自装饰材料、家具及日用生活化学品的释放，其中，人造木板是造成室内甲醛污染的主要来源之一。

甲醛是室内空气质量监测的必测项目。目前，室内环境中甲醛监测的方法主要有两大类，一类是国家标准法，另一类是便携式仪器检测法。国家颁布的《室内空气质量标准》（GB/T 18883—2002）规定，室内环境中甲醛监测的国家标准方法有酚试剂分光光度法、4 氨基-3 联氮-5-巯基-1,2,4-三氮杂茂（AHMT）分光光度法、乙酰丙酮分光光度法和气相色谱法，分光光度法操作简便、重现性好、准确度和灵敏度高，在室内甲醛监测中被广泛使用。本实验具体介绍酚试剂分光光度法测定室内空气中的甲醛。

1. 实验目的

（1）了解室内甲醛监测的意义。

（2）掌握室内空气甲醛样品的采集方法。

（3）熟练掌握酚试剂分光光度法测定甲醛的原理与实验操作。

（4）学会监测数据的处理及对室内甲醛污染状况进行初步分析。

2. 实验原理

空气中的甲醛与酚试剂反应生成嗪,嗪在酸性溶液中被高铁离子氧化形成蓝绿色化合物,其颜色深浅与甲醛浓度成正比,在波长 630 nm 处测定吸光度即可求得甲醛浓度。

3. 实验材料

1) 仪器

(1)空气采样器:流量范围为 0~1 L/min。流量稳定可调,恒流误差小于 2%,采样前和采样后应用皂沫流量计校准采样系列流量,误差小于 5%。

(2)分光光度计:在波长 630 nm 处测定吸光度。

(3)玻璃器皿:大型气泡吸收管(10 mL)、具塞比色列管(10 mL)、容量瓶、移液管等。

2) 试剂

(1)吸收液原液:称取 0.1 g 酚试剂(盐酸-3-甲基-2-苯并噻唑酮,$C_6H_4SN(CH_3)C$＝$NNH_2 \cdot HCl$,MBTH),加水溶解,倾于 100 mL 具塞量筒中,加水至刻度。置于冰箱冷藏保存,可稳定 3 d。

(2)吸收液:量取 5 mL 吸收原液,加入 95 mL 水中,混匀,即为吸收液。采样时,临用现配。

(3)盐酸(c＝0.1 mol/L)。

(4)硫酸铁铵溶液(1%,质量浓度):称量 1.0 g 硫酸铁铵($NH_4Fe(SO_4)_2$)$\cdot 12H_2O$,优级纯,用 0.1 mol/L 盐酸溶解,并稀释至 100 mL。

(5)碘溶液($c_{1/2I_2}$＝0.1 mol/L):称取 40 g 碘化钾溶于适量水中,加入 12.7 g 碘,待碘完全溶解后,用水定容至 1000 mL。移入棕色瓶中,于暗处储存。

(6)碘酸钾标准溶液($c_{1/6KIO_3}$＝0.1000 mol/L):准确称量 3.5667 g 经 105 ℃烘干 2 h 的碘酸钾(优级纯),溶解于水中,移入 1000 mL 容量瓶中,再用水稀释至刻度。

(7)淀粉溶液(0.5%,质量浓度):称量 0.5 g 可溶性淀粉,用少量水调成糊状后,加入 100 mL 刚煮沸的水,搅拌均匀。冷却后,加入 0.1 g 水杨酸或 0.4 g 氯化锌保存。

(8)硫代硫酸钠标准溶液($c_{Na_2S_2O_3 \cdot 5H_2O}$＝0.1 mol/L):称取 25 g 硫代硫酸钠($Na_2S_2O_3 \cdot 5H_2O$)溶于新煮沸后冷却的水中,加入 0.2 g 无水碳酸钠,再用水稀释至 1000 mL,贮于棕色瓶中放置 1 周后,标定其准确浓度。

标定方法:准确量取 25.00 mL 1000 mol/L 碘酸钾标准溶液于 250 mL 碘量瓶中,加入 75 mL 新煮沸后冷却的水,再加 3 g 碘化钾及 10 mL 0.1 mol/L 盐酸,摇匀后,于暗处静置 3 min,然后用待标定的硫代硫酸钠标准溶液滴定至溶液呈淡黄色,加入 1 mL 5% 淀粉溶液,使溶液变蓝,再继续滴定至蓝色刚刚褪去,即为终点。

记录消耗的硫代硫酸钠溶液体积 V(mL),其准确浓度可用式(3-1-9)计算:

$$c = \frac{0.1000 \times 25.00}{V} \tag{3-1-9}$$

平行滴定两次,两次消耗的硫代硫酸钠溶液的体积差不能超过 0.05 mL,否则应重新进行平行测定及分析。

(9)氢氧化钠溶液(1 mol/L):称取 40 g 氢氧化钠溶于水中,并稀释至 1000 mL。

(10)硫酸溶液(c＝0.5 mol/L)。

(11)甲醛标准贮备溶液:移取 2.8 mL 含量为 36%~38%(质量)的甲醛溶液,转移至 1000 mL 容量瓶中,加水稀释至刻度,此溶液可稳定 3 个月。此溶液 1 mL 约相当于 1 mg 甲醛,其准确浓度可用碘量法标定。

标定方法:准确量取 20.00 mL 待标定的甲醛标准贮备溶液,置于 250 mL 碘量瓶中。加入 20.00 mL 碘溶液($c_{1/2I_2}$ =0.100 mol/L)和 15 mL 1 mol/L 氢氧化钠溶液,放置 15 min,然后加入 20 mL 0.5 mol/L 硫酸溶液,再放置 15 min 后,用硫代硫酸钠标准溶液滴定至溶液呈淡黄色时,加入 1 mL 5%淀粉溶液继续滴定至蓝色刚刚褪去,记录消耗的硫代硫酸钠溶液的体积 V_2(mL),同时用水代替甲醛标准贮备溶液,做空白滴定,记录空白滴定所消耗硫代硫酸钠标准溶液的体积 V_1(mL)。甲醛标准贮备溶液的浓度可用式(3-1-10)计算:

$$c_{甲醛} = \frac{(V_1 - V_2) \times c \times 15}{20} \tag{3-1-10}$$

式中:V_1 为空白滴定消耗硫代硫酸钠标准溶液的体积,mL;V_2 为甲醛标准贮备溶液消耗硫代硫酸钠标准溶液的体积,mL;c 为硫代硫酸钠标准溶液的浓度,mol/L;15 为甲醛的摩尔质量的 1/2,g/mol;20 为所取甲醛标准贮备溶液的体积,mL。

平行滴定两次,两次消耗的硫代硫酸钠溶液体积之差应小于 0.05 mL,否则应重新标定。

(12)甲醛标准溶液:临用前,将甲醛标准贮备溶液用水稀释成每毫升含 10 μg 甲醛的中间液。再立即移取中间液 10.00 mL,置于 100 mL 容量瓶中,加入 5 mL 吸收液原液,用水定容至 100 mL,此溶液每毫升含 1.00 μg 甲醛,放置 30 min 后,可用于配制标准溶液系列。此甲醛标准溶液可稳定 24 h。

4. 实验步骤

1)采样点的布设

根据国家环保总局发布的《室内环境空气质量监测技术规范》(HJ/T167-2004)规定,室内环境质量监测的采样点数量应根据室内面积大小和现场情况来定,原则上小于 50 m² 的房间应设 1~3 个点,50~100 m² 的房间应设 3~5 个点,100 m² 以上的房间应至少设 5 个点,在对角线上或以梅花式均匀分布。采样点应避开通风道和通风口,离墙壁距离应大于 0.5 m,采样点的高度原则上与人的呼吸带高度一致,相对高度在 0.8~1.5 m,当房间内有 2 个及 2 个以上监测点时,应取各点监测结果的平均值作为该房间的监测值。

2)样品采集

(1)甲醛样品采集。采样时,移取 5.0 mL 吸收液于气泡吸收管中,用尽量短的硅橡胶管将它与空气采样器相连,以 0.5 L/min 的流量采气 10~20 L。记录采样点的温度和大气压力,采样结束后,密封好采样管,样品应在室温下 24 h 内分析。

记录采样现场的温度和大气压力(见表 3-1-6)。

表 3-1-6　室内空气甲醛的采样记录

项目	采样点 1	采样点 2	采样点 3
流量/(L·min⁻¹)			
采样时间/min			

项目	采样点 1	采样点 2	采样点 3
温度/℃			
大气压力/kPa			
采样体积 V/L			
标准体积 V_0/L			

(2)现场空白样品的采集。采集甲醛样品时,应准备一个现场空白吸收管(内装吸收液,进气口和出气口用硅橡胶管连接密封)。将空白吸收管和其他采样管同时带到现场,空白吸收管不采样,采样结束后和其他采样吸收管一起带回实验室,进行空白测定。

3)**标准曲线的绘制**

取 8 支 10 mL 具塞比色管,按表 3-1-7 的方法配制标准溶液系列。

表 3-1-7 甲醛标准溶液系列的配制

项目	1 号管	2 号管	3 号管	4 号管	5 号管	6 号管	7 号管	8 号管
甲醛标准溶液体积/mL	0	0.10	0.20	0.40	0.80	1.20	1.60	2.00
吸收液体积/mL	5.0	4.90	4.80	4.60	4.20	3.80	3.40	3.00
甲醛含量/μg	0	0.1	0.2	0.4	0.8	1.2	1.6	2.0
吸光度 A								

标准溶液系列各管中加入 0.4 mL 1‰(质量比)硫酸铁铵溶液摇匀,放置 15 min。用 1 cm 比色皿,以水为参比,在波长 630 nm 处测定各管溶液的吸光度。

将上述标准溶液系列测得的吸光度值(A)扣除试剂空白的吸光度值(A_0)后,得到校准吸光度值(用 y 表示),以校准吸光度值为纵坐标,以甲醛含量(μg,用 x 表示)为横坐标,绘制标准曲线。

4)**样品的测定**

采样结束后,将采样管中的样品溶液全部转入比色管中,并用少量吸收液淋洗吸收管,洗液一同并入比色管,使总体积为 5 mL。按绘制标准曲线的操作步骤测定样品溶液的吸光度(A);在每批样品测定的同时,按绘制标准曲线的操作步骤测定空白采样管中吸收液的吸光度(A_0),即试剂空白实验的吸光度。

5. 数据记录与处理

1)**采样体积的换算**

将现场采样体积换算为标准状态下(0 ℃,101.325 kPa)的体积,即

$$V_0 = \frac{T_0}{273+t} \times \frac{p}{p_0} \times V_t \tag{3-1-11}$$

式中:V_0 为标准状态下的采样体积,L;V_t 为采样体积,为采样流量(L/min)与采样时间(min)的乘积,L;t 为采样点的温度,℃;T_0 为标准状态下的绝对温度,其值为 273 K;p 为采样点的大气压力,kPa;p_0 为标准状态下的大气压力,其值为 101.325 kPa。

2)**空气中甲醛浓度的计算**

用下式计算空气中甲醛的浓度:

$$C = \frac{W}{V_0} \qquad\qquad (3-1-12)$$

式中：C 为空气中甲醛的浓度，mg/m^3；W 为样品溶液中的氨含量，μg；V_0 为标准状态下的采样体积，L。

3）室内环境甲醛污染状况分析

《室内空气质量标准》(GB/T 18883—2002)规定室内甲醛的标准值为 0.10 mg/m^3；《居室空气中甲醛的卫生标准》(GB/T 16127—1995)规定居室内甲醛的最高允许浓度为 0.08 mg/m^3。将监测结果与相关标准比较，判断室内甲醛污染状况，并简单分析污染源情况。

【注意事项】

(1)室内空气中有二氧化硫共存时，会使测定结果偏低。可将气样先通过硫酸锰滤纸过滤器，排除二氧化硫的干扰。硫酸锰滤纸的制备：取 10 mL 浓度为 100 mg/mL 的硫酸锰水溶液，滴加到 250 cm^2 玻璃纤维滤纸上，风干后切成碎片，装入 1.5 m×150 mm 的 U 形玻璃管中，密封保存。采样时，将此管接在甲醛吸收管之前。该滤纸使用一段时间后，吸收二氧化硫的效能会逐渐降低，应定期更换新制的硫酸锰滤纸。

(2)在 20～35 ℃范围内，显色 15 min 即反应完全，且颜色可稳定数小时。室温低于 15 ℃时，显色不完全，应在 25 ℃水浴中进行显色操作。标准系列与样品的显色条件应保持一致。

(3)空气中的甲醛很容易被水吸收，实验所用试剂应注意密闭保存，当空白实验测定值过高时，应重新配制试剂。

(4)硫酸铁铵水溶液易水解而形成 $Fe(OH)_3$ 沉淀，影响比色，故需用酸性溶剂配制。

6. 思考题

甲醛易被氧化，在采集和运输过程中应如何保存？

实验 6　室内空气中总挥发性有机物(TVOC)的测定

总挥发性有机物(total volatile organic compound，TVOC)是指在常温常压下自然挥发出来的各种有机化合物的总称。其主要来源于各种油漆、涂料、胶黏剂、人造地板、壁纸、地毯等装饰装修材料，TVOC 具有强烈刺激性和高毒性，能引起机体免疫水平失调，影响中枢神经系统功能，出现头晕、头痛、嗜睡无力、胸闷等症状。TVOC 中除醛类以外，常见的还有苯、甲苯、乙苯、二甲苯、三氯乙烯、三氯甲烷、萘、二异氰酸酯类等，室内 TVOC 的种类较多，组成复杂，一般以 TVOC 表示室内受到挥发性有机物污染的综合结果。

TVOC 是室内环境质量监测的必测项目，《室内空气质量标准》(GB/T 18883—2002)和《民用建筑工程室内环境污染控制规范》(GB 50325—2001)规定室内空气中总挥发性有机化合物监测的国家标准方法是热解吸/毛细管气相色谱法，该法适用于室内、环境和工作场所空气中 TVOC 的检测。

1. 实验目的

(1)了解室内空气中总挥发性有机化合物的主要来源及其危害，明确其监测的意义。

(2)掌握室内总挥发性有机化合物样品的固体吸附管采样方法。

(3)掌握热解吸/毛细管气相色谱法测定总挥发性有机化合物的原理与实验操作。

2. 实验原理

用装有合适吸附剂（Tenax-GC 或 Tenax-TA）的吸附管采集一定体积的空气样品,空气中的挥发性有机化合物保留在吸附管中,采样后,将吸附管加热,解吸挥发性有机化合物,空气中待测样品随惰性载气进入毛细管气相色谱仪,经一定条件下的毛细管色谱柱分离后,用氢火焰保存离子化检测器或其他合适的检测器检测,根据保留时间定性,利用峰高或峰面积定量。

3. 实验材料

1) 仪器

(1)气相色谱仪:配备氢火焰离子化检测器、质谱检测器或其他合适的检测器,色谱柱非极性(极性指数小于 10)石英毛细管柱。

(2)恒流空气采样器:流量范围为 $0 \sim 1.5$ L/min,定可调,使用时用皂膜流量计校准采样系统在采样前和采样后的流量。流量误差应小于 5%。

(3)吸附管:外径为 6.3 mm,内径为 5 mm,为 90 mm(或 180 mm)内壁抛光的不锈钢管。吸附管的采样入口一端有标记。吸附管可以装填一种或多种吸附剂,应使吸附层处于解吸仪的加热区,根据吸附剂的密度,吸附管中可装填 $200 \sim 1000$ mg 的吸附剂,管的两端用不锈钢网或玻璃纤维毛堵住,如果在一支吸附管中使用多种吸附剂,吸附剂应按吸附能力由小到大的顺序排列,并用玻璃纤维毛隔开,吸附能力最弱的装填在吸附管的采样入口端。

(4)热解吸仪:应能对吸附管进行二次热解吸,并将解吸气体用惰性气体载入气相色谱仪。解吸温度、时间和载气流速可调,冷阴条件下可将解吸样品进行浓缩。

(5)注射器:10 μL 液体注射器、10 μL 气体注射器、1 mL 气体注射器。

(6)水银温度计。

(7)测压计。

2) 试剂

分析过程中使用的试剂应为色谱纯,如果为分析纯,须经纯化处理,保证色谱分析无杂峰。

(1)二硫化碳(CS_2):分析纯,使用前须纯化,经色谱检验无干扰杂质。

(2)总挥发性有机化合物(TVOC)混合标准溶液:准确称取一定量的色谱纯苯、甲苯、乙苯、对(间)二甲苯、邻二甲苯、甲醛、乙酸丁酯、苯乙烯、十一烷,以纯化的二硫化碳为稀释溶剂配制成各化合物浓度均为 0 mg/L、10 mg/L、50 mg/L、100 mg/L、200 mg/L、500 mg/L 的混合标准溶液,密封,于 4 ℃冰箱中冷藏保存。

(3)Tenax-TA 吸附剂:粒径为 $0.18 \sim 0.25$ mm($60 \sim 80$ 目)的吸附剂在装管前应进行活化处理,由制造商装好的吸附管在使用前也须活化处理。

(4)高纯氮:纯度为 99.999%。

4. 实验步骤

1) 采样点的布设

同室内监测采样点的布设,应根据《室内环境空气质量监测技术规范》(HJ/T 167—2004)的要求进行采样及布点。

2) 样品的采集与保存

(1)采样吸附管的活化。将吸附管安装在热解吸仪上,将温度设置在 300 ℃(活化温度应低于其最高使用温度,高于解吸温度),以 100 mL/min 的流量通入惰性载气(N_2),活化 10

min,在氮气气氛下(或清洁空气中)冷却至室温,取下吸附管,立即用防护帽(塑料帽)密封两端,置于干燥器中备用,此管可保存 3 d。

(2)样品的采集与保存。在采样点打开吸附管的防护帽,用尽量短的硅橡胶管将吸附管与空气采样器入口连接,且采样管须垂直放置,开启空气采样器,以 0.5 L/min 的流量抽取 10 L 空气,采样结束后,将采样吸附管取下,立即在管的两端套上塑料帽密封,然后装入可密封的金属或玻璃管中保存。

采集室内空气样品的同时,在室外上风向处按相同方法采集等量的现场空白样品,并记录采样时的温度和大气压。

3)样品的解吸与浓缩

将吸附管安装在热解吸仪上,加热,使有机蒸气从吸附剂上解吸下来,随载气流一同带入冷阱,进行预浓缩,载气流的方向与采样时的方向相反。然后再以低流速快速解吸,经传输管进入毛细管气相色谱仪。传输管的温度应足够高,以防止待测成分凝结。样品解吸和浓缩条件如表 3-1-8 所示。

表 3-1-8　样品解吸和浓缩条件

项目	条件
解吸温度	250～325 ℃
解吸时间	5～15 min
解吸气流量	30～50(mL·min^{-1})
冷阱的制冷温度	−180～20 ℃
冷阱的加热温度	250～350 ℃
冷阱中的吸附剂	如果使用,则一般与吸附管中的吸附剂相同,40～100 mg
载气	氮气或高纯氮气

4)色谱分析条件

可选择膜厚度为 1～5 mm,50 m×0.22 mm 的石英柱,固定相可以是二甲基硅氧烷或 70%的氰基丙烷、70%的苯基、86%的甲基硅氧烷。

柱操作条件为程序升温:初始温度为 50 ℃,保持 10 min,然后以 5 ℃/min 的速率升温至 250 ℃,进样口温度为 250 ℃,检测器温度为 250 ℃,解吸室温度为 300 ℃,分流比为 1(1～10)。

5)标准曲线的绘制

利用液体外标法制备标准溶液系列,分别取 1 L 浓度为 0 mg/L、10 mg/L、50 mg/L、100 mg/L、200 mg/L、500 mg/L 的混合标准溶液,注入 6 个经过活化处理的吸附管,同时用 100 L/min 的惰性气体通过吸附管,5 min 后取下吸附管密封,即得到混合标准溶液吸附管系列。

将制得的混合标准溶液吸附管系列分别安装在带有六通阀的 TVOC 热解吸进样装置上(载气流的方向与吸附时的方向相反),待热解吸仪温度达到要求时,将吸附管放入热解吸仪进行加热,启动色谱工作站,同时旋转六通阀,热解吸气将随着载气直接进入毛细管柱系统进行分离,记录峰面积,以各标准物质的质量(g)为横坐标,以扣除空白后的色谱峰面积为纵坐标,绘制各个组分的标准曲线,并用最小二乘法求得标准曲线的回归方程,标准曲线斜率的倒数为样品测定的计算因子。

　　6)样品分析

　　按绘制标准曲线的操作步骤(即相同的解吸和浓缩条件及色谱分析条件),分析每支样吸附管及室外空白采样管,用保留时间定性,峰面积定量。

　　计算各组分扣除空白后的色谱峰面积,对照各组分的标准曲线,求得空气样品中各组分的质量。

5. 数据记录与处理

　　1)采样体积的换算

　　将现场采样体积换算为标准状态下(0 ℃,101.325 kPa)的体积,即

$$V_0 = \frac{T_0}{273+t} \times \frac{P}{P_0} \times V_t \qquad (3-1-13)$$

式中:V_0 为标准状态下的采样体积,L;V_t 为采样体积,为采样流量(L/min)与采样时间(min)的乘积,L;t 为采样点的温度,℃;T_0 为标准状态下的绝对温度,其值为 273 K;P 为采样点的大气压力,kPa;P_0 为标准状态下的大气压力,其值为 101.325 kPa。

　　2)空气中 TVOC 的计算

　　(1)计算 TVOC 时,应对保留时间在正己烷和正十六烷之间的所有化合物进行分析,对于已鉴定的挥发性有机物(volatile organic compounds,VOCs)最高峰分别用各自的标准曲线进行定量;其他未鉴定的 VOCs 用甲苯的响应系数计算;各项之和作为 VOCs 的结果,即

$$C_{m_i} = \frac{M_i - M_0}{V_0} \qquad (3-1-14)$$

式中:C_{m_i} 为所采空气样品中第 i 个组分在标准状态下的含量,mg/m³;M_i 为被测样品中第 i 个组分的质量,μg;M_0 为空白样品中第 i 个组分的质量,μg;V_0 为标准状态下的空气采样体积,L。

　　(2)按下式计算所采空气样品中 TVOC 的值:

$$TVOC = \sum_{i=1}^{n} C_{m_i} \qquad (3-1-15)$$

式中:TVOC 为空气样品中总挥发性有机物在标准状态下的含量,mg/m³;C_{m_i} 为所采空气样品中第 i 个组分在标准状态下的含量,mg/m³。

　　3)室内空气中 TVOC 污染状况判断

　　《室内空气质量标准》(GB/T 18883—2002)规定室内总挥发性有机物的标准值为 0.60 mg/m³,《民用建筑工程室内环境污染控制规范》(GB 50325—2001)规定室内环境污染物总挥发性有机物的浓度标准限值:Ⅰ类民用建筑工程不高于 0.5 mg/m³,Ⅱ类民用建筑工程不高于 0.6 mg/m³。

　　将监测结果与相关标准比较,判断室内总挥发性有机物污染状况,并简单分析污染来源。

【注意事项】

　　(1)采样前应活化采样管和吸附剂,使干扰降至最小。

　　(2)Tenax-TA 吸附剂是一种多孔高分子聚合物(聚 2,6 -二苯基对苯醚),对各类低浓度的有机化合物的吸附能力较强,热解吸效率也较高,且可以重新进行活化后多次使用,常被用作 TVOC 测定的吸附剂。

(3)《室内空气质量标准》(GB/T 18883—2002)推荐使用有冷阱的热解吸仪。若吸附管中的样品不直接解吸到色谱进样系统而是解吸到针筒或气袋中,则这样的产品不宜使用。

(4)由于毛细柱的柱容量比较小,采用毛细柱分离时,需要采用分流进样,分流比应根据空气中 TVOC 的浓度来选择,浓度较高时,可选择较大的分流比。

6. 思考题

如何判断标准曲线是否达到要求? 绘制标准曲线应从哪些方面提高精确度?

实验 7　水样物理性质的测定

水样物理性质包括色度、浊度、透明度、电导率、pH 值、氧化还原电位、残渣和矿化度等指标,本实验主要包括悬浮物、浊度、电导率及 pH 值的测定。

(一)悬浮物的测定

水样中悬浮物指的是在一定温度下,将水样蒸干所剩的固体物质,也称残渣。

1. 实验目的

(1)掌握水样中悬浮物的基本概念和基本测定原理。

(2)掌握水样中悬浮物的测量方法。

2. 实验原理

水样中悬浮物是指水样通过孔径为 $0.45\ \mu m$ 的滤膜,截留在滤膜上并于 $103 \sim 105\ ℃$ 烘干至恒重的固体物质。通过称量烘干固体残留物及滤膜的总质量,并将所称的质量减去滤膜质量,即为悬浮物的质量。

3. 实验材料

(1)全玻璃微孔过滤器。

(2)烘箱。

(3)电子天平。

(4)其他:$0.45\ \mu m$ 滤膜、无齿扁咀镊子、干燥器、称量瓶等。

4. 实验步骤

1) 滤膜准备

用扁咀无齿镊子夹取微孔滤膜放在事先恒重的称量瓶里,移入烘箱中于 $103 \sim 105\ ℃$ 烘干 0.5 h 后取出,置于干燥器内冷却至室温,称量。反复烘干、冷却、称量,直至两次称量的质量差 ≤0.2 mg。将恒重的微孔滤膜正确地放在滤膜过滤器的滤膜托盘上,加盖配套的漏斗,并用夹子固定好。以蒸馏水湿润滤膜,并不断吸滤。

2) 测定水样

去除漂浮物后振荡水样,量取均匀适量水样 100 mL(使悬浮物大于 2.5 mg),抽吸过滤,使水分全部通过滤膜。再每次用 10 mL 蒸馏水连续洗涤 3 次,继续吸滤以除去痕量水分。停止吸滤后,仔细取出载有悬浮物的滤膜放在原恒重的称量瓶里,移入烘箱中于 $103 \sim 105\ ℃$ 下烘干 1 h 后移入干燥器中,冷却到室温,称量。反复烘干、冷却、称量,直至两次称量的质量差小于等于 0.4 mg 为止。

5. 数据记录与处理

$$C = \frac{(A-B) \times 1000 \times 1000}{V} \qquad (3-1-16)$$

式中:C 为水样中悬浮物浓度,mg/L;A 为悬浮物+滤膜+称量瓶质量,g;B 为滤膜+称量瓶质量,g;V 为水样体积,mL。

【注意事项】

(1)采样所用聚乙烯瓶或硬质玻璃瓶要用洗涤剂洗净。再依次用自来水和蒸馏水冲洗干净。在采样之前,再用即将采集的水样清洗 3 次。

(2)漂浮或浸没的不均匀固体物质如树叶、木棒、水草等杂质不属于悬浮物质,应从水样中除去。

(3)采集的水样应尽快分析测定。如需放置,应贮存在 4 ℃冷藏箱中,但最长不得超过 7 天。不能加入任何保护剂,以防破坏物质在固、液间的分配平衡。

(4)滤膜上截留过多的悬浮物可能夹带过多的水分,除延长干燥时间,还可能造成过滤困难,遇此情况,可酌情少取试样。滤膜上悬浮物过少,则会增大称量误差,影响测定精度,必要时,可增大试样体积,一般以 5~100 mg 悬浮物量作为量取试样体积的适用范围。如样品中含油脂,用 10 mL 石油醚分两次淋洗残渣。

(5)水样黏度高时,可加 2~4 倍蒸馏水稀释,振荡均匀,待沉淀物下降后再过滤。

6. 思考题

如何减少实验过程中的误差?

(二)浊度的测定——分光光度计法

1. 实验目的

(1)加深浊度概念的理解。

(2)掌握分光光度计法测定浊度的方法。

2. 实验原理

在适当的温度下,硫酸肼与六次甲基四胺聚合,形成白色高分子聚合物。以此作为浊度标准液,在一定条件下与水样浊度相比较。

3. 实验材料

1)仪器

可见光分光光度计、具塞比色管、比色皿、烧杯、移液管等。

2)试剂

(1)无浊度水:将蒸馏水通过 0.22 μm 滤膜过滤。

(2)浊度贮备液:①硫酸肼溶液:称取 1.00 g 硫酸肼溶于水中,定容至 100 mL;②六次甲基四胺溶液:称取 10.00 g 六次甲基四胺溶于水中,定容至 100 mL。

(3)浊度标准溶液:吸取 5.00 mL 硫酸肼溶液与 5.00 mL 六次甲基四胺溶液于 100 mL 容量瓶中,混匀。于 25 ℃下静置反应 24 h。冷却后用水稀释至标线,混匀。此溶液浊度为 400 度,可保存一个月。

4. 实验步骤

1)标准曲线的绘制

分别吸取 0.00 mL、0.50 mL、1.25 mL、2.50 mL、5.00 mL、10.00 mL 和 12.50 mL 浊度标准液置于 50 mL 比色管中,加无浊度水稀释至标线。摇匀后即得浊度为 0 度、4 度、10 度、20 度、40 度、80 度、100 度的标准溶液系列。于波长 680 nm 处,用 10 mm 的玻璃比色皿测定吸光度,绘制标准曲线。

2)测定水样

取适量摇匀水样(无气泡,如浊度超过 100 度可以酌情少取)于比色管中,并定容至刻线,按绘制校准曲线步骤测定吸光度,由校准曲线上查得水样浊度。

5. 数据记录与处理

$$浊度(度) = \frac{A}{C} \times 50 \qquad\qquad (3-1-17)$$

式中:A 为仪器所测出的浊度,度;C 为原水样体积,mL;50 为水样最终稀释的体积,mL。

不同浊度范围测试结果的精度要求如表 3-1-9 所示:

表 3-1-9　不同浊度范围测试结果的精度要求

浊度范围/度	精度/度
1~10	1
10~100	5
100~400	10
400~1000	50
大于 1000	100

【注意事项】

(1)水样中应无碎屑和易沉颗粒,或水中有溶解的气泡和有色物质时会干扰测定。

(2)与样品接触的玻璃器皿必须清洁,必要时用稀盐酸或表面活性剂清洗。

(3)硫酸肼毒性较强,操作时应注意安全防护。

(三)浊度的测定——浊度计

1. 实验目的

熟练掌握浊度计的使用过程。

2. 实验原理

根据 ISO7027 国际标准设计进行测定,利用一束红外线穿过含有待测样品的样品池,光源为具有波长 890 nm 的高发射强度的红外发光二极管,以确保使样品颜色引起的干扰达到最小。传感器处在与发射光线垂直的位置上,它测量的是由样品中悬浮颗粒散射的光量,微电脑处理器再将该数值转化为浊度值(透射浊度值和散射浊度值在数值上是一致的)。用福尔马肼标准溶液进行标定,采用“度”作为浊度计量单位。

3. 实验材料

1)仪器

浊度计。

2)试剂

(1)无浊度水:将蒸馏水通过 0.22 μm 滤膜过滤。

(2)浊度标准溶液:福尔马肼标准溶液浊度为 400 度,具体配制见浊度实验(二)。

4. 实验步骤

1)仪器使用

参照附录 B.5 浊度计的使用说明。

2)水样测定

(1)按下开关键,将仪器打开,仪器先进行全功能的自检,自检完毕后,仪器即进入测量状态。

(2)将均匀的水样倒入干净的比色皿中,使液面超过检测刻线,再盖紧保护盖,确保比色皿中无气泡。将比色皿插入测量池前,先用吸水纸擦净外部,比色皿尽量无指纹、油污或脏物。

(3)将比色皿放入测量池中,检查比色皿上检查点是否和槽相吻合,比色皿上的标志应与仪器上的箭头相对,盖上仪器盖,大约 5 s 浊度值就会显示出来。

(4)若数值小于或等于 200 度,可直接读出浊度值;若超过 200 度,则需进行稀释,再进行测量。

5. 数据记录与处理

$$浊度(度)= A \times K \qquad (3-1-18)$$

式中:A 为仪器所测出的浊度,度;K 为水样稀释倍数。

【注意事项】

(1)取样前,应保证水样均匀,防止产生气泡或悬浮物沉淀。

(2)读完数后,应将样品及时倒掉,避免污染样品瓶。

6. 思考题

(1)浊度与悬浮物浓度有无关系,为什么?

(2)如何减少实验过程中的误差?

(四)电导率的测定

电导率表示溶液传导电流的能力,纯水的导电能力很弱,但水中溶解了酸、碱、盐等电解质时,其导电能力明显增加。电导率可间接表示水中溶解性酸、碱、盐的含量,反映水中带电荷物质的总浓度。

水体的电导率与电解质的性质、浓度、溶液温度等有关。一般情况下,溶液的电导率是指 25 ℃时的电导率。电导率的国际单位是 S/m(西门子每米),常用单位是 $\mu S/cm$(微西门子每厘米)。进行地表水环境质量监测时,应现场测定电导率。

1. 实验目的

(1)掌握电导率的含义。

(2)掌握电导率测定的环境意义及其现场测定方法。

2. 实验原理

电导是电阻的倒数。将两个电极(通常为铂电极或铂黑电极)插入溶液中,可以测出两电极间的电阻 R。根据欧姆定律,温度一定时,这个电阻值与电极的间距成正比,与电极的截面

积 A 成反比,即 $R=\rho \times l/A$。由于电极截面积 A 与间距 l 都是固定不变的,故 l/A 是一常数,称为电导池常数(以 K_a 表示)。比例常数 ρ 称为电阻率,其倒数 $1/\rho$ 称为电导率,以 k 表示($k=K_{cell}/R$,K_{cell} 为电导池常数)。当已知电导池常数,并测出电阻后,即可求出电导率。

3. 实验材料

1)**仪器**

电导率仪、温度计。

2)**试剂**

四种预设的标准溶液:10 $\mu S/cm$、84 $\mu S/cm$、1413 $\mu S/cm$ 和 1288 mS/cm。

4. 实验步骤

(1)仪器校准参照附录 B.3 电导率仪的使用说明。

(2)测定:将电极放入待测样品中,按读数键开始测量。测量图标显示在屏幕上,在测量过程和样品电导率值显示中此图标一直闪烁。仪表默认终点判断方式为自动终点判断(显示 "$\sqrt{Auto}$"。当结果稳定后,读数锁定,测量图标闪烁 3 次后不显示)。此时测量终点被确定已认定,自动终点图标 "$\sqrt{Auto}$" 闪烁 3 次后锁定屏幕。

电导率自动终点判断法:电极所测量到的电导率值与 6 秒内测得的电导率的平均值之间相差不超过 0.4% 时,仪表自动判定已达到测量终点。

【注意事项】

(1)按照仪器使用说明书操作电导率仪。

(2)便携式电导率仪应在检定有效期内使用;对于便携式电导率仪,必须保证每月校准一次,更换电极或电池时也需校准;确保测量前仪器已按照校准程序经过校准。

(3)将电极插入水样中,注意电极上的小孔必须浸泡在水面以下。

(4)最好使用塑料容器盛装待测的水样。

(5)电导率随温度变化而变化,温度每升高 1 ℃,电导率增加约 2%,通常规定 25 ℃ 为测定电导率的标准温度。

5. 思考题

测定电导率时有哪些影响因素?

(五)pH 值的测定

1. 实验目的

(1)了解玻璃电极法测定水样 pH 值的方法原理。

(2)掌握测定水样 pH 值的具体过程。

2. 实验原理

以玻璃电极为指示电极,饱和甘汞电极为参比电极组成测量电池,在 25 ℃ 条件下,溶液每变化 1 个 pH 单位,使电位差变化 59.16 mV,将电压表的刻度变为 pH 刻度,便可直接读出溶液的 pH 值。其温度的差异则通过仪器上的温度补偿装置加以补偿校正。

3. 实验材料

1)**仪器**

pH 计、磁力搅拌器、烘箱、烧杯、容量瓶、干燥器等。

2)试剂

(1)实验用水:新制备的去除二氧化碳的蒸馏水。将水注入烧杯中,煮沸 10 min,加盖放置冷却。临用现配。

(2)pH 标准缓冲溶液:作为校正用的 pH 标准缓冲溶液一般可用计量部门检定合格的 pH 标准物质直接溶解定容而成,也可自行配制。一般按水样呈酸性、中性和碱性三种可能配成三种标准溶液(25 ℃):

①pH=4.00 的标准缓冲液:称取在 110～120 ℃干燥 2 h 的邻苯二甲酸氢钾($C_8H_5KO_4$)10.21 g,用水溶解后稀释至 1 L,混匀。

②pH=6.86 的标准缓冲液:称取在 110～120 ℃干燥 2 h 的无水磷酸二氢钾(KH_2PO_4)3.39 g 和磷酸氢二钠(Na_2HPO_4)3.53 g,溶解在水中,定容至 1L,混匀。

③pH=9.18 的标准缓冲液:四硼酸钠($Na_2B_4O_7 \cdot 10H_2O$)与饱和溴化钠(或氯化钠加蔗糖)溶液(室温)共同放置于干燥器中干燥 48 h,称取 3.80 g 四硼酸钠溶于水中,定容至 1 L,混匀。

(3)3 mol/L 氯化钾(KCl)电极保护液:称取 223.5 g 氯化钾溶于水中,定容至 1 L,混匀。

4.实验步骤

1)仪器校准

参照附录 B.2 便携式 pH 计的使用说明。

2)水样测定

先用蒸馏水仔细冲洗电极,再用滤纸将电极吸干,然后将电极浸在水样中,小心搅拌或拨动使其均匀。静置,待读数稳定后记录 pH 值。

【注意事项】

(1)测定时,玻璃电极的球泡应全部浸入溶液中,使它稍高于甘汞电极的陶瓷芯端,以免搅拌时碰坏。

(2)甘汞电极使用前必须先拔掉上孔胶塞。甘汞电极中的饱和氯化钾溶液的液面必须高出汞体,在室温下应有少许氯化钾晶体存在,以保证氯化钾溶液的饱和,但氯化钾晶体不可过多,以防止堵塞与被测溶液的通路。

(3)pH 标准缓冲溶液于 4 ℃以下冷藏可保存 2～3 个月。若发现有混浊、发霉或沉淀等现象时,不能继续使用。

(4)若不能现场测定,采样后应在 0～4 ℃保存,并在 6 h 内测定。为防止空气中二氧化碳溶入或水样中二氧化碳逸失,测定前不宜提前打开水样瓶塞。

(5)玻璃电极表面受到污染时,需进行处理。如果吸附着无机盐垢,可用稀盐酸溶解;对钙镁等难溶性结垢,可用 EDTA 二钠盐溶解;沾有油污时,可用丙酮清洗。处理后电极应在蒸馏水中浸泡一昼夜再使用。不能用无水乙醇、脱水性洗涤剂处理电极。

5.思考题

(1)水样长时间暴露在空气中,对测定结果有何影响?

(2)pH 值的测定需要注意哪些问题?

实验 8　水样中溶解氧的测定

溶解氧(disolved oxygen,DO)是指溶于水中的分子态氧。水中溶解氧主要源于水生植物的光合作用和水汽交换过程。水中溶解氧的含量和空气中氧的分压、大气压力、水温及含盐量等因素密切相关。清洁地表水中溶解氧一般接近饱和。当藻类大量繁殖时,溶解氧可能出现过饱和;当水体受到有机物和还原性无机物污染时,可导致水体的溶解氧降低,若大气中的 O_2 来不及补充,水中的溶解氧逐渐降低,则使水中的厌氧菌繁殖活跃,水质恶化。常温下,清洁水溶解氧含量应为 8~10 mg/L,当溶解氧浓度小于 4 mg/L 时,许多水生生物可能因窒息而死亡。因此,水中溶解氧是衡量水体污染程度的重要指标之一。

仪测定水中溶解氧常采用碘量法及其修正法、膜电极法和现场快速溶解氧法。对于清洁水样可直接采用碘量法测定。当水体中含有氧化、还原性化学物质及藻类、悬浮物等物质时,对测定结果会产生干扰。

(一)碘量法

1. 实验目的

(1)了解溶解氧测定的意义和方法。

(2)掌握溶解氧样品的采集与保存方法。

(3)掌握碘量法测定溶解氧的原理与操作技术。

2. 实验原理

碘量法是基于溶解氧的氧化性,在水样中加入硫酸锰和碱性碘化钾溶液,生成氢氧化锰沉淀,氢氧化锰极不稳定,迅速与水中的氧化合生成锰酸锰棕色沉淀,将水中的氧固定起来。

$$MnSO_4 + 2NaOH =\!=\!= Mn(OH)_2 \downarrow (白色沉淀) + Na_2SO_4$$

$$2Mn(OH)_2 + O_2 =\!=\!= 2H_2MnO_3$$

$$H_2MnO_3 + Mn(OH)_2 =\!=\!= MnMnO_3 \downarrow (棕色沉淀) + 2H_2O$$

已经化合的溶解氧(以 $MnMnO_3$ 的形式存在)在加入硫酸后,在碘离子存在下即析出与溶解氧量相当的游离碘:

$$2KI + H_2SO_4(浓) =\!=\!= 2HI + K_2SO_4$$

$$MnMnO_3 + 2H_2SO_4(浓) + 2HI =\!=\!= 2MnSO_4 + I_2 + 3H_2O$$

以淀粉作为指示剂,用硫代硫酸钠标准溶液滴定游离碘,即可换算出溶解氧的含量:

$$I_2 + 2Na_2S_2O_3 =\!=\!= 2NaI + Na_2S_4O_6$$

3. 实验材料

1)仪器

溶解氧瓶、碘量瓶、酸式滴定管、锥形瓶、移液管。

2)试剂

(1)硫酸锰溶液:称取 480 g $MnSO_4 \cdot 4H_2O$(或 400 g $MnSO_4 \cdot 2H_2O$ 或 364 g $MnSO_4 \cdot H_2O$)溶于水中,用水稀释至 1 L。此溶液在酸性时,加入 KI 后,遇淀粉不变色。若不澄清,需过滤后使用。

(2)碱性 KI 溶液:称取 500 gNaOH 溶于 300~400 mL 水中,称取 150 gKI(或 135 g 碘化钠)溶于 200 mL 水中,待 NaOH 溶液冷却后,将两种溶液合并,混匀,用蒸馏水稀释至 1 L。此溶液在酸性时,加入 KI 后,遇淀粉不变色。若有沉淀,则放置过夜后,倾出上层清液,储于棕色塑料瓶中,用黑纸包裹避光保存。

(3)硫酸溶液(1+5):量取 100 mL 浓硫酸($\rho=1.84$ g/mL),在不停地搅动下,缓慢地加入 500 mL 水中。

(4)浓硫酸($\rho=1.84$ g/mL)。

(5)1% 淀粉溶液:称取 1 g 可溶性淀粉,用少量水调成糊状,再用刚煮沸的水冲稀至 100 mL(或煮沸 1~2 min)。冷却后,加入 0.1 g 水杨酸或 0.4 g 氯化锌防腐。

(6)重铬酸钾标准溶液($c_{\frac{1}{6}K_2Cr_2O_7}=0.0250$ mol/L):称取于 105~110 ℃烘干 2 h 并冷却的优级纯 $K_2Cr_2O_7$ 1.2258 g,溶于蒸馏水中,移入 1 L 容量瓶中,用水稀释至标线,摇匀。

(7)硫代硫酸钠标准滴定液:

①配制:称取 6.2 g 硫代硫酸钠($Na_2S_2O_3 \cdot 5H_2O$)溶于煮沸放冷的水中,加入 0.2 g 碳酸钠,用水稀释至 1000 mL。储于棕色瓶中,使用前用 0.0250 mol/L 重铬酸钾标准溶液标定。

②标定:于 250 mL 碘量瓶或锥形瓶中,加入 100 mL 水和 1.0 gKI,再加入 10.00 mL 0.0250 mol/L 重铬酸钾($1/6K_2Cr_2O_7$)标准溶液、5 mL 硫酸溶液(1+5),密塞,摇匀。于暗处静置 5 min 后,用硫代硫酸钠溶液滴定至溶液呈淡黄色后,加入 1 mL 淀粉溶液,继续滴定至蓝色刚好褪去为止,记录用量。平行标定 3 份,按表 3-1-10 记录实验数据。其浓度可由下式计算:

$$c=\frac{10.00\times0.0250}{V} \qquad (3-1-19)$$

式中:c 为硫代硫酸钠溶液的浓度,mol/L;V 为滴定时消耗硫代硫酸钠溶液的体积,mL。

(8)碘化钾固体试剂。

4. 实验步骤

1)水样的采集与保存

(1)对于人不易下去的深井、废水池和地下水,可选取适当的容器进行采集。对于管路、明渠及地表水可直接用溶解氧瓶采集水样。

(2)用虹吸法采集水样移到溶解氧瓶内,并使水样从瓶口溢流 10 s 左右,然后盖好瓶盖,要求瓶内无残留微小气泡。

(3)为防止溶解氧的变化,采样后应立即用硫酸锰和碱性碘化钾现场固定。方法:将移液管插入溶解氧瓶的液面下,依次加入 1 mL 硫酸锰溶液及 2 mL 碱性碘化钾溶液,盖好瓶塞,颠倒混合数次,静置(>5 min)。待棕色絮状沉淀降到一半时,再重新颠倒混合一次,继续静置,直至沉淀物下降到瓶底。

溶解氧样品应尽量现场测定,如果不能现场测定,固定好的溶解氧样品应于 4 ℃下、暗处保存,于 6 h 内完成测定。在每个采样点平行采集 2~3 份水样,同时记录水温和大气压。

2)水样测定

(1)析碘:轻轻打开溶解氧瓶塞,立即将吸管插入液面下,加入 2.0 mL 浓硫酸,小心盖好瓶塞,颠倒混合摇匀至沉淀物全部溶解(若溶解不完全,可继续加入少量浓硫酸,使其全部溶解)。溶液呈黄色或棕色,然后放置暗处 5 min。

(2)滴定:吸取 100 mL 上述溶液,注入 250 mL 锥形瓶中,再用硫代硫酸钠标准溶液滴定到溶液呈淡黄色,加入 1 mL 淀粉溶液,继续滴定至蓝色恰好褪去为止,记录硫代硫酸钠标准溶液的体积用量,平行测定 2～3 份水样,按表 3－1－10 记录实验数据。

表 3－1－10　水样中溶解氧的测定数据记录表

水样	滴定硫代硫酸钠消耗的重铬酸钾			滴定溶解氧消耗的硫代硫酸钠		
	初始体积 V_1/mL	终点体积 V_2/mL	消耗体积 ΔV/mL	初始体积 V_3/mL	终点体积 V_4/mL	消耗体积 ΔV/mL
1						
2						
3						

5. 数据记录与处理

(1)根据下式计算水样中的溶解氧浓度:

$$溶解氧浓度(O_2,mg/L) = \frac{c \times V \times (32/4) \times 1000}{100} \qquad (3-1-20)$$

式中:c 为硫代硫酸钠溶液的浓度,mol/L;V 为滴定时消耗硫代硫酸钠溶液的体积,mL;32 为 O_2 的摩尔质量,g/mol;4 为 O_2 与硫代硫酸钠的换算系数。

(2)实验数据记录如表 3－1－10 所示。根据相应公式计算硫代硫酸钠溶液和水样中溶解氧浓度,并求其平均值和相对标准偏差。

(3)溶解氧饱和度计算:

$$溶解氧饱和度(\%) = \frac{水样中溶解氧含量}{采样水温和气压下饱和溶解氧含量} \times 100\% \qquad (3-1-21)$$

附录 D 表 D－1－3 为标准状态(大气压 101325 Pa,空气中氧为 20.9%(体积)时)下,各种压力和温度下水中溶解氧饱和度表。

在非标准状态下,氧溶解度的计算公式如下:

$$S' = S\frac{P}{760} \qquad (3-1-22)$$

式中:S' 为大气压力在 P(mmHg)时氧的溶解度,mg/L;S 为大气压力在 760 mmHg(1 mmHg＝133.322 Pa)时氧的溶解度,mg/L;P 为实验时的大气压力,mmHg。

【注意事项】

(1)水中溶解氧应在中性条件下测定,如果水样呈强酸性或强碱性,可用氢氧化钠或硫酸溶解调节至中性后再测。

(2)如果水样中含有氧化性物质(如游离氯大于 0.1 mg/L 时),应预先于水样中加入硫代硫酸钠去除。即用两个溶解氧瓶各取一瓶水样,在其中一瓶加入 5 mL 硫酸(1＋5)和 1 g 碘化钾,摇匀,此时游离出碘。以淀粉作指示剂,用硫代硫酸钠溶液滴定至蓝色刚褪为止,记下用量(相当于去除游离氯的量)。于另一瓶水样中,加入同样量的硫代硫酸钠溶液,摇匀后,按操作步骤测定。

(3)水样中亚硝酸盐氮含量高于 0.05 mg/L、Fe^{2+} 低于 1 mg/L 时,采用叠氮化钠修正法,此法适用于多数污水及生化处理出水;水样中 Fe^{2+} 高于 1 mg/L 时,采用高锰酸钾修正法;水样有色或有悬浮物时,采用明矾絮凝修正法;含有活性污泥悬浮物的水样,采用硫酸铜-氨基磺酸絮凝修正法。

(4)水样采集后,为防止溶解氧含量变化,应立即加固定剂于样品中并存于冷暗处,同时记录水温和大气压力。

6.思考题

(1)常用的测溶解氧的方法有哪几种?

(2)在加药剂时,移液管为什么要插入液面下?

(3)滴定时,淀粉指示剂为何不宜过早加入?

(4)当碘析出时,为什么把溶解氧瓶放置在暗处 5 min?

(二)膜电极法(便携式溶解氧仪法)

水样有色、含可和碘反应的有机物时,不宜用碘量法及其修正法测定,可用膜电极法测定。膜电极法的测定下限取决于所用的仪器,一般适用于溶解氧浓度大于 0.1 mg/L 的水样,即适用于江河、湖泊、废水中溶解氧量及生物需氧量(BOD)的测定。但水样中若含有氯、二氧化硫、碘、溴的气体或蒸气,可能会干扰测定,需要经常更换薄膜或校准电极。

1.实验目的

(1)掌握膜电极法测定溶解氧的原理、方法和使用范围。

(2)掌握膜电极的清洗和校准。

2.实验原理

测定溶解氧的电极是由一个附有感应器的薄膜和一个温度测量及补偿的内置热敏电阻组成,电极的可渗透薄膜为选择性薄膜,把待测水样和感应器隔开,水和可溶性物质不能透过,只允许氧气通过。当给感应器供应电压时,氧气穿过薄膜发生还原反应,在电极上被还原,产生微弱的扩散电流,通过测量电流值可测定溶解氧浓度。

3.实验材料

便携式溶解氧仪、烧杯、清洗瓶等。

4.实验步骤

(1)仪器开机、校正参照附录 B.4 溶液氧仪的使用说明。

(2)测试。仪器校准完毕后,将电极浸入被测水样中,同时确保温度感应部分也浸入水样中,溶解氧的测定结果有质量浓度(mg/L)、饱和百分比(%)和氧气分压(mbar)三种表达方式,可以根据不同需求按"M"键在三者之间进行切换。为进行精确地溶解氧测量,要求水样的最小流速为 0.3 m/s,水流将会提供一个适当的循环,以保证消耗的氧持续不断地得到补充。当液体静止时,则不能得到正确的结果。在进行野外测量时,可用手平行摇动电极进行测定;在实验室进行测量时,建议使用磁力搅拌器,以保证水样有一个固定的流速。这样就可将由空气中的氧气扩散到水样中引起的误差减少到最小。在每次测量过程中,电极和被检测水样之间必须达到热平衡,这个过程需要一定的时间。

(3)清洗(外部清洗)。当电极表面粘有石灰时,要在 25% 的醋酸溶液中浸泡 1 min;当电极表面粘有油脂/油时,要用温水和家用清洗剂漂洗,然后用蒸馏水彻底漂洗。

(4)贮存。溶氧电极使用完后要贮存在校正套中,要保持校正套中的空气潮湿,且温度要求保持在 −5～50 ℃。

5. 数据记录与处理

实验中监测的数据记录在表 3 - 1 - 11 中。

表 3 - 1 - 11　溶解氧测量记录表

仪器型号：			系统名称：		日期：			
测量点								
温度/℃								
溶解氧浓度/mg·L^{-1}								

【注意事项】

(1)需要更换电解液及盖式薄膜的情况：薄膜破损；薄膜污染严重，电极不能校正；电解液耗尽。(注：保养时，电极不能与主机相连！)

(2)氧的饱和百分比读数(％)表示的是氧气的饱和比率，以 1 atm 下氧的饱和百分比100％为参照。

(3)温度读数。显示屏的右下部显示的是所测得水样的温度，在进行测量之前，电极必须达到热平衡。热平衡一般需要几分钟，环境与样品的温差越大，需要的时间越长。

(4)膜电极法测定溶解氧不受水样色度、浊度及化学滴定法中干扰物质的影响；快速简便，适用于现场测定；易于实现自动连续测定。但水样中含藻类、硫化物、碳酸盐、油等物质时，会使薄膜堵塞或损坏，应及时更换薄膜。

6. 思考题

(1)溶氧电极的校正套为什么要一直保持潮湿？

(2)溶氧电极测定水样的溶解氧时为什么要保证一定的相对水流速度？

实验 9　化学需氧量的测定

化学需氧量(chemical oxygen demand, COD_{Cr})是指在一定条件下，用强氧化剂处理水样时所消耗氧化剂的量，以氧的浓度(mg/L)来表示。化学需氧量反映了水中还原性物质污染的程度。水中还原性物质包括有机物、亚硝酸盐、亚铁盐、硫化物等。水被有机物污染是很普遍的，因此化学需氧量也作为有机物相对含量的指标之一。水中化学需氧量的测定通常采用重铬酸钾法。

1. 实验目的

(1)加深对化学需氧量概念的理解。

(2)掌握重铬酸钾法测定化学需氧量的原理、技术和操作方法。

2. 实验原理

在强酸性溶液中，准确加入过量的重铬酸钾标准溶液，加热回流，将水样中还原性物质(主要是有机物)氧化，过量的重铬酸钾以试亚铁灵作指示剂，用硫酸亚铁铵标准溶液回滴，根据所消耗的重铬酸钾标准溶液量计算水样化学需氧量。

方法的适用范围：用 0.2500 mol/L 浓度的重铬酸钾溶液可测大于 50 mg/L 的化学需氧

量值,未经水样稀释的测值上限是 700 mg/L。用 0.025 mol/L 浓度的重铬酸钾可测定 5～50 mg/L 的化学需氧量值,但化学需氧量低于 10 mg/L 时测量准确度较差。

3. 实验材料

1) 仪器

化学需氧量专用加热平板、全玻璃回流装置、酸式滴定管、移液管、烧杯、容量瓶等。

2) 试剂

(1)重铬酸钾标准溶液($c_{(1/6K_2Cr_2O_7)}=0.2500$ mol/L):称取预先在 120 ℃ 烘干 2 h 的基准或优级纯重铬酸钾 12.258 g 溶于水中,移入 1000 mL 容量瓶,稀释至标线,摇匀。

(2)试亚铁灵指示液:称取 1.485 g 邻菲啰啉($C_{12}H_8N_2 \cdot H_2O$)、0.695 g 硫酸亚铁($FeSO_4 \cdot 7H_2O$)溶于水中,稀释至 100 mL,贮于棕色瓶内。

(3)硫酸亚铁铵标准溶液($c_{[(NH_4)_2Fe(SO_4)_2 \cdot 6H_2O]}\approx0.05$ mol/L):称取 19.75 g 硫酸亚铁铵溶于水中,边搅拌边缓慢加入 20 mL 浓硫酸,冷却后移入 1000 mL 容量瓶中,加水稀释至标线,摇匀。临用前,用重铬酸钾标准溶液标定。

标定方法:准确吸取 5.00 mL 重铬酸钾标准溶液于 250 mL 锥形瓶中,加水稀释至 55 mL 左右,缓慢加入 15 mL 浓硫酸,混匀。冷却后,加入 3 滴试亚铁灵指示液(约 0.15 mL),用硫酸亚铁铵溶液滴定,溶液的颜色由黄色经蓝绿色至红褐色即为终点。其浓度由下式计算:

$$c_{[(NH_4)_2Fe(SO_4)_2]}=\frac{0.2500\times5.00}{V} \qquad (3-1-23)$$

式中:c 为硫酸亚铁铵标准溶液的浓度,mol/L;V 为硫酸亚铁铵标准溶液的用量,mL。

(4)硫酸-硫酸银溶液:于 500 mL 浓硫酸中加入 5 g 硫酸银,放置 1～2 d,不时摇动使其溶解。

(5)硫酸汞:结晶或粉末。

3) 实验用样品水

生活污水、模拟废水等。

4. 实验步骤

(1)取 10.00 mL 混合均匀的水样(或适量水样稀释至 10.00 mL)置于 250 mL 磨口的回流锥形瓶中,准确加入 5.00 mL 重铬酸钾标准溶液及数粒小玻璃珠或沸石,连接磨口回流冷凝管,从冷凝管上口慢慢地加入 15 mL 硫酸-硫酸银溶液,轻轻摇动锥形瓶使溶液混匀,加热回流 2 h(自开始沸腾时计时)。

对于化学需氧量高的废水样,可先取上述操作所需体积 1/10 废水样和试剂于硬质玻璃试管中,摇匀,加热后观察是否变为绿色。如溶液显绿色,再适当减少废水取样量,直至溶液不变绿色为止,从而确定废水样分析时应取用的体积。稀释时,所取废水样量不得少于 5 mL,如果废水样中化学需氧量很高,则废水样应多次稀释。废水中氯离子含量超过 30 mg/L 时,应先把 0.4g 硫酸汞加入回流锥形瓶中,再加入 10.00 mL 废水(或适量废水稀释至 10.00 mL),摇匀。

(2)冷却后,用 45 mL 蒸馏水由冷凝管上端冲洗冷凝管壁,取下锥形瓶。溶液总体积不得少于 70 mL,否则因酸度太大,滴定终点不明显。

(3)溶液再度冷却后,加 3 滴试亚铁灵指示液,用硫酸亚铁铵标准溶液滴定,溶液的颜色由黄色经蓝绿色至红褐色即为终点,记录硫酸亚铁铵标准溶液的用量。

(4)测定水样的同时,取 10.00 mL 蒸馏水,按同样操作步骤作空白试验。记录滴定空白时硫酸亚铁铵标准溶液的用量。

5. 数据记录与处理

根据下式计算化学需氧量:

$$\text{COD}_{\text{Cr}}(\text{O}_2\ \text{mg/L}) = \frac{(V_0 - V_1) \times c \times 8 \times 1000}{V} \tag{3-1-24}$$

式中:c 为硫酸亚铁铵标准溶液的浓度,mol/L;V_0 为滴定空白时硫酸亚铁铵标准溶液的用量,mL;V_1 为滴定水样时硫酸亚铁铵标准溶液的用量,mL;V 为水样的体积,mL;8 为氧($\frac{1}{2}$O)摩尔质量,g/mol。

注:COD_{Cr} 的测定结果应保留三位有效数字。

【注意事项】

(1)使用 0.2 g 硫酸汞络合氯离子的最高量可达 20 mg,如取用 10.00 mL 水样,即最高可络合 2000 mg/L 氯离子浓度的水样。若氯离子的浓度较低,也可少加硫酸汞,使保持硫酸汞含量:氯离子含量=10:1。若出现少量氯化汞沉淀,并不影响测定。

(2)水样取用体积可在 10.00～50.00 mL 范围内,但试剂用量及浓度需按表 3-1-12 进行相应调整,也可得到满意的结果。

表 3-1-12　水样取用量和试剂用量表

水样体积/mL	0.2500 mol/L $K_2Cr_2O_7$ 溶液/mL	H_2SO_4-Ag_2SO_4 溶液/mL	$HgSO_4$/g	$[(NH_4)_2Fe(SO_4)_2]$ /(mol·L^{-1})	滴定前总体积/mL
10.0	5.0	15	0.2	0.050	70
20.0	10.0	30	0.4	0.100	140
30.0	15.0	45	0.6	0.150	210
40.0	20.0	60	0.8	0.200	280
50.0	25.0	75	1.0	0.250	350

(3)对于化学需氧量小于 50 mg/L 的水样,应改用 0.0250 mol/L 重铬酸钾标准溶液。回滴时用 0.01 mol/L 硫酸亚铁铵标准溶液。

(4)水样加热回流后,溶液中重铬酸钾剩余量应为加入量的 1/5～4/5 为宜。

(5)用邻苯二甲酸氢钾($HOOCC_6H_4COOK$)标准溶液检查试剂的质量和操作技术时,由于每克邻苯二甲酸氢钾的理论 COD_{Cr} 为 1.176 g,所以溶解 0.4251 g 邻苯二甲酸氢钾于蒸馏水中,转入 1000 mL 容量瓶,用蒸馏水稀释至标线,使之成为 500 mg/L 的 COD_{Cr} 标准溶液。用时现配。

(6)每次实验时,应对硫酸亚铁铵标准滴定溶液进行标定,室温较高时尤其要注意其浓度的变化。

6. 思考题

回流冷却后,用蒸馏水冲洗冷凝管的目的是什么?

实验10　水样中氨氮的测定

水中氨氮的来源主要是生活污水中含氮有机物受微生物作用的分解产物,其在某些工业废水,如焦化废水和合成氨化肥厂废水等及农田排水中含量较多。此外,在无氧环境中,水中存在的亚硝酸盐亦可受微生物作用还原为氨。在有氧环境中,水中氨亦可转变为亚硝酸盐,继续氧化成硝酸盐。鱼类对水中氨氮比较敏感,当氨氮含量高时会导致鱼类死亡。氨氮(NH_3-N)以游离氨(NH_3)或铵盐(NH_4^+)形式存在于水中,两者的组成比取决于水的 pH 值和水温。当 pH 值偏高时,游离氨比例较高;反之,铵盐的比例高。水温的影响则相反。

氨氮的测定方法:通常有纳氏试剂比色法、水杨酸-次氯酸盐光度法和电极法。氨氮含量较高时,可采用蒸馏-酸滴定法。纳氏试剂比色法具有操作简便、灵敏等特点,但钙、镁、铁等金属离子、硫化物、醛、酮类,以及水中色度和混浊等会干扰测定,需要相应的预处理。

水杨酸-次氯酸盐光度法具灵敏、稳定、操作简便、实验室操作污染少等优点而被广泛应用。本法适用于地下水、地表水、生活污水和工业废水中氨氮的测定。当取样体积为 8.0 mL,使用 10 mm 比色皿时,检出限为 0.01 mg/L,测定下限为 0.04 mg/L,测定上限为 1.0 mg/L(均以 N 计)。

(一)蒸馏-酸滴定法

1. 实验目的

(1)了解水体被含氮有机污染物污染的情况。

(2)掌握水样蒸馏处理方法及水杨酸比色法的基本原理和操作方法。

2. 实验原理

滴定法仅适用于已进行蒸馏预处理的水样。调节水样至 pH 值在 6.0~7.4 范围,加入氧化镁使之呈微碱性。加热蒸馏,释出的氨被吸收入硼酸溶液中,以甲基红-亚甲蓝为指示剂,用酸标准溶液滴定馏出液中的铵。当水样中含有在此条件下可被蒸馏并在滴定时能与酸反应的物质,如挥发性胺类等,则将使测定结果偏高。

3. 实验材料

1)仪器

加热电炉、凯氏烧瓶、定氮球、冷凝管、连接管、吸收瓶、具塞比色管。

蒸馏装置连接如图 3-1-3 所示。

2)试剂

(1)无氨水:①蒸馏法,每升蒸馏水中加 0.1 mL 硫酸,在全玻璃蒸馏器中重蒸馏,弃去 50 mL 初馏液,接取其余馏出液于具塞磨口的玻璃瓶中,密塞保存。②离子交换法,使蒸馏水通过强酸性阳离子交换树脂柱。

(2)混合指示液:称取 200 mg 甲基红溶于 100 mg 95％乙醇,另称取 100 mg 亚甲蓝溶于 50 mL 95％乙醇,以两份甲基红与一

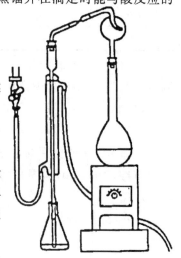

图 3-1-3　氨氮蒸馏装置

份亚甲蓝溶液混合后备用。混合液一个月配一次。

(3)硫酸标准溶液($c_{(1/2H_2SO_4)}=0.02$ mol/L):移取 5.6 mL 硫酸溶液(1+9)于 1000 mL 容量瓶中,稀释至标线,混匀。按下列操作进行标定:

称取 180 ℃ 干燥 2 h 的基准试剂级无水 Na_2CO_3 约 0.5 g(称准至 0.0001 g),溶于新煮沸放冷的水中,移入 500 mL 容量瓶中,稀释至标线。移取 25.00 mL 的碳酸钠溶液于 150 mL 锥形瓶中,加入 25 mL 水,加 1 滴 0.05％甲基橙指示液,用硫酸溶液滴定至淡橙红色为止。用下式计算硫酸溶液的浓度:

$$硫酸溶液浓度(mol/L)=\frac{W\times1000}{V\times52.995}\times\frac{25}{500} \tag{3-1-25}$$

式中:W 为碳酸钠的重量,g;V 为消耗硫酸溶液的体积,mL。

(4)0.05％溴百里酚蓝指示液(pH=6.0～7.6)。

(5)10％硫酸锌溶液:称取 10 g 硫酸锌溶于水中,稀释至 100 mL。

(6)25％氢氧化钠溶液:称取 25 g 氢氧化钠溶于水中,稀释至 100 mL,贮于聚乙烯瓶中。

(7)硫酸,$\rho=1.84$ g/cm³。

(8)轻质氧化镁(MgO):将氧化镁在 500 ℃ 下加热去除碳酸盐。

(9)防沫剂,如石蜡碎片。

(10)吸收液:①硼酸溶液 20 g/L;②硫酸(H_2SO_4)溶液:0.01 mol/L。

4. 实验步骤

1)水样的采集与保存

水样采集在聚乙烯瓶或玻璃瓶内,并应尽快分析,必要时可加硫酸将水样酸化至 pH<2,于 2～5 ℃ 存放。酸化样品应注意防止吸收空气中的氨而被污染。

2)水样预处理

水样带色或浑浊及含其他一些干扰物质时,会影响氨氮的测定。为此,在分析时需作适当的预处理。对较清洁的水,可采用絮凝沉淀法。

(1)絮凝沉淀法。此法是加适量的硫酸锌于水样中,并加氢氧化钠使水样呈碱性,生成氢氧化锌沉淀,再经过滤除去水样颜色和浑浊等。取 100 mL 水样于具塞比色管中,加入 1 mL10％硫酸锌溶液和 0.1～0.2 mL25％氢氧化钠溶液,调节 pH 值至 10.5 左右,混匀。放置使产生沉淀,用经无氨水充分洗涤过的中速滤纸过滤,弃去初滤液 20 mL,即可得到去除颜色和浑浊的水样。

(2)蒸馏法。取 250 mL 水样(如氨氮含量较高,可分取适量并加水至 250 mL,使氨氮含量不超过 2.5 mg),移入凯氏烧瓶中,加数滴溴百里酚蓝指示液,用氢氧化钠溶液或盐酸溶液调节至 pH=7 左右。加入 0.25 g 轻质氧化镁和数粒玻璃珠,立即连接氮球和冷凝管,导管下端插入吸收液液面下。加热蒸馏,至馏出液达 200 mL 时,停止蒸馏,定容至 250 mL。

采用酸滴定法或纳氏比色法时,以 50 mL 硼酸溶液为吸收液;采用水杨酸-次氯酸比色法时,改用 50 mL0.01 mol/L 硫酸溶液为吸收液。

3)水样测定

向硼酸溶液吸收的、经预处理后的水样中,加 2 滴甲基红-亚甲蓝混合指示液,用 0.020 mol/L 硫酸溶液滴定至淡紫红色即为终点,记录硫酸溶液的用量。

空白试验:以无氨水代替水样,同水样全程序步骤进行测定。

5. 数据记录与处理

根据下式计算氨氮的含量：

$$氨氮(N, mg/L) = \frac{(A-B) \times M \times 14 \times 1000}{V} \qquad (3-1-26)$$

式中：A 为滴定水样时消耗的硫酸溶液体积，mL；B 为空白实验消耗的硫酸溶液体积，mL；M 为硫酸溶液浓度，mol/L；V 为水样体积，mL；14 为氨氮(N)的摩尔质量。

【注意事项】

(1)蒸馏时应避免发生暴沸，否则可造成馏出液温度升高，氨吸收不完全。

(2)防止在蒸馏时产生泡沫，必要时可加少许石蜡碎片于凯氏烧瓶中。水样如含余氯，则应加入适量 0.35% 硫代硫酸钠溶液，每 0.5 mL 可除去 0.25 mg 余氯。

(3)在水样全部经蒸馏预处理，以硼酸溶液吸收的吸收液中，加 2 滴混合指示液，用0.020 mol/L 硫酸溶液滴定至绿色转变成淡紫红色为止，记录硫酸溶液的用量。

6. 思考题

在蒸馏过程中为防止产生泡沫，可采取什么措施？

(二)水杨酸-次氯酸钠光度法

1. 实验目的

(1)了解水体中含氮有机污染物的来源。

(2)掌握水样蒸馏处理方法及水杨酸比色法的基本原理和操作方法。

2. 实验原理

在碱性介质(pH=11.6)中，亚硝基铁氰化钠的存在下，水中的氨、铵离子与水杨酸盐和次氯酸离子反应生成蓝色化合物，在波长 697 nm 处具最大吸收，用分光光度计测量此吸光度值。这类反应称为贝特洛(Berthelot)反应，反应的机理比较复杂，是个分步进行的反应：

(1)第一步是铵与次氯酸盐反应生成氯铵：$NH_3 + HOCl \longrightarrow NH_2Cl + H_2O$；

(2)第二步氯铵与水杨酸($C_6H_4(OH)COOH$)反应形成一个中间产物——氨基水杨酸：

(3)第三步是氨基水杨酸转变为卤代醌亚胺：

(4)最后是卤代醌亚胺与水杨酸缩合生成靛酚蓝。

pH 值对每一步反应几乎都有本质上的影响。最佳的 pH 值，不仅随酚类化合物而不同，而且随催化剂和掩蔽剂的不同而变化。此外，pH 值还影响着发色速度、显色产物的稳定性及最大吸收波长的位置。因此控制反应的 pH 值是重要的。

3. 实验材料

1)仪器

可见分光光度计、比色管、烧杯、移液管等。

2)试剂

(1)清洗液:将 100 g 氢氧化钾溶于 100 mL 水中,溶液冷却后加 900 mL 无水乙醇,贮存于聚乙烯瓶内。所有玻璃器皿均应用清洗溶液仔细清洗,然后用蒸馏水冲洗干净。

(2)氢氧化钠溶液($c_{(NaOH=2\ mol/L)}$):称取 16 g 氢氧化钠溶于水中,稀释至 200 mL。

(3)氨氮标准贮备液($\rho_N=1000\ \mu g/mL$):称取 3.8190 g 经 100~105 ℃ 干燥 2 h 的氯化铵(NH₄Cl,优级纯),溶于水中,移入 1000 mL 容量瓶中,稀释至标线。此溶液可稳定 1 个月。

(4)氨氮标准中间液($\rho_N=100\ \mu g/mL$):吸取 10.00 mL 1000 $\mu g/mL$ 的氨氮标准贮备液于100 mL 容量瓶中,稀释至标线。此溶液可稳定 1 周。

(5)氨氮标准使用液($\rho_N=100\ \mu g/mL$):吸取 10.00 mL 氨氮标准中间液(100 $\mu g/mL$)于1000 mL 容量瓶中,稀释至标线。临用现配。

(6)显色剂(水杨酸-酒石酸钾钠溶液):称取 50 g 水杨酸($C_6H_4(OH)COOH$),加入约100 mL 水中,再加入 160 mL 2 mol/L 氢氧化钠溶液,搅拌使之完全溶解;再称取 50 g 酒石酸钾钠($KNaC_4H_4O_6 \cdot 4H_2O$),溶于水中,与上述溶液合并移入 1000 mL 容量瓶中,加水稀释至标线,贮存于加橡胶塞的棕色玻璃瓶中,此溶液可稳定 1 个月。

若水杨酸未能全部溶解,可再加入数毫升氢氧化钠溶液(2 mol/L),直至完全溶解为止,并用 1 mol/L 的硫酸调节溶液的 pH 值在 6.0~6.5 范围内。

(7)次氯酸钠使用液($\rho_{有效氯}=3.5\ g/L,c_{游离碱}=0.75\ mol/L$):取经标定的次氯酸钠,用水和2 mol/L 的氢氧化钠溶液稀释成含有效氯浓度 3.5 g/L,游离碱浓度 0.75 mol/L(以 NaOH计)的次氯酸钠使用液,存放于棕色滴瓶内,本试剂可稳定一个月。存放于塑料瓶中的次氯酸钠,使用前应标定其有效氯浓度和游离碱浓度(以 NaOH 计),标定方法如下。

①有效氯浓度的标定。吸取 10.0 mL 次氯酸钠试剂于 100 mL 容量瓶中,加水稀释至标线,混匀。移取 10.0 mL 稀释后的次氯酸钠溶液于 250 mL 碘量瓶中,加入蒸馏水 40 mL、碘化钾 2.0 g,混匀。再加入 6 mol/L 硫酸溶液 5 mL,密塞,混匀。置暗处 5 min 后,用 0.10 mol/L 硫代硫酸钠溶液滴至淡黄色,加入约 1 mL 淀粉指示剂,继续滴至蓝色消失为止。其有效氯浓度按式(3-1-27)计算:

$$有效氯(g/L,以\ Cl_2\ 计)=\frac{c\times V\times 35.45}{10.0}\times\frac{100}{10} \tag{3-1-27}$$

式中:c 为硫代硫酸钠溶液的浓度,mol/L;V 为滴定时消耗硫代硫酸钠溶液的体积,mL;35.45为有效氯的摩尔质量($1/2Cl_2$),g/mol。

②游离碱(以 NaOH 计)的标定。

A. 盐酸溶液的标定。

碳酸钠标准溶液($c_{1/2Na_2CO_3}=0.1000\ mol/L$):称取经 180 ℃ 干燥 2 h 的无水碳酸钠 2.6500 g,溶于新煮沸放冷的水中,移入 500 mL 容量瓶中,稀释至标线。

甲基红指示剂($\rho=0.5\ g/L$):称取 50 mg 甲基红溶于 100 mL 乙醇($\rho=0.79\ g/mL$)中。

盐酸标准滴定溶液($c_{HCl}=0.10\ mol/L$):量取 8.5 mL 盐酸($\rho=1.19\ g/L$)于 1000 mL 容量瓶中,用水稀释至标线。

标定方法:移取 25.00 mL 碳酸钠标准溶液于 150 mL 锥形瓶中,加 25 mL 水和 1 滴甲基红指示剂,用盐酸标准滴定溶液滴定至淡红色为止。用式(3-1-28)计算盐酸标准溶液的浓度:

$$c(\text{HCl}) = \frac{c_1 \times V_1}{V_2} \qquad (3-1-28)$$

式中:c 为盐酸标准滴定溶液的浓度,mol/L;c_1 为碳酸钠标准溶液的浓度,mol/L;V_1 为碳酸钠标准溶液的体积,mL;V_2 为盐酸标准滴定溶液的体积,mL。

B. 游离碱(以 NaOH 计)的标定步骤。

吸取次氯酸钠试剂 1.0 mL 于 150 mL 锥形瓶中,加 20 mL 水,以酚酞作指示剂,用 0.10 mol/L 盐酸标准滴定溶液滴定至红色完全消失为止。如果终点的颜色变化不明显,可在滴定后的溶液中加 1 滴酚酞指示剂,若颜色仍显红色,则需继续用盐酸标准滴定溶液滴至无色。用式(3-1-29)计算游离碱的浓度:

$$\text{游离碱的浓度(mol/L,以 NaOH 计)} = \frac{c(\text{HCl}) \times v(\text{HCl})}{V} \qquad (3-1-29)$$

式中:$c(\text{HCl})$ 为盐酸标准溶液的浓度,mol/L;$v(\text{HCl})$ 为滴定时消耗的盐酸溶液的体积,mL;V 为滴定时吸取的次氯酸钠溶液的体积,mL。

(8)亚硝基铁氰化钠溶液($\rho = 10$ g/L):称取 0.1 g 亚硝基铁氰化钠$\{Na_2[Fe(CN)_5NO] \cdot 2H_2O\}$置于 10 mL 具塞比色管中,加水使之溶化并至标线。本试剂可稳定一个月。

4. 实验步骤

1)校准曲线的绘制

(1)取 7 支 10 mL 比色管,分别吸取 0 mL、1.00 mL、2.00 mL、4.00 mL、5.00 mL、6.00 mL、8.00 mL 铵标准使用液(1 μg/mL)于 7 支 10 mL 比色管中。

(2)分别加入 1.00 mL 显色液(水杨酸-酒石酸钾钠溶液)和 2 滴亚硝基铁氰化钠溶液,混匀。

(3)再分别滴加 2 滴次氯酸钠溶液,稀释至标线,充分混匀。

(4)分别放置 1 h 后,在波长 697 nm 处,用光程为 10 mm 的比色皿,以空白为参比,测量吸光度,绘制以氨氮含量(μg)对校正吸光度的校准曲线。

2)水样的测定

取预处理的水样,至 10 mL 比色管中,按与绘制标准曲线相同的步骤进行测定。(若氨氮浓度过高,可稀释,使之不超过 8 μg)

5. 数据记录与处理

测得的实验数据记录在表 3-1-13 中。

表 3-1-13　实验数据记录表

项目	0 号管	1 号管	2 号管	3 号管	4 号管	5 号管	6 号管
1 μg/mL 标准溶液/mL	0.00	1.00	2.00	4.00	5.00	6.00	8.00
氨氮含量/μg	0.00	1.00	2.00	4.00	5.00	6.00	8.00
吸光度 A							

水样中氨氮的浓度按下式计算：

$$氨氮浓度(N, mg/L) = m/V \qquad (3-1-30)$$

式中：m 为水样中氨氮的浓度，mg/L；V 为所取水样的体积，mL。

【注意事项】

(1)氯铵在此条件下均被定量地测定。钙、镁等阳离子的干扰，可加酒石酸钾钠掩蔽。

(2)如果水样的颜色过深、含盐量过多，酒石酸钾盐对水样中的金属离子掩蔽能力不够，或水样中存在高浓度的钙、镁和氯化物时，需要预蒸馏。

6. 思考题

生活污水中氨氮的主要来源有哪些？

实验 11　水样中硝酸盐的测定

水样中硝酸盐是在有氧环境下，各种形态的含氮化合物中最稳定的化合物，亦是含氮有机物经无机作用最终阶段的分解产物。亚硝酸盐可能氧化生成硝酸盐。硝酸盐在无氧环境中亦可受微生物的作用而还原为亚硝酸盐。

不同水中硝酸盐氮(NO_3^--N)含量相差悬殊，从数十微克/升至数十毫克/升不等，清洁的地面水中其含量较低，受污染的水体及一些深层地下水中其含量较高，如制革废水、酸洗废水、某些生化处理设施的出水和农田排水含大量的硝酸盐。

人体摄入硝酸盐后，经肠道中微生物作用会将其转变成亚硝酸盐而出现毒性作用。有文献报道饮用水中硝酸盐氮含量若达数十毫克/升时，可致婴儿中毒。

水中硝酸盐氮的测定方法颇多，常用的有酚二磺酸光度法、镉柱还原法、戴氏合金还原法、离子色谱法、紫外法和电极法等。

(一)酚二磺酸光度法

1. 实验目的

(1)了解水样中硝酸盐的特性及硝酸盐的测定方法。

(2)掌握酚二磺酸光度法测定硝酸盐的方法、原理及操作步骤。

2. 实验原理

硝酸盐在无水条件下与酚二磺酸进行反应，生成硝基二磺酸酚，在碱性溶液中生成黄色化合物，于波长 410 nm 处用分光光度计进行定量测定。

3. 实验材料

1)仪器

分光光度计、比色皿、瓷蒸发皿、容量瓶、具塞比色管、移液管等。

2)试剂

(1)酚二磺酸($C_6H_3(OH)(SO_3H)_2$)：称取 25 g 苯酚(C_6H_5OH)置于 500 mL 锥形瓶中，加入 150 mL 浓硫酸使之溶解，再加入 75 mL 发烟硫酸(含 13% 三氧化硫(SO_3))，充分混合。瓶口插小漏斗，小心置瓶于沸水浴中加热 2 h，得到淡棕色稠液，贮于棕色瓶中，密塞保存。

(2)氨水。

（3）硝酸盐标准贮备液（$c_N = 100$ mg/L）。称取 0.7218 g 经 105～110 ℃干燥 2 h 的优级纯硝酸钾（KNO_3）溶于水，移入 1000 mL 容量瓶中，稀释至标线，该标准贮备液每毫升含 0.100 mg 硝酸盐氮。（加 2 mL 三氯甲烷作保存剂，混匀，此贮备液至少可稳定 6 个月）。

（4）硝酸盐标准使用液（$c_N = 10$ mg/L）。吸取 50.0 mL 硝酸盐标准贮备液置于蒸发皿内，加入 0.1 mol/L 氢氧化钠溶液调至 pH＝8，在水浴上蒸发至干。再加入 2 mL 酚二磺酸，用玻璃棒研磨蒸发皿内壁，使残渣与试剂充分接触，放置片刻，重复研磨一次，放置 10 min，加入少量水，移入 500 mL 容量瓶中，稀释至标线，混匀，贮于棕色瓶中，此溶液至少可稳定 6 个月。该标准使用液每毫升含 0.010 mg 硝酸盐氮。

注：本标准溶液应同时制备两份，用以检查硝化完全与否，如发现浓度存在差异时，应重新吸取标准贮备液进行制备。

（5）硫酸银溶液：称取 4.397 g 硫酸银（Ag_2SO_4）溶于水，移至 1000 mL 容量瓶中，用水稀释至标线。1.00 mL 此溶液可去除 1.00 mg 氯离子（Cl^-）。

（6）氢氧化铝悬浮液：溶解 125 g 硫酸铝钾［$AlK(SO_4)_2 \cdot 12H_2O$］于 1 L 水中，加热到 60 ℃。在不断搅拌下慢慢加入 55 mL 氨水，放置约 1 h 后，用水反复洗涤沉淀至洗出液中不含氨氮、硝酸盐和亚硝酸盐。待澄清后，倾出上层清液，只留悬浮液，最后加入 100 mL 水。使用前振荡均匀。

（7）EDTA 二钠溶液：称取 50 g EDTA 二钠盐的二水合物（$C_{10}H_{14}N_2O_3Na_2 \cdot 2H_2O$），溶于 20 mL 水中，使调成糊状，再加入 60 mL 氨水充分混合，使之溶解。

（8）高锰酸钾溶液：称取 3.16 g 高锰酸钾溶于水，稀释至 1 L。

（9）硫酸溶液（$c = 0.5$ mol/L）。

（10）氢氧化钠溶液（$c = 0.1$ mol/L）。

3）实验用样品水

生活污水、模拟废水等。

4. 实验步骤

1）标准曲线的绘制

于一组 50 mL 比色管中，分别加入硝酸盐氮使用液 0 mL、0.10 mL、0.30 mL、0.50 mL、0.70 mL、1.00 mL、5.00 mL、7.00 mL、10.0 mL，分别加水至约 40 mL，再分别加入 3 mL 氨水使其呈碱性，稀释至标线，混匀。在波长 410 nm 处，以水为参比，用 10 mm（0.01～0.10 mg）或 30 mm（0.001～0.01 mg）比色皿分别测量吸光度，绘制不同比色皿光程长的吸光度对硝酸盐氮含量（mg）的标准曲线。

2）水样的测定

（1）干扰的消除。

①带色物质及浑浊：取 100 mL 试样移入 100 mL 具塞量筒中，加入 2 mL 氢氧化铝悬浮液，密塞充分振摇，静置数分钟澄清后，过滤，弃去最初滤液的 20 mL。

②氯离子：取 100 mL 试样移入 100 mL 具塞量筒中，根据已测定的氯离子含量，加入相当量的硫酸银溶液，充分混合，在暗处放置 30 min，使氯化银沉淀凝聚，然后用慢速滤纸过滤，弃去最初滤液 20 mL。a. 如不能获得澄清滤液，可将已加过硫酸银溶液后的试样在近 80 ℃的水浴中加热，并用力振摇，使沉淀充分凝聚，冷却后再进行过滤。b. 如需同时去除带色物质，则

可在加入硫酸银溶液并混匀后,再加入 2 mL 氢氧化铝悬浮液,充分振摇,放置片刻待沉淀后,过滤。

③亚硝酸盐:当亚硝酸盐氮含量超过 0.2 mg/L 时,可取 100 mL 试样,加入 0.5 mol/L 硫酸溶液 1 mL,混匀后,滴加高锰酸钾溶液,至淡红色保持 15 min 不褪为止,使亚硝酸盐氧化为硝酸盐,最后从硝酸盐氮测定结果中减去亚硝酸盐氮量。

(2)水样测定。

①蒸发:取 50.0 mL 经预处理的水样于蒸发皿中,用 pH 试纸检查,必要时用 0.5 mol/L 硫酸或 0.1 mol/L 氢氧化钠溶液调至微碱(pH≈8),水浴蒸发至干。

②硝化反应:在①中所得物中加 1.0 mL 酚二磺酸试剂,用玻璃棒研磨,使试剂与蒸发皿内残渣充分接触,静置片刻,再研磨一次,放置 10 min,加入约 10 mL 水。

③显色:边搅拌边在②中溶液中加入 3~4 mL 氨水,使溶液呈现最深的颜色。如有沉淀,则过滤;或滴加 EDTA 二钠溶液,并搅拌至沉淀溶解。将溶液移入比色管中,稀释至标线,混匀。

④测定:于波长 410nm 处,选用合适光程长的比色皿,以水为参比,测量吸光度。如吸光度超出标线范围,可将显色溶液用水稀释,然后再去测吸光度,计算时乘以稀释倍数。

(3)空白试验。

以蒸馏水代替水样,按相同步骤进行全程空白测定。

5. 数据记录与处理

(1)数据记录表如 3-1-14 所示。

表 3-1-14　酚二磺酸光度法实验数据记录表

编号	标准使用液体积/mL	硝酸盐含量/ mg	吸光度测量值
1			
2			
3			
4			
5			
6			
7			
8			
9			

(2)计算:

$$硝酸盐氮浓度(N,mg/L) = \frac{m}{V} \qquad (3-1-31)$$

式中:m 为从校准曲线上查得的硝酸盐氮量,mg;V 为分取水样体积,L。

【注意事项】

(1)水样采集后应及时进行测定。若不能立即测定应加硫酸使 pH<2,保存在 4 ℃以下,但需在 24 h 内进行测定。

（2）本方法适用于测定饮用水、地下水和清洁地面水中的硝酸盐氮。适用于测定硝酸盐氮的浓度范围为 0.02～2.0 mg/L。浓度更高时，可分取较少的水样测定。本方法采用光程为 30 mm 的比色皿，水样体积为 50 mL 时，最低检出浓度为 0.02 mg/L。

（3）水中含氯化物、亚硝酸盐、铵盐、有机物和碳酸盐时，可对测定产生干扰。含此类物质时，应作适当的前处理，以消除对测定的影响。

（4）配制酚二磺酸时使用的发烟硫酸在室温较低时凝固，取用时，可先在 40～50 ℃ 隔水水浴中加温使熔化，不能将盛装发烟硫酸的玻璃瓶直接置于水浴中，以免瓶裂引起危险。发烟硫酸中含三氧化硫（SO_3）浓度超过 13％ 时，可用硫酸按计算量进行稀释。无发烟硫酸时，亦可用浓硫酸代替，但应增加在沸水浴中加热时间至 6 h，制得的试剂尤应注意防止吸收空气中的水分，以免因硫酸浓度的降低，影响硝基化反应的进行，使测定结果偏低。

（5）当苯酚色泽变深时，应进行蒸馏精制。

（6）配制硝酸盐氮标准使用液时应同时制备两份，用以检查硝化完全与否，如发现浓度存在差异时，应重新吸取硝酸盐氮标准贮备液进行制备。

6. 思考题

（1）水样中硝酸盐氮的测定方法有哪些？

（2）水样带色，如何预处理？

（二）紫外分光光度快速测定法

1. 实验目的

（1）了解水样中硝酸盐的特性。

（2）掌握紫外分光光度法测定硝酸盐的方法、原理及操作步骤。

2. 实验原理

在盐酸介质中，利用硝酸盐在波长 220 nm 处的吸收、在波长 275 nm 处不吸收，以 220 nm 为主波长测定硝酸盐，以 275 nm 为基线波长除去溶解的其他有机物的干扰。此方法简单，能够对生活饮用水进行检测。

3. 实验材料

1）仪器

紫外可见分光光度计、比色皿、容量瓶、具塞比色管、移液管等。

2）试剂

实验用水应为无氨水。

（1）硝酸盐标准贮备液（$c_N = 100$ mg/L）：称取 0.7218 g 经 105～110 ℃ 干燥 2 h 的优级纯硝酸钾（KNO_3）溶于水，移入 1000 mL 容量瓶中，稀释至标线，该标准贮备液每毫升含 0.100 mg 硝酸盐氮。（加 2 mL 三氯甲烷作保存剂，混匀，此贮备液至少可稳定 6 个月）。

（2）氢氧化铝悬浮液：溶解 125 g 硫酸铝钾[$AlK(SO_4)_2 \cdot 12H_2O$]于 1 L 水中，加热到 60 ℃。在不断搅拌下慢慢加入 55 mL 氨水，放置约 1 h 后，用水反复洗涤沉淀至洗出液中不含氨氮、硝酸盐和亚硝酸盐。待澄清后，倾出上层清液，只留悬浮液，最后加入 100 mL 水。使用前振荡均匀。

（3）1 mol/L 的盐酸：36％ 浓盐酸，密度 1.18 g/mL，摩尔质量 36.5 g/mol。取 43 mL 此浓

硫酸定容到 500 mL 即可。

4. 实验步骤

1)标准曲线的绘制

将浓度为 100 mg/L 的硝酸盐标准贮备液稀释 10 倍后,分别取 1.00 mL、2.00 mL、4.00 mL、6.00 mL、8.00 mL、10.00 mL 于 50 mL 容量瓶内,各加入 1 mL 1 mol/L 盐酸溶液,用无氨水稀释至刻度。分别在波长 220 nm 和 275 nm 处,用 10 mm 石英比色皿测定标准溶液系列的吸光度,并绘制吸光度对硝酸盐氮含量(mg)的标准曲线。

2)水样的测定

(1)消除干扰:浑浊水样应过滤,如有颜色,应在每 100 mL 水样中加入 4 mL 氢氧化铝悬浮液,在锥形瓶中搅拌 5 min 后过滤。取 25 mL 经过滤或脱色处理的水样于 50 mL 容量瓶中,加入 1 mL 1 mol/L 盐酸溶液,用无氨水稀释至刻度。

(2)水样测定:取适量水样于 50 mL 容量瓶中,加 1 mL 的盐酸溶液,用水稀释至标线。用蒸馏水作为参比,分别测定样品在波长 220 nm 和 275 nm 处的吸光度 A_{220} 和 A_{275},记录数据,用下式计算校正吸光度:

$$A = A_{220} - 2A_{275} \tag{3-1-32}$$

式中:A 为样品溶液校正后的吸光度;A_{220} 为样品溶液在 220 nm 波长处的吸光度;A_{275} 为样品溶液在 275 nm 波长处的吸光度。

5. 数据记录与处理

(1)数据记录如表 3-1-15 所示。

表 3-1-15 紫外分光光度法实验数据记录表

项目	1 号管	2 号管	3 号管	4 号管	5 号管	6 号管	7 号管
硝酸盐贮备液/mL							
硝酸盐浓度/(mg·L^{-1})							
吸光度							

(2)计算:

$$硝酸盐氮浓度(N, mg/L) = \frac{m}{V} \tag{3-1-33}$$

式中:m 为从校准曲线上查得的硝酸盐氮量,mg;V 为分取水样体积,L。

【注意事项】

(1)在氨氮测定时,水样中若含钙、镁、铁等金属离子会干扰测定,可加入配位剂或预蒸馏消除干扰。纳氏试剂显色后的溶液颜色会随时间而变化,所以必须在较短时间内完成比色操作。

(2)亚硝酸盐是含氮化合物分解过程中的中间产物,很不稳定,采样后的水样应尽快分析。

(3)可溶性有机物、NO_2^-、Cr^{6+} 和表面活性剂均会干扰 NO_3^--N 的测定。可溶性有机物用校正法消除;NO_2^- 可用氨基碳酸法消除;Cr^{6+} 和表面活性剂可制备各自的校正曲线进行校正。

(4)吸光度比值 A_{275}/A_{220} 应小于 20%,且越小越好,超过 20% 时应予以鉴别。

6. 思考题

测定过程中的干扰因素应如何消除？

实验 12　水样中总氮的测定

大量生活污水、农田排水或含氮工业废水排入水体,使水中有机氧化物、无机氮化物的含量增加,生物和微生物大量繁殖,并消耗水中溶解氧,使水体质量恶化。湖泊、水库含有超标的氮、磷类物质时,会造成浮游植物繁殖旺盛,出现富营养化状态。因此,水体总氮含量是衡量水质的重要指标之一。测定总氮的方法通常采用过硫酸钾氧化,使有机氮和无机氮化合物转变为硝酸盐后,再以紫外分光光度法、偶氮比色法、离子色谱法或气相分子吸收光谱法进行测定。

1. 实验目的

(1)掌握碱性过硫酸钾消解紫外分光光度法测定总氮的原理。

(2)掌握水样消解的方法和紫外分光光度计的使用。

(3)掌握工作曲线的制作方法,能区别工作曲线与标准曲线。

2. 实验原理

过硫酸钾是强氧化剂,其在 60 ℃以上水溶液中按如下反应式分解,生成氢离子和氧:

$$K_2S_2O_8 + H_2O \xrightarrow{\triangle} 2KHSO_4 + \frac{1}{2}O_2$$

$$KHSO_4 \longrightarrow K^+ + HSO_4^-$$

$$HSO_4^- \longrightarrow H^+ + SO_4^{2-}$$

故在氢氧化钠的碱性介质中可促使此分解过程趋于完全。分解出的原子态氧在 120～124 ℃条件下,可使水样中含氮化合物的氮元素转化为硝酸盐,并且在此过程中有机物被氧化分解。用紫外分光光度法于波长 220 nm 与 275 nm 处,分别测定处理后水样的吸光度 A_{220} 及 A_{275},按下式计算硝酸盐氮的校正吸光度值 A:

$$A = A_{220} - 2A_{275} \tag{3-1-34}$$

按 A 值查标准曲线计算总氮(以 $NO_3^- \text{-N}$ 计)含量。

本方法适用于含亚硝酸盐氮、硝酸盐氮、无机铵盐、溶解态氨及在消解条件下碱性溶液中可水解的有机氮的地面水、地下水中总氮的测定。

3. 实验材料

1)仪器

(1)紫外分光光度计及 10 mm 石英比色皿。

(2)医用手提式蒸汽灭菌器或家用压力锅(压力为 $1.078 \times 10^5 \sim 1.372 \times 10^5$ Pa),锅内温度相当于 120～124 ℃。

(3)玻璃具塞比色管,25 mL。

(4)纱布和棉线。

2)试剂

(1)无氨水可选下述方法之一制备:

①离子交换法:将蒸馏水通过一个强酸型的阳离子交换树脂(氢型)柱,馏出液收集在带有

密封玻璃盖的玻璃瓶中。

②蒸馏法：在 1000 mL 的蒸馏水中，加入 0.1 mL 硫酸（ρ＝1.84 g/mL），并在全玻璃瓶中重蒸馏，弃去前 50 mL 蒸馏液，然后将馏出液收集在带有密封玻璃塞的玻璃瓶中。

（2）20.0 g/L 氢氧化钠溶液：称取 2.0 g 氢氧化钠（NaOH）溶于纯水中，稀释至 100 mL。

（3）碱性过硫酸钾溶液：称取 40.0 g 过硫酸钾（$K_2S_2O_8$）溶于 600 mL 水中（可置于 50 ℃ 水浴中加热至全部溶解）；另称取 15 g 氢氧化钠（NaOH）溶于 300 mL 水中。待氢氧化钠溶液温度冷却至室温后，混合两种溶液定容到 1000 mL，存放于聚乙烯瓶中。

（4）盐酸溶液（1＋9）：量取 1 份盐酸与 9 份水混合均匀。

（5）100 mg/L 硝酸钾标准贮备液（以 NO_3^--N 计）：硝酸钾（KNO_3）在 105～110 ℃ 烘箱中烘干 3 h，于干燥器中冷却后，称取 0.7218 g 溶于纯水中，移至 1000 mL 容量瓶中，用纯水稀释至标线，在 0～10 ℃ 暗处保存，或加入 1～2 mL 三氯甲烷可稳定 6 个月。

（6）10.0 mg/L 硝酸钾标准使用溶液（以 NO_3^--N 计）：用硝酸钾标准贮备液稀释 10 倍而得。使用时现配。

（7）硫酸（H_2SO_4）（ρ＝1.84 g/mL）。

（8）硫酸溶液（1＋35）：1 体积硫酸（ρ＝1.84 g/mL）与 35 体积水混合均匀。

4. 实验步骤

1）采样

采集水样后立即放入冰箱中冷藏或低于 4 ℃ 条件下保存，但保存时间不得超过 24 h。水样若需放置较长时间时，可在 1000 mL 水样中加入约 0.5 mL 硫酸（ρ＝1.84 g/mL），酸化到 pH＜2，并尽快测定。

2）试样的制备

将水样用氢氧化钠溶液或硫酸溶液（1＋35）调节至 pH＝5～9，从而制得试样。

3）测定

（1）用吸管取 10.00 mL 试样（氮含量超过 100 μg 时可减少取样量并加入纯水至 10 mL）于比色管中。

（2）试样不含悬浮物时，按下列步骤进行：

①在比色管中加入 5 mL 碱性过硫酸钾溶液，上塞并用纱布和线包扎紧，以防弹出。

②将盛有试样的比色管置于医用高压蒸汽灭菌器中，加热，使压力达到 1.078×10^5 ～ 1.372×10^5 Pa，当温度达 120～124 ℃ 后开始计时，或将比色管置于家用高压锅中，加热至顶压阀吹气时计时，保持 30 min。

③待灭菌器或高压锅冷却至室温，取出比色管。

④比色管中加盐酸溶液（1＋9）1 mL，稀释至 25 mL 标线。

⑤移取部分溶液至石英比色皿中，在紫外分光光度计上，以无氨水作参比，分别在波长为 220 nm 和 275 nm 处测定吸光度，并用 $A_s = A_{220} - 2A_{275}$ 计算出校正吸光度 A_s。

（3）试样含悬浮物时，先按上述（2）中步骤①至④进行。然后待比色管中溶液澄清后移取上清液至石英比色皿中，再按（2）中步骤⑤测定。

（4）空白试验：空白试验是以 10 mL 无氨水代替样品，采用与（2）中①至⑤完全相同的试剂、用量和分析步骤进行。必须控制空白试验的校正吸光度 A_b 值不超过 0.03。

（5）工作曲线标准系列的配制：

①用分度吸管向一组比色管中分别加入硝酸盐氮标准使用溶液 0.00 mL、0.10 mL、0.30 mL、0.50 mL、0.70 mL、1.00 mL、3.00 mL、5.00 mL、7.00 mL、10.00 mL,再分别加入无氨水稀释至 10.00 mL。

②按(2)中步骤①至⑤进行测定。

(6)工作曲线的制作:标准溶液及空白溶液在波长 220 nm 和 275 nm 处测得的校正吸光度值按下式计算:

$$A_S = A_{S220} - 2A_{S275} \tag{3-1-35}$$

$$A_b = A_{b220} - 2A_{b275} \tag{3-1-36}$$

式中:A_S 为标准溶液校正后的吸光度;A_{S220} 为标准溶液在波长 220 nm 处的吸光度;A_{S275} 为标准溶液在波长 275 nm 处的吸光度;A_b 为空白(零浓度)溶液校正后的吸光度;A_{b220} 为空白(零浓度)溶液在波长 220 nm 处的吸光度;A_{b275} 为空白(零浓度)溶液在波长 275 nm 处的吸光度。

$$A_r = A_S - A_b \tag{3-1-37}$$

按 A_r 值与相应的 $NO_3^- $-N 含量($\mu$g)绘制工作曲线。

5. 数据记录与处理

按式 $A_S = A_{220} - 2A_{275}$ 计算试样吸光度,扣除空白 A_b,获试样校正吸光度 A_r,用标准曲线算出相应的总氮量 m,试样总氮浓度按式(3-1-38)计算:

$$总氮浓度(mg/L) = m/V \tag{3-1-38}$$

式中:m 为试样测出含氮量,μg;V 为测定用试样体积,mL。

【注意事项】

(1)玻璃具塞比色管的密合性应良好。使用压力蒸汽消毒器时,冷却后放气要缓慢,以免比色管塞蹦出。

(2)玻璃器皿可用 10%盐酸浸洗,再用蒸馏水冲洗,最后用无氨水冲洗。

(3)使用高压蒸汽消毒器时,应定期校核压力表。

(4)测定悬浮物较多的水样时,在过硫酸钾氧化后可能出现沉淀,遇此情况,可吸取氧化后的上清液进行紫外分光光度法测定。

(5)硝酸根离子在紫外线波长 220 nm 处有特征性的大量吸收,溶解性有机物在该波长处对紫外光也有较强的吸收,故一般引入一个经验校正值,该校正值为在 275 nm 处(硝酸根在此波长基本没有吸收)测得吸光度的 2 倍。但不同样品其干扰强度和特性不同,且"$2A_{275}$"校正值仅是经验性的,有机物中氮未能完全转化为 $NO_3^- $-N 对测定结果有影响,也使"$2A_{275}$"值带有不确定性。样品消化完全者,$A_{275}$ 值接近于空白值。

(6)溶液中许多阳离子和阴离子对紫外光都有一定的吸收,其中碘离子相对于总氮含量的 2.2 倍以上、溴离子相对于总氮含量的 3.4 倍以上对紫外光有一定的吸收而对测定有干扰。水样中若含有 Cr^{6+} 及 Fe^{3+} 离子,可加入 5%的盐酸羟胺 1～2 mL 以消除其对测定的影响。

(7)样品在处理时要防止空气中可溶性含氮化合物的污染,检测室应避免有氨或硝酸等挥发性化合物。

6. 思考题

(1)测定总氮的过程中过硫酸钾起什么作用?

(2)为何采用双波长测定扣除法校正硝酸盐氮的吸光度值?

(3)讨论如何做好空白值的控制工作。

实验 13 水样中总磷的测定

磷是生物生长的必需元素之一,但是水体中磷含量过高会导致富营养化,从而使湖泊、河流的透明度降低,水质变坏,使水资源丧失了饮用、养殖和欣赏等方面的价值。水体环境中的磷主要来源于化肥、冶炼、合成洗涤剂等行业的工业废水和生活污水。为了保护水资源,应控制水体的富营养化,在水质监测中已把总磷作为一项重要的监测分析项目和水质评价指标。

在天然水和废水中,磷以各种磷酸盐的形式存在,有正磷酸盐、缩合磷酸盐(焦磷酸盐、偏磷酸盐和多磷酸盐)、有机结合的磷酸盐,它们存在于溶液、腐殖质或水生生物中。水中磷的测定,通常按其存在的形式,分别测定总磷、溶解性正磷酸盐和溶解性磷,其预处理方法如图 3-1-4 所示。目前总磷的测定方法主要有钼锑抗分光光度法、氯化亚锡还原钼蓝法、离子色谱法、孔雀绿-磷钼杂多酸分光光度法、罗丹明荧光分光光度法、流动注射分光光度法等。本实验选用过硫酸钾消解钼锑抗分光光度法测定。

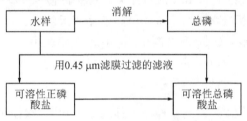

图 3-1-4 测定水中各种磷预处理方法流程图

1. 实验目的

(1)掌握钼锑抗分光光度法测定总磷的原理和过程。

(2)掌握水样预处理的方法。

(3)掌握分光光度计的使用、标准曲线的绘制及计算方法。

2. 实验原理

采用钼锑抗分光光度法测定总磷。即在酸性条件下,正磷酸盐与钼酸铵、酒石酸锑氧钾反应,生成磷钼杂多酸,被还原剂抗坏血酸还原,则变成蓝色络合物,通常称为磷钼蓝。

3. 实验材料

1)仪器

医用手提式蒸汽消毒器或压力锅($1.078 \times 10^5 \sim 1.372 \times 10^5$ Pa)、50 mL 具塞(磨口)比色管、纱布和棉线、分光光度计。

2)试剂

(1)硝酸(HNO_3),密度为 1.4 g/mL。

(2)高氯酸($HClO_4$),优级纯,密度为 1.68 g/mL。

(3)硫酸(H_2SO_4),1∶1。

(4)硫酸($c_{1/2H_2SO_4} = 1$ mol/L):将 27 mL 浓硫酸加入 973 mL 水中。

(5)氢氧化钠(NaOH,1 mol/L 溶液):将 40 g 氢氧化钠溶于水并稀释至 1000 mL。

(6)氢氧化钠(NaOH,6 mol/L 溶液):将 240 g 氢氧化钠溶于水并稀释至 1000 mL。

(7)过硫酸钾(K$_2$S$_2$O$_8$,50 g/L 溶液):将 5 g 过硫酸钾溶解于水并稀释至 100 mL。

(8)抗坏血酸(C$_6$H$_8$O$_6$,100 g/L 溶液):溶解 10 g 抗坏血酸于水中,并稀释至 100 mL。此溶液贮于棕色的试剂瓶中,在冷处可稳定几周。如不变色可长时间使用。

(9)钼酸盐溶液:溶解 13 g 钼酸铵((NH$_4$)$_6$Mo$_7$O$_{24}$·4H$_2$O)于 100 mL 水中。溶解 0.35 g 酒石酸锑钾(KSbC$_4$H$_4$O$_7$·1/2H$_2$O,分析纯)于 100 mL 水中。在不断搅拌下把钼酸铵溶液缓缓加到 300 mL(1+1)硫酸中,加酒石酸锑钾溶液并且混合均匀。

(10)浊度-色度补偿液:混合两个体积(1+1)硫酸和一个体积抗坏血酸溶液,使用当天配制。

(11)磷标准贮备液:称取(0.2197±0.001)g 于 110 ℃干燥 2 h 并在干燥器中放冷的磷酸二氢钾(KH$_2$PO$_4$),用水溶解后转移至 1000 mL 容量瓶中,加入大约 800 mL 水、5 mL1∶1 硫酸,用水稀释至标线并混匀。1.00 mL 此标准溶液含 50.0 μg 磷。本溶液在玻璃瓶中可贮存至少 6 个月。

(12)磷标准使用溶液:将 10.0 mL 的磷标准贮备液转移至 250 mL 容量瓶中,用水稀释至标线并混匀。1.00 mL 此标准溶液含 2.0 μg 磷,使用当天配制。

(13)酚酞(10 g/L 溶液):0.5g 酚酞溶于 50 mL95%乙醇中。

4. 实验步骤

1)消解

(1)过硫酸钾消解:量取 25.00 mL 样品于具塞比色管中(取样时应将样品摇匀,使悬浮或有沉淀样品能得到均匀取样,如果样品含磷量高,可相应减少取样量并用水补充至 25 mL),加入 4 mL 过硫酸钾(如果试样是酸化贮存的应预先中和成中性)。将比色管塞紧后并用纱布和棉线将玻璃塞扎紧,放在大烧杯中置于高压蒸汽消毒器内,加热,待压力达到 1.078×10^5 Pa,相应温度为 120 ℃时,保持 30 min 后停止加热。待压力回至正常后,取出冷却并用水稀释至标线,供分析用。同时用水代替试样,做空白实验。

(2)硝酸-高氯酸消解:量取 25 mL 试样于锥形瓶中,加数粒玻璃珠,再加 2 mL 硝酸在电热板上加热浓缩至 10 mL。冷却后加入 5 mL 硝酸,再加热浓缩至 10 mL,放冷。再加入 3 mL 高氯酸,加热至高氯酸冒白烟,此时可在锥形瓶上加小漏斗或调节电热板温度,使消解液在锥形瓶内壁保持回流状态,直至剩下 3~4 mL,放冷。

加水 10 mL,再加 1 滴酚酞指示剂。滴加 1 mol/L 或 6 mol/L 氢氧化钠溶液至刚呈微红色,再滴加 1 mol/L 硫酸溶液使微红色刚好退去,充分混匀。移至具塞刻度管中,用水稀释至标线,供分析用。同时水代替试样,做空白试验。

以上两种消解方法任选一种即可。

2)显色

分别向各份消解液中加入 1 mL 抗坏血酸溶液混匀,30 s 后加入 2 mL 钼酸盐溶液充分混匀。

3)分光光度计测量

室温下将显色后的溶液放置 15 min 后,使用光程为 10 mm 或 30 mm 比色皿,在波长 700 nm 下,以水作参比,测定吸光度。扣除空白试验的吸光度后,从工作曲线上查得磷的含量。

4)**工作曲线的绘制**

取 7 支具塞刻度管分别加入 0.00 mL、0.50 mL、1.00 mL、3.00 mL、5.00 mL、10.00 mL、15.00 mL 磷酸盐标准溶液,加水至标线。然后按步骤 2)进行显色。以水作参比,测定吸光度。扣除空白实验的吸光度后,与对应的磷含量绘制工作曲线。

5. 数据记录与处理

总磷含量以 c(mg/L)表示,按式(3-1-39)计算:

$$c = \frac{m}{V} \tag{3-1-39}$$

式中:m 为试样测出含磷量,μg;V 为测定用试样体积,mL。

注:实验结果保留三位有效数字。

【注意事项】

(1)如试样中浊度或色度影响测量吸光度时,需作补偿校正。校正方法:配制一个空白试样(消解后用水稀释至标线),然后向试样中加入 3 mL 浊度-色度补偿液,但不加抗坏血酸溶液和钼酸盐溶液。然后从试样的吸光度中扣除空白试样的吸光度。

(2)室温低于 13 ℃时,可在 20～30 ℃水浴中显色 15 min。

(3)操作所用的玻璃器皿,可用 1∶5 盐酸浸泡 2 h,或用不含磷酸盐的洗涤剂刷洗。

(4)比色皿用后应以稀硝酸或铬酸洗液浸泡片刻,以除去吸附的磷钼蓝显色物。

(5)砷含量大于 2 mg/L 时会干扰测定,用硫代硫酸钠去除;硫化物含量大于 2 mg/L 时会干扰测定,通氮气去除;铬含量大于 50 mg/L 时会干扰测定,用亚硫酸钠去除。

(6)过硫酸钾溶解比较困难,可于 40 ℃左右的水浴锅上加热溶解,切不可将烧杯直接放在电炉上加热,否则局部温度到达 60 ℃时过硫酸钾即分解失效。

(7)如用硫酸保存水样,当用过硫酸钾消解时,需先将试样调至中性。

6. 思考题

(1)用分光光度计测吸光度时,如果比色皿中有气泡对结果有什么影响?

(2)对于不含磷有机物或含碳化合物高的水样,测定总磷含量时,过硫酸钾和硝酸-高氯酸哪种消解方法更好?

实验 14　水样中苯酚的测定

环境中的苯酚主要来源于炼焦,炼油,石油化工,化肥、农药、塑料制造,燃烧等过程。苯酚易溶于有机溶剂,易被氧化,见光及空气后即变为粉红色。苯酚若由呼吸道和皮肤进入人体则会引起中毒,属高毒类物质,对生物体的危害很大,且会给环境造成严重的污染。目前,环境中苯酚的测定方法主要是电化学法、分光光度法和色谱法,其各有优缺点,在不同的领域,不同的行业采取的方法一般不同。本节主要介绍两种分光光度法测定的基本过程。

(一)紫外分光光度法

1. 实验目的

(1)学习紫外分光光度法的基本原理及定量分析方法。

(2)掌握紫外分光光谱仪测定苯酚的基本操作。

2. 实验原理

在紫外分光光度分析中,常用波长为 200～400 nm 的近紫外光。当有机物分子受到紫外光辐射时,分子中的价电子或外层电子能吸收紫外光而发生能级间的跃迁,其吸收峰的位置与有机物分子的结构有关;其吸收强度遵循朗伯-比尔定律,与有机物的浓度有关。

含苯酚的水溶液在紫外光区 197 nm、210 nm 和 270 nm 附近有吸收峰,其中在 270 nm 处的吸收峰较强,其吸光度与苯酚的含量成正比。应用朗伯-比尔定律可直接测定水中苯酚的含量。

3. 实验材料

1)仪器

紫外-可见分光光度计、石英比色皿、容量瓶、比色管、移液管、烧杯、吸耳球等。

2)试剂

苯酚标准贮备溶液($c=10$ g/L),苯酚标准溶液($c=0.1$ g/L)。

4. 实验步骤

1)绘制标准曲线

取 7 支 50 mL 的比色管,用移液管分别准确加入 0.00 mL、1.00 mL、2.00 mL、4.00 mL、6.00 mL、8.00L、10.00 mL 浓度为 0.1 g/L 的苯酚标准溶液,分别用去离子水稀释至 50 mL 刻度,摇匀。于波长 270 nm 处,用 10 mm 石英比色皿,以蒸馏水为参比,分别测定吸光度并作空白校正。以吸光度为纵坐标,相应苯酚含量为横坐标绘出标准曲线。

2)样品测定

取适量的水样于 50 mL 比色管中,用水稀释至标线,测定方法同标准溶液。进行空白校正后根据所测吸光度从标准曲线上查得苯酚含量。空白试验:以蒸馏水代替水样,按水样测定的相同步骤进行测定,其结果作为水样的空白校正值。

如果样品溶液吸光度超过标准曲线范围,则可稀释后再分析。计算样品浓度时,要考虑样品溶液的稀释倍数。

5. 数据记录与处理

苯酚含量可按式(3－1－40)计算:

$$苯酚浓度(mg/L)=\frac{m}{V} \tag{3－1－40}$$

式中:m 为从标准曲线上查得的苯酚量,μg;V 为水样体积,mL。

【注意事项】

(1)苯酚有腐蚀性,配制溶液时要戴防护手套。

(2)紫外分光光度计使用时须提前预热。

6. 思考题

紫外可见分光光度法分析的依据是什么?

(二)4－氨基安替比林分光光度计法

1. 实验目的

(1)学习可见分光光度法的基本原理及定量分析方法。

(2)掌握 4 -氨基安替比林分光光度计法测定苯酚的基本操作。

2. 实验原理

在 pH＝10.0±0.2 介质中,铁氰化钾与 4 -氨基安替比林反应生成橙红色的安替比林染料,其在波长 510 nm 处的吸收峰较强,其吸光度与苯酚的含量成正比,应用朗伯-比尔定律可测定水中苯酚的含量。该方法的检出限为 0.01 mg/L,检测范围为 0.04～2.5 mg/L。

3. 实验材料

1)仪器

可见分光光度计、玻璃比色皿、容量瓶、比色管、移液管、烧杯、吸耳球等。

2)试剂

(1)pH＝10 缓冲液:20 g 氯化铵溶于 100 mL 氨水中。

(2)2％4 -氨基安替比林:2 g 4 -氨基安替比林溶于水稀释至 100 mL(存放 1 周)。

(3)8％铁氰化钾溶液:8 g 铁氰化钾溶于水稀释至 100 mL(存放 1 周)。

(4)苯酚贮备液:1 g 苯酚溶于水定容至 1 L,即浓度为 1 g/L。

(5)苯酚标准中间液:贮备液稀释 100 倍,即浓度为 10 mg/L(使用当天配制)。

4. 实验步骤

1)绘制标准曲线

取一组 8 支 50 mL 比色管,分别加入 0.00 mL、0.50 mL、1.00 mL、3.00 mL、5.00 mL、7.00 mL、10.00 mL、12.50 mL 苯酚标准中间液,分别加水至 50 mL 标线。再分别加入 0.5 mL 缓冲液,混匀,此时 pH 值为 10.0±0.2,再分别加入 4 -氨基安替比林溶液 1.0 mL,混匀,再分别加入 1.0 mL 铁氰化钾溶液,充分混合后,放置 10 min,立即于波长 510 nm,用光程为 1 mm 比色皿,以蒸馏水为参比,分别测量吸光度,经空白校正后,绘制吸光度对苯酚含量(mg)的校准曲线。

2)样品测定

分取适量的待测水样放入 50 mL 比色管中,加水至 50 mL 标线,加入 0.5 mL 缓冲液,混匀,此时 pH 值为 10.0±0.2,再加入 4 -氨基安替比林溶液 1.0 mL,混匀,再加入 1.0 mL 铁氰化钾溶液,充分混合后,放置 10 min,立即于波长 510 nm 处,用光程为 1 mm 比色皿,以蒸馏水为参比,测量吸光度,最后减去空白,所得为校准后的吸光度。

空白试验:以蒸馏水代替水样,按水样测定的相同步骤进行测定,其结果作为水样的空白校正值。

5. 数据记录与处理

苯酚含量计算公式如下:

$$苯酚浓度(mg/L)=\frac{m}{V} \tag{3-1-41}$$

式中:m 为从标准曲线上查得的苯酚量,mg;V 为水样体积,L。

计算结果小于 1 mg/L 时,保留到小数点后三位;大于 1 mg/L 时,保留三位有效数字。

【注意事项】

(1)注意器皿清洁及试剂的有效期限。

(2)若水样含酚量较高,移取适量水样并加水至 250 mL 进行蒸馏,在计算时乘以稀释倍数。若水样中苯酚含量小于 0.5 mg/L,应采用 4-氨基安替比林分光光度法进行测定。

(3)干扰的排除:当水样中含游离氯等氧化剂、硫化物、油类、芳香胺类及甲醛、亚硫酸钠等还原剂时,应在蒸馏前做适当的预处理。

6. 思考题

若被测样品中含有游离氯等氧化剂,如何预处理?

实验 15 水样中铬的测定

铬化合物常见价态有三价和六价,铬的毒性与其存在的价态有关,三价铬是人体必需的微量元素之一,而六价铬具有较强的毒性,易被人体吸收而在体内蓄积,引起内部组织的损坏。铬的污染源主要来自铬矿石加工、金属表面处理、皮革鞣制、纺织印染、制药等行业的废水。

铬的测定有分光光度计法、原子吸收分光谱法、ICP-AES 法和滴定法。采用二苯碳酰二肼分光光度法时,可直接测定六价铬,如果测定总铬或三价铬时,则用高锰酸钾将三价铬氧化成六价铬得到总铬,再用差减法得到三价铬。水样中铬含量较高时,可使用硫酸亚铁铵容量法进行测定。

1. 实验目的

(1)了解测定铬的意义。

(2)掌握光度法测定六价铬和总铬的原理和方法。

2. 实验原理

在酸性溶液中,六价铬离子与二苯碳酰二肼反应生成紫红色化合物,其最大吸收波长为 540 nm,吸光度与浓度符合朗伯-比尔定律。如果测定总铬,需现用高锰酸钾将水样中的三价铬氧化为六价,再用光度法测定。

3. 实验材料

1)仪器

分光光度计(配 10 mm、30 mm 比色皿)、比色管(10 支)、烧杯、移液管、容量瓶、锥形瓶等。

2)试剂

(1)丙酮、硝酸、硫酸和三氯甲烷。

(2)硫酸(1+1):将浓硫酸($\rho=1.84$ g/mL)缓缓加入同体积的水中,混匀。

(3)磷酸(1+1):将磷酸($\rho=1.69$ g/mL)与水等体积混合。

(4)氢氧化锌共沉淀剂:称取硫酸锌($ZnSO_4 \cdot 7H_2O$)8 g,溶于 100 mL 水中;称取氢氧化钠 2.4 g,溶于新煮沸冷却的 120 mL 水中。将以上两液混合。

(5)高锰酸钾溶液($\rho=40$ g/L):称取高锰酸钾 4g,在加热和搅拌下使之溶于水,最后稀释至 100 mL。

(6)铬标准贮备液($\rho=0.1000$ g/L):称取于 120℃干燥 2 h 的重铬酸钾(优级纯)0.2829 g,用水溶解,移入 1000 mL 容量瓶中,用水稀释至标线,摇均。每毫升贮备液含 0.100 mg 六价铬。

(7)铬标准使用液($\rho=1.00$ mg/L):吸取 1.00 mL 铬标准贮备液于 100 mL 容量瓶中,用水稀释至标线,摇均。每毫升标准使用液含 1.00 μg 六价铬。使用当天配制。

(8)尿素溶液($\rho=200$ g/L):称取尿素 20 g,溶于水并稀释至 100 mL。

(9)亚硝酸钠溶液($\rho=20$ g/L):称取亚硝酸钠 2 g,溶于水并稀释至 100 mL。

(10)显色剂(二苯碳酰二肼溶液,$\rho=2$ g/L):称取二苯碳酰二肼(DPC,$C_{13}H_{14}N_4O$)0.2 g,溶于 50 mL 丙酮中,加水稀释至 100 mL,摇均,贮于棕色瓶内,置于冰箱中保存。颜色变深后不能使用。

(11)氢氧化铵溶液(1+1):将氨水($\rho=0.9$ g/mL)与等体积水混合。

(12)铜铁试剂[$C_6H_5N(NO)ONH_4$]($\rho=50$ g/L):称取铜铁试剂 5 g,溶于冰冷水中并稀释至 100 mL。临用时现配。

(13)氢氧化钠溶液(2 g/L):称氢氧化钠 2 g,溶于水中,定容至 100 mL。

3)实验用样品水

模拟含铬废水。

4.实验步骤

1)水样预处理

(1)测定六价铬水样的预处理方法。

①对不含悬浮物、低色度的清洁地面水,可直接进行测定。

②如果水样有颜色但颜色不深,可进行色度校正。即另取一份试样,加入除显色剂以外的各种试剂,以 2 mL 丙酮代替显色剂,以此溶液为测定试样溶液吸光度的参比溶液。

③对浑浊、色度较深的水样,应加入氢氧化锌共沉淀剂并进行过滤处理。取适量样品(含六价铬少于 $100\mu g$)于 150 mL 烧杯中,加水至 50 mL。滴加氢氧化钠溶液,调节溶液 pH 值为 7～8。在不断搅拌下,滴加氢氧化锌共沉淀剂至溶液 pH 值为 8～9。将此溶液转移至 100 mL 容量瓶中,用水稀释至标线。用慢速滤纸干过滤,弃去 10～20 mL 初滤液,取其中 50 mL 滤液供测定。当样品经锌盐沉淀分离法前处理后仍含有机物干扰测定时,可用酸性高锰酸钾氧化法破坏有机物后再测定。即取 50.0 mL 滤液于 150 mL 锥形瓶中,加入几粒玻璃,加入 0.5 mL 硫酸溶液、0.5 mL 磷酸溶液,摇匀。加入 2 滴高锰酸钾溶液,如紫红色消褪,则应添加高锰酸钾溶液保持紫红色。加热煮沸至溶液体积约剩 20 mL。取下稍冷,用定量中速滤纸过滤,用水洗涤数次,合并滤液和洗液至 50 mL 比色管中。加入 1 mL 尿素溶液,摇匀。用滴管滴加亚硝酸钠溶液,每加一滴充分摇匀,至高锰酸钾的紫红色刚好褪去。稍停片刻,待溶液内气泡逸尽,转移至 50 mL 比色管中,用水稀释至标线,供测定用。

④水样中存在次氯酸盐等氧化性物质时,会干扰测定,可加入尿素和亚硝酸钠消除干扰。取适量样品(含六价铬少于 $50\mu g$)于 50 mL 比色管中,用水稀释至标线,加入 0.5 mL 硫酸溶液、0.5 mL 磷酸溶液、1.0 mL 尿素溶液,摇匀。逐滴加入 1 mL 亚硝酸钠溶液,边加边摇,以除去由过量的亚硝酸钠与尿素反应生成的气泡,待气泡消除尽后加显色剂显色。

⑤水样中存在低价铁、亚硫酸盐、硫化物等还原性物质时,可将 Cr^{6+} 还原为 Cr^{3+},此时,调节需水样 pH 值至 8,加入显色剂溶液,放置 5 min 后再酸化显色,并以同法作标准曲线。

(2)总铬水样的预处理方法。

①一般清洁地面水可直接用高锰酸钾氧化后测定。

②对含大量有机物的水样,需进行消解处理。即取 50 mL 或适量(含铬少于 $50\mu g$)水样,置于 150 mL 烧杯中,加入 5 mL 硝酸和 3 mL 硫酸,加热蒸发至冒白烟。如溶液仍有色,再加入 5 mL 硝酸,重复上述操作,至溶液清澈,冷却。用水稀释至 10 mL,用氢氧化铵溶液中和至 pH 值为 1～2,移入 50 mL 容量瓶中,用水稀释至标线,摇均,供测定。

③如果水样中钼、钒、铁、铜等含量较大,先用铜铁试剂和三氯甲烷萃取除去,然后再进行消解处理。

2) 标准曲线的绘制

取 9 支 50 mL 比色管,依次加入 0 mL、0.20 mL、0.50 mL、1.00 mL、2.00 mL、4.00 mL、6.00 mL、8.00 mL 和 10.00 mL 铬标准使用液,用水稀释至标线,再分别加入硫酸(1+1)0.5 mL 和磷酸(1+1)0.5 mL,摇均。接着分别加入 2 mL 显色剂溶液,摇均。5~10 min 后,于 540 nm 波长处,用 1 cm 比色皿,以蒸馏水为参比,测定吸光度并作空白校正。以吸光度为纵坐标,相应六价铬含量为横坐标绘出标准曲线。

3) 水样测定

(1)Cr^{6+} 的测定。取适量(总含量 Cr^{6+} 少于 50 μg,一般取 5~10 mL 水样)无色透明或经预处理的水样于 50 mL 比色管中,用水稀释至标线,测定方法同标准溶液。进行空白校正后根据所测吸光度从标准曲线上查得 Cr^{6+} 含量。

(2)总铬的测定。

取适量(总 Cr^{6+} 含量少于 50 μg,一般取 5~10 mL 水样)清洁水样或经预处理的水样(如不到 50.0 mL,用水补充至 50.0 mL)于 150 mL 锥形瓶中,用氢氧化铵和硫酸溶液调至中性,加入几粒玻璃珠,加入硫酸(1+1)和磷酸(1+1)各 0.5 mL,摇均。加入 4% 高锰酸钾溶液 2 滴,如紫色消退,则继续滴加高锰酸钾溶液至保持紫红色。加热煮沸至溶液剩约 20 mL。冷却后,加入 1 mL20% 尿素溶液,摇均,用滴管加 2% 亚硝酸钠溶液,每加一滴充分摇均,至紫色刚好消失。稍停片刻,待溶液内气泡逸尽,转移至 50 mL 比色管中,稀释至标线,加入(1+1)硫酸 0.5 mL 和(1+1)磷酸 0.5 mL,摇均。加入 2 mL 显色剂溶液,摇均。5~10 min 后,供测定。水样得测定和计算同六价铬的测定。

5. 数据记录与处理

铬含量计算公式如下:

$$Cr^{6+}(mg/L) = \frac{m}{V} \tag{3-1-42}$$

式中:m 为从标准曲线上查得的 Cr^{6+} 量,μg;V 为水样体积,mL。

【注意事项】

(1)用于测定铬的玻璃器皿不能用重铬酸钾洗液洗涤。

(2)Cr^{6+} 与显色剂的显色反应一般控制酸度在 0.05~0.3 mol/L($1/2H_2SO_4$)范围,以 0.2 mol/L 时显色最好。显色前,水样应调至中性。显色温度和放置时间对显色有影响,在 15 ℃ 时,5~15 min 颜色即可稳定。

(3)如测定清洁地面水样,显色剂可按以下方法配制:溶解 0.2 g 二苯碳酰二肼与 100 mL95% 乙醇中,边搅拌边加入硫酸(1+9)400 mL。溶液在冰箱中可存放一个月。用此显色剂,在显色时直接加入 2.5 mL 即可,不必加酸。但加入显色剂后,要立即摇均,以免 Cr^{6+} 可能被乙醇还原。

6. 思考题

加硫酸和磷酸有什么作用?

3.2　环境微生物学实验

微生物学是实验性很强的一门学科,随着研究技术的发展,对微生物形态、结构的观察,生理生化代谢过程、遗传变异和进化过程的研究等实现了从整体水平、细胞水平到分子水平的不断跨越。"环境微生物学实验"是环境微生物学理论课的配套课程,本节主要介绍微生物基础实验技术、必备的微生物实验技能等。

本节共设计 11 个实验,包括微生物学基础实验(分别是关于显微镜的使用、细菌的染色及形态观察、细菌大小的测定、培养基的制备、微生物的分离与培养)5 个,环境工程领域应用实验(分别是关于大肠菌群的测定、水样细菌总数的测定、细菌生长曲线测定、细菌淀粉酶和过氧化氢酶的测定、活性污泥的形态观察及耗氧速率的测定、空气中微生物的检测)6 个。通过本节的实验操作可培养学生的基本实验技能,使学生了解微生物学的基本知识,加深学生对课堂讲授的微生物学理论的理解。同时通过本节的实验,可培养学生的观察、思考和分析问题的能力,使学生养成实事求是、严肃认真的科学态度。

3.2.1　微生物学基础实验

显微镜的使用是做微生物学实验需要掌握的最基本技能,本类型实验需要学生了解光学显微镜的基本构造、油镜的原理,并且观察三种细菌的形态,学习绘制生物简图。在使用过程中,需要注意保护显微镜并及时清洁显微镜,使用双眼观察标本,养成良好的操作习惯。

细菌的染色及形态观察需要学生掌握一般染色及革兰氏染色的方法,在实验过程中注意控制染色时间,制片时切勿压出气泡,否则会影响观察。

细菌大小的测定是在显微镜下通过目镜测微尺及血球计数板观察酵母菌,对酵母菌进行大小测量及浓度计算,学生须了解和掌握血球计数板和目镜测微尺的构造、使用原理和计数方法。

基于培养基的制备,可实现微生物的培养与分离。培养基分为固体、半固体和液体三种形式,种类繁多的微生物适宜生长的培养基也有差异,需要根据水分、碳源、氮源等选择合适的培养基。常用培养基有牛肉膏蛋白胨培养基、高氏一号培养基、马铃薯琼脂培养基等。

微生物分离即从混杂微生物群体中获得只含有某一种或某一株微生物的过程。将微生物的培养物或含有微生物的样品移植到培养基上的操作技术称之为接种。接种的关键是要严格地进行无菌操作,如操作不慎引起污染,则实验结果不可信,且影响下一步工作的进行。

3.2.2　环境工程领域应用实验

水中大肠杆菌的含量是水质检测的重要指标,一般使用滤膜法检测。方法是采用过滤器过滤水样,使其中的细菌截留在滤膜上,然后将滤膜放在适当的培养基上进行培养,大肠菌群可直接在膜上生长,从而可算出每升水样中含有的大肠杆菌数。

水中细菌总数的测定基于平板菌落计数技术,采集水样后,取适量体积于琼脂培养基中,适宜温度培养后计算水样中细菌总数。

通过细菌生长曲线的测定,可以了解细菌生长的基本特征。测定生长曲线的方法很多,有血细胞计数法、平板菌落计数法、称重法和比浊法等。本节采用比浊法测定,基于细菌菌悬液的浓度与浑浊度成正比,利用分光光度计测定菌悬液的光密度来推知菌悬液的浓度。

酶是生物细胞产生的、能在体内或体外起催化作用的生物催化剂,是一类具有活性中心和特殊构象的生物大分子。细菌淀粉酶能将遇碘呈蓝色的淀粉水解为遇碘不显色的糊精,并进一步转化为糖。淀粉水解后,遇碘不再显蓝色。过氧化氢酶能将过氧化氢水解为水和氧。

活性污泥和生物膜是废水生化处理技术的主体,在废水生化处理的运行管理中,可以借助显微镜来监测处理运行状况,也可以采用理化手段测定水质和活性污泥性质。活性污泥的耗氧速率(OUR)是评价污泥微生物代谢活性的一个重要指标,通过测定污泥在不同工业废水中OUR值的高低,可判断该废水的可生化性及废水毒性的极限程度。

空气中微生物的种类主要为真菌和细菌,其数量则取决于所处的环境和飞扬的尘埃量。实验中采用自然沉降的方法,使细菌、真菌落在培养基表面,经培养计数后按公式计算出细菌、真菌总数。该方法可以粗略地计算空气污染程度及了解被测区微生物的种类和其菌落特征。

本节实验的编排,既注重了实验的基础性和科学性,又强调了微生物学实验在环境领域的具体应用性及系统性,为环境专业学生的实验学习建立了最基本的概念。本节所安排的实验内容也具有很强的可操作性,使教师易于进行环境微生物学实验课程的教学。

实验 1　显微镜的使用及细菌形态观察

1. 实验目的

(1)了解普通光学显微镜的基本构造和工作原理。

(2)掌握油镜的原理和使用方法。

(3)观察三种细菌的个体形态,学习绘制生物简图。

2. 实验原理

普通光学显微镜由机械系统和光学系统两部分组成(见图 3-2-1)。

1)机械系统

机械系统包括镜座、镜臂、镜筒、物镜转换器、载物台、调节器等。

(1)镜座:显微镜的基座,可使显微镜平稳地放置在平台上。

(2)镜臂:用以支持镜筒,也是移动显微镜时手握的部位。

(3)镜筒:连接接目镜(简称目镜)和接物镜(简称物镜)的金属圆筒。

(4)物镜转换器:一个用于安装物镜的圆盘,位于镜筒下端,其上装有 3～5 个不同放大倍数的物镜。为了使用方便,物镜一般按由低倍到高倍的顺序安装。

(5)载物台:载物台又称镜台,是放置标本的地方,呈方形或圆形。

(6)调节器:调节器又称调焦装置,由粗调螺旋和细调螺旋组成,用于调节物镜与标本间的

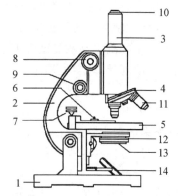

1—镜座;2—镜臂;3—镜筒;4—物镜转换器;5—载物台;6—压片夹;7—标本移动器;8—粗调螺旋;9—细调螺旋;10—目镜;11—物镜;12—虹彩光阑(光圈);13—聚光器;14—反光镜。

图 3-2-1　普通光学显微镜的构造

距离,使物像更清晰。

2)光学系统

光学系统包括目镜、物镜、光源、聚光器等。

(1)目镜:它的功能是把物镜放大的物像再次放大。目镜一般由两块透镜组成。上面一块称接目透镜,下面一块称场镜。在两块透镜之间或在场镜下方有一光阑。由于光阑的大小决定着视野的大小,故它又称为视野光阑。在进行显微测量时,目镜测微尺被安装在视野光阑上。目镜上刻有 5×、10×、15×、20× 等放大倍数,可按需选用。

(2)物镜:它的功能是把标本放大,产生物像。物镜可分为低倍镜(4× 或 10×)、中倍镜(20×)、高倍镜(40×～60×)和油镜(100×)。一般油镜上刻有"OI"(oil immersion)或 HI(homogeneous immersion)字样,有时刻有一圈红线或黑线,以示区别。物镜上通常标有放大倍数、数值孔径(NA)、工作距离(物镜下端至盖玻片间的距离,mm)及盖玻片厚度等参数(见图 3-2-2)。以油镜为例,100/1.25 表示放大倍数为 100 倍,NA 为 1.25;160/0.17 表示镜筒长度为 160 mm,盖玻片厚度等于或小于 0.17 mm。

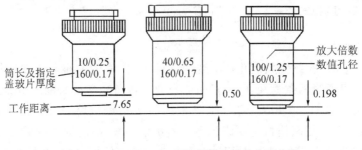

图 3-2-2　XSP-I6 型显微镜物镜的主要参数

(3)光源:良好的照明是保证显微镜使用效果的重要条件,显微镜光源通常安装在显微镜的镜座内,通过按扭开关来控制。

(4)聚光器:光源射出的光线通过聚光器汇聚成光锥照射标本。通过增强明度和采用适宜的光锥角度,可以提高物镜的分辨力。聚光器由聚光镜和虹彩光圈组成,聚光镜由透镜组成。

3)光学显微镜的基本参数

(1)数值孔径(NA)。又称开口率,是指介质折射率与镜口角 1/2 正弦的乘积,可用式(3-2-1)表示:

$$NA = n\sin\frac{\alpha}{2} \qquad (3-2-1)$$

式中:n 为物镜与标本之间介质的折射率;α 为镜口角(通过标本的光线延伸到物镜边缘所形成的夹角)。

物镜的性能与物镜的数值孔径密切相关,数值孔径越大,物镜的性能越好。因为镜口角总是小于 180°,所以 $\sin\frac{\alpha}{2}$ 的最大值不可能超过 1。又因为空气的折射率为 1,所以以空气为介质的数值孔径不可能大于 1,一般为 0.05～0.95。根据式(3-2-1)可知,要提高数值孔径,一个有效途径就是提高物镜与标本之间介质的折射率(见图 3-2-3、图 3-2-4)。使用香柏油(折射率为 1.515)浸没物镜(即油镜),理论上可将数值孔径提高至 1.5 左右。实际数值孔径值也可达 1.2～1.4。

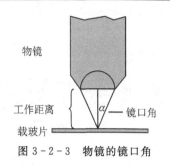

图 3 - 2 - 3　物镜的镜口角

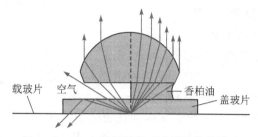

图 3 - 2 - 4　介质折射率对光线通路的影响

（2）分辨率。是指分辨物像细微结构的能力。分辨率用可分辨出的物像两点间的最小距离（D）来表征（式（3 - 2 - 2））。D 值愈小，分辨率愈高：

$$D=\frac{\lambda}{2n\sin\frac{\alpha}{2}} \tag{3 - 2 - 2}$$

式中：λ 为光波波长。

比较式（3 - 2 - 1）和式（3 - 2 - 2）可知，D 可表示为

$$D=\frac{\lambda}{2\mathrm{NA}} \tag{3 - 2 - 3}$$

根据式（3 - 2 - 3），在物镜数值孔径不变的条件下，D 值的大小与光波波长成正比。要提高物镜的分辨率，可通过两条途径：①采用短波光源。普通光学显微镜所用的照明光源为可见光，其波长范围为 400～700 nm。缩短照明光源的波长可以降低 D 值，提高物镜分辨率。②加大物镜数值孔径。提高镜口角 α 或提高介质折射率 n，都能提高物镜分辨率。若用可见光作为光源（平均波长为 550 nm），并用数值孔径为 1.25 的油镜来观察标本，能分辨出的两点距离约为 0.22 μm。

（3）放大率。普通光学显微镜利用物镜和目镜两组透镜来放大成像，故又被称为复式显微镜。采用普通光学显微镜观察标本时，标本先被物镜第一次放大，再被目镜第二次放大（见图 3 - 2 - 5）。所谓放大率是指大物像与原物体的大小之比。因此，显微镜的放大率（V）是物镜放大倍数（V_1）和目镜放大倍数（V_2）的乘积，即

$$V=V_1\times V_2 \tag{3 - 2 - 4}$$

如果物镜放大 40 倍，目镜放大 10 倍，则显微镜的放大率是 400 倍。常见物镜（油镜）的最高放大倍数为 100 倍，目镜的最高放大倍数为 16 倍，因此一般显微镜的最高放大率是 1600 倍。

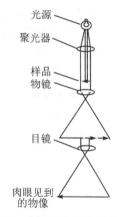

图 3 - 2 - 5　普通光学显微镜的成像原理

4）油镜的使用原理

油镜，即油浸接物镜。当光线由反光镜通过玻片与镜头之间的空气时，由于空气与玻片的密度不同，使光线受到曲折，发生散射，降低了视野的照明度。若中间的介质是一层油（其折射率与玻片的相近）则几乎不发生折射，增加了视野的进光量，从而使物像更加清晰。（见图 3 - 2 - 6）

3. 实验材料

（1）菌种：枯草芽孢杆菌、金黄色葡萄球菌、大肠杆菌斜面各一支。

（2）仪器及相关用品：显微镜、香柏油、专用擦镜液、擦镜纸、载玻片、盖玻片、吸水纸、酒精灯、接种环。

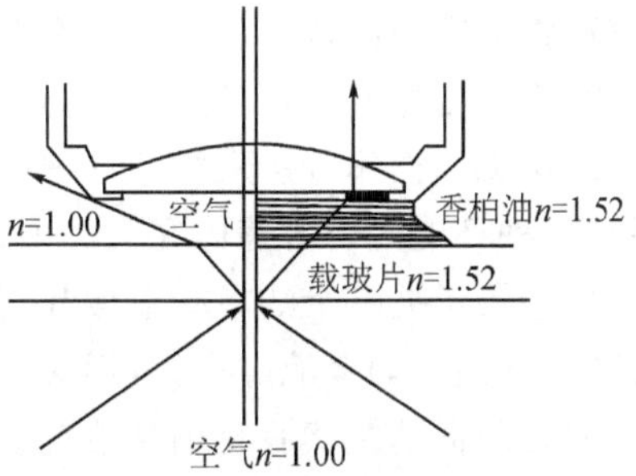

图 3-2-6　干燥物镜与油镜系统光线通路

4. 实验步骤

1）显微镜的操作步骤

（1）接通电源，打开主开关，移动电压调整旋钮，使光亮度适中，把标本固定在载物台上。

（2）放松粗调锁挡，先用低倍物镜、旋转粗调和微调控制钮来进行对焦。调节双目镜筒间距和视度差。调节左右双目镜筒间距调节座，使其与视场合二为一。旋转左目镜套筒，使镜长补偿环刻度的数值与双目镜筒间距的刻度一致。一边旋转粗调、微调按钮，一边在标本上对焦，再适当调节照明亮度，使焦点正确地对准标本。

（3）调节孔径光阑，使视野亮度适宜，依次用低倍、中倍、高倍物镜观察。用油镜观察，移开高倍镜，在载玻片的标本中加一滴香柏油，旋转油镜至油液中，旋转微调控制钮，并将聚光镜调高与载片紧贴，即可见到清晰的物像。

（4）观察完毕，清洁、复原。先将电压调整旋钮复原，关闭主开关，切断电源。油镜的处理：先用擦镜纸擦去镜头上的油，再用蘸有二甲苯的擦镜纸擦镜头，最后用干净的擦镜纸将镜头擦干净。

（5）将显微镜放入保存箱中。

2）观察细菌的基本形态及结构

用低倍镜、高倍镜和油镜观察枯草芽孢杆菌、金黄色葡萄球菌、大肠杆菌等细菌。

3）观察枯草芽孢杆菌活菌

常用压滴法，压滴法制片过程如图 3-2-7 所示，其步骤如下：

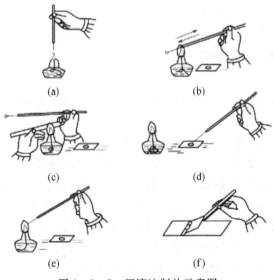

(a)　　　　　　　　　(b)

(c)　　　　　　　　　(d)

(e)　　　　　　　　　(f)

图 3-2-7　压滴法制片示意图

(1)将洁净的载玻片放于自己右前方,在中央滴一小滴无菌水。

(2)将酒精灯放于自己正前方,点燃。

(3)用无菌操作方法从枯草芽孢杆菌斜面中沾取少量菌体,与载玻片上的水滴充分混匀,然后把接种环上残留的菌体在火焰上杀灭后,放回试管架。

(4)用镊子夹一个洁净的盖玻片,使其一边先接触菌液,然后将整个盖玻片慢慢放下,注意不要产生气泡。如菌液过多,可用吸水纸适当吸去部分菌液。

(5)先用低倍镜然后转用高倍镜观察,观察时光线要适当调暗些。

【注意事项】

(1)不要擅自拆卸显微镜的任何部件,以免损坏设备。

(2)擦镜面请用擦镜纸,不要用手指或粗布,以保持镜面的光洁度。

(3)观察标本时,请依次用低倍镜、中倍镜、高倍镜,最后再用油镜。在使用高倍镜和油镜时,请不要转动粗调螺旋降低镜筒,以免物镜与载玻片碰撞而压碎载玻片或损伤镜头。

(4)观察标本时,请两眼睁开,一方面养成两眼轮换观察的习惯,以减轻眼睛疲劳;另一方面养成左眼观察、右眼注视绘图的习惯,以提高效率。

(5)取显微镜时,请用右手紧握镜臂,左手托住镜座,切不可单手拎镜臂,更不可倾斜拎镜臂。

(6)沾有有机物的镜片会滋生霉菌,请在每次使用后,用擦镜纸擦净所有的目镜和物镜,并将显微镜存放在阴凉干燥处。

5. 思考题

(1)用显微镜的油镜时,为什么必须滴加香柏油?

(2)镜检标本时,为什么先用低倍镜观察,而不直接用高倍镜或油镜观察?

实验 2　微生物染色及霉菌形态观察

1. 实验目的

(1)掌握细菌的一般染色法及革兰氏染色法。

(2)学习并观察霉菌的基本形态。

2. 实验原理

微生物染色是借助物理因素和化学因素的作用而进行的,物理因素如细胞及细胞物质对染料的渗透、吸附作用等。

细菌的等电点较低(pH 值为 2~5),故在中性、碱性或弱酸性溶液中,菌体蛋白质电离后带负电荷;而碱性染料电离时染料离子带正电荷。因此,带负电荷的细菌常和带正电荷的碱性染料进行结合,所以在细菌学实验室中常用碱性染料进行染色。微生物实验室一般常用的碱性染料有碱性复红、中性红、孔雀绿、番红、结晶紫、美蓝、甲基紫等。

因简单染色后,只能观察细菌的大小、形状和细胞排列,不能鉴别细菌,也不能观察细菌的特殊结构。为此,微生物工作者创建了复合染色法。复合染色法是采用两种或两种以上染料使细菌着色的染色方法。革兰氏染色法就是一种复合染色法,它于 1884 年由丹麦病理学家革兰(Gram)创立,由于这种染色方法具有鉴别细菌的功能,因此它又是一种鉴别染色法。根据革兰氏染色,可把细菌区别为革兰氏阳性(G⁺)细菌和革兰氏阴性(G⁻)细菌。

一般认为,革兰氏染色反应与细胞壁的结构和组成有关。在革兰氏染色中,经过结晶紫初染和碘液复染,菌体内形成深紫色的"结晶紫-碘"复合物。对于革兰氏阴性细菌,这种复合物可用酒精从细胞内浸出,而对于革兰氏阳性细菌,则不易浸出。其原因是革兰氏阳性细菌的细胞壁较厚,肽聚糖含量较高,脂类含量较低,用酒精脱色时,可引起细胞壁肽聚糖层脱水,网孔缩小以至关闭,阻止"结晶紫-碘"复合物外逸,从而保留初染的紫色;革兰氏阴性细菌细胞壁较薄,肽聚糖含量较少,脂类含量较高,用酒精脱色时,可引起脂类物质溶解,细胞壁透性增大,"结晶紫-碘"复合物溶出,菌体呈现番红复染的红色。

3. 实验材料

1)菌种及染液

枯草芽孢杆菌、金黄色葡萄球菌、大肠杆菌、青霉、曲霉、美蓝染液(0.1%)、石炭酸复红染色液、结晶紫、碘液、番红。

2)仪器及相关用品

显微镜、香柏油、专用擦镜液、载玻片、盖玻片、吸水纸、酒精灯、接种环、擦镜纸、95%酒精、蒸馏水。

4. 实验步骤

1)菌种的简单染色过程

菌种简单染色的操作过程如图 3-2-8 所示。

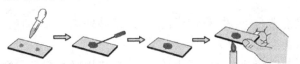

滴一滴水　　涂布牙垢细菌　　在空气中干燥　　在火焰上过火固定细菌

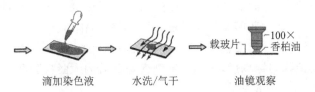

滴加染色液　　　　水洗/气干　　　　油镜观察

图 3-2-8　菌种的简单染色与显微镜观察

(1)涂片:取一片洁净无油污的载玻片,在中央滴一小滴蒸馏水,采用无菌操作方法,用接种环挑取少量的菌种,与水滴混匀,涂成薄层(直径约为 10 mm)。

(2)干燥:让涂片自然干燥,也可将涂面朝上在酒精灯上稍稍加热,使其干燥。切勿离火焰太近,温度过高会破坏菌体形态。

(3)固定:手执载玻片,涂面朝上,在酒精灯上快速通过火焰 3 次,杀死细菌,使菌体黏附于载玻片上,以便染色。待载玻片冷却后再加染液。

(4)染色:将载玻片置于平台上,在整个涂面上滴加美蓝或石炭酸复红染色液,染色 2 min 左右。

(5)水洗:染色时间一到,倾去染色液,用自来水细流冲洗涂片,直到流水中无染料颜色为止。

(6)干燥:可轻轻甩去载玻片上的水珠,自然干燥;也可用吸水纸吸去载玻片上的水珠。

(7)镜检:用低倍镜找到标本后,再用油镜观察不同细菌的形态,并绘出典型的视野图。

2)革兰氏染色操作过程

(1)涂片:取一块洁净的载玻片,用标签笔在载玻片的左右侧注上菌号,并在载玻片两端各滴一滴无菌蒸馏水。将接种环在火焰上灼烧灭菌,采用无菌操作在①号菌(大肠杆菌)菌苔上挑取少许菌体(不要挑起培养基),放在载玻片一端的水滴中,涂成均匀的薄层(无菌操作见图3-2-9)。接种环使用后,必须立即用火焰灼烧灭菌。再用经火焰灭菌的接种环取②号菌(枯草杆菌)菌苔涂片。并按照简单染色法的操作程序进行干燥固定。

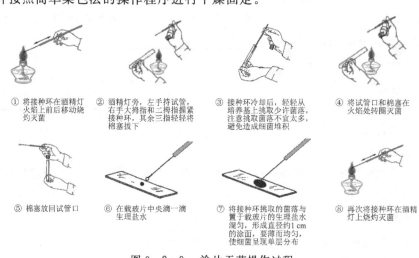

① 将接种环在酒精灯火焰上前后移动烧灼灭菌　② 酒精灯旁,左手持试管,右手大拇指和二拇指握紧接种环,其余三指轻轻将棉塞拔下　③ 接种环冷却后,轻轻从培养基上挑取少许菌落,注意挑取菌落不宜太多,避免造成细菌堆积　④ 将试管口和棉塞在火焰处转圈灭菌

⑤ 棉塞放回试管口　⑥ 在载玻片中央滴一滴生理盐水　⑦ 将接种环挑取的菌落与置于载玻片的生理盐水混匀,形成直径约1 cm的涂面,要薄而均匀,使细菌呈现单层分布　⑧ 再次将接种环在酒精灯上烧灼灭菌

图 3-2-9　涂片无菌操作过程

(2)初染:将涂片置于平台上,在两个涂面上滴加结晶紫染色液,染色1 min,然后倾去染色液,用自来水细流冲洗,至洗出液中无紫色。

(3)媒染:先用新配的碘液冲去涂片面上的残余水,或用吸水纸吸干涂片上的残余水,再用碘液覆盖涂面媒染1 min,然后水洗。

(4)脱色:除去残余水后,滴加95%酒精进行脱色,至载玻片上流出的酒精液中紫色接近消失为止(约30 s),并立即用蒸馏水细流冲洗,终止酒精的作用。

(5)复染:滴加番红染色液,染色3~5 min,水洗后用吸水纸吸干。

(6)镜检:用低倍镜找到标本后,再用油镜观察染色后的大肠杆菌和枯草杆菌,并绘图说明染色结果(见图3-2-10、图3-2-11)。

3)显微镜(油镜)操作

(1)检查显微镜:从显微镜箱中取出显微镜,使镜座距实验台边沿约3~4 cm,检查显微镜各部件是否齐全,镜头是否清洁。

(2)低倍镜观察:将载玻片标本(涂面朝上)置于载物台中央,用压片夹固定,并将标本部位移到正中,转动粗调螺旋,使镜头与标本的距离降到10 mm左右。然后一边看目镜内的视野,一边调节粗调螺旋缓慢升高镜头,至视野内出现物像时,改用细调螺旋,继续调节焦距和照明,以获得清晰的物像。

(3)中、高倍镜观察:依次用中、高倍镜观察低倍镜下锁定的部位,并随着物镜放大倍数的增加,逐步提升聚光器增强光线亮度。找出所需目标,将其移至视野中央。

(4)油镜观察:将聚光器提升至最高点,转动转换器,移开高倍镜,使高倍镜和油镜成“八”字形,在标本中央滴一小滴香柏油,把油镜镜头浸入香柏油中,微微转动细调螺旋,直至看清物像。

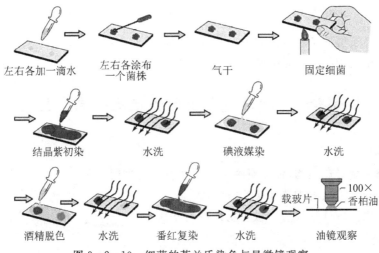

左右各加一滴水　　左右各涂布一个菌株　　气干　　固定细菌

结晶紫初染　　水洗　　碘液媒染　　水洗

酒精脱色　　水洗　　番红复染　　水洗　　油镜观察

100×　香柏油　载玻片

图 3-2-10　细菌的革兰氏染色与显微镜观察

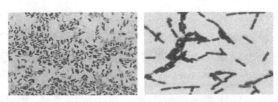

图 3-2-11　视野内的大肠杆菌(左)和枯草杆菌(右)

(5)调换标本:观察新标本片时,必须重新从第(3)步开始操作。

(6)用后复原:观察完毕,转动粗调螺旋提升镜筒,取下载玻片,分别用擦镜纸、擦镜液擦去镜头上的香柏油,降低镜筒,将物镜转成"八"字形置于载物台上。降低聚光器,将显微镜放回显微镜箱中锁好,并放入指定的显微镜柜内。

4)霉菌形态的观察

由于霉菌的菌丝较粗大,而且孢子容易飞散,如将菌体置于水中则容易变形,因而将菌体置于乳酸石炭酸棉蓝染液中,使其细胞不易干燥,并有杀菌作用。

实验步骤:在干净的载玻片上,滴一滴乳酸石炭酸棉蓝染色液,用接种针从霉菌菌落的边缘处取小量带有孢子的菌丝置于染色液中,再细心地将菌丝挑散开,然后小心地盖上盖玻片,注意不要产生气泡,置于显微镜下先用低倍镜观察,必要时换高倍镜。

【注意事项】

(1)载玻片要求清洁无油污,否则会导致菌液涂布不开或镜检时把脏东西误为菌体。

(2)挑菌量宜少,涂片要薄而均匀,过厚菌体会导致细胞重叠而不便观察。

(3)革兰氏染色成败的关键是脱色时间,如果脱色过度,G^+ 也可被脱色而被误判为 G^- 菌。如果脱色时间过短,G^- 菌也会被误判为 G^+ 菌。涂片薄厚及脱色乙醇用量也会影响结果。要检验一个未知菌的革兰氏反应,应同时做一张已知菌和未知菌的混合涂片,以作对照。

(4)染色过程中,染色液应覆盖整个涂面,染色液不能过浓,水洗后轻轻甩去载玻片上的残余水珠,以免稀释染色液而影响染色效果。

(5)观察霉菌制片时,尽量保持霉菌原有的自然生长状态。

(6)加盖玻片切勿压出气泡,以免影响观察。

5. 思考题

(1)涂片为什么要固定？固定时应注意什么问题？

(2)革兰氏染色中哪一步是关键？为什么？如何控制这一步？

实验3 酵母菌大小的测定及细胞计数

1. 实验目的

(1)观察酵母菌形态结构，加深对酵母菌形态特征的理解。

(2)了解血球计数板的构造和使用方法。

(3)掌握使用血球计数板进行微生物计数的方法。

2. 实验原理

1)酵母菌形态观察

酵母菌细胞一般呈卵圆形、圆形、圆柱形或柠檬形。酵母菌细胞核与细胞质有明显的分化，含有细胞核、线粒体、核糖体等结构，并含有肝糖粒和脂肪球等内含物。其个体直径比细菌大几倍到十几倍，繁殖方式也较复杂，无性繁殖主要是出芽繁殖，有些酵母菌能形成假菌丝；有性繁殖形成子囊及子囊孢子。

观察酵母菌个体形态时，应注意其细胞形态。对于无性繁殖（芽殖或裂殖），应关注芽体在母体细胞上的位置，有无假菌丝等特征；对于有性繁殖，应关注所形成的子囊和子囊孢子的形态和数目。

2)细胞大小测定

测定细胞大小是在显微镜下利用测微尺来测量的，测微尺分为目镜测微尺和镜台测微尺（见图3-2-12）。镜台测微尺是中央部分刻标准刻尺的载玻片，其尺度总长为1 mm，精确分为10个大格，每个大格又分为10个小格，共100小格，每一小格长度为0.01 mm，即10 μm。

图-2-12 镜台测微尺中央部分(左)及镜台测微尺校正目镜测微尺(右)

目镜测微尺中央有精确的等分刻度，分为50小格和100小格两种。测量时需将其放在接目镜中的隔板上，用以测量经显微镜放大后的细胞物像。

由于不同显微镜或不同的目镜和物镜组合放大倍数不同，目镜测微尺每小格在不同条件下所代表的实际长度也不一样，用的时候需要校正。

3)细胞数目测定

显微镜直接计数法是将少量待测样品的悬浮液置于一种特制的具有确定面积和容积的载玻片（计数板）上，于显微镜下直接计数的一种简便、快速、直观的方法。在微生物学实验室中，一般采用细菌计数板进行细菌计数，采用血球计数板进行酵母菌或霉菌孢子的计数。两种计数板的原理和部件相同,只是细菌计数板较薄,可使用油镜观察,而血球计数板较厚,不能使用油镜观察。

血球计数板是一块特制的厚型载玻片(见图 3-2-13)。载玻片上有四条槽构成三个平台,中间的平台较宽,中央有一短横槽将其分成两半,每个半边各有一个方格网(见图 3-2-14(a))。每个方格网共分九大格,其中间的一大格又称为计数室,计数室的刻度有两种:一种计数室分 25 个中格,每个中格再分成 16 个小格(见图 3-2-14(b));另一种计数室分 16 个中格,每个中格再分成 25 个小格(见图 3-2-14(c))。两种构造的共同特点是,计数区都由 400 个小格组成。

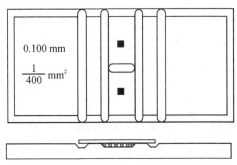

图 3-2-13　血球计数板的构造

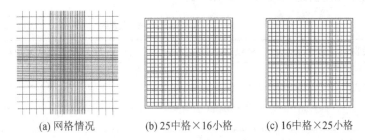

(a) 网格情况　　　(b) 25中格×16小格　　　(c) 16中格×25小格

图 3-2-14　血球计数板的计数区

计数区边长为 1 mm,面积为 1 mm²,每个小格的面积为 1/400 mm²。盖上盖玻片后,计数室的高度为 0.1 mm。计数室体积为 0.1 mm³,每个小格的体积为 1/4000 mm³。使用血球计数板计数时,先要测定每个小格中的微生物数量,再换算成每毫升菌液(或每克样品)中的微生物数量。

显微镜直接计数法测得的菌体数量是菌体总数,它不能区分活菌体和死菌体。

3. 实验材料

1) 菌种及染液

啤酒酵母、假丝酵母、酵母菌悬液、美蓝染色液。

2) 仪器及相关用品

显微镜、香柏油、专用擦镜液、擦镜纸、血球计数板、盖玻片、吸水纸、酒精灯、接种环、镊子。

4. 实验步骤

1) 酵母菌形态观察

采用无菌操作,以接种环在试管底部取一环啤酒酵母菌液,置于载玻片中央,盖上盖玻片。加盖玻片时,先将其一边接触菌液,再轻轻放下,避免产生气泡。用高倍镜观察酵母菌的形态和出芽繁殖(见图3-2-15)。若用美蓝染色液制成水浸片,可以区分死细胞和活细胞,死细胞呈蓝色,活细胞无色(活细胞能将美蓝还原为无色)。

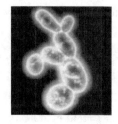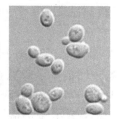

图 3-2-15　酵母菌形态(左)和出芽繁殖(右)

2)酵母菌大小测定

(1)目镜测微尺的校正过程。

①安装目镜测微尺;

②在高倍镜下寻找镜台测微尺;

③转动目镜,使目镜测微尺与镜台测微尺的刻度平行,移动推动器使目镜测微尺的 0 点与镜台测微尺的某一刻度重合,仔细寻找两尺第二个完全重合的刻度;

④计算两刻度间目镜测微尺的格数和镜台测微尺的格数。由于镜台测微尺的刻度每格长 $10 \mu m$,所以可得:

目镜测微尺每格长度(μm)=(镜台测微尺格数×10)/目镜测微尺格数

(2)菌体大小测定。

①取下镜台测微尺,换上酵母菌水浸片,在高倍镜下测定酵母菌的长和宽;

②选择有代表性的 10 个细胞进行测定,取平均值。

数据记录:

a.将目镜测微尺校正结果填入表3-2-1。

表 3-2-1　目镜测微尺校正结果

接物镜	接物镜倍数	目镜测微尺格数	镜台测微尺格数	目镜测微尺每格代表的长度 /μm
低倍镜				
高倍镜				
油镜				

b.将啤酒酵母菌测定结果填入表3-2-2。

表 3-2-2　啤酒酵母菌测定结果

测定次数	目镜测微尺每格代表的长度/μm	宽		长		菌体大小范围/μm
		目镜测微尺格数	宽度/μm	目镜测微尺格数	长度/μm	
1						
2						
3						
4						
5						
6						
7						
8						
9						
10						

3)酵母菌数目的测定

(1)样品稀释:视待测菌悬液浓度,加无菌水稀释至适当浓度,以每小格的菌数能被计数(每小格 4～5 个菌体)为度。

(2)安放血球计数板:取一块清洁的血球计数板,置于显微镜载物台上,在计数室上面加上一块盖玻片。

(3)加菌液:取适当稀释度的菌液,摇匀,用滴管吸取菌液,在盖玻片边缘滴一小滴(不宜过多),让菌液自行渗入,计数室内不得有气泡。

(4)镜检:静止 5 min 后,先用低倍镜找到计数的大方格,并将计数室移至视野中央。再换高倍镜观察,看清小格。

(5)计数:随机挑选 5 个中格(挑选 4 个位于角落的中格和 1 个中央的中格;或者沿对角线挑选 5 个中格),计数其中的菌体数量。由于菌体处在不同的空间位置,要在不同的焦距下才能看到,观察时需不断调节微调控制钮,以计数全部菌体。

(6)计算:先求出每个中格中的菌体平均数,再乘以中格个数、换算系数和稀释倍数,即

$$酵母菌细胞数(每毫升)=\frac{X_1+X_2+X_3+X_4+X_5}{5}\times 25(或16)\times 10\times 1000\times 稀释倍数$$

(7)实验报告:在表 3 - 2 - 3 中记录计数结果并计算每毫升菌液中的酵母菌细胞数。

表 3 - 2 - 3　酵母菌细胞计数结果

计数室	各中格中的菌数					A	B	二室菌体平均值	菌数(每毫升)
	1	2	3	4	5				
第一室									
第二室									

注:A 表示五个中方格中的总菌数;B 表示菌液稀释倍数。

【注意事项】

(1)加酵母菌液时,添加量不宜太多,不能产生气泡。

(2)酵母菌无色透明,计数时宜调暗光线。

(3)为了避免重复计数或遗漏计数,遇到压在方格线上的菌体,一般将压在底线和右侧线上的菌体计入本格内;遇到有芽体的酵母时,如果芽体和母体同等大小,按两个酵母菌体计数。

(4)血球计数板使用后,用水冲洗干净,切勿用硬物洗刷或抹擦,以免损坏网格刻度。

5. 思考题

(1)假丝酵母生成的菌丝为什么叫假菌丝?与真菌丝有何区别?

(2)在滴加菌液时,为什么要先置盖玻片,然后滴加菌液?能否先加菌液再置盖玻片?

实验 4　培养基的制备

1. 实验目的

(1)了解不同种类培养基的配方。

(2)掌握常用培养基的配制方法。

2. 实验原理

培养基是微生物的繁殖基地,由于微生物种类繁多,对营养物质的要求各异,加之实验和研究的目的不同,所以培养基在组成成分上也各有差异。但是,在培养基中,均应含有满足微生物生长发育且比例合适的水分、碳源、氮源、无机盐、生长因素及某些特需的微量元素等。配制培养基时不仅需要考虑满足微生物对这些营养成分的需求,而且应该注意各营养成分之间的协调。此外,培养基还应具有适宜的酸碱度(pH)、缓冲能力、氧化还原电位和渗透压。通常培养细菌是用肉膏蛋白胨培养基,培养放线菌常用淀粉培养基,用豆芽汁培养霉菌,用麦芽汁培养酵母菌。

根据研究对象的不同,可以将培养基制成固体、半固体和液体三种形式,固体培养基的成分与液体相同,仅在液体培养基中加入凝固剂支持物即可,通常加入 15%~20% 的琼脂。半固体培养基是在液体培养基中加入 0.3%~0.5% 的琼脂作支持物。有时也可用明胶或硅胶作为凝固剂。

3. 实验材料

1)仪器

直径 90 mm 的培养皿 10 套,15 mm×150 mm 和 18 mm×180 mm 的试管各 5 支,移液管 10 mL1 支、1 mL2 支,锥形瓶(250 mL)2 个,烧杯(300 mL)1 个,玻璃珠若干。高压蒸汽灭菌锅、烘箱、酒精灯各一台,滴定台、漏斗各一个,纱布、棉花、牛皮纸(或报纸)若干。

2)试剂

精密 pH 试纸(6.4~8.4)、10% HCl 溶液、10% NaOH 溶液、牛肉膏、蛋白胨、氯化钠、琼脂、蒸馏水。

4. 实验步骤

1)牛肉膏蛋白胨培养基的配制

(1)培养基配方。牛肉膏 3.0 g、蛋白胨 10.0 g、NaCl 5.0 g、琼脂 20.0 g、蒸馏水 1000 mL,pH=7.0。

(2)操作步骤。

①称药品。按配方称取各种药品放入大烧杯中。牛肉膏可放在小烧杯或表面皿中称量,用热水溶解后倒入大烧杯;也可放在硫酸纸上称量,随后放入热水中,牛肉膏便与硫酸纸分离,立即取出硫酸纸。蛋白胨极易吸潮,故称量时要迅速。

②加热溶解。在烧杯中加入少于所需要的水量,小火加热,并用玻棒搅拌,待药品完全溶解后再补充水分至所需量。

③调 pH 值。检测培养基的 pH 值,若培养基偏酸,可滴加 10% NaOH,若偏碱,则用 10% HCl 进行调节。边加边搅拌,并随时用 pH 试纸检测,直至达到所需 pH 值范围(约为 7.0)。pH 值的调节过程通常在加琼脂之前。

④过滤。液体培养基可用滤纸过滤,固体培养基可用四层纱布趁热过滤,以利结果的观察。供一般使用的培养基,该步骤可省略。

⑤分装。按实验要求,可将配制的培养基分装入试管或三角瓶内。分装时可用漏斗以免使培养基沾在管口或瓶口上面造成污染(见图 3-2-16)。

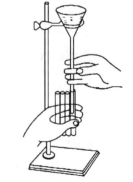

图 3-2-16　培养基分装

对于固体培养基,分装入试管的量约为试管高度的1/5,灭菌后制成斜面(见图3-2-17)。分装入三角瓶的量以不超过其容积的一半为宜。半固体培养基分装入试管的量以试管高度的1/3为宜。灭菌后垂直待凝。

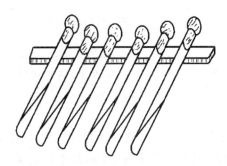

图3-2-17　斜面制作

⑥加棉塞。试管口和三角瓶口塞上用普通棉花(非脱脂棉)制作的棉塞,棉塞制作方法如图3-2-18所示。棉塞的形状、大小和松紧度要合适,四周紧贴管壁,不留缝隙。要使棉塞总长的3/5左右塞入试管口或瓶口内,以防棉塞脱落。

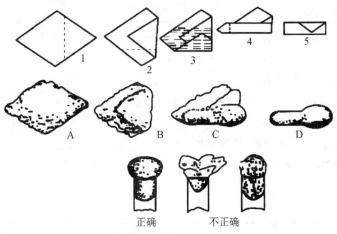

图3-2-18　棉塞制作方法

⑦包扎。加塞后,将三角瓶的棉塞外包一层牛皮纸,以防灭菌时冷凝水沾湿棉塞。

⑧灭菌。培养基的灭菌时间和温度,需按照各种培养基的规定进行,以保证灭菌效果和不损培养基的必要成分。培养基经灭菌后,必须放37 ℃温室培养24 h,无菌生长者方可使用。

2)高氏一号培养基的配制

(1)培养基配方。可溶性淀粉20 g、KNO$_3$ 1 g、K$_2$HPO$_4$ 0.5 g、MgSO$_4$ · 7H$_2$O 0.5 g、NaCl 0.5 g、FeSO$_4$ · 7H$_2$O 0.01 g、琼脂20 g、蒸馏水1000 mL,pH在7.2~7.4范围内。

(2)操作步骤。

①称量和溶解。按用量先称取可溶性淀粉,放入小烧杯中,并用少量冷水将其调成糊状,再加入所需水量的沸水中,加热搅拌至其完全溶解。再加入其他成分依次溶解。

②pH值调节、分装、包扎、灭菌及无菌检查同牛肉膏蛋白胨培养基的配制。

3)其他常用培养基配方

(1)马铃薯琼脂培养基(用于分离和培养真菌,是一种半合成培养基,28 ℃培养 5～7 d)。

配方:

| 去皮马铃薯 200 g | 蔗糖(或葡萄糖)20 g | 自来水 1000 mL |
| 琼脂 20 g | pH 自然 | |

灭菌:(含蔗糖)121 ℃,蒸汽压力为 1.05 kg/cm²,20 min;(含葡萄糖)115 ℃,蒸汽压力为 0.7 kg/cm²,25 min。

以配制 1000 mL 培养基为例:

取去皮马铃薯 200 g,切成小块放入有刻度的搪瓷杯中,加水 800 mL,置电炉上加热煮沸 20 min,用 4 层纱布过滤至有刻度的搪瓷杯中,滤液加水补足至 1000 mL。然后加蔗糖 20 g,加琼脂 20 g,加热熔化并用玻璃棒不断搅拌直至琼脂完全溶化分装试管,待灭菌。

(2)豆芽汁琼脂培养基(用于分离和培养真菌,是一种半合成培养基,28 ℃培养 2～3 d)。

配方:

| 新鲜黄豆芽 200 g | 蔗糖(或葡萄糖)20 g | 自来水 1000 mL |
| 琼脂 20 g | pH 自然 | |

灭菌:(含蔗糖)121 ℃,蒸汽压力为 1.05 kg/cm²,20 min;(含葡萄糖)115 ℃,蒸汽压力为 1.0 kg/cm²,25 min。

以配制 1000 mL 培养基为例:

取新鲜豆芽 200 g,放入有刻度的搪瓷杯中,加水 800 mL,置电炉上加热煮沸 20 min,用 4 层纱布过滤至有刻度的搪瓷杯中,滤液加水补足至 1000 mL。然后加蔗糖 20 g,加琼脂 20 g,加热熔化并用玻璃棒不断搅拌直至琼脂完全溶化分装试管,待灭菌。

(3)品红亚硫酸钠培养基(远藤氏培养基)(用于水体中大肠菌群的测定,培养 24～48 h 观察)。

配方:

蛋白胨 10.0 g	牛肉浸膏 5.0 g	K_2HPO_4 0.5 g
酵母浸膏 5.0 g	乳糖 10.0 g	琼脂 20 g
自来水 1000 mL	pH 在 7.2～ 7.4 范围内	
无水亚硫酸钠 5.0 g	5%碱性复红乙醇溶液 20 mL	

灭菌:115 ℃,蒸汽压力为 1.0 kg/cm²,20 min。

以配制 1000 mL 培养基为例:

①先将 10 g 蛋白胨、5 g 牛肉浸膏、5 g 酵母浸膏加入带有刻度的搪瓷杯中,加入 300 mL 自来水加热溶解,再加入 0.5 gK_2HPO_4,加水至 900 mL,再加入 20 g 琼脂待溶解后,补充水分至 1000 mL,调 pH 值至 7.2～7.4,随后加入 10 g 乳糖,混匀溶解后,于 115 ℃ 湿热灭菌 20 min。

②称取无水亚硫酸钠至无菌空试管中,用少许无菌水使其溶解,在水浴中煮沸 10 min,立即滴加于 20 mL 5%碱性复红乙醇溶液中,直至深红色转变为淡粉色为止。将此混合液全部加入已灭菌的并仍保持融化状态的培养基中,混匀后立即倒平板,待凝固后存放冰箱备用。

4）灭菌

灭菌是用物理、化学方法杀死全部微生物的营养细胞和它们的芽孢（或孢子）。消毒与灭菌有所不同，消毒是用物理、化学方法杀死致病微生物或杀死全部微生物的营养细胞及一部分芽孢。

（1）灭菌方法。灭菌方法有两种：干热灭菌和高压蒸汽灭菌。高压蒸汽灭菌比干热灭菌优越，因为湿热的穿透力和热传导都比干热的强，湿热时微生物吸收高温水分，菌体蛋白很易凝固变性，所以高压蒸汽灭菌效果好。高压蒸汽灭菌的温度一般是在 121 ℃，灭菌 15～30 min；而干热灭菌的温度则是 160 ℃，灭菌 2 h，才能达到湿热灭菌 121 ℃的同样效果。

①干热灭菌法。培养皿、移液管及其他玻璃器皿可用干热灭菌。先将已包装好的上述物品放入恒温箱中，将温度调至 160 ℃后维持 2h。请注意：灭菌时温度不得超过 170 ℃，以免包装纸被烧焦。灭菌好的器皿应保存好，切勿弄破包装纸，否则会染菌。

②高压蒸汽灭菌法。该法使用高压蒸汽灭菌锅（见图 3-2-19）灭菌，微生物学实验所需的一切器皿、器具、培养基（不耐高温者除外）等都可用此法灭菌。

高压蒸汽灭菌锅是能耐受一定压力的密闭金属锅，有立式和卧式两种。灭菌锅上装有压力表、排气阀、安全阀、加水口、排水口等。卧式灭菌锅还附有温度计。有的灭菌锅还有蒸汽入口。灭菌锅的加热源有电、煤气和蒸汽 3 种。

图 3-2-19　常用高压蒸汽灭菌锅

（2）灭菌锅的操作方法。

①加水。立式锅是直接加水至锅内底部隔板以下 1/3 处。有加水口者由加水口加入水至止水线处。

②装锅。把需灭菌的器物放入锅内（请注意：器物不要装得太满，否则灭菌不彻底），盖好锅盖，将螺旋柄拧紧（对角式均匀拧紧螺旋），打开排气阀。

③点火。用电源的则启动开关。热源为蒸汽的则慢慢打开蒸汽进口，避免蒸汽过猛冲入锅内。

④加热、排放冷空气。待锅内水沸腾后，蒸汽将锅内冷空气驱净，当温度计指针指向 100 ℃时，证明锅内已充满蒸汽，则关排气阀。

⑤升压、保压与灭菌。关闭排气阀以后，锅内成为密闭系统，蒸汽不断增多，压力计和温度计的指针上升，当压力达到 0.1 MPa，温度为 121 ℃时，开始灭菌计时，维持 30 min 后，切断电源。

⑥降压与排气。达到灭菌时间要求后停止加热，任其自然冷却降压。当压力降至 0.025 MPa 以下后，可打开排气阀排除余气。

⑦出锅。揭开锅盖,取出器物,排掉锅内剩余水。

⑧灭菌效果检查与保存。待培养基冷却后置于 37 ℃恒温箱内培养 24 h,若无菌生长则放入冰箱或阴凉处保存备用。

【注意事项】

(1)要严格按照各培养基的配方配制培养基。

(2)pH 值应调在要求范围内。

(3)干热灭菌要注意物品不要堆放过紧,注意温度、时间的控制。

(4)高压灭菌注意物品不要过多,加热后排除冷空气,压力降回正常再取物。

5. 思考题

(1)配制培养基有哪几个步骤? 在操作过程中应注意些什么问题? 为什么?

(2)培养基配制完成后,为什么必须立即灭菌? 若不能及时灭菌应如何处理? 已灭菌的培养基如何进行无菌检查?

实验 5　微生物的分离、培养与转接

1. 实验目的

(1)了解微生物分离和纯化的原理。

(2)掌握常用的分离、纯化微生物的方法及菌落特征的观察方法。

2. 实验原理

从混杂微生物群体中获得只含有某一种或某一株微生物的过程称为微生物分离与纯化。平板分离法普遍用于微生物的分离与纯化,其基本原理是选择适合于待分离微生物的生长条件,如营养成分、酸碱度、温度和氧等要求,或加入某种抑制剂造成只利于该微生物生长,而抑制其他微生物生长的环境,从而淘汰一些不需要的微生物。

微生物在固体培养基上生长形成的单个菌落,通常是由一个细胞繁殖而成的集合体。因此可通过挑取单菌落而获得一种纯培养。获取单个菌落的方法可通过稀释涂布平板或平板划线等技术完成。值得指出的是,从微生物群体中经分离生长在平板上的单个菌落并不一定能保证是纯培养。因此,纯培养的确定除观察其菌落特征外,还要结合显微镜检测个体形态特征后才能确定,有些微生物的纯培养要经过一系列分离与纯化过程和多种特征鉴定才能得到。

土壤是微生物生活的大本营,它所含微生物无论是数量还是种类都是极其丰富的。因此土壤是微生物多样性的重要场所,是发掘微生物资源的重要基地,可以从中分离、纯化得到许多有价值的菌株。本实验将采用不同的培养基从土壤中分离不同类型的微生物。

将微生物的培养物或含有微生物的样品移植到培养基上的操作技术称之为接种。接种是微生物实验及科学研究中的一项最基本的操作技术。微生物的分离、培养、纯化或鉴定及有关微生物的形态观察和生理研究都必须进行接种。接种的关键是要严格地进行无菌操作,如操作不慎引起污染,则实验结果就不可信,影响下一步工作的进行。

3. 实验材料

1)*培养基及菌种*

淀粉琼脂培养基(高氏一号培养基)、牛肉膏蛋白胨琼脂培养基、马丁氏琼脂培养基,大肠杆菌、金黄色葡萄球菌。

　　2）试剂及相关用品

　　10％酚液,4％水琼脂,盛 9 mL 无菌水的试管,盛 90 mL 无菌水并带有玻璃珠的三角烧瓶,无菌玻璃涂棒,无菌移液管,接种环,无菌培养皿,土样,酒精灯,试管架、三角形接种棒等接种工具。

4. 实验步骤

1）稀释涂布平板法

　　(1)倒平板。将牛肉膏蛋白胨琼脂培养基、高氏一号培养基、马丁氏琼脂培养基加热溶化待冷却至 55～60 ℃时,高氏一号培养基中加入 10％酚液数滴,混合均匀后再倒平板,每种培养基倒三套培养皿。

　　倒平板的方法:右手持盛培养基的试管或三角瓶置于火焰旁边,用左手将试管塞或瓶塞轻轻地拨出,试管或瓶口保持对着火焰;然后左手拿培养皿并将皿盖在火焰附近打开一缝,迅速倒入培养基约 15 mL,加盖后轻轻摇动培养皿,使培养基均匀分布在培养皿底部,然后平置于桌面上,待凝固后即为平板。

　　(2)制备活性污泥混合液稀释液。称取土样 10 g,放入盛 90 mL 无菌水并带有玻璃珠的三角烧瓶中,振摇约 20 min,使土样与水充分混合,将细胞分散。用一支 1 mL 无菌吸管从中吸取 1 mL 土壤悬液加入盛有 9 mL 无菌水的大试管中充分混匀,然后用无菌吸管从此试管中吸取 1 mL 加入另一盛有 9 mL 无菌水的试管中,混合均匀,以此类推制成 10^{-1}、10^{-2}、10^{-3}、10^{-4}、10^{-5}、10^{-6} 不同稀释度的活性污泥混合液溶液,注意:操作时吸管尖不能接触无菌水液面,每一个稀释度换一支试管。

　　(3)涂布。将上述每种培养基的三个平板底面分别用记号笔写上 10^{-4}、10^{-5} 和 10^{-6} 三种稀释度,然后用无菌吸管分别由 10^{-4}、10^{-5} 和 10^{-6} 三管活性污泥混合液稀释液中各吸取 0.1 mL 或 0.2 mL,小心地滴在对应平板培养基表面中央位置。

　　右手拿无菌涂棒平放在平板培养基表面上,将菌悬液先沿同心圆方向轻轻地向外扩展,使之分布均匀。室温下静置 5～10 min,使菌液浸入培养基。

　　(4)培养。将高氏一号培养基平板和马丁氏培养基平板倒置于 28 ℃温室中培养 3～5 d,牛肉膏蛋白胨平板倒置于 37 ℃温室中培养 2～3 d。

　　(5)观察并挑菌落。将培养后长出的单个菌落根据其大小、颜色、形状等特征进行观察,之后根据菌落的不同特征分别挑取少许细胞接种到上述三种培养基斜面上,分别置于 28 ℃和 37 ℃温室培养。若发现有杂菌,需再一次进行分离、纯化,直到获得纯培养。

2）平板划线分离法

　　(1)倒平板。按稀释涂布平板法倒平板,并用记号笔标明培养基名称、土样编号和实验日期。

　　(2)划线。在近火焰处,左手培养拿皿底,右手拿接种环,挑取上述十分之一的活性污泥混合液悬液一环在平板上划线。

　　用接种环以无菌操作挑取活性污泥混合液悬液一环,先在平板培养基的一边作第一次平行划线 3～4 条,再转动培养皿约 70°角,并将接种环上剩余物烧掉,待冷却后通过第一次划线部分作第二次平行划线,再用同样的方法通过第二次划线部分作第三次平行划线和通过第三次平行划线部分作第四次平行划线。划线完毕后,盖上培养皿盖,倒置于温室培养。

(3)挑菌落。同稀释涂布平板法,一直到分离的微生物认为是纯化的为止。

3)实验结果

实验结果应该以用涂布平板法和划线法较好地得到了单菌落为标准,如果不是,请分析其原因并重做。

5. 思考题

(1)如何确定平板上某单个菌落是否为纯培养? 在平板上分离得到哪些类群的微生物? 简述它们的菌落特征。

(2)试设计一个实验,从土壤中分离酵母菌。

实验 6　水样中大肠菌群的测定

(一)水中大肠菌群的测定——滤膜法

1. 实验目的

(1)了解水中大肠菌群的测定意义。

(2)学习和掌握利用滤膜法测定水中大肠菌群的方法。

2. 实验原理

大肠菌群是指在 37 ℃、24 h 内能发酵乳糖产酸、产气的兼性厌氧的革兰氏阴性无芽孢杆菌的总称,主要由肠杆菌科中四个属内的细菌组成,即埃希氏杆菌属、柠檬酸杆菌属、克雷伯氏菌属和肠杆菌属。

水的大肠菌群数是指 100 mL 水样内含有的大肠菌群实际数值,以大肠菌群最大可能数(Most Probable Number,MPN)表示。在正常情况下,肠道中主要有大肠菌群、粪链球菌和厌氧芽孢杆菌等多种细菌。这些细菌都可随人畜排泄物进入水源,由于大肠菌群在肠道内数量最多,所以,水源中大肠菌群的数量,是直接反映水源被人畜排泄物污染的一项重要指标。目前,国际上已公认水中大肠菌群的存在是粪便污染的指标。因而对饮用水必须进行大肠菌群的检查。

滤膜法是采用过滤器过滤水样,使其中的细菌截留在滤膜上,然后将滤膜放在适当的培养基上进行培养,大肠菌群可直接在膜上生长,从而可算出每升水样中含有的大肠菌群数。所用滤膜系过滤膜即可,其孔径约 0.45 μm。

3. 实验材料

1)培养基及试剂

远藤氏琼脂平板、纯净水、自来水。

2)材料及相关用品

镊子、烧杯、真空泵、滤膜过滤器、灭菌三角瓶等。

4. 实验步骤

1)水样的采集

(1)自来水:先打开水龙头使水流 5 min,以灭菌三角瓶接取水样以备分析。

(2)纯净水:购置商品。

（3）品红亚硫酸钠培养基（远藤氏培养基）。

2）操作步骤

（1）滤膜灭菌。将滤膜放入装有蒸馏水的烧杯中,加热煮沸 15 min,共煮沸三次,前两次煮沸后换水洗涤 2～3 次再煮,以洗去滤膜上残留的溶剂。

（2）滤器灭菌。用点燃的酒精棉球火焰灭菌。

（3）将抽滤瓶接上真空泵。将已灭菌的过滤器基座、滤膜、漏斗和抽滤瓶安装好,其中滤膜用灭菌镊子移至过滤器的基座上。

（4）加水样过滤。用无菌镊子夹取灭菌滤膜边缘部分,将粗糙面向上,贴放在已灭菌的滤器上,固定好滤器,将 500 mL 自来水水样注入滤器中,打开滤器阀门,开始抽滤,水样滤完后,用无菌水冲洗器皿壁,滤完后再抽气约 5 s,关上滤器阀门,取下滤器。

（5）抽完后,加入等量的灭菌水继续抽滤,目的是冲洗漏斗壁。

（6）滤毕,关上真空泵,用灭菌镊子夹取滤膜边缘,将没有细菌的一面紧贴在远藤氏琼脂平板或伊红美蓝琼脂平板上。滤膜与培养基之间不得有气泡。

（7）将平板倒置于 37 ℃下培养 24 h。

（8）在无菌操作条件下取水样 1 mL 至培养皿中,用无菌刮铲涂抹均匀,静置 10～20 min后,将平皿倒置,放入 37 ℃恒温箱内培养 24 h。

（9）挑取符合大肠菌群菌落特征的菌落,进行革兰氏染色、镜检。

【注意事项】

（1）滤膜边缘上须注明标记（粗糙面向上）。

（2）过滤装置在抽滤水样前都要灭菌一次。

（3）水样过滤完后要用无菌水冲洗器皿壁。

5. 思考题

（1）本实验过程中误差的主要来源有哪些?

（2）大肠菌群膜滤法测定时是否可两用,即既可测出大肠菌群数,又能计算出细菌数? 为什么?

（二）水中大肠菌群的测定——多管发酵法

1. 实验目的

（1）了解大肠菌群的生化特性。

（2）了解大肠菌群的数量在饮用水中的重要性。

（3）掌握多管发酵法测定水中大肠菌群的原理和方法。

2. 实验原理

总大肠菌群数是指每升水样中所含有的大肠菌群的总数目。常用水中的大肠菌群数来反映水体受微生物污染的程度。

总大肠菌群可采用多管发酵法或滤膜法检验。多管发酵法的原理是根据大肠菌群细菌能发酵乳糖、产酸、产气,以及具备革兰氏染色阴性、无芽孢、呈杆状等特性,通过三个步骤进行检验,求得水样中的总大肠菌群数,实验结果以最大可能数 MPN 表示。

3. 实验材料

1)仪器

高压蒸汽灭菌锅、恒温培养箱、冰箱、生物显微镜、酒精灯、锥形瓶(500 mL、1000 mL)、试管(5 mm×150 mm)、移液管(1 mL、5 mL、10 mL)、培养皿(直径 90 mm)、接种环等。

2)试剂

(1)乳糖蛋白培养液:将 10 g 蛋白胨、3 g 牛肉膏、5 g 乳糖及 5 g 氯化钠加热溶解于 1000 mL 蒸馏水中,调节溶液 pH 值为 7.2～7.4,再加入 1.6%溴甲酚紫乙醇溶液 1 mL,充分混匀后分装于试管内,置于高压蒸汽灭菌锅中 121 ℃灭菌 15 min,取出置于冷暗处备用。

(2)3 倍浓缩乳糖蛋白胨培养液:按上述乳糖蛋白培养液的制备方法配制。除蒸馏水外,各组分用量增加至三倍。

(3)品红亚硫酸钠培养基(即远藤氏培养基)。

①贮备培养基的制备:先将 20～30 g 琼脂加入 900 mL 蒸馏水中加热溶解,然后加入 3.5 g 磷酸氢二钾及 10 g 蛋白胨,混匀使之溶解,加蒸馏水补足至 1000 mL,调节 pH 值为 7.2～7.4。趁热用脱脂棉或绒布过滤,再加入 10 g 乳糖,混匀后定量分装于锥形瓶内,置高压蒸汽灭菌锅中 121 ℃灭菌 15 min,取出置于冷暗处备用。

②培养皿培养基的制备:将贮备培养基加热融化。根据锥形瓶内培养基的容量,用灭菌吸管按比例吸取一定量的 5%碱性品红乙醇溶液置于灭菌试管中;再按比例称取无水亚硫酸钠于另一灭菌试管中,加少量灭菌水使其溶解,再置于沸水浴中煮 10 min,用灭菌吸管吸取已灭菌的亚硫酸钠溶液滴加到碱性品红乙醇溶液内,至深红色退至淡红色为止(不要多加)。将此混合液全部加入已融化的贮备培养基内,并充分混匀(勿产生气泡)。立即将此培养基(15 mL左右)倾入已灭菌的培养皿内,待冷却凝固后置于冰箱内备用。培养基的存放时间不宜超过两周(如由淡红色变成深红色就不能再用)。

(4)伊红美蓝培养基。

①贮备培养基的制备:在 2000 mL 烧杯中,先将 20～30 g 琼脂加入 900 mL 蒸馏水中加热溶解,然后加入 2 g 磷酸二氢钾及 10 g 蛋白胨,混匀使之溶解,加蒸馏水补足至 1000 mL,调节pH 值为 7.2～7.4。趁热用脱脂棉或绒布过滤,再加入 10 g 乳糖,混匀后定量分装于锥形瓶内,置于高压蒸汽灭菌锅内 121 ℃灭菌 15 min,取出置于冷暗处备用。

②培养皿培养基的制备:将贮备培养基加热融化。根据锥形瓶内培养基的容量,用灭菌吸管按比例吸取一定量已灭菌的 2%伊红水溶液(0.4 g 伊红溶于 20 mL 水中)和一定量已灭菌的 0.5%美蓝水溶液(0.065 g 美蓝溶于 13 mL 水中),加入已融化的贮备培养基内,并充分混匀(勿产生气泡)。立即将此培养基(15 mL左右)倾入已灭菌的培养皿内,待冷却凝固后置于冰箱内备用。

(5)革兰氏染色剂。

①结晶紫染色液:将 20 g 结晶紫乙醇饱和溶液(4～8 g 结晶紫溶于 100 mL95%乙醇中)和 80 mL0.1%草酸铵溶液混合、过滤。如该溶液在放置过程中产生沉淀就不能再用。

②助染剂:将 1 g 碘与 2 g 碘化钾混合后,加入少量蒸馏水,充分振荡使完全溶解后,用蒸馏水稀释补充至 300 mL。此溶液可存放两周(溶液由黄棕色变为淡黄色时就不能再用)。

③脱色剂：95％乙醇。

④复染剂：将 0.25 g 沙黄加到 10 mL95％乙醇中,待完全溶解后加 90 mL 蒸馏水。

4. 实验步骤

1）水样的采集

(1)自来水：先将水龙头灼烧 3 min 灭菌,再放水流 5 min 后接取水样。

(2)河水、湖水或水源水：取距水面 10～15 cm 的水样。

2）自来水检查

(1)初发酵实验：在 2 支各装有 50 mL 三倍浓缩乳糖蛋白胨培养液的大试管或烧瓶中(内有倒管),以无菌操作各加入 100 mL 混匀的水样。在 10 支各装有 5 mL 三倍浓缩乳糖蛋白胨培养液的试管中(内有倒管),以无菌操作各加入 10 mL 混匀的水样。混合均匀后置于 37 ℃恒温箱中培养 24 h,观察其产酸、产气的情况。可能出现的情况如下：

① 培养基红色不变黄,集气管内无气体,即不产酸不产气,为阴性反应,表明水样中没有大肠菌群的存在。

② 培养基红色变成黄色,集气管内有气体生成,即产酸产气,为阳性反应,表明水样中有大肠菌群的存在。

③ 培养基红色变成黄色,集气管内无气体,即产酸不产气,为阳性反应,表明水样中有大肠菌群存在,需要进一步检验。

④ 培养基红色不变,但是集气管内有气体,同时培养基也没有浑浊,说明实验操作有问题,应该重新做检验。

(2)平板分离：将经 24 h 培养后产酸(培养基呈黄色)、产气或只产酸不产气的发酵管取出,用接种环挑取一环发酵液于伊红美蓝培养基或品红亚硫酸钠培养基上划线分离,置于 37 ℃恒温箱中培养 18～24 h,将符合下列特征的菌落进行染色镜检。

①伊红美蓝培养基上：深紫黑色,有金属光泽;紫黑色,不带或略带金属光泽;淡紫红色,中心颜色较深。

②品红亚硫酸钠培养基上：紫红色,有金属光泽;深红色,不带或略带金属光泽;淡红色,中心颜色较深。

(3)革兰氏染色。

①用已培养 18～24 h 的培养物涂片,涂层尽量薄。

②将涂片在火焰上加热固定,等冷却后滴加结晶紫溶液,1 min 后用水洗去。

③滴加助染剂,1 min 后用水洗去。

④滴加脱色剂,摇动玻片,直至无紫色脱落为止,用水洗去。

⑤滴加复染剂,1 min 后用水洗去,晾干、镜检,呈紫色者为革兰氏阳性菌,呈红色者为革兰氏阴性菌。

(4)复发酵实验：将镜检为革兰氏阴性无芽孢菌的菌株重复初步发酵实验。并根据初发酵管实验的阳性管数查表 3－2－4,即得水样中的大肠菌群数。

表 3-2-4　大肠菌群检数表

10 mL 水量的阳性管数	100 mL 水量的阳性管数		
	0	1	2
	1 L 水样中大肠菌群数	1 L 水样中大肠菌群数	1 L 水样中大肠菌群数
0	<3	4	11
1	3	8	18
2	7	13	27
3	11	18	38
4	14	24	52
5	18	30	70
6	22	36	92
7	27	43	120
8	31	51	161
9	36	60	230
10	40	69	>230

注：接种水样总量 300 mL，100 mL 2 份，10 mL 10 份。

3）河水、湖水等水源水的检查

（1）向各装有 5 mL 三倍浓缩乳糖蛋白胨培养液的 5 个试管中（内有倒管）分别加入 10 mL 水样；向各装有 10 mL 乳糖蛋白胨培养液的 5 个试管中（内有倒管）分别加入 1 mL 水样；再向各装有 10 mL 乳糖蛋白胨培养液的 5 个试管中（内有倒管）分别加入 1 mL 稀释了 10 倍的水样。共三个稀释度，15 管。将各管充分混匀，置于 37 ℃恒温培养箱中培养 24 h。

（2）平板分离和复发酵实验步骤同"自来水检查"。

（3）根据实验证实的总大肠菌群存在的阳性管数，查表 3-2-5，即可求得每 100 mL 水样中存在的总大肠菌群数。由于我国目前以 1 L 为报告单位，因此需将 MPN 值再乘以 10 便可以得到 1L 水样中的总大肠菌群数。

表 3-2-5　最大可能数（MPN）表

出现阳性份数			每 100 mL 水样中大肠菌群数的最大可能数	95%可信限值		出现阳性份数			每 100 mL 水样中大肠菌群数的最大可能数	95%可信限值	
10 mL 管	1 mL 管	0.1 mL 管		下限	上限	10 mL 管	1 mL 管	0.1 mL 管		下限	上限
0	0	0	<2			1	1	1	6	<0.5	15
0	0	1	2	<0.5	7	1	2	0	6	<0.5	15
0	1	0	2	<0.5	7	2	0	0	5	<0.5	13
0	2	0	4	<0.5	11	2	0	1	7	1	17
1	0	0	2	<0.5	7	2	1	0	7	1	17

出现阳性份数			每 100 mL 水样中大肠菌群数的最大可能数	95％可信限值		出现阳性份数			每 100 mL 水样中大肠菌群数的最大可能数	95％可信限值	
10 mL 管	1 mL 管	0.1 mL 管		下限	上限	10 mL 管	1 mL 管	0.1 mL 管		下限	上限
1	0	1	4	<0.5	11	2	1	1	9	2	21
1	1	0	4	<0.5	15	2	2	0	9	2	21
2	3	0	12	3	28	6	1	0	33	11	93
3	0	0	8	1	19	5	1	1	45	16	120
3	0	1	11	2	25	5	1	2	63	21	150
3	1	0	11	2	25	5	2	0	49	17	130
3	1	1	14	4	34	5	2	1	70	23	170
3	2	0	14	4	34	5	2	2	94	28	220
3	2	1	17	5	46	5	3	0	79	25	190
3	3	2	17	5	46	5	3	1	110	31	250
4	0	0	13	3	31	5	3	2	140	37	310
4	0	1	17	5	46	5	3	3	180	44	500
4	1	0	17	5	46	5	4	0	130	35	300
4	1	1	21	7	63	5	4	1	170	43	190
4	1	2	26	9	78	5	4	2	220	57	700
4	2	0	22	7	67	5	4	3	280	90	850
4	2	1	26	9	28	5	4	4	350	120	1000
4	3	0	27	9	80	5	5	0	240	68	750
4	3	1	33	11	93	5	5	1	350	120	1000
4	4	0	34	12	93	5	5	2	540	180	1400
5	0	0	23	7	70	5	5	3	920	300	3200
5	0	1	34	11	89	5	5	4	1600	640	5800
5	0	2	43	15	110	5	5	5	>2400		

注：本表中数据为接种 5 份 10 mL 水样、5 份 1 mL 水样、5 份 0.1 mL 水样时,不同阳性及阴性情况下,有 100 mL 水样中大肠菌群数的最大可能数和 95％可信限值。

5. 数据记录与处理

对污染较严重的地表水和废水,初发酵实验的接种水样应加大稀释倍数(如 1∶10、1∶100、1∶1000 等),检验步骤同"河水、湖水等水源水的检查"。

如果接种的水量不是 10 mL、1 mL 和 0.1 mL,而是较低或较高的三个浓度的水样量,也可查表求得 MPN 值,再按下列公式换算成每 100 mL 的 MPN 值：

$$每 100\ mL\ 的\ MPN\ 值 = 查表求得的\ MPN\ 值 \times \frac{10(mL)}{接种量最大的一管(mL)}$$

【注意事项】

(1)所用器皿要事先灭菌。

(2)操作按无菌操作要求进行。

(3)当培养液颜色变化或体积变化明显时应废弃不用。

6.思考题

(1)大肠菌群的定义是什么?

(2)假如水中有大量的致病菌——霍乱弧菌,用多管发酵技术检查大肠菌群,能否得到阴性结果?为什么?

实验 7　水样中细菌总数的测定

1.实验目的

(1)学习水样的采集方法和水样细菌总数的测定方法。

(2)掌握平板菌落计数的基本原理和方法。

2.实验原理

细菌菌落总数是指 1 mL 水样在营养琼脂培养基中,于 37 ℃培养 24 h 后所生长的腐生性细菌菌落总数。本实验应用平板菌落计数技术测定水中细菌总数。由于水中的细菌种类繁多,因而采用普通肉膏蛋白胨琼脂培养基培养出的细菌总数仅是一种近似值。

3.实验材料

1)仪器

高压蒸汽灭菌锅、酒精灯、恒温培养箱、放大镜或菌落计数器、冰箱、培养皿(直径 90 mm)、试管、移液管、三角瓶等。

2)试剂

肉膏蛋白胨琼脂培养基:蛋白 10 g,琼脂 15~20 g,牛肉膏 3 g,蒸馏水 1000 mL,氯化钠 5 g,将其混合溶解,然后调节 pH 值为 7.4~7.6,过滤除去沉淀,分装于玻璃容器中,经 121 ℃高压蒸汽灭菌 15 min,贮存于暗处备用。灭菌水。

4.实验步骤

1)水样的采集

(1)自来水:先将自来水龙头灼烧 3 min 灭菌,再放水流 3~5 min 后接取水样。

(2)池水、河水或湖水:取距水面 10~15 cm 的深层水样,瓶口朝水流上游方向。

水样采好后应迅速运往实验室进行细菌学检验,一般从取样到检验不宜超过 2 h,否则应放在冷藏设备中 10 ℃以下保存,且保存时间不得超过 6 h。

2)细菌总数测定

比较清洁的水样(如自来水等饮用水样)可直接接种,受污染的水需稀释后接种。

(1)自来水的测定:以无菌操作方法,用无菌移液管吸取 1 mL 水样于培养皿内与冷却至 45 ℃的培养基混匀,冷凝后成平板。每个水样应做两份,还应另用一个培养皿只倾注营养琼脂培养基作空白对照。待琼脂培养基冷却凝固后,翻转培养皿置于 37 ℃恒温箱内培养 24 h,

然后进行菌落计数。

（2）池水、河水或湖水的测定。

①稀释水样：根据水样污染程度决定稀释倍数。一般中等污染水样，取 10^{-1}、10^{-2}、10^{-3} 三个稀释度，污染严重的取 10^{-2}、10^{-3}、10^{-4} 三个稀释度。

②将三个稀释度的稀释水样按上述自来水的测定方法进行测定。三个水样倒三个平板，另取一个无菌培养皿倒入培养基冷凝成平板作空白对照。将以上所有平板倒置于 37 ℃恒温箱内培养 24 h，进行菌落计数（可用放大镜或菌落计数器），算出三个平板上长出的菌落总数的平均值即为 1 mL 水样中的细菌总数。

5. 数据记录与处理

菌落总数计数方法见表 3-2-6。

表 3-2-6　菌落总数计数方法

例次	不同稀释度的平均菌落数			两个稀释度菌落数	菌落数 /(个·mL^{-1})
	10^{-1}	10^{-2}	10^{-3}		
1	1360	164	20	—	16400
2	2760	295	46	1.6	37750
3	2890	271	60	2.2	27100
4	无法计数	4651	513	—	51300
5	27	11	5	—	270
6	无法计数	305	12	—	30500

（1）计算相同稀释度的平均菌落数：如其中一个培养皿有较大片状菌落生长时，弃用，以无片状菌落生长的培养皿计数。

若片状菌落大小不到培养皿的一半，而其余一半中菌落分布又很均匀，则可将此半皿计数后乘以 2 代表全皿菌落数。

（2）选择平均菌落数在 30～300 范围内的平板。只有一个稀释度符合此范围时，以该平均菌落数乘以稀释倍数。如有两个稀释度的平均菌落数在 30～300 范围内，按两者菌落总数比值决定；比值＜2，取平均值；比值≥2，取稀释度较小的菌落总数。

（3）所有菌落数均大于 300，取稀释度最高的平均菌落数乘以稀释倍数。

（4）所有菌落数均小于 30，取稀释度最低的平均菌落数乘以稀释倍数。

（5）所有菌落数均不在 30～300 范围内，则以最接近 30 或 300 的平均菌落数乘以稀释倍数。

【注意事项】

（1）倾注培养基时注意培养基要完全融化，如有块状培养基存在，会影响菌落的生长，从而影响测定结果。

（2）实验过程中应按无菌操作方法进行，防止受到杂菌污染。

（3）如所有稀释度的水样均无菌落生长时，应注明水样的稀释倍数；在菌落数为"无法计数"时，也应注明水样的稀释倍数。

6. 思考题

(1)从自来水的细菌总数结果来看,其是否符合饮用标准?

(2)所测的水源水的污染程度如何?

实验8　细菌纯培养生长曲线的测定

1. 实验目的

(1)了解细菌生长曲线的基本特征。

(2)掌握利用细菌悬液的浑浊度间接测定细菌生长曲线的方法。

2. 实验原理

生长曲线就是把一定量的单细胞微生物接种到合适的新鲜液体培养基中,并在适宜温度下培养,可观察到细菌的生长繁殖有一定的规律性,如以细菌数的对数(或光密度值)作纵坐标,培养时间作横坐标,可绘制出一条曲线,称为生长曲线,如图3-2-20所示。

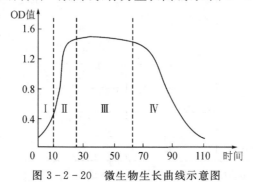

图3-2-20　微生物生长曲线示意图

依据细菌生长速率的不同,可把生长曲线划分为生长延滞期、生长对数期、生长稳定期和衰亡期四个时期。这四个时期的长短因菌种的遗传性、接种量和培养条件的不同而有所不同。因此,通过测定微生物的生长曲线,可以了解细菌的生长规律,这对于科研和生产都具有重要的指导意义。

测定微生物生长曲线的方法很多,有血细胞计数法、平板菌落计数法、称重法和比浊法等。本实验采用比浊法测定,由于细菌悬液的浓度与浑浊度成正比,因此,可以利用分光光度计测定菌悬液的光密度来推知菌液的浓度。比浊的原理是:混浊的溶液能吸收光线,混浊度越大,吸收光线越多,透过的光线越少。透过的光线通过光电池时,光能变成电能,产生电流,可以由电流计读出。这种用光密度(optical density,OD)测定溶液浑浊度的方法,叫作比浊法。由于细菌的生长量与浑浊度成正比,所以可用光密度来表示细菌的生长量。光密度可用比浊计来测定,也可用一般光电比色计来测定。

将所测得的光密度值(OD_{650}或OD_{620}或OD_{600}或OD_{420},可任选一波长)与对应的培养时间作图,即可绘出该菌在一定条件下的生长曲线。注意,由于光密度表示的是培养液中的总菌数,包括活菌与死菌,因此所测生长曲线的衰亡期不明显。

3. 实验材料

1) 菌种及培养基

培养了 18 h 的大肠杆菌培养液、牛肉膏蛋白胨液体培养基 9 支(每支 20 mL)。

2) 仪器及相关用品

分光光度计、振荡器或摇床、无菌移液管。

4. 实验步骤

(1)接种。取 9 支装有灭菌的牛肉膏蛋白胨液体培养基试管,贴上标签(注明菌名、培养时间、座号);然后用 1 支 1 mL 无菌移液管,向每管准确加入 0.2 mL 培养了 18 h 的大肠杆菌培养液,接种到牛肉膏蛋白胨液体培养基内。接种后轻轻摇荡,使菌体均匀分布。

(2)培养。将接种后的 9 支液体培养基置于振荡器或摇床上,37 ℃ 振荡培养。分别在 0 h、1.5 h、3 h、4 h、6 h、8 h、10 h、12 h、14 h 后取出,放冰箱中贮存,最后一起进行比浊测定。

(3)比浊。把培养不同时间而形成不同浓度的细菌培养液适当稀释,以用来接种的牛肉膏蛋白胨液体培养基作为空白对照,选用波长 400~440 nm 进行比浊。从最稀浓度的细菌悬液开始,依次测定。细菌悬液如果浓度过高应适当稀释,使光密度降至 0.0~0.4 范围内。

(4)绘出生长曲线。记录培养 0 h、1.5 h、3 h、4 h、6 h、8 h、10 h、12 h、14 h 之后细菌悬液的光密度值。以细菌悬液光密度为纵坐标,培养时间为横坐标,绘出大肠杆菌生长曲线,标出生长曲线中四个时期的位置及名称。

【注意事项】

(1)全班同时取样,时间以教室挂钟为准(取样时间越短越好,要求在 10~15 min 内完成),同时开始振荡,取样期间假定细菌暂停生长,取样时间从发酵总时间中扣除。

(2)为减少误差,须固定参比杯,不要旋动波长旋钮;每组固定用同一台分光光度计,固定用同一取液器。

5. 思考题

(1)为什么说用比浊法测定细菌生长只能表示细菌的相对生长状况?如欲测定微生物活菌总数应当采用何种方法?

(2)在生长曲线中为什么会出现生长稳定期和衰亡期?在生产实践中怎样缩短生长延滞期?怎样延长生长对数期及生长稳定期?怎样控制衰亡期?试举例说明。

实验 9 细菌淀粉酶和过氧化氢酶的测定

1. 实验目的

(1)掌握细菌淀粉酶和过氧化氢酶的定性测定方法。

(2)加深对酶和酶促反应的感性认识。

2. 实验原理

酶是生物细胞产生的、能在体内或体外起催化作用的生物催化剂,是一类具有活性中心和特殊构象的生物大分子。生物体内的一切化学反应,几乎都是在酶的催化下进行的。微生物的酶按它所在细胞的部位分为胞外酶、胞内酶和表面酶。亦可根据其催化作用的底物的不同而命名,如淀粉酶、蛋白酶、脂肪酶等。本实验对淀粉酶和过氧化氢酶(亦称接触酶)进行定性测定。细菌淀粉酶能将遇碘呈蓝色的淀粉水解为遇碘不显色的糊精,并进一步转化为糖。淀粉水解后,遇碘不再显蓝色。过氧化氢酶能将过氧化氢水解为水和氧。

3. 实验材料

1)菌种及培养基

枯草芽孢杆菌、大肠杆菌、肉膏胨淀粉琼脂培养基。

2)仪器

试管(18 mm×180 mm)、试管架、培养皿(ϕ120 mm)、接种环。

3)试剂

0.2%淀粉溶液、革兰氏碘液、3%～10%过氧化氢溶液。

4. 实验步骤

1)枯草杆菌培养液中淀粉酶的测定

(1)取 4 支干净的试管,按 0(对照)、1、2、3 编号,放在试管架上备用。

(2)在 1、2、3 号试管内分别加入 5 mL、10 mL、15 mL 的枯草杆菌培养液,再在 1、2 号试管内分别加入 10 mL、5 mL 蒸馏水。在 0(对照)号管内加入 15 mL 蒸馏水。

(3)分别在 1、2、3 号试管中加入 0.2%淀粉溶液若干滴,迅速摇匀并记下反应的初始时间。

(4)在上述 4 个试管内分别滴加若干滴碘液,迅速摇匀,这时各管均呈蓝色。

(5)观察结果。注意各管的变化,记下各管蓝色完全消失的时间,并对结果进行分析。

2)细菌淀粉酶在固体培养基中的扩散实验

(1)将肉膏胨淀粉琼脂培养基加热融化,待冷至 45 ℃左右倒入无菌培养皿内(每皿约 10 mL),共倒 2 个皿,静置待冷凝即成平板。

(2)在无菌操作条件下,在培养皿底部贴好标签,用接种环分别挑取枯草杆菌和大肠杆菌分别在 2 个平板上点 5 个点,倒置于 37 ℃恒温培养箱内培养 24～48 h。

(3)观察结果,取出平板,分别在 2 个平板内菌落周围滴加碘液,观察菌落周围颜色的变化。若在菌落周围有一个无色的透明圈,说明该细菌产生淀粉酶并扩散到基质中。若菌落周围仍为蓝色,说明该细菌不产生淀粉酶。记录结果。

3)过氧化氢酶的定性测定

(1)将培养好的枯草杆菌和大肠杆菌斜面各 1 支放在试管架上 。

(2)用滴管吸取过氧化氢滴加入两管菌种斜面上。有气泡产生的为接触酶阳性(有过氧化氢酶);无气泡产生的为接触酶阴性(无过氧化氢酶)。

(3)分析结果,把所观察到的现象记录下来,进行分析。

5. 数据记录与处理

数据记录与处理如表 3－2－7、表 3－2－8、表 3－2－9 所示。

表 3－2－7　枯草杆菌培养液中淀粉酶的测定结果记录与分析

项目	0 号试管	1 号试管	2 号试管	3 号试管
蓝色消失时间				

结果分析:

表 3 - 2 - 8　　细菌淀粉酶在固体培养基中的扩散实验结果记录与分析

项目	1 号培养皿	2 号培养皿	3 号培养皿	4 号培养皿	5 号培养皿
菌源					
淀粉酶产生情况					

注:产生记为阳性"＋",不产生记为阴性"－"。

结果分析:

表 3 - 2 - 9　　过氧化氢酶的定性测定结果记录与分析

项目	大肠杆菌	枯草杆菌
过氧化氢酶		

注:有过氧化氢酶记为阳性"＋",无过氧化氢酶记为阴性"－"。

结果分析:

6. 思考题

(1)淀粉酶定性测定中对照管应呈现什么颜色? 为什么? 1、2、3 号管应呈现什么颜色? 为什么?

(2)枯草杆菌和大肠杆菌菌落周围分别呈现什么颜色? 说明了什么问题?

实验 10　活性污泥的形态观察及耗氧速率的测定

1. 实验目的

(1)观察不同水质活性污泥的形态结构。

(2)掌握活性污泥耗氧速率的测定方法。

2. 实验原理

活性污泥和生物膜是废水生化处理技术的主体,无论是使用好氧生化还是厌氧消化处理技术,决定其处理效率的关键都在于污泥中微生物的浓度、活性及合适的种群比例。所以,在废水生化处理的运行管理中,除了采用一般的理化手段测定水质和活性污泥性质外,还可借助显微镜来监测处理运行状况。

污泥絮粒性状是指污泥絮粒的形状、结构、紧密度及污泥中丝状菌的数量。镜检时可把近似圆形的絮粒称为圆形絮粒;与圆形截然不同的称为不规则形状絮粒。絮粒中网状空隙与絮粒外面悬液相连的称为开放结构絮粒;无开放空隙的称为封闭结构絮粒。絮粒中菌胶团细菌排列致密、絮粒边缘与外部悬液界限清晰的称为紧密的絮粒;絮粒边缘界限不清的称为疏松的絮粒。实践证明,圆形、封闭、紧密的絮粒相互间易于凝聚、浓缩、沉降性能良好;反之则沉降性能差。

活性污泥的耗氧速率(OUR)是评价污泥微生物代谢活性的一个重要指标。在日常运行中,污泥 OUR 的大小及其变化趋势可指示处理系统负荷的变化情况,并可以此来控制剩余污泥的排放。污泥的 OUR 值若大大高于正常值,往往提示污泥负荷过高,这时出水水质较差,残留有机物较多,处理效果亦差。污泥 OUR 值长期低于正常值,这种情况往往在活性污泥负荷低下的延时曝气处理系统中可见,这时出水中残存有机物数量较少,处理完全,但若长期运行,也会使污泥因缺乏营养而解絮。处理系统在遭受毒物冲击,而导致污泥中毒时,污泥 OUR 值的突然下降常是最为灵敏的早期警报。此外,还可通过测定污泥在不同工业废水中 OUR 值的高低,来判断该废水的可生化性及废水毒性的极限程度。

3. 实验材料

1) 材料

活性污泥(生物膜)样品。

2) 仪器及相关用品

显微镜、载玻片、盖玻片。

3) 试剂

0.025 mol/L、pH 值为 7 的磷酸盐缓冲液。

4. 实验步骤

1) 活性污泥的显微镜观察

(1)压片标本的制备。

①取活性污泥法曝气池混合液一小滴,放在洁净的载玻片中央。如混合液中污泥较少,可待其沉淀后,取沉淀的活性污泥一小滴放在载玻片上;如混合液中污泥较多,则应稀释后进行观察。

②盖上盖玻片,即制成活性污泥压片标本。在加盖玻片时,要先使盖玻片的一边接触水滴,然后轻轻放下,否则会形成气泡,影响观察。

③在制作生物膜标本时,可用镊子从填料上刮取一小块生物膜,用蒸馏水稀释,制成菌液。其他步骤与活性污泥标本的制备方法相同。

(2)显微镜观察。

①低倍镜观察。要注意观察污泥絮粒的大小、污泥结构的松紧程度、菌胶团和丝状菌的比例及其生长状况,并加以记录和作必要的描述。观察微型动物的种类、活动状况,对主要种类进行计数。

②高倍镜观察。可进一步看清微型动物的结构特征。观察时注意微型动物的外形和内部结构,如钟虫体内是否存在食物胞、纤毛环的摆动情况等。观察菌胶团时,应注意胶质的厚薄和色泽、新生菌胶团出现的比例。观察丝状菌时,注意丝状菌的生长,细胞的排列、形态和运动特征,以判断丝状菌的种类,并进行记录。

③油镜观察。鉴别丝状菌的种类时,需要使用油镜。这时可将活性污泥样品先制成涂片后再染色,应注意观察丝状菌是否存在假分支和衣鞘,菌体在衣鞘内的空缺情况,菌体内有无贮藏物质的积累和贮藏物质的种类等,还可借助鉴别染色技术观察丝状菌对该染色的反应。

2) 活性污泥的耗氧速率测定

(1)准备 250 mL 广口瓶 2 个,配好橡皮塞并编号,在它们容积的一半处做一记号,然后将饱和溶氧的自来水用虹吸的方法分别装入广口瓶一半处,再用活性污泥混合液分别装满全瓶。

(2)装满后向 1 号瓶中迅速加入 10% $CuSO_4$ 溶液 10 mL,盖紧塞,混匀。

(3)同时将 2 号瓶盖紧塞,不断颠倒瓶子,使污泥颗粒保持在悬浮状态。10 min 后,向 2 号瓶加入 10% $CuSO_4$ 溶液 10 mL,再盖紧塞,混匀后静止。

(4)分别测定 1、2 号瓶中的溶氧浓度。通过下式计算耗氧速率 $r(mg/(L \cdot h))$:

$$r = (a-b) \times \frac{60}{t} \times 2 \tag{3-2-5}$$

式中:a 为 1 号瓶中的溶氧浓度,mg/L;b 为 2 号瓶中的溶氧浓度,mg/L;t 为 2 号瓶反应时间,min。

图 3-2-21 所示是耗氧速率测定装置。

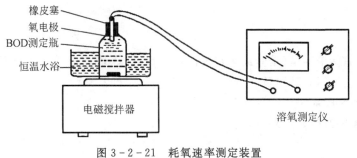

图 3-2-21　耗氧速率测定装置

5. 数据记录与处理

将观察结果填入表 3-2-10,在符合处打"√"表示。

表 3-2-10　活性污泥镜检记录

观察人:　　　　　日期:

絮体大小	大、中、小,平均_____μm
絮体形态	圆形;不规则性
絮体结构	开放;封闭
絮体紧密度	紧密;疏松
游离细菌	几乎不见;少;多
微型动物　优势种(数量及形态)	
微型动物　其他种(种类、数量及形态)	

6. 思考题

(1)怎样通过了解微型动物种类或数量变化来反映废水处理情况?

(2)如何根据活性污泥的耗氧速率评价废水的可生化性?

实验 11　空气中微生物的检测

1. 实验目的

(1)观察不同微生物形态。

(2)掌握检测和计数空气中微生物的基本方法。

2. 实验原理

空气中的微生物主要通过气溶胶、尘埃、小水滴、人和动物体表的干燥脱落物、呼吸道的排泄物等方式被带入空气。由于微生物能产生各种休眠体,故可在空气中存活相当长的时期而不至死亡。空气中微生物的种类,主要为真菌和细菌,其数量则取决于所处的环境和飞扬的尘埃量。

空气中的细菌、真菌等微生物自然沉降于培养基的表面,经培养后计数出其上生长的菌落数,按公式计算出 1 m³ 空气中的细菌总数。此法能粗略计算空气污染程度及了解被测区微生物的种类和其菌落特征。

3. 实验材料

1)培养基

肉膏蛋白胨琼脂培养基(培养细菌)、高氏一号培养基(培养放线菌)、查氏培养基(培养霉菌),具体配制方法见培养基制备一节。

2) 仪器及相关用品

采样器、无菌平皿等。

4. 实验步骤

1)沉降法

(1)将肉膏蛋白胨琼脂培养基、查氏琼脂培养基、高氏一号培养基溶化后,各倒四个平板。

(2)将上述三种培养皿各取两个,在室外打开皿盖,分别暴露于空气中 5 min、10 min 后盖上皿盖。另两个培养皿在实验室空气中分别暴露 5 min、10 min 后盖上皿盖。

(3)肉膏蛋白胨平板于 37 ℃、倒置培养 1 d;查氏琼脂平板和高氏一号琼脂平板于 28 ℃分别倒置培养 3～4 d 和 7～10 d 后分别计算其菌落数,观察菌落形态(见图 3 - 2 - 22)。

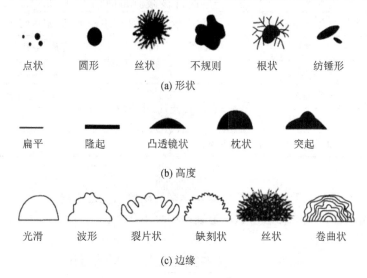

图 3 - 2 - 22　细菌菌落形态

(菌落总体形状和边缘状况可由菌落上方俯视观察,而菌落高度则由平板边缘水平观察)

(4)计算每立方米空气中微生物的数量。奥梅梁斯基定义:面积为 100 cm² 的平板培养基,暴露在空气中 5 min 的细菌数相当于 10 L 空气中的细菌数。计算公式如下:

$$X = \frac{N \times 100 \times 100}{\pi r^2}$$ (3 - 2 - 6)

式中:X 为 1 m³ 空气中的细菌数;N 为平皿上的平均菌落数;r 为平皿半径。

2)充气采样法

(1)将四个细菌培养基平板和采样仪器带到受试环境,开启采样仪,调好空气流量,根据流量确定采样时间,关上电源。

(2)将细菌培养基平板放入采样器中,调好采样时间后立即接通电源。采集 10 min 后,取出平皿,并立即盖好皿盖。

(3)将平板倒置放于培养箱内 37 ℃培养 1 d,观察计数平皿中的菌落数。

(4)根据下式计算 1 m³ 空气中的细菌数 X:

$$X = \frac{N \times 1000}{L} \tag{3-2-7}$$

式中:L 为采集的空气体积,L。

5. 数据记录与处理

根据沉降法,记录空气中微生物的种类和相对数量,填写表 3 - 2 - 11,根据充气法,推算出 1 m³ 空气中的细菌数。

表 3 - 2 - 11　空气中微生物的种类和数量

环境		菌落数		
		细菌	霉菌	放线菌
室内	5 min			
	10 min			
室外	5 min			
	10 min			

6. 思考题

试比较两种方法对空气中微生物检测的结果,并分析其优缺点。

3.3　环境工程原理实验

3.3.1　环境工程原理实验特点

环境工程原理实验是一门实践性很强的技术基础课,它是用自然科学的基本原理和工程实验方法来解决环境工程及相关领域的工程实际问题。环境工程原理实验要解决的是多因素、多变量、综合性的、与工业实际有关的问题,具有显著的现实性和特殊性。

(1)环境工程原理实验与环境工程原理理论教学、实习,环境工程设计等教学环节相互衔接,构成一个有机整体。环境工程原理实验通过观察某些基本环境工程过程中的实验现象,如能量传递、质量传递、流态化等,测定某些基本参数,如温度、压力、流量等;找出某些重要过程的规律,如管内流体的流动规律、流体通过颗粒床层的规律等;确定环境工程设备的性能,如离心泵的工作原理及性能、换热器的传热系数、过滤机的过滤常数、吸收塔的传质单元数等。所以,环境工程原理实验是学生巩固传递原理、环境工程单元操作理论知识,学习与之相关的其他新知识的重要途径。

(2)环境工程原理实验是学生接触到的工程性较强的实验。首先,环境工程原理实验以实际工程问题为研究对象,涉及的变量比较多,采用的研究方法也必然不同,不能将处理物理实验或化学实验的一般方法简单地套用于环境工程原理实验,重要的是在环境工程原理实验的整个过程中体验实验的工程性及掌握解决工程问题的一般方法。其次,环境工程原理实验设备脱离了基础课实验的小型玻璃器皿,而与实际的环境工程设备相同或相似,每个实验本身就相当于环境工程生产中的一个基本过程,所得到的结论对于化工单元操作的设备设计及过程操作条件的确定,均具有很重要的指导意义。

(3)由于环境工程过程问题的复杂性,许多工程因素的影响仅从理论上是难以解释清楚的,或者虽然能从理论上做出定性的分析,但难以给出定量的描述,特别是有些重要的设计或操作参数,根本无法从理论上计算,必须通过必要的实验加以确定或获取。对于初步接触化工单元操作的学生或有关工程技术人员,更有必要通过实验来加深对有关过程及设备的认识和理解。

3.3.2　环境工程原理实验内容

环境工程原理实验内容覆盖环境工程专业涉及的流体力学、传热学、传质与分离过程等内容。

(1)流体力学实验部分主要涉及流体流动过程中的压力、流速,能量、动量守恒基本原理与现象。实验分为演示实验和操作实验两部分,其中演示实验有静水压强演示实验、绕流演示实验、雷诺演示实验、黏性流体伯努利方程演示实验、动量定理演示实验、水汽比拟演示实验与离心泵工作原理演示实验;操作实验有管路沿程阻力实验和局部阻力损失实验。通过上述实验可帮助学生加深对流体力学的基本原理和现象的理解及强化对基本理论的工程应用。

(2)传热学实验部分主要涉及能量传递过程原理、常见换热设备及影响换热的因素和强化换热的手段等。该部分包含四个演示实验和两个测量实验。演示实验有温度计套管材料对测温误差的影响演示实验、扩展表面及紧凑式换热器演示实验、流体横掠管束时流动现象的演示实验和温度测量演示实验;测量实验有水平管外自然对流换热实验和空气横掠单管强制对流换热实验。通过传热学实验,可帮助学生理解和掌握环境工程原理中涉及的各种能量守恒原理、传递过程等。

(3)传质与分离过程实验部分主要涉及过滤、吸收、吸附和解吸的基本原理。涉及的实验有固体流态化实验、活性炭静(动)态吸附实验、恒压过滤常数测定实验和吸收与解吸实验。上述实验可帮助学生深入理解过滤、吸收、吸附和解吸基本原理和影响吸收与解吸的因素,通过动态实验可帮助学生了解强化吸收、吸附的原理和方法。

学生从牢固掌握基本理论到运用这些理论解决工程实际问题,必须经过锻炼和实践过程,通过本章实验可培养学生具有从工程技术角度出发,灵活地运用基本理论分析和解决环境工程中遇到的各种工程技术问题的能力。

实验1　流体力学演示实验

(一)静水压强演示实验

1. 实验目的

(1)了解静水压强分布规律。

（2）观察装有不同工作介质的 U 形管测压计在测量同一压强时的液柱高度区别。

（3）了解斜管微压计工作原理并掌握它的使用方法。

2. 实验原理

重力作用下处于静止状态的不可压缩流体,其压强分布的基本方程为

$$z + \frac{p}{\rho g} = 常数 \tag{3-3-1}$$

式中:ρ 为密度,kg/m^3;g 为重力加速度,m/s^2。

对于有自由面的液体,设自由面处压强为 p_0,则液面下深度为 h 处的液体静压强为

$$p = p_0 + \rho g h \tag{3-3-2}$$

表压 p_m 是液体内部任一点的静压强 p 与当地大气压 p_a 之差,即

$$p_m = p - p_a \tag{3-3-3}$$

其大小可用从该点同一高度引出的测压管测量,即

$$p_m = \rho g h \tag{3-3-4}$$

或以测压管内液柱高度表示表压强值,即

$$h = \frac{p_m}{\rho g} \tag{3-3-5}$$

如图 3-3-1 中,$x—x$ 平面两点压强差可以用 U 形管测压计液柱高度差表示:

$$\Delta h = \frac{p_1 - p_2}{(\rho' - \rho)g} \tag{3-3-6}$$

式中:ρ' 为 U 形管内指示液的密度,kg/m^3;ρ 为被测液体的密度,kg/m^3。

3. 实验装置

静水压强演示实验系统如图 3-3-1 所示,包括加压气球、加压容器、测压计、指示液(分别为煤油、酒精、水银)及与加压容器相连的 U 形管。

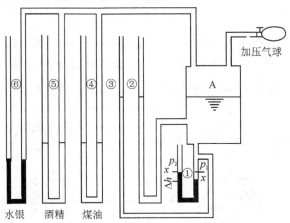

图 3-3-1　静水压强演示实验系统

4. 实验步骤及过程观察

通过挤压加压气球给加压容器施加一定压力,压力通过连接管传递到测压计,使测压计内指示液高度发生变化。观察 U 形管④、⑤、⑥内不同密度指示液高度变化的差异,了解静水压

强分布规律。改变测压计②的倾斜角度,观察在同一压力作用下管内指示液长度的变化,了解斜管微压计工作原理。

1) 静止状态

静止状态时,图 3-3-1 中各测压计和容器均与大气相通,自由液面的表压为零。此时,请观察:

(1)测压计②、③的液面与容器 A 中的液面处于同一水平面。

(2)U 形管测压计④、⑤、⑥中的工作介质各自处于平衡状态,即 U 形管两端无压差。

(3)测压计①中,$\Delta h \neq 0$。

2) 用加压器给容器 A 加压后

请观察:

(1)测压计②、③的液面同时上升,并保持在同一高度。

(2)测压计④、⑤、⑥出现高度差,$\Delta h \neq 0$;

(3)测压计①的高度差增大。

3) 斜管微压计

测压管③倾斜后,管内水柱长度增大并且随倾斜角的增大而增大,从而提高了读数精度。

5. 思考题

(1)在静止状态时,测压计②、③的测孔位置不同,但它们的液面高度却相同,为什么?

(2)用加压器给容器 A 加压后,测压计④、⑤、⑥高度差不一样的原因是什么?

(二)绕流演示实验

1. 实验目的

(1)观察水流流经变截面流道时涡区的形成和发展变化。

(2)观察水流绕过圆柱体时产生的卡门涡街。

2. 实验原理

实际流体在管道中流动,通过局部装置(如突然扩大、突然缩小、渐扩、阀门等)时会产生局部阻力,由局部阻力引起的水力损失称为局部阻力水力损失,以 h_j 表示。局部损失系数的大小主要由管件的几何形状和尺寸决定,同时也受流体流动特性的影响,因此也是雷诺数的函数。

3. 实验装置

本实验的装置主要包括电机、水泵、流动显示水槽、金属丝及方波发生器。图 3-3-2 所示为流动显示水槽示意图。

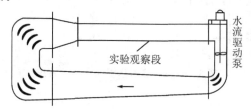

图 3-3-2　流动显示水槽示意图

4. 实验步骤与过程观察

1）截面积突然扩大

流体从小截面流道流向大截面管道时,会像射流一样,随着流束截面逐渐扩大,经过几个管径距离后才重新充满整个截面,建立起充分发展流动,因此在扩大界面拐角处与流束之间产生漩涡,如图 3-3-3 所示。

漩涡靠主流束带动旋转,主流束把能量传递给漩涡,由于漩涡内存在黏性摩擦,这部分能量最终以热量形式耗散掉。此外,从小截面中流出的流体具有较高的速度,必然会与大截面流道中流速较低的流体产生碰撞,还会产生碰撞损失。

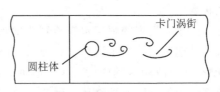

图 3-3-3　流动截面突然扩大

2）截面积突然缩小

流体从大截面流道流向小截面流道,流线要发生弯曲,流束截面收窄。当流体进入小截面流道后,由于惯性的影响,流束继续收缩至最小截面(称为缩颈),而后又逐渐扩大,直至充满整个小截面流道,如图 3-3-4 所示。

在缩颈附近的流束与管壁之间有一充满小漩涡的低压区,在大截面和小截面连接的凸肩处也常有漩涡形成。漩涡运动要消耗能量;在流线弯曲、流体加速和减速过程中,流体质点发生碰撞,速度发生变化等也会造成能量损失。

3）卡门涡街

卡门涡街是流体力学中重要的现象,在一定条件下的定常流绕过某些物体时,物体两侧会周期性地脱落出旋转方向相反、并排列成有规则的双列线涡,如图 3-3-5 所示。

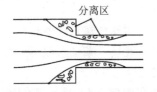

图 3-3-4　流动截面突然缩小　　　　图 3-3-5　卡门涡街

开始时,这两列线涡分别保持自身的运动前进,接着它们互相干扰、互相吸引,而且干扰越来越大,形成非线性的所谓涡街。卡门涡街是黏性不可压缩流体动力学所研究的一种现象。流体绕流高大烟囱、高层建筑、电线、油管道和换热器的管束时都会产生卡门涡街。

5. 思考题

卡门涡街的脱落与哪几个因素有关?

(三)雷诺演示实验

1. 实验目的

通过观察玻璃圆管中的水流情况,形象地了解层流与紊流两种流态的特征,认识雷诺数在流态判别中的作用。

2. 实验原理

流体的流态分为层流和紊流两种,与雷诺数有关。对于圆管流动,特征长度为管径 d,特

征速度为平均流速 v,流体的运动黏性系数为 ν,则雷诺数为

$$Re = \frac{vd}{\nu} \qquad (3-3-7)$$

调节水管出口阀门改变流速 v,使流动雷诺数 Re 改变。通过观察红色显示液在管中的流动情况,了解不同流态的流动特征和 Re 对流态的影响。

3. 实验装置

雷诺演示实验系统如图 3-3-6 所示,主要包括恒压水箱、玻璃管道、调节阀门、红色显示液和针孔。

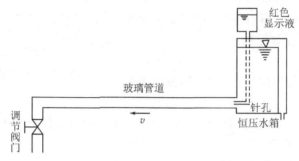

图 3-3-6 雷诺演示实验系统

4. 实验步骤与过程观察

实验时,首先打开调节阀门,使恒压水箱中的水在玻璃管道中流动;然后使红色显示液通过针孔流入玻璃管道,以显示水的流动状态。改变调节阀门开度可改变水的流速,从而改变流动状态,请观察。

1)*层流状态*

通过有一定水头高度的恒压水箱给管路供水,同时使红色显示液流出针孔,可以看到红色显示液随水流一起流动。当水流速度较低时,红色显示液呈一条细直线,沿玻璃管道轴线方向向前延伸,没有任何波动、弥散现象,这就是典型的层流状态。

当玻璃管道中的一段充满红色显示液后,打开调节阀门,使水在玻璃管道中流动,此时可以看到在层流状态下沿管道横截面方向流体的流速分布为一抛物线形状。

2)*紊流状态*

再次打开调节阀门,加大管道中水的流速,可以看到,当水流速度较高时,红色显示液在流出针孔后,随着水流速度的增加,由波动发展成弥散,进而与周围水流完全混合,此即为紊流状态。

由于流体处于紊流状态时,流体内动量交换迅速,此时沿管道横截面方向流体的流速分布是较为平坦的对数曲线形式。

5. 思考题

(1)本实验装置只可能改变雷诺数中的哪几个参数?

(2)雷诺数是什么力与黏性力的度量?

(四)黏性流体伯努利方程演示实验

1. 实验目的

(1)观察水流通过收缩-扩大管道时,各管段的测压管水头线的变化规律。

(2)熟悉用能量观点解释水流速度变化时,各测压管水头线高度变化的原因。

(3)了解静压、总压和动压之间的关系。

2. 实验原理

流过任意两缓变流过流断面的不可压缩黏性流体,仅在重力作用下的定常流动伯努利方程为

$$z_1 + \frac{p_1}{\rho g} + \frac{v_1^2}{2g} = z_2 + \frac{p_2}{\rho g} + \frac{v_2^2}{2g} + h_f \tag{3-3-8}$$

以测压管水头表示为

$$h_1 + \frac{v_1^2}{2g} = h_2 + \frac{v_2^2}{2g} + h_f \tag{3-3-9}$$

以总水头表示为

$$H_1 = H_2 + h_f \tag{3-3-10}$$

3. 实验装置

图 3 - 3 - 7 为黏性流体伯努利方程演示实验系统示意图。实验装置包括电机、水泵、上下水箱、阀门、管道(包括弯头、等截面直管道、变截面直管道)和测压管(包括总压管和静压管)。

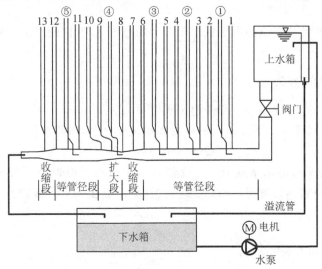

(1~13 为静压管;①~⑤为总压管)。

图 3 - 3 - 7　黏性流体伯努利方程演示实验系统示意图

4. 实验步骤与过程观察

实验时,先将阀门关闭,打开电机,水泵将水从下水箱送入上水箱。当上水箱水满后,将阀门打开,水通过管道流回下水箱,此时位于管道不同截面的总压管和静压管由于压力不同而产生不同的水头高度,请注意观察。

1)*静止状态(管内的水不流动)*

此时所有测压管的水头高度与水箱水位高度相等,即测压管水头线等于总水头线。

2)*水稳定流动*

各测压管水头线及总水头线的变化如下:

(1)1～6 段:测压管水头线、总水头线以同样的斜率缓慢下降。

(2)6～8 段(收缩段):测压管水头线下降斜率明显增大,总水头线仍缓慢下降。

(3)8～10 段(扩大段):测压管水头线略有上升,总水头线较快下降。

(4)10～13 段:测压管水头线、总水头线变化规律同 1～6 段。

3)流量变化

随着流量的增加,两种水头线都会上升。虽然它们沿程分布的总趋势没有变化,但两种水头线的差值增大了。

5. 思考题

(1)水稳定流动时,1～6 段两种水头线下降的原因是什么?

(2)水稳定流动时,6～10 段的总水头线始终为下降趋势说明了什么?

(3)水稳定流动时,8 号管位置的两种水头差值最大,则该处的什么最大?

(4)水稳定流动时,整个管道倾斜时,两种水头线会怎样变化?

(5)流量变化时,两种水头线差值增大,说明什么增大了?

(五)动量定理演示实验

1. 实验目的

通过测量射流流量及射流冲击平板时所产生的总压力,验证定常流动的动量定理。

2. 实验原理

定常流动的动量方程为

$$\rho Q(\boldsymbol{v}_1 - \boldsymbol{v}_2) = \sum \boldsymbol{F} \qquad (3-3-11)$$

本实验条件下,只考虑水平方向上的外力和动量变化率,因此方程为

$$\rho Q(v_2 - v_1) = -F \qquad (3-3-12)$$

式中:F 表示水流对平板的水平推力。注意到 v_2 为水流在平板表面上水平方向的分速度,所以 $v_2 = 0$。设 d 为喷嘴出口直径,根据流量与过流断面面积和平均流速的关系,得

$$v_1 = \frac{4Q}{\pi d^2} \qquad (3-3-13)$$

因此,动量方程可写为

$$F = \rho \frac{4Q^2}{\pi d^2} \qquad (3-3-14)$$

喷嘴出口直径 d 和水流密度 ρ 均为已知量,通过测量射流冲击在平板上的流量和总压力(分别从流量积算仪和测力称重传感器直接读出),就可比较计算值与测量值的差别,从而验证定常流动的动量方程。

3. 实验装置

图 3-3-8 所示为动量定律演示实验系统示意图。实验系统由高位水箱、涡轮流量计、压力调节阀、流量积算仪、测力称重传感器,数字显示仪、喷嘴和圆平板等设备组成。

4. 实验步骤与过程观察

实验时,水从高位水箱流出,通过压力调节阀和涡轮流量计,最后从喷嘴喷出打到圆平板上,作用于圆平板一定的冲击力,最后流回水池。涡轮流量计和流量积算仪用于测量水的流

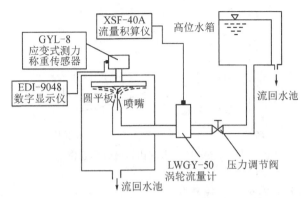

图 3-3-8 动量定律演示实验系统示意图

量,数字显示仪用于显示流量,测力称重传感器用于测量水对圆平板的作用力,压力阀用于调节流量。

5. 思考题

(1)逐渐开大管道阀门,流量和总压力将怎样变化?

(2)你认为圆平板的直径应满足什么条件?

(3)作用在水流上的大气压强的影响可以不予考虑,理由是什么?

(六)水汽比拟演示实验

1. 实验目的

(1)通过直接观察浅水表面波的传播特性,定性了解超音速气流中小扰动的传播特性;

(2)了解超音速气流中激波的气体动力学特性及进行超音速喷管变工况分析。

2. 实验原理

明渠中浅水表面波(重力波)与气体中扰动波的流动规律的微分方程相似。

3. 实验装置

本实验的装置主要包括电机、水泵、流动显示水槽、不同形状的几何体。图 3-3-9 所示为水气比拟演示实验台示意图。

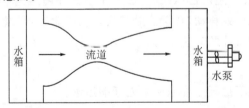

图 3-3-9 水汽比拟演示实验台示意图

4. 实验步骤与过程观察

在流道收缩段,水的流速较慢,称为缓流,用于比拟气体亚音速流动;在流道扩张段,水的流速较快,称为急流,用于比拟气体超音速流动;在流道喉部,水的流速称为水在当地的重力波传播速度,用于比拟气体的音速流动,如图 3-3-10 所示。

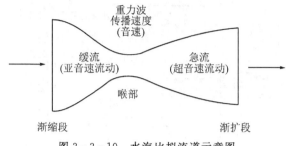

图 3-3-10　水汽比拟流道示意图

1)亚、超音速气流中小扰动的传播特性

当水静止时,小扰动在水中的传播为同心圆;在缓流中,小扰动的传播为偏心圆;而在急流中,小扰动只能在马赫锥内传播。请通过实验观察各种不同流动状况下,小扰动的传播方式及范围。

2)超音速气流中激波的气体动力学特性

在急流中放入几何体时会产生激波。

(1)在急流中放入圆柱体,可观察到圆柱体上游出现了一道垂直于来流并且水面高度变化很大(强度很大)的激波,这就是正激波。正激波前后参数发生突跃,由此产生的激波阻力非常大。

(2)在急流中放入楔形体,可观察到产生了斜激波,此时水面高度变化较小(强度较小),因此阻力也较小。

(3)在急流中放入凹钝角,可观察到产生激波处的水面上升,称为压缩波。

(4)在急流中放入凸钝角,可观察到产生激波处的水面下降,称为膨胀波。

(5)将两个楔形体同时放入急流时,可观察到它们产生的斜激波在下游相交,水面被进一步抬高。斜激波碰到流道壁面时,会被折射,折射后的不同斜激波会再次相交。

3) 超音速喷管变工况

当气体流出超音速喷管的尾部时,本身具有一定压力。通过实验可以观察到,当环境压力小于流体的压力时,流体继续膨胀,在喷管尾部产生两道膨胀波;当环境压力大于流体压力时,流体被压缩,在喷管尾部会产生两道压缩波;进一步增大环境压力,喷管尾部会产生一道正激波;最后,正激波向喷管入口处移动,在缓流处消失。在实验中,通过在流道出口处加入挡板阻挡水的流动以改变流道出口处的环境压力。

5. 思考题

为何流道的截面形状不是逐渐收缩而是先渐缩后渐扩?

(七)离心泵工作原理演示实验

1. 实验目的

(1)了解离心泵的基本结构及其工作原理。

(2)了解离心泵的汽蚀现象。

2. 实验原理

离心泵在工农业生产和日常生活中有广泛的应用。离心泵由电机带动,电机带动叶轮高速旋转,叶轮又带动叶片间的液体一道旋转,由于离心力的作用,液体从叶轮中心被甩向叶轮外缘。泵壳汇集从各叶片间被抛出的液体,这些液体在壳内顺着蜗壳通道逐渐扩大的方向流动,使流体的动能转化为静压能。泵壳不仅汇集液体,它更是一个能量转换装置,并以较高的压力将液体沿排出口排出。与此同时,在叶轮中心处由于液体被甩出而形成一定的真空,而入口贮槽(热井、水槽、储罐等)液面处的压强比叶轮中心处要高,因此,贮槽内的液体在压差作用下进入泵内。叶轮不停旋转,液体也连续不断地被吸入和压出,如图 3-3-11 所示。

图 3-3-11　离心泵的工作原理示意图

3. 离心泵结构

离心泵的种类很多,常见的分类方法有以下几种:

按吸进方式分为单吸叶轮和双吸叶轮离心泵;按叶轮数目分为单级和多级离心泵;按盖板形式分为封闭式叶轮、敞开式叶轮和半开式叶轮离心泵;按叶轮类型分为前弯式、径向式和后弯式离心泵。图 3-3-12 所示为离心泵结构图。

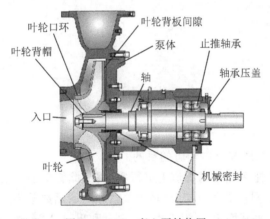

图 3-3-12　离心泵结构图

4. 离心泵的汽蚀现象

离心泵运转时,在泵进水口内局部压力降低至水温下的饱和汽化压力时,液体就汽化产生气泡。这些气泡随水流到达壳体内的高压区,受到周围液体的挤压而迅速破裂。在空泡溃灭区,金属表面承受一种水锤力,其频率可达每秒几万次,水锤力作用在极微小的面积上,因此其应力可以达到几千个大气压力。这样大的应力频繁施加引起金属表面层的塑性变形与硬化,产生局部疲劳和微小裂缝,使金属组成部分被击破与剥落,这种现象称为离心泵的汽蚀现象。

汽蚀现象发生的主要部位为叶片正面和背面及叶轮外缘和叶轮室壁面之间。

离心泵发生汽蚀会使离心泵流量下降、扬程下降、功率下降、效率下降,离心泵产生振动及噪音。

5. 思考题

如何减少汽蚀？

实验 2　管路沿程阻力实验

1. 实验目的

(1)寻求摩擦阻力系数 f 与雷诺数 Re 之间的函数关系。

(2)了解实验设备和仪器。

2. 实验原理

实际流体流经等截面直管道时,由于克服内摩擦力做功,导致能量损失,这就是沿程阻力水头损失。管路沿程阻力损失的确定,是管道设计计算的主要内容之一。

沿程阻力水力损失 h_L 与管道长度 L、管路直径 d(或管路的其他特性长度)、管壁粗糙高度 Δ、流体密度 ρ、动力黏性系数 μ 以及流体平均速度 v 有关,即:

$$h_L = f(L, d, \Delta, \rho, \mu, v) \tag{3-3-15}$$

这一函数关系尚不能采用理论分析获得,只能通过实验解决。根据量纲分析法,上述水力损失关系式可写为

$$h_L = f \frac{L v^2}{d 2g} \tag{3-3-16}$$

式中, $f = f(Re)$,

$$Re = \frac{vd}{\nu} \tag{3-3-17}$$

$$\nu = \frac{\mu}{\rho} \tag{3-3-18}$$

寻求 $f = f(Re)$ 关系曲线是本实验的目的。

限于时间及设备,只能在确定的管道上进行实验,因此管壁粗糙度 Δ 及管径 d 是固定的,即 Δ/d 是定值,本实验将只能获得 $f = f(Re)$ 关系并对该函数关系式进行分析。

在均匀管道中,对于等截面直管道实验段入口 1 和出口 2,根据伯努利方程有

$$z_1 + \frac{p_1}{\rho g} + \frac{v_1^2}{2g} = z_2 + \frac{p_2}{\rho g} + \frac{v_2^2}{2g} + h_L \tag{3-3-19}$$

由于管道是等截面直管道,所以有 $z_1 = z_2$、$v_1 = v_2$,因此

$$h_{L12} = \frac{p_1 - p_2}{\rho g} \tag{3-3-20}$$

由式(3-3-20)可以看出,只要测得管道入口和出口的压力差,就可求得管路的沿程阻力损失。

由于

$$h_L = f \frac{L v^2}{d 2g} \tag{3-3-21}$$

因此

$$f = h_L \frac{d}{L} \frac{2g}{v^2} \tag{3-3-22}$$

求得 f 后,再算出相应的 Re 就可得到 $f = f(Re)$ 关系曲线(如图 3 - 3 - 13 所示)。

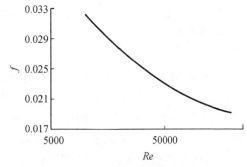

图 3 - 3 - 13　f 与雷诺数 Re 之间的函数关系

3. 实验装置

(1)实验段管道采用不锈钢管。

(2)采用水银比压计和差压变送器测量实验段始末端测压管水头差。

(3)采用量水堰测量流量,它由水槽及薄壁三角堰构成。当有流量 Q 流过三角堰口时,形成具有一定高度 H 的堰上水头,通过数显高度尺先测出静水面高度(即测针零点)h_0,再测出相应于流量 Q 的测针读数 h,两者相减得到 H,然后通过 Q-H 关系式(由实验室提供)即可求得 Q 值,也可以用涡轮流量计直接测出 Q。

(4)采用配水阀将流量分配给需要的管道。

(5)实验管道内的流量利用调水阀来改变。

(6)上述设备和仪器示意图如图 3 - 3 - 14 所示,此外实验室还备有温度计以及 ν-t(动力黏性系数-温度)资料。

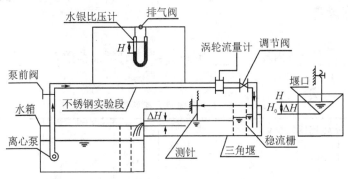

图 3 - 3 - 14　管路沿程阻力实验系统示意图

4. 实验步骤

1)实验前准备工作

(1)为了求得 $f = f(Re)$ 的关系曲线,需要测量哪些量?在我们的设备条件下该怎样测量?

(2)如何运用水银比压计来测量管路实验段的 h_L? h_L 与水银比压计的读数差有什么关系?

(3)为了完整绘制 $f = f(Re)$ 曲线,要求作 8 个实验点,并使这些点在对数坐标上均匀地分布在实验范围内(8 个测点的调节可参照水银比压计的高度差,分别为:阀全开、200 mm、120 mm、80 mm、50 mm、30 mm、20 mm 及 10 mm)。

(4)调节阀门时会对流动造成一定扰动,所以调节后要等待 3~4 min,待流动稳定后再读数。

(5)堰上水头高度 H 为测量时的测针读数 h 与测针零点(静水面)读数 h_0 之差,即 $H =$

$h-h_0$。为了减少表面张力在堰口处的影响,必须等到堰口(即三角形顶点)无溢流时才能测定 h_0,一般在做完实验后隔一天时间测定,因此有条件时可现场测量 h_0,无条件时由实验室提供。

(6)水银比压计及连通管应保持连通且无气体存留。在测试数据前应打开比压计上的排气阀,将空气完全排空。空气是否排空直接影响实验数据的可靠程度。

(7)实验开始和结束之前应先将泵前阀关死。实验开始前若不关闭泵前阀,会导致泵的启动功率很大;实验结束前若不关闭泵前阀,管路中将发生水锤现象,压力突然升高,水银比压计承受的压差突然增大,导致设备损坏或水银溢出。

(8)所有待测的流量参数最后必须化为国际单位,例如流量单位是 m³/s;高度单位是 m。

2)实验操作步骤

(1)在启动离心泵前将泵前阀和调节阀完全关闭。

(2)启动离心泵后将泵前阀和调节阀完全打开,泵运行同时将排出实验管路内的空气。

(3)将排气阀打开,排空水银比压计及连接管内的空气,并检查空气是否完全排空(调节阀关闭时,比压计压差为零说明空气排空)。

(4)通过控制调节阀开关确定实验工况点,记录与水银比压计高度差相对应的实验数据。

(5)将泵前阀关死,然后关闭离心泵。

5. 数据记录与处理

1)数据记录

管道长度 $L=$ ____ m;内径 $d=$ ____ m;三角堰测针零点读数 $h_0=$ ____ mm。将实验记录数据填入表 3-3-1。

表 3-3-1　沿程阻力实验数据记录

序号	水银比压计读数			测针读数 h /cm	堰上水头 H /cm	流量 Q /(L·s⁻¹)	水温 t /℃	运动黏性系数 $\nu=\dfrac{\mu}{\rho}$ /(cm²·s⁻¹)
	读数1 /cm	读数2 /cm	读数差 Δh /cm					
1								
2								
3								
4								
5								
6								
7								
8								

2)实验计算结果

将实验计算结果填入表 3-3-2 中。

表 3 - 3 - 2　实验计算结果

序号	水头损失 h_L /m	流速 v /(m·s^{-1})	阻力系数 f	雷诺数 Re	$\lg f$	$\lg(Re)$
1						
2						
3						
4						
5						
6						
7						
8						

以 $\lg(Re)$ 为横坐标、$\lg f$ 为纵坐标,使用双对数坐标纸绘制 $f = f(Re)$ 图,坐标比例尺应与莫迪图相同,以便比较,然后进一步分析:

(1)图形是否能够以最简单的图线表示(例如直线)? 如能表示,其方程如何?

(2)图形在哪些地方具有特殊性(例如:直线、水平线)? 哪些地方发生变化?

(3)f 在什么情况下等于常数(Δ/d 一定)? 其值是多少?

6. 思考题

(1)比较本实验所得结果与莫迪实验的异同,并说明理由。

(2)$f = f(Re)$ 的获得对计算管道的 h_L 有何意义? 我们应该如何运用此函数关系? 例如已知 d、Δ、v、L 时,如何求取 h_L?

实验 3　局部阻力损失实验

1. 实验目的

(1)了解局部阻力损失规律。

(2)掌握测定一般局部损失系数的实验方法,并测定管路突然扩大和弯头处局部阻力系数值。

2. 实验原理

实际流体在管道中流动,通过局部装置(如突然扩大、突然缩小、渐扩、阀门等)时会产生局部阻力,由局部阻力引起的水力损失称为局部阻力水力损失,以 h_j 表示。局部阻力系数的大小主要由管件的几何形状和尺寸决定,同时也受流体流动特性的影响,因此也是雷诺数的函数。

在实验管路上取突然扩大的前后两个缓变流过流断面 1—1 及 2—2,使管轴为水平基准线,可列出伯努利方程

$$z_1 + \frac{p_1}{\rho g} + \frac{v_1^2}{2g} = z_2 + \frac{p_2}{\rho g} + \frac{v_2^2}{2g} + h_{j1-2} \tag{3-3-23}$$

由于是水平管路,$z_1 = z_2$,则有

$$h_{j1-2} = \frac{p_1 - p_2}{\rho g} + \frac{v_1^2 - v_2^2}{2g} \tag{3-3-24}$$

式(3-3-24)中的 p_1-p_2 可直接从两断面处的测压管读出，此外 $v_1=\dfrac{Q}{A_1}$，$v_2=\dfrac{Q}{A_2}$，流量 Q 采用三角堰或涡轮流量计测出。

突然扩大的局部阻力公式为

$$h_{j1-2}=\zeta_2\frac{v_2^2}{2g} \qquad (3-3-25)$$

式中：ζ_2 为突然扩大的局部损失系数；v_2 为局部阻力发生后的断面平均流速，m/s。因此，

$$\zeta_2=\frac{h_{j1-2}}{(v_2^2/2g)} \qquad (3-3-26)$$

同理可以测定突然缩小、渐扩、阀门等的局部损失系数。

3. 实验设备与仪器

实验设备包括三角堰、涡轮流量计、水银比压计、压差变送器、变截面管道、90°弯头、热电偶、离心泵、数显高度尺、水箱等。

实验管道布置如图 3-3-15 所示。变截面管道和弯头串接在实验台直管道上，管道中的水流入三角堰。当一定流量 Q 的流体流过三角形堰口时，堰上水头高度为 H，利用附设的数显高度尺测出 H 值，之后可由 $Q-H$ 关系式(实验室提供)查得流量 Q。

采用水银比压计和压差变送器测量管路突然扩大处和弯头处的压差，利用热电偶测量水温，并从 $v-t$ 曲线(实验室提供)上查得 v。

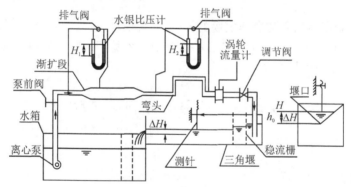

图 3-3-15　局部阻力损失实验系统示意图

4. 实验步骤

1) **实验前准备工作**

(1)实验前需了解为了求得局部损失系数，需要测量哪些量；在本实验设备条件下该怎样测量。

(2)实验前需了解如何运用多管比压计测量管路实验段的 h_j，多管比压计与水银比压计的读数差有什么关系。

(3)调节阀门时会对流动造成一定的扰动，所以调节后要等待 3～4 min，待流动稳定后再读数。

(4)堰上水头高度 H 为测量时的测针读数 h 与测针零点(静水面)读数 h_0 之差，即 $H=h-h_0$。为了减少表面张力在堰口处的影响，必须等到堰口(即三角形顶点)无溢流时才能测定 h_0，一般在做完实验后隔一天时间测定，因此有条件时可现场测量 h_0，无条件时由实验室

提供。

(5)实验开始前检查水银比压计的液面是否在同一高度,若不在同一高度则需要先排气。流量较大时,由于压差大,测压管较短,因此需要打气,控制液柱在测压板的可测试位置。

(6)实验开始和结束之前应将泵前阀关死。实验开始前若不关闭泵前阀,会导致泵的启动功率很大;实验结束前若不关闭泵前阀,管路中将发生水锤现象,压力突然升高,水银比压计承受的压差突然增大,导致设备损坏或水银溢出。

(7)所有待测参数最后必须化为国际单位,例如流量单位为 m^3/s;高度单位为 m。

2)**实验操作步骤**

(1)启动离心泵前将泵前阀和调节阀完全关闭。

(2)启动离心泵后将泵前阀和调节阀完全打开,泵运行同时排出实验管路内的空气。

(3)液流稳定后读出测压管中的液面高度差及压差变送器的压差,同时测得流量 Q。

(4)通过调节阀得到 8 种不同流量,并读出 8 种不同情况下的液面高度。

(5)将泵前阀关死,然后关闭离心泵。

5. 数据记录及处理

1)**数据记录**

试验段管道内径 $d_1 =$ ＿＿＿ m;内径 $d_2 =$ ＿＿＿ m;三角堰测针零点读数 $h_0 =$ ＿＿＿ mm。实验数据填入表 3 - 3 - 3 中。

表 3 - 3 - 3　局部阻力损失实验数据记录

序号	多管比压计读数			测针读数 h /cm	堰上水头 H /cm	流量 Q /(L·s^{-1})	水温 t/℃	运动黏性系数 $\nu = \dfrac{\mu}{\rho}$ /(cm^2·s^{-1})
	读数 1 /cm	读数 2 /cm	读数差 Δh /cm					
1								
2								
3								
4								
5								
6								
7								
8								

2)**实验计算结果**

实验计算结果填入表 3 - 3 - 4 中。

表 3 - 3 - 4　实验计算结果

序号	水头损失 h_j/m	流速 v/(m·s⁻¹)	局部阻力系数 f	雷诺数 Re
1				
2				
3				
4				
5				
6				
7				
8				

6. 思考题

(1)局部损失系数是否与雷诺数有关,为什么?

(2)如何减小局部阻力损失?

(3)为何突然收缩的局部损失小于突然扩大的局部损失?

实验 4　传热学演示实验

(一)温度计套管材料对测温误差的影响演示实验

1. 实验目的

学习温度计套管材料对温度计测温误差的影响。

2. 实验原理及装置

温度计套管材料对测温误差的影响演示实验装置如图 3 - 3 - 16 所示。测量管道或容器中的流体温度时,往往在需要测温位置的壁面处安装温度计套管,如图 3 - 3 - 17 所示。温度计套管可以防止将温度计直接插入管道或容器时引起的流体泄漏或大气漏入。

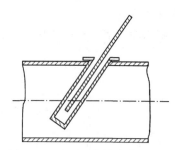

图 3 - 3 - 16　实验装置　　　　图 3 - 3 - 17　温度计套管示意图

温度计套管的导热系数对测温准确度有很大影响。在本演示实验中,分别采用铜和钢制成长度及壁厚都相同的两根套管,一同置于管道转弯处。管道下端装有电热风扇,开始实验时,先打开冷风开关,使室温下的空气流经温度计,观察两根温度计的读数是否基本一致。再打开热风开关,观察两根温度计中读数上升的情况,无论是瞬态工况或最终达到的稳态工况,两根温度计的读数都有明显差别。

如何减小测温误差? 从温度计套管的一维导热的物理过程来看,可以得出如图 3-3-18

所示的热阻定性分析图。图中 T_∞ 为储气筒外的环境温度,R_1 代表套管顶端与流体间的换热热阻,R_2 代表套管顶端到根部的导热热阻,R_3 代表储气筒外侧与环境间的换热热阻。显然,要减小测温误差,应使套管顶端温度 T_H 尽量接近流体温度 T_f,即应尽量减小 R_1 而增大 R_2 及 R_3。

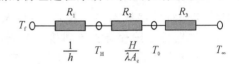

图 3-3-18　热阻定性分析图

3. 思考题

(1)温度计套管材料的导热系数对测温误差有何影响?

(2)采用温度计套管时,可以采取哪些措施来提高测温精度?

(二)扩展表面及紧凑式换热器演示实验

1. 实验目的

学习强化传热原理,了解常用的强化传热元件。

2. 实验原理及装置

如图 3-3-19 所示为一批国产强化传热元件,主要包括各种形式的翅片管(L 形翅片管、LL 形翅片管、皱折翅片管、镶嵌式翅片管、螺旋缠绕翅片椭圆管、矩形翅片椭圆管)、板翅式换热器及翅片元件(平直型翅片、锯齿型翅片、多孔型翅片、百叶窗翅片等)、外螺纹管(包括二维的和三维的)、内肋管和管内插入物等,旨在让学生对强化传热原理和常用的强化传热元件具有基本的认识和了解。

图 3-3-19　强化传热元件

1)各种形式的翅片管

(1)L 形翅片管(见图 3-3-20)。将 L 形翅片缠绕在钢管上,两端用焊接方法固定即为 L 形翅片管。翅片的 L 形状加大了翅片与基管的接触面积,因而可减小翅片与基管间的表面接触热阻。由于翅片是借缠绕的初始应力紧固在钢管表面,因此可使用温度低(一般在 100 ℃ 左右),当温度过高时,翅片会松动,在间隙处易产生腐蚀,且使接触热阻增大。这种翅片管传热性能较低,但制造工艺简单、价格便宜,一般用于工作条件较平稳、温度无突变的场合。

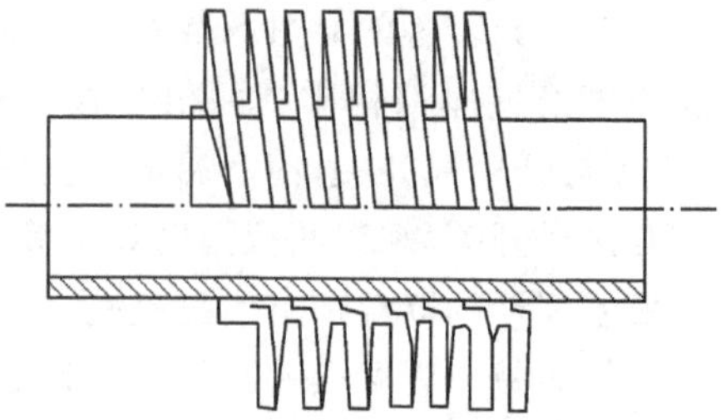

(2)LL 形翅片管(见图 3-3-21)。加工方法同 L 形。不同点是翅片底边彼此重叠,可以防止翅片轴向移动,且翅片在管外形成紧密的覆盖层,可使管子免受大气腐蚀。同时由于翅片与管子间接触较紧,接触热阻减少,传热性能有所提高。这种翅片管一般用于工作条件平稳、温度无突变、使用温度稍高(110 ℃左右)、防腐性能要求较高的场合。

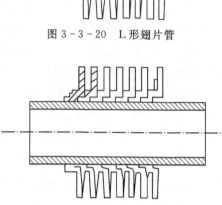

图 3-3-20 L 形翅片管

(3)皱折翅片管。将翅片缠绕至管子时采用皱曲的方法缩短翅根部分长度,为减少翅片与管子表面间的接触热阻,可以镀锡(或锌)。皱折使扰动增加,传热性能改善,但也使阻力增大,翅片表面结垢。这种翅片管一般用于暖风机和散热器。

图 3-3-21 LL 形翅片管

(4)镶嵌式翅片管。制造时在基管表面压出螺旋槽(槽深一般为 0.25 mm),同时将翅片根部镶入槽中,然后用滚压的方法使翅根与槽紧密接触,将翅片固定。由于翅片和基管紧密接触几乎成为一体,因此二者之间的接触热阻很小。这种翅片管传热性能较好,工作温度最高可达 400 ℃,但不耐腐蚀,造价较高。

(5)螺旋缠绕翅片椭圆管。这种管子断面为椭圆,其长轴与外掠介质流动方向平行,因而流动阻力较小且管子可以更紧密地排列。经镀锌(或镀锡)后可提高表面抗腐蚀性能和减少翅片与管壁间的接触热阻。

(6)矩形翅片椭圆管(见图 3-3-22)。此管由矩形翅片冲压而成,其上的椭圆孔带有凸缘,凸缘高度视翅片节距而定。翅片的四角上冲有扰流孔,翅片套在管子上,然后镀锌(或锡)固定。椭圆管有较好的气动特征,流动分离点随长短轴之比的增大而后移,减少了管后的漩涡区,在 Re 数不太高时对增强换热有利,同时流动阻力也较小。翅片上的扰流孔有增强换热的作用,串片后镀锌不仅提高了防腐性能也减少了接触热阻。椭圆管上的矩形翅片效率比尺寸相当的圆翅片高(约高 8%)。短边迎风的布置占空间容积较小,约为圆形翅片的 80% 左右。这种翅片管的缺点是:管束的维护、检修比较困难,造价较高,不耐高压,一般最高用到 45 kg/cm²。

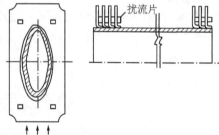

图 3-3-22 矩形翅片椭圆管示意图

2)板翅式换热器的翅片元件

板翅式换热器的总体结构大致如图 3-3-23 所示。由于其结构紧凑,单位体积换热器中换热面积较

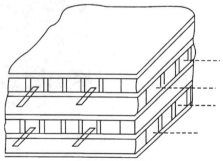

图 3-3-23 板翅式换热器示意图

大,因此在化工、制冷、低温等领域应用很广。工程中常常把单位体积换热器中的换热面积大于 $700(m^2/m^3)$ 的换热器称为紧凑式换热器,板翅式换热器大多属于此类。

板翅式换热器的换热表面可分为基础表面(一次表面)及翅片(二次表面)两部分。二次表面的形式很多,主要有以下几种。

(1)平直型翅片(见图 3-3-24)。流体在这种翅片通道内流动时,相当于在一个细长的长方形管道内流动,此时翅片仅起到增加传热面积及减少当量直径的作用,并未增加流动边界层中的扰动,因而换热增强有限,不过阻力增加也不多。

(2)锯齿型翅片(见图 3-3-25)。当流体流经这种翅片表面时,流动边界层经历了不断地被切断和重新发展的过程,使边界层中的扰动大大增加,因而促使换热强化,热流阻力也因之增加。

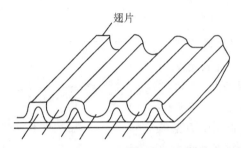
图 3-3-24 平直型翅片示意图

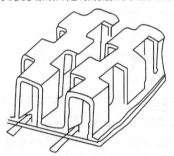
图 3-3-25 锯齿型翅片示意图

(3)多孔型翅片。多孔型翅片是在平直型翅片或锯齿型翅片上打许多均布的小孔制成,目的在于增加气流扰动以进一步强化换热。但相关研究表明:当流动为层流时,打孔虽然可使换热有所强化,但由于小孔的存在将使实际换热面积减少,因此换热面积与传热系数的乘积 kA 并没有显著增加;而当流动为紊流时,打孔不仅对增强传热没有多大益处,还会使流动阻力增加。所以,对于无相变的对流换热,多孔型翅片并不理想,但在有相变的场合,多孔型翅片仍能起到增强传热的作用。

3) 整体式低螺纹管

自 1940 年世界上第一根整体式低螺纹管问世以来,低螺纹管换热器已广泛应用于单相介质的强制对流、沸腾及凝结换热中。特别是低沸点介质(如氟里昂)的冷凝器,国内各主要生产厂家几乎都曾经采用这种管子。商用螺纹管一般由铜管整体轧制而成,每根管子两端都有一平直段,以便安装时进行胀接。肋片高度一般在 $1.2\sim5.7$ mm 范围内,肋片数可在 640 片/m 到 1378 片/m 之间变化。实验证实,当肋片高度与间距配合适当时,肋片不仅使换热面积增大,还可使凝结液膜减薄,从而显著强化凝结换热。

(1)锯齿管。从 20 世纪 70 年代中期以来,日本日立公司相继研制出一些高效的强化沸腾及凝结传热面,称为"Thermoexcel"系列表面。其中有用于沸腾换热的多孔表面及用于凝结的锯齿管(见图 3-3-26),它们都采用机械加工方法在普通金属表面上制出一层多孔性金属层。当液体沸腾时,这些小孔成为许多汽化中心,将大大降低沸腾时所需的过热度,从而强化沸腾换热。在 1980 年芝加哥召开的国际强化传热会议上,Thermoexcel 系列表面被认为是当时最

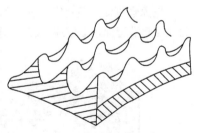
图 3-3-26 锯齿管示意图

优的强化换热面之一。

锯齿管表面尖锐的齿端可以增强凝结液滴下落的能力，使液膜减薄，从而增强换热。R113及R11、R12的凝结实验表明，在相同冷凝温度下，锯齿管凝结换热系数是光管的8～12倍，是普通螺纹管的1.5～2倍。

（2）内肋片管及管内插入物。内肋片管可强化管内对流换热，其管内肋片可以由基体金属整体轧制而成，也可以用其他金属做成肋片后插入。这种内肋片管既可用于单相介质的对流换热（如空气的冷却或加热），也可用于有相变时的换热（如在氟里昂蒸发器中用以蒸发氟里昂）。电厂锅炉的再热器中也使用内肋片管，此时肋片对强化换热并无多大益处，主要用于使管壁温度更接近管内流体的温度。管内插入物也可用于强化管内对流换热。常用的插入物有螺旋线及俗称麻花片的元件。

4）换热器表面的防腐涂料

换热器在长期运作中的主要问题之一是换热表面结垢与腐蚀。目前我国有关单位已研制出一种碳钢水冷器防腐涂料，将其涂于碳钢换热器表面及管板上，可获得非常光滑的涂层表面，这种表面不易结垢，也不易形成微生物的吸附，便于清洗，流动情况接近于水力光滑管。涂层厚度一般不大于60 μm，涂料的传热系数约为0.7 W/(m·℃)。虽然涂层的存在增加了导热热阻，但由于结垢较少，因此在运行一段时间后，传热性能比不敷涂料的换热器更好。换热器热阻随时间的变化如图3-3-27所示。目前我国在石油化工换热器、汽轮机冷凝器等水冷却器中均已采用这种涂料。

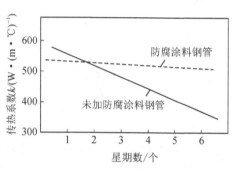

图3-3-27　换热器热阻随时间的变化

3. 思考题

（1）肋片面积越大，强化换热效果是不是越好？

（2）螺纹对强化换热起到哪些作用？整体式低螺纹管一般应用于哪些工程领域？

（三）流体横掠管束时流动现象的演示实验

1. 实验目的

了解流体横掠管束时，流体流动状态的变化情况。

2. 实验原理及装置

横掠管束流动演示实验装置如图3-3-28所示。流体横掠单管时（见图3-3-29），边界层从前驻点起沿管面逐渐增厚，层流状态下，在$\varphi=82°$处发生边界层分离，并于管子背后形成漩涡。

图3-3-28　横掠管束流动演示实验装置

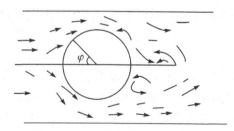

图3-3-29　流体横掠单管示意图

流体横掠错排管束时(见图 3-3-30),流动图像大致与横掠单管时相仿。流体横掠顺排管束时(见图 3-3-31),第一排情况与单管相仿,以后各排管的前半部分处于前排管边界层分离产生的漩涡之中,因而当 Re 不很高时冲刷强度较弱,这些流动特点都会影响换热系数。在本演示实验中采用特制的油槽来观察流体横掠单管、顺排管束和错排管束的流动图像。机油经油泵加压后,从一排细孔中喷出,喷射在油面上形成大量泡沫,微小油泡沫流经机翼状叶片后,可显示出一条条流线,这些流线可形象地显示流体横掠圆柱体、顺排圆柱和错排圆柱时的流动特点。

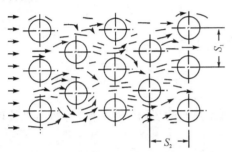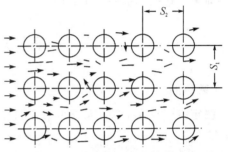

图 3-3-30　流体横掠错排管束示意图　　　　图 3-3-31　流体横掠顺排管束示意图

3. 思考题

(1)流体横掠管束流动时,后排管子的换热情况好,还是前排管子的换热情况好?其原因是什么?

(2)在绕流管束流动中,影响流体与管束平均换热性能的因素有哪些?

(四)温度测量演示实验

1. 实验目的

学习利用传热学知识,提高壁面温度和气流温度测量的准确度。

2. 实验原理及装置

本实验演示如何利用传热学知识提高壁面温度和气流温度测量的准确度。温度测量演示实验装置如图 3-3-32 所示。

图 3-3-32　温度测量演示实验装置

本实验采用风机和风道提供稳定的空气流场,在风机出口利用电加热丝进行一级加热,实验中段利用一内装加热丝的圆管对空气进行二次加热,并在中部位置圆周上(等温)使用两对热电偶进行壁面温度测量,其中一对热电偶的热端与壁面紧密接触且热电偶丝直接引向外部,另一对热电偶则沿等温线（圆周方向）开设 5 cm 长浅槽，将其热端埋在槽内（沿着槽长方向铺设）并用软金属材料压紧填平槽道，再引出壁面，以减少热电偶丝导热带来的测温误差。风道出口处，采用两个热电阻温度计对风道中心空气温度进行测量，其中一个热电阻使用遮热罩，以减少温度计的辐射换热从而有效提高气流温度测量的准确度。

3. 思考题

（1）空气纵掠内部均匀加热的圆柱体时，其圆周截面温度分布均匀吗？

（2）简要阐述遮热罩的工作原理。

实验5　水平管外自然对流换热实验

1. 实验目的

（1）测定空气与水平圆柱体之间发生自然对流换热时的表面传热系数，并将结果整理成准则关系式。

（2）学习本实验中的测试技术（热电偶测壁温、测加热量）及实验数据整理方法。

（3）学习对实验结果进行误差分析的方法。

2. 实验原理

根据量纲分析可知，水平圆柱与流体间自然对流换热可以表示为

$$Nu = f(Gr \cdot Pr) \tag{3-3-27}$$

式中：

$$Nu（努塞尔数）= \frac{hd}{\lambda}；Gr（格拉晓夫数）= \frac{g\alpha_V d^3 \Delta t}{\nu^2}；\Delta t = t_w - t_f；\alpha_V = \frac{1}{(t_w + t_f)/2 + 273}$$

$$Pr（普朗特数）= \frac{\nu}{a}$$

经验表明，式（3-3-27）可以表示成下列形式：

$$Nu_m = c(Gr \cdot Pr)_m^n \tag{3-3-28}$$

式中：系数 c 与指数 n 在一定的（$Gr \cdot Pr$）数值范围内为常数，下标 m 表示定性温度取为壁温 t_w 与远离水平圆柱体的流体温度 t_f 的算数平均值。

本实验的主要任务是确定在实验（$Gr \cdot Pr$）数值范围内 c 与 n 的值。因此必须获得不同实验工况下，上述准则数中的各个物理量。其中，g 为常数（9.8 m/s²），而 d、t_w、t_f 可以直接测定。测得 t_w、t_f 后计算出定性温度值，再查表即可获得 λ、ν 及 Pr 等物性数据。对流换热表面传热系数 h 不能直接测量，需要将测得的壁温、热量等代入定义式，然后计算得出。

采用置于内部的电加热器加热实验用水平圆柱，当达到稳态工况时，所加热量将通过圆柱表面自然对流及热辐射向外散发：

$$\Phi = hA(t_w - t_f) + \varepsilon C_0 A\left[\left(\frac{T_w}{100}\right)^4 - \left(\frac{T_f}{100}\right)^4\right] \tag{3-3-29}$$

式中：Φ 为电加热功率，W；C_0 为黑体辐射系数，其值为 5.67W/(m²·K⁴)；ε 为圆柱表面黑度，本实验中圆柱表面系镀铬抛光，$\varepsilon = 0.06$；t_w 为圆柱表面平均温度，℃，$T_w = (t_w + 273)K$；t_f 为远离圆柱表面的空气温度，℃，$T_f = (t_f + 273)K$；A 为圆柱表面积，$A = \pi dl$ m²。

根据式(3-3-29)可以得出采用实验测定数据计算表面传热系数的公式：

$$h = \frac{\Phi}{A(t_w - t_f)} - \frac{\varepsilon C_0}{t_w - t_f}\left[\left(\frac{T_w}{100}\right)^4 - \left(\frac{T_f}{100}\right)^4\right] \qquad (3-3-30)$$

式中：加热量 Φ 通过测定电加热器的电功率获得；t_w 及 t_f 采用热电偶测量；圆柱体长度与直径已标明在实验设备上。因此实验中实际要测定的物理量为电加热功率 Φ、壁温 t_w 及空气温度 t_f。

3. 实验装置

本实验采用直径不同的 10 套设备，每套设备的实验装置如图 3-3-33 所示。实验段由铜管组成，铜管表面镀铬以减小辐射散热量并维持表面黑度值的稳定。铜管内装有电加热器（结构见图 3-3-34），采用自耦变压器调节加热器两端的电压以调节加热量。管壁表面等距离地布置了五对热电偶，以测定壁面平均温度。热电偶测量线路如图 3-3-35 所示。

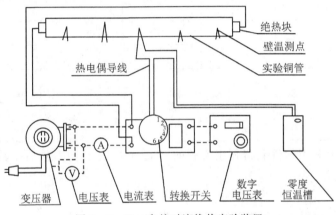

图 3-3-33 自然对流换热实验装置

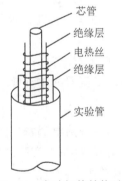

图 3-3-34 实验钢管结构示意图

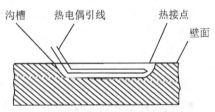

图 3-3-35 热电偶安装示意图

每对热电偶在管壁上的安装情况如图 3-3-35 所示。为了减少由热电偶导线的导热引起的测量误差，热电偶导线在离开管壁以前应紧贴等温壁面布置一段距离。因此，在每对热电偶的安装处均沿等温线开设了一条长约 50 cm 的浅沟槽，将绝缘导线埋在小槽中并尽量使热接点紧贴壁面，然后采用软金属材料填平浅槽。

实验管的两个端部装有绝缘材料，以减少实验段与固定支撑架间的导热损失。为了防止外界对气流的扰动，整个实验设备放置于隔离玻璃室内，各测点连线则引出玻璃室外。

4. 实验步骤及注意事项

1)实验步骤

(1)按教师的指定,每个实验小组用一套设备进行实验。

(2)为了便于同学及时测量,每套实验台均由教师提前约 4 h 进行加热,各组线路也已接好,学生在实验前应熟悉加热线路与热电偶线路的连接方法。

(3)加热到稳定工况后,每隔 10 min 进行一次测量,将所得数据记录在表 3 - 3 - 5 中,以 3 次测定的平均值作为计算依据。

表 3 - 3 - 5   自然对流换热实验原始数据记录表

实验组(件)编号 _____;长度 _____ m;直径 _____ m

次数	Φ/W	$E(t_{w1})$ /mV	$E(t_{w2})$ /mV	$E(t_{w3})$ /mV	$E(t_{w4})$ /mV	$E(t_{w5})$ /mV	$E(t_f)$ /mV
1							
2							
3							
平均值		$E(t_w) = $ _____ mV $t_w = $ _____ ℃				$E(t_f) = $ _____ mV $t_f = $ _____ ℃	

(4)在计算机上利用软件获得每组实验的 Nu_m、$(Gr \cdot Pr)_m$,然后按教材公式得出 Nu,并计算两者相对偏差。

2)注意事项

(1)在实验进行过程中不得进入隔离的玻璃室内。

(2)为了使实验段壁温不致过高,同时为了将各设备的实验点在 Nu_m-$(Gr \cdot Pr)_m$ 图上拉开一定的距离,对每套设备都规定了最大加热功率,实验中功率不应超过该值,也不宜低于该值太多;

(3)三次连续测定的各测点热电势读数的偏差一般不应超过 ±2%;

(4)加热器的功率由自耦变压器调节,实验时切勿转动变压器的调节盘。

5. 数据整理

(1)计算本组实验测得的平均热电势(单位是 mV),然后按热电偶特性曲线拟合方程 $t = 0.0739 + 26.8582E - 0.4039E^2$ 算出相应的平均壁温与空气温度;本实验设备中,由于热电偶在壁面上等距离布置,所以平均热电势为 5 个读数的算术平均值。

(2)按式(3 - 3 - 30)计算对流换热表面传热系数 h。

(3)计算定性温度 $t_m = \dfrac{t_w + t_f}{2}$,根据 t_m 由空气物性表查出 λ、ν 及 Pr。

(4)计算得出本组实验的 Nu_m 及 $(Gr \cdot Pr)_m$。

(5)根据计算得出 10 组实验的 Nu_m 及 $(Gr \cdot Pr)_m$,采用最小二乘法计算实验关联式的系数 c 和指数 n,获得本次实验关联式。

(6)在双对数坐标纸上绘制 Nu_m-$(Gr \cdot Pr)_m$ 曲线,本组实验结果及其他 9 组结果均表示在同一张图上,本组实验点需用特殊符号标出。

(7)实验结果的误差分析：

根据对流换热表面传热系数计算公式

$$h = \frac{\Phi - \Phi_r}{A(t_w - t_f)}$$

式中：Φ_r 为辐射散热量，W。

表面传热系数测定值的误差：

$$\Delta h = \sqrt{\left(\frac{\partial h}{\partial \Phi}\right)^2 \Delta \Phi^2 + \left(\frac{\partial h}{\partial \Phi_r}\right)^2 \Delta \Phi_r^2 + \left(\frac{\partial h}{\partial A}\right)^2 \Delta A^2 + \left(\frac{\partial h}{\partial t_w}\right)^2 \Delta t_w^2 + \left(\frac{\partial h}{\partial t_f}\right)^2 \Delta t_f^2}$$

$$= \sqrt{\left[\frac{1}{A(t_w - t_f)}\right]^2 \Delta \Phi^2 + \left[\frac{1}{A(t_w - t_f)}\right]^2 \Delta \Phi_r^2 + \left[\frac{(\Phi - \Phi_r)}{(t_w - t_f)A^2}\right]^2 \Delta A^2 \atop + \left[\frac{(\Phi - \Phi_r)}{A(t_w - t_f)^2}\right]^2 \Delta t_w{}^2 + \left[\frac{(\Phi - \Phi_r)}{A(t_w - t_f)^2}\right] \Delta t_f{}^2}$$

$$(3-3-31)$$

对各测定量或计算量的误差估计如下：

①t_w 及 t_f 的最大测量误差取为 0.25 ℃。

②面积 A 的最大相对测量误差取为 0.5。

③$\Delta \Phi$ 是总加热功率最大测量误差，本实验功率表精度等级为 0.5 级，即最大误差为满量程（仪表满刻度×仪表常数）的 0.5%。

④镀铬表面黑度在计算中取为 0.06，文献报道最大可达 0.08，因而估计最大相对误差为 33%，在分析辐射散热项的误差时，其他各项测定误差（如 t_w、t_f）的影响很小，可以不计，即 $\Delta \Phi_r = 0.33 \Phi_r$。

6. 思考题

(1)采用图 3-3-35 所示的方法测定壁面温度为什么比图 3-3-36 所示的方法准确？当壁面受流体加热时，采用图 3-3-36 所示的方法测定的壁面温度可能偏高还是偏低？

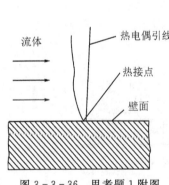

图 3-3-36　思考题 1 附图

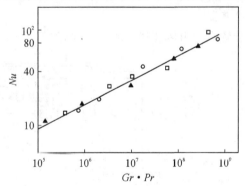

图 3-3-37　思考题 2 附图

(2)在图 3-3-37 所示的坐标划分情况下，通过试验点的直线与纵轴的交点是否代表式 (3-3-28) 中的 c 值？为什么？

实验 6　空气横掠单管强制对流换热实验

1. 实验目的

(1)了解实验装置、熟悉空气流速及管壁温度的测量方法，掌握测量仪表的使用方法。

(2)测定空气横掠单管平均表面传热系数,并将结果整理成准则关系式。

(3)掌握强制对流换热实验数据的处理及误差分析方法。

2. 实验原理

根据量纲分析,稳态强制对流换热规律可用下列准则关系式表示:

$$Nu = f(Re, Pr) \qquad (3-3-32)$$

式中：$Nu = \dfrac{h \cdot d}{\lambda}$；$Re = \dfrac{u \cdot d}{\nu}$；$Pr = \dfrac{\nu}{a}$。

经验表明,式(3-3-32)可以表示成下列形式:

$$Nu = C Re^n Pr^m \qquad (3-3-33)$$

当温度变化不大时,空气的普朗特数 Pr 变化很小,可作为常数处理。故式(3-3-33)可表示为

$$Nu = C' Re^n \qquad (3-3-34)$$

本实验的任务就是确定 C' 和 n,为此需要测定 Nu 与 Re 中包含的各个物理量。其中管径 d 为已知量,实验中采用不同管径和不同气流流量(流速)以使 Re 能在一定范围内变化。物性 λ、ν 按定性温度 $t_m = \dfrac{t_w + t_f}{2}$ 查表确定。对流换热表面传热系数 h 不能直接测出,必须通过测加热量、壁面温度及来流温度再根据下式来计算:

$$h = \frac{\Phi}{A(t_w - t_f)} \qquad (3-3-35)$$

因此,本实验的基本测量量为空气来流速度 u、空气来流温度 t_f、管道表面温度 t_w 及管道表面散热量 Φ。

3. 实验装置及测量系统

1) 实验装置

实验装置本体由风源和实验段构成,如图3-3-38所示。

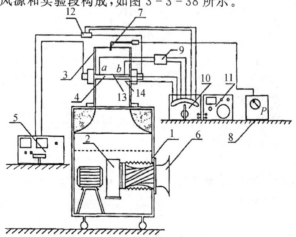

1—风箱;2—风机;3—实验段风道;4—实验管;5—直流电源;6—风门;7—皮托管;8—差压变送器;
9—分压器;10—转换开关;11—数字电压表;12—电流传感器;13—热电偶热端;14—热电偶冷端。

图3-3-38　空气横掠单管强制对流换热实验装置

　　风源 1 为风箱,类似于一个工作台,风机 2、稳压箱、收缩口都设置在箱体内。风箱中央为空气出风口,形成一股流速均匀的空气射流,实验段风道 3 直接放置在该出风口上。风机吸入口设置一调节风门 6,用于改变实验段风道中的空气流速。

　　实验段风道 3 由有机玻璃制成,实验管 4 为不锈钢薄壁管,横置于风道中间。本实验采用直流电对实验管 4 直接通电加热,由直流电源 5 供给,调节直流电源输出电压可改变实验管的加热功率,电流大小根据各实验管直径及所允许的工作电流大小确定。

　2）测量系统

　　为了准确测量实验管加热功率并排除两端散热影响,在离管端部一定距离处焊有两个电压测点 a、b(见图 3-3-38),经过分压器 9 和转换开关 10,用数字电压表 11 测定两点间的电压降。在实验管的加热线路中布置有一个电流传感器,以此来确定流过实验管的电流。

　　实验管内装设铜-康铜热电偶,在绝热条件下可准确地测出管内壁温度 t'_w,然后确定管外壁温度 t_w。为简化测量系统,热电偶冷端温度不是 0 ℃,而是来流空气温度 t_f,即热电偶热端 13 装在管内,热电偶冷端 14 放置于风道空气流中。在管内壁温度与空气温度之差 $(t'_w - t_f)$ 下,热电偶产生的热电势为 $E(t'_w, t_f)$,该热电势经转换开关用同一数字电压表测量。

　　在风道中还装设了皮托管 7,通过差压变送器 8 测出实验段中空气流的动压 Δp 后,利用伯努利方程即可确定空气来流速度 u。

　　空气温度 t_f 则采用水银温度计测量。

4. 实验步骤及注意事项

1）实验步骤

(1)按图 3-3-38 连接各部件并检查所有线路和设备。

(2)接通风机电源,待正常运转后,观察差压变送器的读数,在差压计的配合下,调节风门至所需开度,再接通直流电源,旋转调节按钮将电压调整到指定的参考值(见表 3-3-6),对实验管加热;

表 3-3-6　允许工作电流参考值

管子直径 d / mm	允许工作电流 I / A
6.0~6.5	$I_{max} \leqslant 25$
5.0~5.5	$I_{max} \leqslant 20$
4.0~4.5	$I_{max} \leqslant 16$
3.0~3.5	$I_{max} \leqslant 12$
2.0~2.5	$I_{max} \leqslant 8$

(3)待差压变送器、热电偶读数稳定后测量各有关数据,记录在表 3-3-7 中。

(4)保持加热功率不变的情况下,调节风门大小,改变风速,待稳定后可进行第二个工况的测量。每个直径的管子进行 3~4 个流速工况的测量。

(5)实验结束,先关闭加热电源开关,后关闭风机。

2）注意事项

(1)为避免对通风量产生干扰,实验过程中禁止在风口处(大约 0.5 m 半径范围)走动。

(2)为防止实验管可能烧毁,直流电源一定要在风机处于正常工作情况下才能启动。启动电源时,根据表 3-3-6 中的参考电流值进行调节,整个实验过程中,工作电流不得超过允许值(见表 3-3-6)。变工况调节时,欲提高热负荷则先开大风门,后增加工作电流。减小热负荷时则先减小工作电流,后关小风门。实验结束时必须先关闭加热电源,后关闭风机。

(3)实验过程中,严禁随意转动直流电源调节按钮。

5. 数据记录及处理

1)*原始数据记录*

四种直径:$d=3$ mm、4 mm、5 mm、6 mm(具体值见各台位);

测压点 a、b 间距离:100 mm。

原始数据记录在表 3-3-7 中。

表 3-3-7 实验原始数据记录表

实件直径 $d=$ _____ m   有效长度 $l=0.1$ m

实验工况	测量次数	Δp / Pa	U / V	I / mV	$E(t_w,t_f)$ / mV	t_f / ℃
I	1					
	2					
	3					
	平均值					
II	1					
	2					
	3					
	平均值					
III	1					
	2					
	3					
	平均值					

2)*实验中各量的计算*

(1)空气气流速度 u。根据伯努利方程,气流动压 Δp(Pa)与气流速度 u(m/s)的关系如下:

$$\Delta p = \frac{1}{2}\rho u^2 \qquad (3-3-36)$$

动压 Δp 可由皮托管及差压变送器测出,由式(3-3-36)可得出

$$u = \sqrt{\frac{2\Delta p}{\rho}} \qquad (3-3-37)$$

(2)管道外壁温度 t_w

①先根据式(3-3-38)计算热端温度为 t_f、冷端温度为 0 ℃时热电偶所产生的热电势 $E(t_f,0)$:

$$E(t_\mathrm{f},0) = (3.874 \times 10 \times t_\mathrm{f} + 3.319 \times 10^{-2} \times t_\mathrm{f}^2 + 2.071 \times 10^{-4} \times t_\mathrm{f}^3 -$$
$$2.195 \times 10^{-6} \times t_\mathrm{f}^4 + 1.103 \times 10^{-8} \times t_\mathrm{f}^5 - 3.093 \times 10^{-11} \times t_\mathrm{f}^6 +$$
$$4.565 \times 10^{-14} \times t_\mathrm{f}^7 - 2.762 \times 10^{-17} \times t_\mathrm{f}^8) \times 10^{-3} \,(\mathrm{mV}) \qquad (3-3-38)$$

②由上式可得热端温度为 t'_w、冷端温度为 0 ℃时热电偶的热电势

$$E(t'_\mathrm{w},0) = E(t'_\mathrm{w},t_\mathrm{f}) + E(t_\mathrm{f},0)$$

式中：$E(t'_\mathrm{w},t_\mathrm{f})$ 是由数字电压表测得的热电势，mV

③再按式(3-3-39)计算实验管内壁温度 t'_w：

$$t'_\mathrm{w} = 2.566 \times 10 \times E(t'_\mathrm{w},0) - 6.195 \times 10^{-1} \times E^2(t'_\mathrm{w},0) +$$
$$2.218 \times 10^{-2} \times E^3(t'_\mathrm{w},0) - 3.550 \times 10^{-4} \times E^4(t'_\mathrm{w},0) \qquad (3-3-39)$$

实验管为一有内热源的圆筒壁，且内壁绝热，因此内壁温度 t'_w 大于外壁温度 t_w。但由于管壁很薄，仅为 0.2～0.3 mm，因此认为 $t_\mathrm{w} = t'_\mathrm{w}$ 是足够准确的。

(3)实验管工作段 a、b 间的电压降 U 为

$$U = T \times U' \times 10^{-3} \,(\mathrm{V}) \qquad (3-3-40)$$

式中：T 为分压器倍率，$T = 201$；U' 为经分压器由数字电压表测得的 a、b 间电压，mV。

(4)实验管工作电流

$$I = C \times U \,(\mathrm{A}) \qquad (3-3-41)$$

式中：U 为电流传感器输出电压，由数字电压表测得，V；C 为电流传感器系数，$C = 10$ A/V。

(5)实验管工作段 a、b 间的加热量 $\varPhi$ 为

$$\varPhi = IU \,(\mathrm{W}) \qquad (3-3-42)$$

(6)换热准则方程式。根据每一实验工况 3 次测量所得的平均值，计算对流换热表面传热系数 h、Nu 及 Re，然后采用最小二乘法计算 C'、n，得出实验准则方程式 $Nu = C'Re^n$。

计算 Nu 及 Re 时，以平均温度 $t_\mathrm{m} = \dfrac{t_\mathrm{w} + t_\mathrm{f}}{2}$ 为定性温度，查教材附表 D-1-9(2)可得空气物性参数 λ、ν(分别为空气的导热系数和动力黏性系数)等。

(7)误差分析。由于

$$Nu = \frac{hd}{\lambda} = \frac{\varPhi d}{\lambda A(t_\mathrm{w} - t_\mathrm{f})} = \frac{UId}{\lambda A(t_\mathrm{w} - t_\mathrm{f})}$$

因此 Nu 的测量误差为

$$\Delta Nu = \sqrt{ \begin{aligned} &\left(\frac{\partial Nu}{\partial U}\right)^2 \Delta U^2 + \left(\frac{\partial Nu}{\partial I}\right)^2 \Delta I^2 + \left(\frac{\partial Nu}{\partial d}\right)^2 \Delta d^2 + \left(\frac{\partial Nu}{\partial \lambda}\right)^2 \Delta \lambda^2 \\ &+ \left(\frac{\partial Nu}{\partial A}\right)^2 \Delta A^2 + \left(\frac{\partial Nu}{\partial t_\mathrm{w}}\right) \Delta t_\mathrm{w}^2 + \left(\frac{\partial Nu}{\partial t_\mathrm{f}}\right)^2 \Delta t_\mathrm{f}^2 \end{aligned} }$$

$$= \sqrt{ \begin{aligned} &\left[\frac{Id}{\lambda A(t_\mathrm{w}-t_\mathrm{f})}\right]^2 \Delta U^2 + \left[\frac{Ud}{\lambda A(t_\mathrm{w}-t_\mathrm{f})}\right]^2 \Delta I^2 + \left[\frac{UI}{\lambda A(t_\mathrm{w}-t_\mathrm{f})}\right]^2 \Delta d^2 + \left[\frac{UId}{\lambda^2 A(t_\mathrm{w}-t_\mathrm{f})}\right]^2 \Delta \lambda^2 \\ &+ \left[\frac{UId}{\lambda A^2(t_\mathrm{w}-t_\mathrm{f})}\right]^2 \Delta A^2 + \left[\frac{UId}{\lambda A(t_\mathrm{w}-t_\mathrm{f})}\right]^2 \Delta t_\mathrm{w}^2 + \left[\frac{UId}{\lambda A(t_\mathrm{w}-t_\mathrm{f})}\right]^2 \Delta t_\mathrm{f}^2 \end{aligned} }$$

$$(3-3-43)$$

进行误差分析计算时，各测量量或计算量的误差估计：

①电流 I 及电压 U 均由 PZ114 数字电压表测量，基本误差为：$\pm(0.04\%$ 读数 $+ 0.015\%$ 满度)。

②t_w及 t_f 的最大测量误差为 0.25 ℃。

③面积 A 及管径 d 的最大相对测量误差为 0.5%。

④导热系数 λ 的最大相对误差为 0.5%。

(8)实验报告内容。

①说明实验名称、目的、原理及测量方法。

②作出实验数据记录表。

③典型计算:写出包括 h、Nu、Re、C' 及 n 的计算过程,列出实验所得准则关系式及实验参数范围,并计算实验点与拟合公式间的相对偏差。

④在双对数坐标纸上绘出实验点及拟合获得的准则关系曲线。

⑤将实验获得的 Nu 与按教材给出的准则关系式计算得到的 Nu 进行比较,得出两者的相对偏差。

⑥实验结果的误差分析。

6. 思考题

(1)被测圆柱表面各点温度是否一致? 在本实验中将热电偶布置在圆柱表面某点,测得的温度能否代表壁面平均温度? 采用何种办法可在设备不变(不增加热电偶数目)的前提下提高实验结果的准确性?

(2)表面换热方式除对流换热外,还有辐射换热,为什么在本实验中没有考虑辐射换热? 设实验管表面黑度 $\varepsilon=0.1$,试比较表面对流换热量与辐射换热量的相对大小。

实验 7　固体流态化实验

1. 实验目的

(1)观察聚式和散式流化现象。

(2)掌握流体通过颗粒床层流动特性的测量方法。

(3)测定床层的堆积密度和空隙率。

(4)测定流化曲线(Δp-u 曲线)和临界流化速度 u_{mf}。

2. 实验原理

1)固体流态化过程的基本概念

将大量固体颗粒悬浮于运动的流体之中,从而使颗粒具有类似于流体的某些表观性质,这种流-固接触状态称为固体流态化。而当流体通过颗粒床层时,随着流体速度的增加,床层中颗粒由静止不动趋向于松动。床层体积膨胀,流速继续增大至某一数值后,床层内固体颗粒上下翻滚,此状态的床层称为"流化床"。

床层高度 L、床层压降 Δp 与流化床表观流速 u 的变化关系如图 3-3-39 所示。图中 b 点是固定床与流化床的分界点,也称临界点,这时的表观流速称为临界流速或最小流化速度,以 u_{mf} 表示。

对于气-固系统,气体和粒子密度相差大或粒子大、气体流动速度比较大时,在这种情况下流态化是不平稳的,流体通过床层时主要呈大气泡形态,由于这些气泡上升和破裂,床层界面波动不定,更看不到清晰的上界面,这种气-固系统的流态化称为"聚式流态化"。

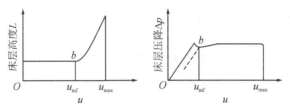

图 3 - 3 - 39　流化床的 L、Δp 与流化床表观流速 u 的变化关系

对于液-固系统,液体和粒子密度相差不大或粒子小、液体流动速度低的情况下,各粒子的运动以相对比较一致的路程通过床层而形成比较平稳的流动,且有相当稳定的上界面,由于固体颗粒均匀地分散在液体中,通常称这种流化状态为"散式流态化"。

2)床层的静态特性

床层的静态特性是研究动态特征和规律的基础,其主要特征(如密度和床层空隙率)的定义和测法如下:

(1)堆积密度和静床密度 $\rho_b = M/V$(气固体系)可由床层中的颗粒质量和体积算出,它与床层的堆积松紧程度有关,实验要求测算出最松和最紧两种极限状况下的数值。

(2)静床空隙率 $\varepsilon = 1 - (\rho_b/\rho_s)$。

3)床层的动态特征和规律

(1)固定床阶段。床高基本保持不变,但接近临界点时有所膨胀。床层压降可用欧根公式表示流体经固定床的压降,可以仿照流经空管的压强公式(莫迪公式),如式(3 - 3 - 44)列出:

$$\Delta p = \lambda_m \cdot \frac{L}{d_p} \cdot \frac{\rho u_0^2}{2} \qquad (3 - 3 - 44)$$

式中:L 为固定床层的高度,m;d_p 为固体颗粒的直径,m;u_0 为流体的空管速度,m/s;ρ 为流体的密度,kg/m³;λ_m 为固定床的摩擦系数。

固定床的摩擦系数 λ_m 可以直接由实验测定。根据实验结果,欧根提出如下经验公式:

$$\lambda_m = 2\left(\frac{1-\varepsilon_m}{\varepsilon_m^3}\right)\left(\frac{150}{Re_m} + 1.75\right) \qquad (3 - 3 - 45)$$

式中:ε_m 为固定床的空隙率;Re_m 为修正雷诺数。Re_m 可由颗粒直径 d_p、床层空隙率 ε_m、流体密度 ρ、流体黏度 μ 和空管流速 u_0,按下式计算:

$$Re_m = \frac{d_p \rho u_0}{\mu} \cdot \frac{1}{1 - \varepsilon_m} \qquad (3 - 3 - 46)$$

(2)流化床阶段。流化床阶段的压降可由下式表示:

$$\Delta p = L(1 - \varepsilon)(\rho_s - \rho)g \qquad (3 - 3 - 47)$$

式中:ρ_s 为固体颗粒密度,kg/m³;ρ 为流体密度,kg/m³。

(3)临界流化速度 u_{mf}。当床层处于由固定床向流化床转变的临界点时,固定床压降的计算式与流化床压降的计算式同时适用。这时,$L = L_{mf}$、$\varepsilon = \varepsilon_{mf}$、$u_0 = u_{mf}$,因此联立式(3 - 3 - 44)至式(3 - 3 - 47)即可得临界流化速度的计算式:

$$u_{mf} = \left[\frac{1}{\lambda_m} \cdot \frac{2d_p(1 - \varepsilon_{mf})(\rho_s - \rho)g}{\rho}\right]^{1/2} \qquad (3 - 3 - 48)$$

流化床的特性参数除上述外,还有密相流化与稀相流化临界点的带出速度 u_t、床层的膨胀比 R 和流化数 K 等,这些都是设计流化床设备时的重要参数。流化床的床层高度 L_{mf} 与静

床层的高度 L 之比,称为膨胀比,如式(3-3-49)所示:

$$R = L_{mf}/L \qquad (3-3-49)$$

流化床实际采用的流化速度 u_f 与临界流化速度 u_{mf} 之比称为流化数,如式(3-3-50)所示:

$$K = u_f/u_{mf} \qquad (3-3-50)$$

3. 实验装置

(1)固体流态化装置:该实验设备由水、气两个系统组成,其装置图如图3-3-40所示。两个系统各有一个透明流化床。床底部的分布板是玻璃(或铜)颗粒烧结而成的,床层内的固体颗粒是石英砂(或玻璃球)。

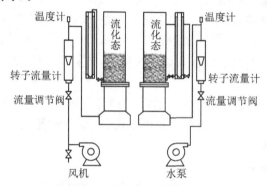

图3-3-40　固体流态化装置图

(2)用空气系统做实验时,空气由风机供给,经过流量调节阀、转子流量计(或孔板流量计),再经气体分布器进入分布板,空气流经二维床中颗粒石英砂(或玻璃球)后从床层顶部排出。通过调节空气流量,可以进行不同流动状态下的实验测定。设备中装有压差计指示床层压降,标尺用于测量床层高度的变化。

(3)用水系统做实验时,用水泵输送的水经流量调节阀、转子流量计、液体分布器送至分布板,水经二维床层后从床层上部溢流至下水槽。

颗粒特性及设备参数列于表3-3-8中。

表3-3-8　颗粒特性及设备参数

截面积 A/mm^2	粒径/mm	粒重 W/g	球形度 φ	颗粒密度 $\rho_s/(kg \cdot m^{-3})$
188×30	0.70	1000	1.0	2490

4. 实验步骤

(1)熟悉实验装置流程。

(2)检查装置中各个开关及仪表是否处于备用状态。

(3)用木棒轻敲床层,测定静床高度。

(4)启动风机(水泵),将空气调节阀和水调节阀全部关闭,空气放空阀完全打开,然后再启动循环水泵和风机。

(5)由小到大改变气(或液)量(注意:须缓慢调节,不要把床层内固体颗粒带出!),记录各压差计及流量计读数,注意观察床层高度变化及临界流化状态时的现象,记录温度。

(6)再由大到小改变气(或液)量,重复步骤(5),操作应平稳细致。

(7)关闭电源,测量静床高度,比较两次静床高度的变化。

(8)在临界流化点之前必须保证测量 6 个点以上的数据。

5. 数据记录与处理

1)基本参数记录

(1)设备参数。

气-固系统

柱体内径:$d=$____ mm;

柱高:$h=$____ mm;

孔板流量计锐孔直径 $d_o=$____ mm;

孔流系数:$C_o=$____ ;

静床层高度:$L=$____ mm;

分布器型式:____。

(2)固体颗粒基本参数。

气-固系统　　　　　　　　　　　　　液-固系统

固体种类:____(硅胶球);　　　　　固体种类:____(玻璃微)珠;

颗粒形状:____;　　　　　　　　　　颗粒形状:____;

平均粒径:$d_p=$____ mm;　　　　　平均粒径:$d_p=$____ mm;

颗粒密度:$\rho_s=$____ kg/m^3;　　颗粒密度:$\rho_s=$____ kg/m^3;

堆积密度:$\rho_b=$____ kg/m^3;　　堆积密度:$\rho_b=$____ kg/m^3;

孔隙率($\varepsilon=\dfrac{\rho_s-\rho_b}{\rho_s}$):$\varepsilon=$____。　　孔隙率:$\varepsilon=$____。

(3)流体物性数据。

流体种类:空气;　　　　　　　　　　流体种类:水;

温度:$T_g=$____ ℃;　　　　　　　温度:$T_t=$____ ℃;

密度:$\rho=$____ kg/m^3;　　　　密度:$\rho=$____ kg/m^3;

黏度:$\mu=$____ Pa·s。　　　　　　黏度:$\mu=$____ Pa·s。

(4)将测得的实验数据和观察到的现象,参考表 3-3-9、表 3-3-10 作详细记录。

表 3-3-9　气-固流态化实验数据记录表

项目	1 号	2 号	3 号	4 号	5 号	6 号
空气流量/(m^3·s^{-1})						
空气空塔速度,u_0/(m^3·s^{-1})						
床层压降,Δp/mmH$_2$O①						
床层高度,L/mm						
膨胀比,R						
流化数,K						
实验现象						

注:①1 mmH$_2$O=9.806 Pa,第 1 行数字为实验序号。

表 3 - 3 - 10　液-固流态化实验数据记录表

项目	1号	2号	3号	4号	5号	6号
液体流量/(m³·s⁻¹)						
液体空塔速度,u_0/(m³·s⁻¹)						
床层压降,Δp/mmH₂O①						
床层高度,L/mm						
膨胀比,R						
流化数,K						
实验现象						

注:①1 mmH₂O＝9.806 Pa,第 1 行数字为实验序号。

2) 实验数据处理

(1)在直角坐标纸上作出 p - u 曲线。

(2)求取实测的临界变化速度,并与理论值进行比较。

(3)对实验中观察到的现象,运用气(液)体与颗粒运动的规律加以解释。

6. 思考题

(1)从观察到的现象,判断实验中的液态化属于何种流化状态?

(2)由小到大改变流量与由大到小改变流量测定的流化曲线是否重合,为什么?

实验 8　活性炭吸附实验

(一)活性炭静态吸附实验

1. 实验目的

(1)加深对吸附基本原理的理解。

(2)掌握用间歇式静态吸附法确定吸附剂等温吸附线的方法。

2. 实验原理

活性炭吸附,就是利用活性炭的固体表面对水中一种或多种物质的吸附作用,以达到净化水质的目的。

活性炭的吸附作用有两个方面:一是由于活性炭内部分子在各个方向都受着同等大小的力而在表面的分子则受到不平衡的力,这就使其他分子吸附于其表面上,此为物理吸附;二是由于活性炭与被吸附物质之间的化学作用,此为化学吸附。

在一定的温度条件下,当存在于溶液中的被吸附物质的浓度与固体表面的被吸附物质的浓度处于动态平衡时,吸附就达到平衡。

吸附剂在溶液中达到吸附平衡时,吸附剂的吸附能力以吸附容量 q 表示:

$$q = \frac{X}{M} = \frac{V(C_0 - C)}{M} \tag{3-3-51}$$

式中:X 为吸附剂吸附的溶质总量,mg;M 为吸附剂投加量,g;C_0 为废水中原始溶质浓度,

mg/L；C 为吸附达平衡时水中溶质的浓度，mg/L；V 为废水体积，mL。

对吸附现象通常以实验数据为依据，判断吸附过程是否符合弗罗因德利希等温吸附线，弗罗因德利希等温吸附线的方程为式（3－3－52）：

$$\frac{X}{M} = KC^{\frac{1}{n}} \tag{3－3－52}$$

即

$$\lg\left(\frac{X}{M}\right) = \frac{1}{n}\lg C + \lg K$$

式中：K 为与吸附比表面积、温度有关的常数；n 为与温度有关的常数。

以吸附量 $\left(\dfrac{X}{M}\right)$ 的对数（$\lg\left(\dfrac{X}{M}\right)$）为纵坐标，以被吸附物质的浓度 C 的对数 $\lg C$ 为横坐标，绘制等温吸附线，图解可得到一直线，直线的斜率为 $1/n$，截距为 $\lg K$，从而由实验数据可得出等温吸附方程式中的 K 和 n 值。

3. 实验器材

多功能搅拌器、分光光度计、250 mL 锥形瓶、吸附剂、天平、滤纸、漏斗等。

4. 实验及测定步骤

1）**实验步骤**

（1）取实验所用活性炭放在蒸馏水中浸泡 24 h，然后放在 103 ℃ 烘箱内烘干 24 h 备用。

（2）配制含苯酚的废水，浓度范围为 10～40 mg/L。

（3）分别取 0 mg、20 mg、60 mg、120 mg、200 mg、300 mg 吸附剂于 6 个 250 mL 锥形瓶中。

（4）向 6 个锥形瓶中分别加入 200 mL 含酚废水，在振荡器中振荡 40 min。

（5）过滤每个锥形瓶中的水样，并测其吸光度，由标准曲线计算出浓度 C。

2）**测定步骤**

（1）苯酚标准贮备液：称取 1.169 g 苯酚溶于去离子水中，转移至 100 mL 容量瓶中，加去离子水稀释至刻度，摇匀，配制浓度为 10 g/L 的苯酚标准贮备液，标准贮备液在每次进行吸附实验前都需重新配制。

苯酚标准使用液：用移液枪准确量取 10.00 mL 上述贮备液置于 1000 mL 容量瓶中，加去离子水稀释至刻度，摇匀，配制成 100.0 mg/L 的苯酚标准使用液。

（2）校准曲线的绘制。取 7 支 50 mL 的比色管，依次加入 0 mL、1.00 mL、2.00 mL、4.00 mL、6.00 mL、8.00 mL 和 10.00 mL 的苯酚标准使用液，用水稀释至标线，摇匀，在紫外分光光度计 270 nm 波长下分别测其吸光度，以吸光度为纵坐标，相应苯酚含量为横坐标绘制校准曲线。

（3）水样的测定。取适量水样于 50 mL 比色管中，用水稀释至标线，测定方法同标准溶液。进行空白校正后根据所测吸光度从校准曲线上查得苯酚的含量。

（4）浓度计算：

$$C = \frac{m}{V} \tag{3－3－53}$$

式中：m 为从标准曲线上查得的苯酚质量，mg；V 为水样的体积，L。

5. 数据处理与分析

1）标准曲线的绘制

以水样中苯酚含量为横坐标,以吸光度为纵坐标,绘制苯酚标准曲线。

2）吸附等温线的绘制

(1)根据苯酚标准曲线计算出苯酚的浓度、去除率和吸附剂的吸附量,填入表3-3-11。

表3-3-11　吸附实验结果

管号	项目					
	水样体积/mL	C_0/(mg·L^{-1})	C/(mg·L^{-1})	lg$C$	q	lg$q$
1						
2						
3						
4						
5						
6						
7						

(2)确定吸附等温方程,以 $\lg\left(\dfrac{X}{M}\right)$ 为纵坐标,以对数 $\lg C$ 为横坐标,绘制等温吸附线,线性回归后,判断是否符合弗罗因德利希等温方程,若符合,求出 K 和 n 值,并写出等温吸附方程式。

【注意事项】

吸附实验所求得的 q 为负值,说明活性炭吸附了溶剂,此时应换掉活性炭或水样。

6. 思考题

吸附等温线有何实际意义?

(二)活性炭动态吸附实验

1. 实验目的

(1)熟悉动态实验的基本操作。

(2)加深理解吸附的基本原理。

(3)掌握确定动态处理污水设计参数的方法。

2. 实验原理

活性炭具有良好的吸附性能和稳定的化学性质,是目前国内外应用比较多的一种非极性吸附剂。与其他吸附剂相比,活性炭具有微孔发达、比表面积大的特点。通常其比表面积可以达到 500～1700 m²/g,这是其吸附能力强、吸附容量大的主要原因。活性炭作为吸附剂的吸附操作有间歇静态式和连续流动态式。由于间歇静态式吸附法处理能力低、需要设备多,故在工程中多采用活性炭进行连续吸附操作。连续流活性炭吸附性能可用博哈特-亚当斯关系式表示动态吸附性能,即

$$\ln\left(\frac{C_0}{C_B}-1\right)=\ln\left[\exp\left(\frac{KN_0H}{v}\right)-1\right]-KC_0t \tag{3-3-54}$$

因为 $\exp\left(\dfrac{KN_0H}{v}\right)\gg 1$，所以上式等号右边括号内的 1 可忽略不计，则由上式可得工作时间 t 为

$$t=\frac{N_0}{C_0v}\left[H-\frac{v}{KN_0}\ln\left(\frac{C_0}{C_B}-1\right)\right] \tag{3-3-55}$$

式中：C_0 为入流溶质浓度，mg/L；C_B 为允许出流溶质浓度，mg/L；N_0 为吸附容量，g/m³；K 为流速常数，m³/g·h；H 为活性炭层厚度，m；v 为吸附柱中的流速，m/h；t 为工作时间，h。

工作时间为零的时候，能保持出流溶质浓度不超过 C_B 的碳层理论高度称为活性炭碳层的临界高度 H_0，其值可根据上述方程当 $t=0$ 时进行计算，即

$$H_0=\frac{v}{KN_0}\ln\left(\frac{C_0}{C_B}-1\right) \tag{3-3-56}$$

在实验中，如果取工作时间为 t，原水样溶质浓度为 C_{01}，吸附装置用三个吸附柱串联，第一个吸附柱出水浓度为 C_{B1}，即为第二个吸附柱的进水浓度 C_{02}，第二个吸附柱的出水浓度为 C_{B2}，就是第三个吸附柱的进水浓度 C_{03}，由各柱不同的进水浓度可求出流速常数 K 值及吸附容量 N。

3. 实验装置及材料

本实验的实验装置由恒流泵（水泵）、每组 2～3 根的吸附柱等组合而成，如图 3-3-41 所示。实验材料有吸附剂、酸性红试剂、分光光度计及玻璃器皿等。

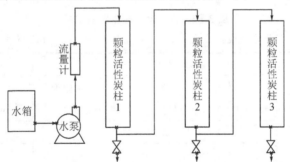

图 3-3-41　动态吸附装置

4. 实验及测定步骤

1）实验步骤

（1）配制酸性红模拟废水 15 L，浓度在 10～20 mg/L。

（2）分别向吸附柱中加入吸附剂 30～40 g，上下振荡 2 次后，测量其吸附剂高度 H。

（3）测定恒流泵流量，调节转速到 30～80 mL/min 的流量下，进行实验。

（4）打开活性炭吸附柱进水阀门，使废水进入活性炭柱。

（5）待吸附柱有出水时，每隔 1 min、2 min、3 min、5 min、8 min、…进行取样，测定其出水吸光度，直至出水吸光度达到进水吸光度的 70%～90% 为止，记录结果于表 3-3-12 中。

（6）停泵，关闭活性炭柱进、出水阀门。

（7）绘制酸性红废水的标准曲线。准确吸取酸性红废水不同的梯度体积于 50 mL 比色管

中,酸性红的最大浓度不超过 20 mg/L,并加入蒸馏水稀释至刻线,在分光光度计 531 nm 波长下测其吸光度,绘制标准曲线。

2) **测定步骤**

(1)酸性红标准贮备液:称取 1.169g 酸性红溶于去离子水中,转移至 100 mL 容量瓶中,加去离子水稀释至刻度,摇匀,配制成浓度为 10 g/L 的酸性红标准贮备液,标准贮备液在每次进行吸附实验前都需重新配制。

酸性红标准使用液:使用移液枪准确量取 10.00 mL 上述贮备液置于 1000 mL 容量瓶中,加去离子水稀释至刻度,摇匀,配制成 100.0 mg/L 的酸性红标准使用液。

(2)校准曲线的绘制:取 7 支 50 mL 的比色管,依次加入 0 mL、1.00 mL、2.00 mL、4.00 mL、6.00 mL、8.00 mL 和 10.00 mL 的酸性红标准使用液,用水稀释至标线,摇匀,在紫外分光光度计 531 nm 波长下分别测其吸光度,绘制校准曲线。

(3)水样的测定:取适量水样于 50 mL 比色管中,用水稀释至标线,测定方法同标准溶液。进行空白校正后根据所测吸光度从校准曲线上查得酸性红的含量。

(4)浓度计算:

$$C = \frac{m}{V}$$

式中:m 为从标准曲线上查得的苯酚质量,mg;V 为水样的体积,L。

5. 数据记录与处理

(1)实验数据记录在表 3-3-12 中。

表 3-3-12　动态吸附实验记录

原水浓度:_____mg/L;允许出水浓度:_____mg/L;炭柱厚 $H_1 =$_____m、$H_2 =$_____m、$H_3 =$_____m

吸附时间 t/min	柱1		柱2		柱3	
	滤速 $/(\text{m}\cdot\text{h}^{-1})$	出水浓度 $C_{01}/(\text{mg}\cdot\text{L}^{-1})$	滤速 $/(\text{m}\cdot\text{h}^{-1})$	出水浓度 $C_{02}/(\text{mg}\cdot\text{L}^{-1})$	滤速 $/(\text{m}\cdot\text{h}^{-1})$	出水浓度 $C_{03}/(\text{mg}\cdot\text{L}^{-1})$

(2)根据 t-C 关系确定当出水浓度等于 C_B 时各柱的工作时间 t_1、t_2。

(3)根据式(3-3-55)以时间 t_i 为纵坐标,以碳层厚 H_i 为横坐标,线性拟合,截距为 $\dfrac{\ln(C_0/C_B - 1)}{KC_0}$,斜率为 $\dfrac{N_0}{C_0 v}$。

(4)将已知的 C_0、C_B、v 等值代入,求出流速常数 K 和吸附容量 N_0。

6. 思考题

实验结果受哪些因素影响较大,应该如何控制?

实验 9　恒压过滤常数测定实验

1. 实验目的

(1)熟悉板框压滤机的构造和操作方法；

(2)通过恒压过滤实验,验证过滤基本理论；

(3)学会测定过滤常数 K、q_e、t_e 及压缩性指数 s 的方法；

(4)了解过滤压力对过滤速率的影响。

2. 实验原理

在外力的作用下,悬浮液中的液体通过固体颗粒层(即滤渣层)及多孔介质的孔道而固体颗粒被截留下来形成滤渣层,从而实现固、液分离。因此,过滤操作本质上是流体通过固体颗粒层的流动,而这个固体颗粒层(滤渣层)的厚度随着过滤的进行而不断增加,故在恒压过滤操作中,过滤速度不断降低。

过滤速度 u 定义为单位时间单位过滤面积内通过过滤介质的滤液量。影响过滤速度的主要因素除过滤推动力(压强差)Δp、滤饼厚度 L 外,还有滤饼和悬浮液的性质、悬浮液温度、过滤介质的阻力等。

过滤时滤液流过滤渣和过滤介质的流动过程基本上处在层流流动范围内,因此,可利用流体通过固定床压降的简化模型及层流泊肃叶公式,推导出过滤基本方程：

$$\frac{\mathrm{d}V}{\mathrm{d}t} = \frac{A^2 \Delta p^{1-s}}{\mu \gamma_0 f(V+V_e)} \tag{3-3-57}$$

式中：t 为过滤时间,s；μ 为滤液的黏度,Pa·s；γ_0 为滤渣比阻,$1/\mathrm{m}^2$；f 为单位滤液体积的滤渣体积,$\mathrm{m}^3/\mathrm{m}^3$；$V$、$V_e$ 为通过过滤介质的滤液量和过滤介质的当量滤液体积,m^3；A 为过滤面积,m^2。

令 $k = \dfrac{1}{\mu \gamma_0 f}$、$K = 2k\Delta p^{1-s}$,寻求滤液量与时间的关系,可得过滤速度计算式

$$\frac{\mathrm{d}V}{\mathrm{d}t} = \frac{KA^2}{2(V+V_e)} \tag{3-3-58}$$

式中：K 为过滤常数,由物料特性及过滤压差所决定,m^2/s。

再将式(3-3-58)变形得：

$$2(V+V_e)\mathrm{d}V = KA^2 \mathrm{d}t \tag{3-3-59}$$

令 $q=V/A$、$q_e=V_e/A$,分别对应为单位面积上的单位滤液量和虚拟滤液量,得出

$$\frac{\Delta t}{\Delta q} = \frac{2}{K}\bar{q} + \frac{2}{K}q_e \tag{3-3-60}$$

式中：Δq 为每次测定的单位过滤面积的滤液体积(在实验中一般等量分配),$\mathrm{m}^3/\mathrm{m}^2$；$\Delta t$ 为每次测定的滤液体积所对应的时间,s；$\bar{q}$ 为相邻两个 q 值的平均值,$\mathrm{m}^3/\mathrm{m}^2$。

以 $\dfrac{\Delta t}{\Delta q}$ 为纵坐标、$\bar{q}$ 为横坐标将式(3-3-60)标绘成一直线,可得该直线的斜率 $\dfrac{2}{K}$ 和截距 $\dfrac{2}{K}q_e$,则改变过滤压差 Δp,可测得不同的 K 值,由 K 的定义式,两边取对数得：

$$\lg K = (1-s)\lg(\Delta p) + B \tag{3-3-61}$$

在实验压差范围内,若 B 为常数,则 $\lg K - \lg(\Delta p)$ 的关系在直角坐标上应是一条直线,斜

率为$(1-s)$,可得滤饼压缩性指数s。

3. 实验装置与流程

本实验装置由空压机、配料罐、压力罐、板框过滤机等组成。

本实验流程示意如图 3-3-42 所示。

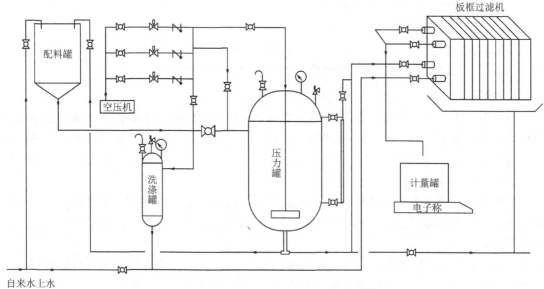

图 3-3-42　恒压过滤实验流程图

4. 实验步骤

1)实验准备

(1)配料:在配料罐内配制含 5% 左右的 $MgCO_3$ 固体悬浮液。

(2)搅拌:开启空压机,将压缩空气通入配料罐,使 $MgCO_3$ 悬浮液搅拌均匀。搅拌时,应将配料罐的顶盖合上。

(3)设定压力:分别打开压力灌的三路阀门,空压机送过来的压缩空气经各定值调节阀分别设定为 0.1 MPa、0.2 MPa 和 0.3 MPa。

(4)装板框:正确装好滤板、滤框及滤布。滤布使用前用水浸湿,滤布要绷紧,不能起皱。按板、滤框的号数以 1-2-3-4-5-6-7-8 的顺序排列(顺序、方位不能错)。把滤布用水湿透,再将湿滤布覆在滤框的两侧(滤布孔与滤框的孔一致),然后用压紧螺杆压紧板和框。过滤机固定头的 4 个阀均处于关闭状态。

(5)压力罐进料:在压力罐泄压阀打开的情况下,打开配料罐和压力罐间的进料阀门,使料浆自动由配料桶流入压力罐内,关闭进料阀门。

2)过滤过程

(1)鼓泡加压:通压缩空气至压力罐,使容器内料浆不断被搅拌。压力罐的排气阀应不断排气,但又不能喷浆,使压力罐上的压力表稳定在设定压力值。

(2)过滤:将压力罐出口阀调至通路状态。打开出板框后滤液出口阀,打开进板框前料液的进口阀门。此时,压力罐上的压力表指示过滤压力,出口流出滤液。

(3)计量:实验应在滤液从管道流出的时候开始计量,Δm 分别取 1000 g、800 g、600 g、

500 g、400 g、300 g、200 g、100 g,记录相应的过滤时间 Δt。注:可近似认为滤液中没有固体,滤液密度可按水密度(1 g/mL)计算,将质量换算成体积 mL。

(4)一个工况下的实验完成后,先关板框进液阀,再关闭出口阀,切换第二个工况调节压力罐压力。卸下滤框、滤板、滤布进行清洗,清洗时不要折滤布。所得滤饼均需回收,实验完成后,将其重新倒入料浆桶内循环使用。

3)实验结束

(1)先关闭空压机出口球阀,再关闭空压机电源。

(2)将压力罐内物料反压到配料罐内以备下次使用。

(3)打开安全阀处泄压阀,使压力罐泄压。

(4)卸下滤框、滤板、滤布进行清洗,清洗时需将沉淀回收。

5. 数据记录与处理

(1)原始数据记录在表 3 - 3 - 13 中,并进行处理。

表 3 - 3 - 13　原始数据记录

液温:____℃;　压力:____Pa;滤浆浓度:_____mg/L

序号	m/g	Δm/g	Δt/s	ΔV/ L	Δq /$(m^3 \cdot m^{-2})$	q/$(m^3 \cdot m^{-2})$	$\Delta t/\Delta q$ /$(s \cdot m^{-2})$	备注
0								
1								
2								
3								
4								
5								
6								
7								
8								

注:板框直径 150 mm,过滤面积:$A = 0.0177 \text{ m}^2 \times 2 = 0.0354 \text{ m}^2$。

(2)以 $\dfrac{\Delta t}{\Delta q}$ 为纵坐标,$\bar{q}$ 为横坐标,在坐标轴上拟合直线。

(3)计算不同压力下的 K、q_e、t_e 值。

表 3 - 3 - 14　不同压力下的 K、q_e、t_e 值

Δp/MPa	过滤常数 K/$(m^2 \cdot s^{-1})$	q_e/m^3	t_e/s

(4)将不同工况下测得的 K 值作 $\lg K - \lg \Delta p$ 曲线,可算得滤饼压缩性指数 s。

6. 思考题

为什么过滤初期滤液有点浑浊,而过段时间后才变清?

实验 10　吸收与解吸实验

1. 实验目的

(1)了解吸收与解吸装置的设备结构、操作流程；

(2)掌握吸收与解吸过程的操作步骤和调节方法；

(3)测定吸收传质系数、解吸传质系数与液体喷淋密度的关系。

2. 实验原理

1)吸收实验

传质系数是决定吸收过程速率高低的重要参数，实验测定可获取传质系数。对于相同的物系及一定的设备(填料类型与尺寸)，吸收系数随着操作条件及气-液接触状况的不同而变化。本实验采用水吸收二氧化碳，实验原理图如图 3-3-43 所示。

根据传质速率方程，在假定 K_{Xa} 为常数、等温、低吸收率(或低浓度、难溶等)条件下推导得出的吸收速率方程为

$$G_a = K_{Xa} \cdot V \cdot \Delta X_m \qquad (3-3-62)$$

则

$$K_{Xa} = \frac{G_a}{V \cdot \Delta X_m}$$

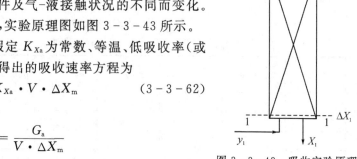

图 3-3-43　吸收实验原理图

式中：K_{Xa} 为体积传质系数，$kmol/m^3 \cdot h$；G_a 为填料塔的吸收量，$kmol/h$；V 为填料层的体积，m^3；ΔX_m 为填料塔的平均推动力。

(1)G_a 的计算。由流量计可测得水流量 $V_S(m^3/h)$、空气流量 $V_B(m^3/h)$。图 3-3-43 中 y_1 及 y_2 是气相中 CO_2 的质量百分比，可由 CO_2 分析仪直接读出。则有

$$L_S = \frac{V_S \cdot \rho_{水}}{M_{水}}$$

$$G_B = \frac{V_B \cdot \rho_0}{M_{空气}} \qquad (3-3-63)$$

式中：L_S 为液相摩尔流量，$kmol/h$；G_B 为气相摩尔流量，$kmol/h$；$M_{水}$ 为水的摩尔质量，$18\ g/mol$；$M_{空气}$ 为空气的摩尔质量，$29\ g/mol$；标准状态下 $\rho_0 = 1.205\ kg/m^3$。由此可计算出 L_S、G_B。

又由全塔物料衡算：

$$G_a = L_S(X_1 - X_2) = G_B(Y_1 - Y_2) \qquad (3-3-64)$$

式中：$Y_1 = \dfrac{y_1}{1-y_1}$；$Y_2 = \dfrac{y_2}{1-y_2}$。

一般认为吸收剂自来水中不含 CO_2，即 $X_2 = 0$，则可计算出 G_a 和 X_1。

(2)ΔX_m 的计算。根据测出的水温可插值求出亨利常数 $E(atm)$，本实验压力为 $P=1$ atm，则 $m = E/P$。有

$$\Delta X_m = \frac{\Delta X_2 - \Delta X_1}{\ln \dfrac{\Delta X_2}{\Delta X_1}} \qquad (3-3-65)$$

式中：$\Delta X_1 = X_{e1} - X_1$；$\Delta X_2 = X_{e2} - X_2$；$X_{e1} = \dfrac{Y_1}{m}$；$X_{e2} = \dfrac{Y_2}{m}$。

不同温度下 CO_2-H_2O 的亨利常数如表 3-3-15 所示。

表 3-3-15　不同温度下 CO_2-H_2O 的亨利常数

亨利常数	5 ℃	10 ℃	15 ℃	20 ℃	25 ℃	30 ℃
E(atm)	877	1040	1220	1420	1640	1860

2) 解吸实验

解吸实验原理图如图 3-3-44 所示。

根据传质速率方程，在假定 K_{Ya} 为常数、等温、低解吸率（或低浓度、难溶等）条件下推导得出的解吸速率方程为

$$G_a = K_{Ya} \cdot V \cdot \Delta Y_m \qquad (3-3-66)$$

则　　　　　　　　$K_{Ya} = G_a / (V \cdot \Delta Y_m)$

式中：K_{Ya} 为体积解吸系数，kmol CO_2/m³ · h；G_a 为填料塔的解吸量，kmol CO_2/h；V 为填料层的体积，m³；ΔY_m 为填料塔的平均推动力。

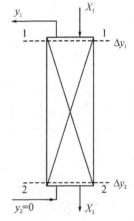

图 3-3-44　解吸实验原理图

(1) G_a 的计算。由流量计可测得 V_S[m³/h]、V_B[m³/h]，y_1 及 y_2 可由二氧化碳分析仪直接读出，$L_S = V_S \cdot \rho_水 / M_水$。

因此由式(3-3-63)可计算出 L_S、G_B。又由全塔物料衡算式(3-3-64)，且认为空气中不含 CO_2，则 $Y_2 = 0$，得出

$$Y_1 = \frac{y_1}{1 - y_1}, \quad Y_2 = \frac{y_2}{1 - y_2} = 0$$

又因为进塔液体是直接将吸收后的液体用于解吸，则其浓度即为前面吸收实验计算出来的实际浓度 X_1，可计算出 G_a 和 X_2。

(2) ΔY_m 的计算。根据测出的水温可插值求出亨利常数 E(atm)，本实验压强 $P = 1$ atm，则 $m = E/P$。有

$$\Delta Y_m = \frac{\Delta Y_2 - \Delta Y_1}{\ln \dfrac{\Delta Y_2}{\Delta Y_1}} \qquad (3-3-67)$$

式中：$\Delta Y_1 = Y_{e1} - Y_1$，$\Delta Y_2 = Y_{e2} - Y_2$；$Y_{e1} = mX_1$，$Y_{e2} = mX_2$。

3. 实验装置与流程

1) 实验装置

(1) 吸收塔：塔内径 100 mm、填料层高 550 mm、填料为陶瓷拉西环。

(2) 解吸塔：塔内径 100 mm、填料层高 550 mm、填料为 $\phi6$ 不锈钢 θ 环。

(3) 风机 1 台。

(4) 水泵（吸收泵、解吸泵）。

(5) CO_2 钢瓶。

(6) 缓冲罐。

(7) 流量调节阀若干，具体见流程图 3-3-45。

本实验是在填料塔中用水吸收空气和 CO_2 混合气中的 CO_2，和用空气解吸水中的 CO_2 以

求取填料塔的吸收传质系数和解吸系数。

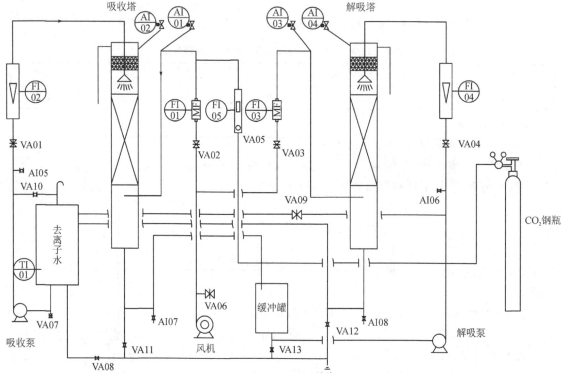

图 3-3-45 吸收与解吸实验流程图

阀门：VA01—吸收液流量调节阀；VA02—吸收塔空气流量调节阀；VA03—解吸塔空气流量调节阀；VA04—解吸液流量调节阀；VA05—吸收塔 CO_2 流量调节阀；VA06—风机旁路调节阀；VA07—吸收泵放净阀；VA08—水箱放净阀；VA09—解吸液回流阀；VA10—吸收泵回流阀；AI01—吸收塔进气采样阀；AI02—吸收塔排气采样阀；AI03—解吸塔进气采样阀；AI04—解吸塔排气采样阀；AI05—吸收塔塔顶液体采样阀；AI06—吸收塔塔底液体采样阀；AI07—解吸塔塔顶液体采样阀；AI08—解吸塔塔底液体采样阀；VA11—吸收塔放净阀；VA12—解吸塔放净阀；VA13—缓冲罐放净阀。

温度计：TI01—液相温度。

流量计：FI01—吸收塔空气流量计；FI02—吸收液流量计；FI03—解吸塔空气流量计；FI04—解吸液流量计；FI05—CO_2 气体流量计。

2）流程说明

空气：空气来自风机出口总管，分成两路：一路经流量计 FI01 与来自流量计 FI05 的 CO_2 气体混合后进入填料吸收塔底部，与塔顶喷淋下来的吸收剂（水）逆流接触吸收，吸收后的尾气排入大气。另一路经流量计 FI03 进入填料解吸塔底部，与塔顶喷淋下来的含 CO_2 水溶液逆流接触进行解吸，解吸后的尾气排入大气。

CO_2：钢瓶中的 CO_2 经减压阀、调节阀 VA05、流量计 FI05，进入吸收塔。

水：吸收用水为水箱中的去离子水，经吸收泵和涡轮流量计 FI02 送入吸收塔顶，去离子水吸收 CO_2 后进入塔底，经解吸泵和涡轮流量计 FI04 进入解吸塔顶，解吸液和不含 CO_2 气体接触后流入塔底，经解吸后的溶液从解吸塔底经倒 U 管溢流至水箱。

取样：在吸收塔气相进口设有采样阀 AI01，出口管上设有采样阀 AI02，在解吸塔气体进口设有采样阀 AI03，出口有采样阀 AI04，待测气体从采样口进入 CO_2 分析仪进行含量分析。

4. 操作步骤

(1)打开装置电源、电脑，双击吸收与解吸实验软件，全开 VA06，启动风机，逐渐关小 VA06，可微调 VA02、VA03 使 FI01、FI03 风量在 0.5(m³/h)。实验过程中维持此风量不变。

(2)配气配水：开启 VA05，开启 CO₂钢瓶总阀，微开减压阀，压力控制在 0.1～0.2 MPa，根据 CO₂流量计读数可微调 VA05 使 CO₂流量在 1～2(L/min)。实验过程中维持此流量不变，CO₂含量约为 13％～15％。打开 AI01 电磁阀、在线分析仪。水箱中加入去离子水至水箱液位的 75％左右，待用。

(3)开启吸收泵，调节吸收液流量调节阀 VA01，待缓冲罐有一定液位时，开启解吸泵，调节解吸液流量调节阀 VA04 到实验所需流量。实验工况依次为按 200 L/h、350 L/h、500 L/h、650 L/h 水量调节，特别注意：吸收流量和解吸流量保持一致，缓冲罐内得保持一定的液位高度，以免抽空或溢流。

(4)当各流量维持一定时间后(两个流量差值小于 10 L/h)，在线分析进口 CO₂浓度，数据稳定后采集数据，再打开 AI02 电磁阀，计时 2 min，检测数据稳定后采集数据。依次打开电磁阀 AI03、AI04(计时 2 min)采集解吸塔进出口气相 CO₂浓度。

(5)在软件界面上将数据采集切换至第二组，更换工况，按 350 L/h、500 L/h、650 L/h 调节水量，每个水量稳定后，按上述步骤(4)依次采集数据。

(6)实验完毕后，先关闭 CO₂钢瓶总阀，待 CO₂流量计无流量后，关闭减压阀；关闭吸收泵的流量调节阀 VA01，关闭解吸泵的流量调节阀 VA04，关闭吸收泵，关闭解吸泵；待二氧化碳检测仪显示接近空气含量时，关闭风机。

【注意事项】

(1)因为泵是机械密封，必须在泵内有水时使用，若泵内无水空转，易造成机械密封件升温损坏而导致密封不严，需专业厂家更换机械密封，因此，严禁泵内无水空转！

(2)长期不用时，应将设备内水放净。

(3)严禁学生打开电柜，以免发生触电。

5. 数据记录与处理

(1)实验数据记入表 3-3-16、表 3-3-17 中；

(2)计算不同条件下吸收和解吸的传质系数；

(3)在双对数坐标上绘出 K_{Xa} 与液体喷淋密度(kmol/(m²·h))之间的关系曲线。

表 3-3-16　吸收实验

水温=＿＿＿＿；　空气流量=＿＿＿＿；　CO₂流量=＿＿＿＿

序号	水 L_S /(L·h⁻¹)	气相组成		空气 G_a /(kmol·h⁻¹)	ΔX_m	L_s /(kmol·(m²·h)⁻¹)	K_{Xa} /(kmol·(m³·h)⁻¹)	备注
		y_1	y_2					
1								
2								吸收
3								
4								

表 3 - 3 - 17 解吸实验

水温 =＿＿＿；　空气流量 =＿＿＿；　CO_2 流量 =＿＿＿；

序号	水 L_S /(L·h^{-1})	气相组成		空气 G_a /(kmol·h^{-1})	ΔY_m	L_s /(kmol·(m²·h)$^{-1}$)	K_{X_a} /(kmol·(m³·h)$^{-1}$)	备注
		y_1	y_2					
1								
2								解吸
3								
4								

6. 思考题

试分析影响吸收和解吸传质系数的因素有哪些？

第 4 章

污染控制实验

4.1 大气污染控制实验

大气污染控制包括固体污染物和气体污染物的控制,下面就现有固体和气体污染物的控制方法进行介绍。

4.1.1 固体污染物控制方法

对于固体污染物的控制主要是通过除尘技术。根据除尘的原理不同,主要的除尘装置有机械除尘器、电除尘器、袋式除尘器和湿式除尘器。

1. 机械除尘器

机械除尘器通常是指利用质量力(重力、惯性力和离心力等)的作用使颗粒物与气流分离的装置,包括重力沉降室、惯性除尘器和旋风除尘器。

重力沉降室是通过重力作用使尘粒从气流中沉降分离的除尘装置,含尘气流进入重力沉降室后,由于扩大了流动截面积而使气体流速大大降低,使较重颗粒在重力作用下缓慢向灰斗沉降。重力沉降室的主要优点是结构简单、投资少、压力损失小、维修管理容易;但它的体积大、效率低,因此只能作为高效除尘的预除尘装置,除去较大和较重的粒子。

惯性除尘器是为了改善重力沉降室的除尘效果,在沉降室内设置各种形式的挡板,使含尘气流冲击在挡板上,气流方向发生急剧转变,借助尘粒本身的惯性力作用,使其与气流分离。惯性除尘器用于净化密度和粒径较大的金属或矿物性粉尘时,具有较高除尘效率。

旋风除尘器是利用旋转气流产生的离心力使尘粒从气流中分离的装置。含尘空气由除尘器的进口切线方向进入除尘器,沿外壁由上向下做旋转运动,同时有少量气体沿径向运动到中心区域,当旋转气流的大部分到达锥体底部后转而向上沿轴心旋转,最后经排出管排出。机械除尘器具有结构简单、应用广泛、种类繁多等特点。

2. 电除尘器

电除尘器是含尘气体在通过高压电场进行电离的过程中,使尘粒荷电,并在电场力的作用下使尘粒沉积在集尘极上,将尘粒从含尘气体中分离出来的一种除尘设备。电除尘过程与其他除尘过程的根本区别在于,分离力(主要是静电力)直接作用在粒子上,而不是作用在整个气流上,这就决定了它具有分离粒子耗能小、气流阻力也小的特点。由于作用在粒子上的静电力相对较大,所以即使对亚微米级的粒子也能有效地捕集。电除尘器压力损失小、处理烟气量大、能耗低,对细粉尘有很高的捕集效率(可高于99%),可在高温或强腐蚀性气体下工作,对收集细粉尘的场合,电除尘器是主要除尘装置之一。

3. 袋式除尘器

袋式除尘器是使含尘气流通过过滤材料将粉尘分离排集的装置,是采用滤纸或玻璃纤维等填充层作滤料的空气过滤器,主要用于通风及空气调节方面的气体净化,在工业尾气的除尘方面应用较广。袋式除尘器的除尘效率一般可达 99% 以上。虽然它是最古老的除尘方法之一,但由于它效率高、性能稳定可靠、操作简单,因而获得广泛的应用。

4. 湿式除尘器

湿式除尘器是使含尘气体与液体(一般为水)密切接触,利用水滴和颗粒的惯性碰撞及其他作用捕集颗粒,或使粒径增大的装置。湿式除尘器可以有效地将直径为 $0.1\sim20\ \mu m$ 的液态或固态粒子从气流中除去,同时,也能脱除气态污染物。它具有结构简单、造价低、占地面积小、操作和维修方便及净化效率高等优点,能够处理高温、高湿的气流,将着火、爆炸的可能性减至最低。但采用湿式除尘器时要特别注意设备和管道腐蚀及污水和污泥的处理等问题。湿式除尘过程也不利于副产品的回收。如果设备安装在室外,还必须考虑在冬天设备可能冻结的问题。再者,要使去除微细颗粒的效率也较高,则须使液相更好地分散,但能耗增大。

含尘气流中粉尘的去除需要充分认识粉尘颗粒的大小等物理特性,这是研究颗粒的分离、沉降和捕集机理及选择、设计和使用除尘装置的基础。本书该部分设计的实验有粉尘真密度的测定实验、移液管法测定粉体粒径分布实验和粉尘比电阻的测量实验。除尘装置性能实验有旋风除尘器性能实验和静电除尘器除尘效率的测定实验。

4.1.2　气体污染物控制方法

从废气中去除气态污染物,控制气态污染物向大气的排放,常常涉及气体吸收、气体吸附、气体催化转化等技术。

1. 气体吸收法

气体吸收是用液体洗涤含污染物的气体,从而把废气中一种或者多种污染物除去,是气态污染物控制中一种重要的单元操作,如清水吸收尾气中的 SO_2、碱性溶液吸收锅炉烟气中的 SO_2。气体吸收实际上就是吸收质分子从气相向液相的相际间质量传递过程。

2. 气体吸附法

气体吸附是用多孔固体吸附剂将气体(或液体)混合物中一种或多种组分流集于固体表面,使之与其他组分分离的过程。被吸附到固体表面的物质称为吸附质,能够附着吸附质的物质称为吸附剂。吸附过程能够有效脱除一般方法难以分离的低浓度有害物质,具有净化效率高、可回收有用组分、设备简单、易实现自动化控制等优点;其缺点是吸附容量较小、设备体积大。

3. 催化转化法

催化转化就是借助催化剂的催化作用,使气体污染物在催化剂表面上发生化学反应,转化为无害或易于处理与回收利用物质的净化方法。催化转化法对不同浓度的污染物都有较高的转化率,无需使污染物与主气流分离,避免了其他方法可能产生的二次污染,并使操作过程简化。因此该方法在大气污染控制中得到了较多应用,如 $SO_2 \rightarrow H_2SO_4$ 加以回收利用。但该方法中使用的催化剂一般较贵,且污染气体预热需消耗一定能量。

4. 其他方法

除了上述吸收、吸附、催化转化等传统工艺在治理工程中得到了广泛的应用外，随着我国经济的发展，人们对环境质量的要求不断提高，一些环保、无二次污染和节约能源的新型处理技术如低温等离子体处理技术、光催化处理技术、生物降解处理技术、超重力技术等正在迅速发展。

本书中该部分实验主要有吸附法净化有机废气实验、烟气脱硫实验、烟气脱硝实验和催化降解有机废气实验，通过上述实验使学生掌握本课程的基本实验方法和操作技能；学会正确使用各种仪器和实验设备；掌握处理实验数据的科学方法。也可培养学生运用所学理论进行科学研究、分析问题和解决问题的能力，使学生树立实事求是的科学态度和严谨的工作作风。

实验 1 粉尘真密度的测定

1. 实验目的

(1)掌握粉尘真密度的测定原理及方法。

(2)了解引起真密度测量误差的因素及改进措施。

2. 实验原理

粉尘的真密度是指粉尘的干燥质量与其真体积（总体积与其中空隙所占体积之差）的比值，单位为 kg/m^3。

在自然状态下，粉尘颗粒之间存在着空隙，有些种类粉尘的尘粒具有微孔，另外由于吸附作用，使得尘粒表面为一层空气所包围。在此状态下测出的粉尘体积，空气体积占了相当的比例，因而并不是粉尘本身的真实体积，根据这个体积数值计算出来的密度是粉尘的堆积密度。

用真空法测定粉尘的真密度，是使装有一定量粉尘的比重瓶内造成一定的真空度，从而除去粒子间及粒子本体吸附的空气，用一种已知真密度的液体充填粒子间的空隙，通过称量，计算出真密度。称量过程中的数量关系如图 4-1-1 所示。

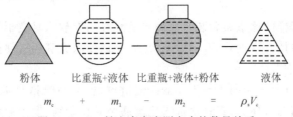

图 4-1-1 粉尘真密度测定中的数量关系

测定原理：将一定量的粉尘用天平称量，然后放入比重瓶中，用液体浸润粉尘，再放入真空干燥器中抽真空，排出粉尘颗粒间隙的空气，从而得到粉尘试样在真密度条件下的体积，然后根据下面式子计算可得到粉尘的真密度。

设比重瓶的质量为 m_0、容积为 V_s，瓶内充满已知密度 ρ_s 的液体，则总质量为

$$m_1 = m_0 + \rho_s V_s \qquad (4-1-1)$$

当瓶内加入质量为 m_c、体积为 V_c 的粉尘试样后，瓶中减少了 V_c 体积的液体，故有

$$m_2 = m_0 + \rho_s(V_s - V_c) + m_c \qquad (4-1-2)$$

粉尘试样体积可根据上述两式表示为

$$V_c = \frac{m_1 - m_2 + m_c}{\rho_s} \qquad\qquad (4-1-3)$$

所以粉尘的真密度为

$$\rho_c = \frac{m_c}{V_c} = \frac{m_c \rho_s}{m_1 + m_c - m_2} = \frac{m_c \rho_s}{m_s} \qquad\qquad (4-1-4)$$

式中：m_s 为比重瓶中加入粉尘后排出液体的质量，g；m_c 为粉尘质量，g；m_1 为比重瓶加液体的质量，g；m_2 为比重瓶加液体和粉尘的质量，g；V_c 为粉尘真体积，cm³。

3. 实验材料

1)仪器

(1)比重瓶：25 mL，5 只。

(2)电子天平：0.1 mg，一台。

(3)真空干燥箱：真空度＞0.9×10^5 Pa。

(4)烘箱：0～150 ℃，一台。

(5)真空干燥器：300 mm，一只。

(6)滴管、烧杯、滤纸若干、温度计、小漏斗、吸水纸、记号笔。

2)试剂

滑石粉、蒸馏水。

4. 实验步骤

(1)将粉尘试样放在烘箱内，于 105 ℃下烘干至恒重，放于干燥器内备用。

(2)将烘干的比重瓶用记号笔编号、称重，分别记下质量 m_0。

(3)在比重瓶内，装入一定量(约 8 g)的粉尘试样，称量比重瓶和试样总质量 m_3，粉尘质量 $m_c = m_3 - m_0$。

(4)用滴管向装有粉尘试样的比重瓶中加入蒸馏水至比重瓶容积的 1/3～1/2，使粉尘完全润湿。

(5)将装有粉尘试样的比重瓶和装有蒸馏水的烧杯一同放入真空干燥器中，盖好真空干燥器的盖子，抽真空。保持真空度在 98 kPa 下 20 min，以便水充满所有间隙，同时去除烧杯内蒸馏水中可能存在的气泡。

(6)停止抽气，通过放气阀向真空干燥器缓慢进气，待真空表恢复常压指示后打开真空干燥器，取出比重瓶和蒸馏水杯，将蒸馏水加入比重瓶至瓶口刻线，擦干瓶外表面的水后称重，记录其质量 m_2。

(7)将比重瓶内粉尘回收，洗净比重瓶，加蒸馏水至刻线，擦干瓶外边的水再称重，记录比重瓶和水的质量 m_1。

(8)查出蒸馏水在实验室温度下的密度(ρ_s)，用给出的公式计算粉尘的真密度。

5. 数据记录与处理

将测定数据(见表 4-1-1)代入真密度表达式 $\rho_c = \dfrac{m_c}{V_c} = \dfrac{m_c \rho_s}{m_1 + m_c - m_2}$ 即可计算出粉尘真密度。做 3～5 个平行样品，要求样品测定结果的绝对误差不超过 ±0.02 g/cm³。

表 4 - 1 - 1　实验数据记录表

粉尘名称＿＿＿＿＿＿＿＿＿＿

比重瓶编号	粉尘质量 m_c/g	比重瓶质量 m_0/g	比重瓶加水质量 m_1/g	比重瓶加粉尘和水质量 m_2/g	粉尘真密度 $\rho_c/(kg \cdot m^{-3})$
1					
2					
3					
4					
5					
粉尘真密度平均值＿＿＿＿＿ kg・m^{-3}					

【注意事项】

(1)称量过程尽量准确。

(2)比重瓶内要排出残存的气泡。

(3)加水浸湿粉尘时要适量,太多易外溢,太少不能完全润湿粉尘。

(4)实验结果精确到小数点后两位。

6.思考题

(1)浸液为什么要抽真空脱气?

(2)结合实验的结果,分析误差产生的原因及改进措施。

实验 2　移液管法测定粉体粒径分布

1.实验目的

(1)加深对斯托克斯定律的理解,灵活应用斯托克斯方程。

(2)掌握移液管法(液体重力沉降法)测定粉体粒径分布的具体操作方法。

(3)根据粒度测试数据,能作出粒度分布图、累计分布图,并建立粒度分布方程。

2.实验原理

移液管法测定粉尘粒径是依据不同大小的粒子在重力作用下,在液体中的沉降速度不同而测定的。粒子在液体(或气体)介质中做等速自然沉降时所具有的速度,称为沉降速度,其大小可以用斯托克斯方程表示:

$$v_t = \frac{(\rho_p - \rho_L)gd_p^2}{18\mu} \tag{4-1-5}$$

$$d_p = \sqrt{\frac{18\mu v_t}{(\rho_p - \rho_L)g}} \tag{4-1-6}$$

式中:v_t 为粒子的沉降速度,m/s; μ 为液体的动力黏度,Pa・s;ρ_p 为粒子的真密度,kg/m³;ρ_L 为液体的真密度,kg/m³;g 为重力加速度,m/s²;d_p 为粒子的直径,m。

这样,粒径便可以根据其沉降速度求得。但是,直接测得各种粒径粒子的沉降速度是困难的,而沉降速度是沉降高度与沉降时间的比值,以此替换沉降速度,使上式变为

$$d_{\mathrm{p}} = \sqrt{\frac{18\mu H}{(\rho_{\mathrm{p}} - \rho_{\mathrm{L}})gt}} \qquad (4-1-7)$$

$$t = \frac{18\mu H}{(\rho_{\mathrm{p}} - \rho_{\mathrm{L}})gd_{\mathrm{p}}^2} \qquad (4-1-8)$$

式中：H 为粒子的沉降高度，m；t 为粒子的沉降时间，s。

粒子在液体中的沉降情况可用图 4-1-2 表示。

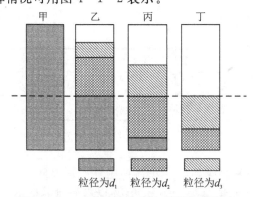

图 4-1-2　粒子在液体中的沉降示意图

粉样放入玻璃瓶内某种液体介质中，经搅拌后，使粉样均匀地扩散在整个液体中，如图 4-1-2 中状态甲。经过时间 t_1 后，因重力作用，悬浮体由状态甲变为状态乙，在状态乙中，直径为 d_1 的粒子全部沉降至虚线以下，则

$$t_1 = \frac{18\mu H}{(\rho_{\mathrm{p}} - \rho_{\mathrm{L}})gd_1^2}$$

同理，直径为 d_2 的粒子全部沉降到虚线以下（即到达状态丙）所需时间为

$$t_2 = \frac{18\mu H}{(\rho_{\mathrm{p}} - \rho_{\mathrm{L}})gd_2^2}$$

直径为 d_3 的粒子全部沉降至虚线以下（即到达状态丁）所需时间为

$$t_3 = \frac{18\mu H}{(\rho_{\mathrm{p}} - \rho_{\mathrm{L}})gd_3^2}$$

根据上述关系，将粉体试样放在一定液体介质中，自然沉降，经过一定时间后，不同直径的粒子将分布在不相同高度的液体介质中。若分别在 t_1、t_2、t_3、$\cdots$、t_n 时间，在沉降高度 H_i 处抽取一定量的悬浮液，烘干悬浮液并称量其中粉体质量，测出其中所含小于 d_1、d_2、d_3、$\cdots$、d_n 的颗粒的质量为 m_1、m_2、m_3、$\cdots$、m_n，即可求出小于粒径 d_1、d_2、d_3、$\cdots$、d_n 的颗粒分布，即粉尘的筛下累计频率分布：

$$G_i = \frac{m_i}{m_0} \times 100\% \qquad (4-1-9)$$

3. 实验材料

（1）实验装置如图 4-1-3 所示，需要的仪器有：液体重力沉降瓶 1 套；注射器 1 支；称量瓶 4 个；分析天平 1 台（0.1 mg）；温度计 1 支，0～50 ℃；电烘箱 1 台；干燥器 1 个；烧杯 2 个；磁力搅拌器 1 台；秒表 1 块；1 m 乳胶管 1 支；1.5 m 软尺 1 个；1000 mL 量筒 1 个。

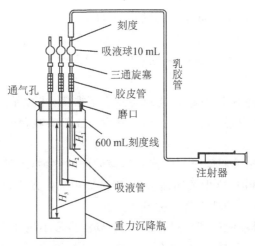

图 4-1-3　移液管法测定粉体粒径分布装置

(2)试剂:分散液为六偏磷酸钠水溶液,浓度为 0.02 mol/L;粉体采用滑石粉;分散介质为蒸馏水。

4.实验步骤

1)准备工作

(1)清洗干净所需玻璃仪器,置于电烘箱内干燥,然后在干燥器中自然冷却至室温。

(2)取有代表性的粉体试样 50 g(如有较大颗粒需用 250 目(10.05 mm)的筛子筛分,除去 86 μm 以上的大颗粒),放入电烘箱中,在(110±5) ℃的温度下干燥 1 h 或至恒重,然后在干燥器中自然冷却至室温。

(3)配制浓度为 0.02 mol/L 的六偏磷酸钠(分子量 611.8)水溶液作为分散液,配制量可根据需要而定。

(4)将干燥过的称量瓶分别编号、称量。

(5)测定沉降瓶的有效容积:将自来水补充到沉降瓶上部零刻度线(即 0.0)处,用 1000 mL 量筒测定自来水的体积,反复进行 3 次,求其平均值作为沉降瓶的有效容积(精确到 1 mL)。

(6)测定吸液球的有效容积与沉降瓶液面下降量:

①将自来水注入沉降瓶中,用吸液管和注射器吸液,待吸至吸液球刻线处,关闭旋塞;

②使三通旋塞处于排出位置,用已恒重称量瓶承接,后用精密天平称量。

③重复上述操作 3 次,取平均值得出吸出水的质量 $m_水$。当水温为 t ℃时,其密度为 $\rho_水$,则吸液球吸水体积为 $Q=m_水/\rho_水$。

④测量吸液三次后沉降瓶下降高度 L,每次吸液后吸液瓶下降高度 $\Delta h=L/3$。

(7)吸液管有效长度测定:将吸液管正确安装于沉降瓶内,利用软尺在沉降瓶壁上测量每根移液管底部到沉降瓶零刻线的距离,并记录 h_1、h_2、h_3。

(8)计算不同粒径的颗粒所需理论沉降时间,选取 5 个合适的取样时间(考虑每次取样操作耗时)。

(9)准备好蒸馏水瓶,用其冲洗每次吸液后存在容器壁上的粉尘。

2)操作步骤

(1)称取 10 g 左右干燥粉体,精确至 0.1 mg,放入烧杯中,向烧杯中加入 300~400 mL 的分散液,使粉体全部润湿后,制成悬浮液,并测其温度。

(2)把制成的悬浮液在磁力搅拌器上搅拌 20 min 后,倒入沉降瓶中,并用分散液将烧杯和玻璃棒上黏附的尘粒冲洗至沉降瓶中,将吸液管插入沉降瓶中,然后由通气孔继续加分散液直到零刻度线(即 0.0)为止。

(3)堵住通气孔和沉降瓶上部端口,将沉降瓶上下振荡,并时而倾倒振荡,持续 2～3 min,使粉粒均匀分散于分散液中,停止振荡后,将沉降管正立于实验台面上,开始用秒表计时,作为起始沉降时间。

(4)按计算出的预定吸液时间进行吸液。匀速向外拉注射器,液体沿吸液管缓缓上升,当吸到吸液球 10 mL 刻度线时,立即关闭活塞,将吸液球中液体排入已恒重的称量瓶内,然后吸蒸馏水冲洗吸液球 2～3 次,冲洗水排入称量瓶中。

按上述步骤及预定吸液时间依次进行操作,直到测得最小粒径为止。

(5)将全部称量瓶放入电烘箱中,在(110±5)℃的温度烘至恒重。然后在干燥器中自然冷却至室温,取出称量。

3)吸液应注意的问题

(1)每次吸 10 mL 样品要在 15 s 左右完成,则开始吸液时间应比计算的预定吸液时间提前 15/2=7.5 s。

(2)吸液应匀速,不允许吸液管中液体溢流。

(3)向称量瓶和量筒中排液时,应防止液体溅出。

5. 实验结果与分析

1)原始数据记录

将原始数据及所测数据记入下列表中。

表 4-1-2 试样及悬浮液物性

	粉尘名称	
粉尘	真密度 ρ_p/(g·cm⁻³)	
	试样质量/g	
分散介质	分散介质名称	
	分散介质温度/℃	
	分散介质密度/(g·cm⁻³)	
	分散介质黏度/(Pa·s)	
分散剂	分散剂名称	
	分散剂浓度(%,质量百分比)	
	抽取一次分散液含分散剂量/g	

表 4 - 1 - 3　沉降瓶检定

沉降瓶有效容积(V)		吸液球容积(Q)			三次吸液后液面下降高度 L/cm	吸液一次液面下降值(Δh)/cm
测定值/mL	平均值/mL	（称量瓶＋水)/g	称量瓶/g	差值/g		
$V=$＿＿＿＿mL		水温＿＿℃ 水的密度 $\rho_0=$＿＿g·cm^{-3} $Q=$（平均)$/\rho_0=$＿＿＿mL				
10 mL 悬浮液中粉尘质量 $m_0=$＿＿g，10 mL 悬浮液中分散剂质量 $m_3=$＿＿g						

表 4 - 1 - 4　理论沉降时间的计算表

移液管有效沉降高度/cm	不同粒径(μm)粉体的沉降时间 T/s						
	d_{70}	d_{60}	d_{50}	d_{40}	d_{30}	d_{20}	d_{10}
$h_1=$＿＿＿＿							
$h_2=$＿＿＿＿							
$h_3=$＿＿＿＿							

表 4 - 1 - 5　移液管法测定粒径分布记录表

项目	1 号瓶	2 号瓶	3 号瓶	4 号瓶	5 号瓶	6 号瓶
吸液中的最大粒径/μm，$d_p=\sqrt{\dfrac{18\,\mu H\times10^3}{(\rho_p-\rho_L)gt}}$						
选择理论吸液时间 t/s　（沉降时间)						
吸液初始时间 t_1/s						
称量瓶烘干后质量 m_1/g						
称量瓶质量 m_2/g						
10 mL 分散液中粉体的质量 m_i/g　（$m_i=m_1-m_2$)						
筛下累计分布 $G_i=m_i/m_0\times100\%$						

2)**数据处理步骤**

数据处理步骤如下：

(1)粒径小于 d_i 的粒子质量(在 10 mL 悬浊液中)由公式(4-1-10)计算：

$$m_i = m_1 - m_2 - m_3 \qquad (4-1-10)$$

式中：m_1 为烘干后称量瓶和残留物(包括小于 d_i 的粒子与分散剂)的质量，g；m_2 为称量瓶的质量，g；m_3 为 10 mL 分散液中所含分散剂的质量，g。

$$m_3 = 611.8 \times 0.02 \times \frac{10}{1000} = 0.122$$

(2)粒径为 d_i 的粉尘的筛下累积频率分布 G_i 可按式(4-1-9)计算出，并填入表格 4-1-5 中，其中 m_0 为 10 mL 原始悬浮液中($t=0$)所含的粉尘质量。如若最初加入的粉尘为 Mg，则

$$m_0 = \frac{M}{V_{600}} \times V_{10} \qquad (4-1-11)$$

(3)将各组粒径为 d_i 的筛下累积频率分布 G_i 的测定值，绘制在专用坐标纸(对数正态概率纸)上，则由各实验点可以划出一条直线。若实验点无法连成直线，说明实验误差太大，或不遵从对数正态分布规律。

(4)确定中位直径和几何标准差。由 $G=50\%$ 求出中位直径 d_{50}，由 $G=15.9\%$ 和 $G=84.1\%$ 分别求出 $d_{15.9}$ 和 $d_{84.1}$，则几何标准差由式(4-1-12)计算：

$$\sigma = \frac{d_{84.1}}{d_{50}} = \frac{d_{50}}{d_{15.9}} = \left(\frac{d_{84.1}}{d_{15.9}}\right)^{1/2} \qquad (4-1-12)$$

(5)确定频率分布。根据粒径分组 Δd_{pi} 分别为 0~10 μm、11~20 μm、21~30 μm、31~40 μm、41~50 μm、51~60 μm、>60μm，求出各粒径间隔的粒径频率分布(g_i)，并填入表 4-1-6 中，其计算公式为

$$g_i = \Delta G_i = G_{i+1} - G_i \qquad (4-1-13)$$

表 4-1-6　粒尘粒径频率分布

粒径范围 Δd/μm	0~10	11~20	21~30	31~40	41~50	51~60	>60
频率分布 g_i/%							

【注意事项】

(1)校准沉降高度、确定沉降高度时，记得减去前面取样的液面下降量。

(2)相邻两个样品的取样时间间隔不得小于 60 s。

(3)筛下累积频率分布曲线要用专用的对数正态概率坐标纸绘制，最后要计算出每段粒径范围所占的百分比。

6. 思考题

(1)为什么要选用分散液和分散剂？选用时有哪些要求？

(2)为什么吸液过程中不允许吸液管内的液体倒流？

实验 3　粉尘比电阻的测量

1. 实验目的

(1)掌握圆盘法测定工业粉尘比电阻的方法。

(2)了解工业粉尘比电阻的特性。

2. 实验原理

粉尘比电阻是一项有实用意义的参数,它是衡量粉尘导电、放电性能的指标,而粉尘荷电后将改变其凝聚性、附着性、稳定性等物理特性,因此,在电除尘器的设计和使用中必须知道粉尘的比电阻值。

两块平行的导体板之间堆积某种粉尘,两导体施加一定电压(U)时,将有电流通过堆积的粉尘层,电流(I)的大小正比于电流通过粉尘层的面积,反比于粉尘层的厚度。此外电流(I)还与粉尘的介电性质、粉尘的堆积密实程度有关。但是,该电流(I)和施加电压(U)的关系不符合欧姆定律,即比值 U/I 不等于定值,它随 U 的大小而改变。粉尘比电阻的定义式为

$$\rho = UA/Id \tag{4-1-14}$$

式中:ρ 为比电阻,$\Omega \cdot cm$;U 为加在粉尘层两端面间的电压,V;I 为粉尘层中通过的电流,A;A 为粉尘层断面面积,cm^2;d 为粉尘层厚度,cm。

3. 实验装置

(1)实验室比电阻测试在测试箱内进行,箱内测试环境应能模拟工况条件,测试装置示意图如图 4-1-4 所示。

(2)测试电极,如图 4-1-5 所示配制,电极导电性能良好,加热后不会变形。绝缘支架具有良好的耐温和绝缘性能,电极版面平整、光滑,壁面高压尖端有放电现象的产生,粉尘盘内部容积高度为 5 mm,上电极板对粉尘层的压强为 10 gf/cm²。(注:gf/cm²,压强单位,1 gf/cm² 等于物体表面每平方厘米承受 1 gf 的压力。1 gf 等于一克物质在地球表面所承受的地心引力。)

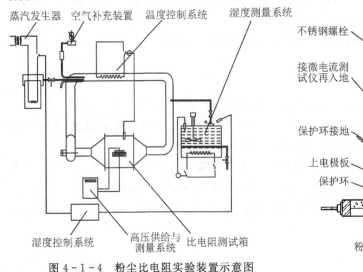

图 4-1-4　粉尘比电阻实验装置示意图

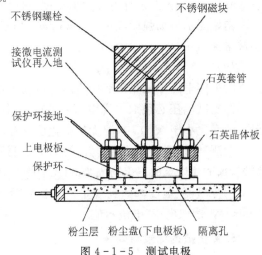

图 4-1-5　测试电极

(3)实验用仪表见表 4-1-7。

表 4-1-7　测试仪表

名称	量程	精度等级
高压测试仪	20 kV 以上	1.5

名称	量程	精度等级
微电流测试仪	$10^{-3} \sim 3 \times 10^{-10}$ A	1.5
温控仪	$0 \sim 400$ ℃	1.0
露点仪	$0\% \sim 95\%$ RH	1.0

（4）温、湿度控制。测试箱的温度控制范围为 $0 \sim 400$ ℃，等温试验温度能保持在 $0.01T$（T 为测试温度，单位为 ℃）内，自然对流冷却要求箱内温度能在 $4 \sim 6$ h 内从 400 ℃ 自然下降到 90 ℃。由沸腾的蒸馏水汽通过调节阀输入测试箱内而产生的湿度可通过露点仪进行测量、重量分析法进行校准，一般用蒸汽调节阀和控制水加热器的电压来调节和控制所需的湿度。

4. 实验步骤

（1）试样用毛刷轻轻捣碎结块，经 177 μm（80 目）分样筛过筛，除去外来物质，装瓶并贴上标签。

（2）将试样自然堆满至粉尘盘，用刮尺轻轻刮平。

（3）载样的粉尘盘放入测试箱，放入时不能有振动。

（4）确保粉尘盘与负高压接触良好。

（5）上电极板放于粉尘层上，其位置应该在粉尘盘的正中心，陷入粉尘层的深度不得超过 0.5 mm，放置时不能有任何冲击力。

（6）上电极板与保护环之间的隔离孔内不得充满粉尘，保护环接地良好。

（7）中心电极接微电流测试仪后再接地。

（8）击穿电压测试：当测试比电阻值与所加电场强度大致为函数关系式时，温度应取 150 ℃ 或 350 ℃，具体根据设计电除尘器温度条件而定。

初始时加电场强度应小于 2 kV/cm，以后电场强度按 2 kV/cm 逐一递升测定，直到粉尘层被击穿为止。

（9）比电阻测试：

①击穿电压测试完毕后应重新更换粉尘盘中的粉尘进行比电阻测试。

②测试电压必须取击穿电压的 90%，测试温度要求在达到规定值后保持稳定（10 min 内温度的变化小于 $0.01T$），湿度的变化要求控制在规定值的 5% 以内。

③测试时，测试箱从常温开始加热，始测温度必须高于露点温度。对于煤灰，从 90 ℃ 开始测试，每个测试点的温度间隔为 30 ℃，测到 210 ℃ 为止，特殊需要时可测到 330 ℃ 或 400 ℃。

④待温度、湿度都达到规定值且稳定后，缓慢施加电压到测试电压，稳定 30 s（不能超过 1 min）后，读取电压、电流示值。

5. 实验数据记录与处理

1）实验数据记录

实验数据记录在表 4-1-8、表 4-1-9 中。

表 4 - 1 - 8 击穿电压测试

序号	电压/V	电流/A	温度/℃	湿度/%
1				
2				
3				
4				
5				
6				
7				
8				

表 4 - 1 - 9 比电阻测试

序号	电压/V	电流/A	温度/℃	湿度/%
1				
2				
3				
4				
5				
6				
7				
8				

2)数据处理

(1)比电阻与温度和湿度的关系如图 4 - 1 - 6 所示。

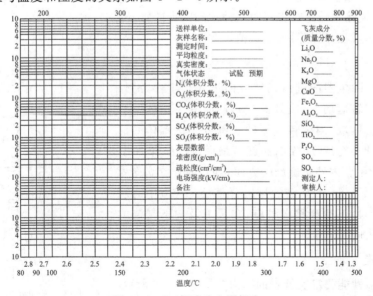

图 4 - 1 - 6 标准比电阻报告

（2）比电阻在特定温度、湿度下与电场强度的关系如图 4-1-7 所示。

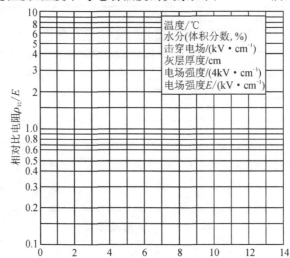

图 4-1-7　电场强度-相对比电阻关系图

6. 思考题

（1）适用于电除尘的粉尘比电阻范围是多少，其值大于或小于这个区间会发生什么现象？
（2）实际工程中有什么方法可以解决比电阻较高的问题。

实验 4　旋风除尘器性能实验

1. 实验目的

（1）了解旋风除尘器性能实验台的结构及工作原理，掌握除尘器性能测试的基本方法；
（2）了解旋风除尘器运行工况对其效率和阻力的影响；
（3）测定除尘器的局部阻力系数值。

2. 实验原理

含尘空气由除尘器的进口切线方向进入除尘器，沿外壁由上向下做旋转运动（形成外涡旋），同时有少量气体沿径向运动到中心区域，当旋转气流的大部分到达锥体底部后转而向上沿轴心旋转（形成内涡旋），最后经排出管排出，如图 4-1-8 所示。内外涡旋旋转方向相同，内外旋涡交界面圆柱直径约为 0.6～1.0 倍的排出管直径。气流中的灰尘在离心力的作用下逐渐移向外壁，在重力及向下气流的带动作用下落入底部集尘斗。

3. 实验装置

旋风除尘器性能测定实验台的结构如图 4-1-9 所示，它主要由测试系统、实验除尘器和发尘装置等三个部分组成。

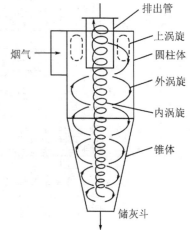

图 4-1-8　旋风除尘器除尘原理示意图

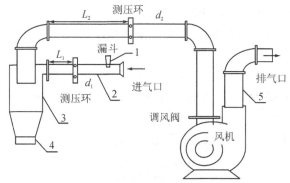

1—发尘装置；2—进气管；3—旋风除尘器；
4—卸灰斗；5—排气管。

图 4-1-9　除尘器性能测定实验台

（1）测试系统由进气段、出气段、测压环、风机和调风阀等组成。其中：两测压环分别设在进、出气段上，用以测量两管段的气流静压值和计算出除尘器的阻力。调风阀设在风机出口处，用以调节系统的空气流量。

（2）实验除尘器为一小型离心式除尘器，在其底部设卸灰斗，每次实验结束时可从此处将收集的灰尘取出。取灰时应注意：每次取灰时，应将卸灰斗中的灰尘清扫干净，以免剩余；每次取灰后，应将卸灰斗的盖板盖严，不得漏风以免使下次测试造成误差。

（3）发尘装置为自动粉尘加料装置，可通过调速电机控制，粉尘通过进灰口进入系统，残留部分粉尘，可先停止自动加灰电机后，用毛刷清扫，使之进入除尘器系统。实验用粉尘可采用滑石粉、双飞粉、煤粉等干燥、松散的颗粒状粉尘。

4. 实验步骤

（1）检查设备外况及电气连接有无异常，一切正常后开始操作。

（2）接通电源，合上电控箱总开关。

（3）调节风量至开关所需风量，启动电控箱面板上的主风机开关。

（4）将约 10 g 一定粒径的粉尘（G_1）加入自动发尘装置灰斗中，然后启动自动发尘装置电机，可调节转速控制加灰速率，控制除尘器入口空气含尘浓度小于 50 g/m³，并记录 U 形压力计记录该工况下旋风除尘器压力损失 ΔP_j。

（5）待自动发尘完毕后首先停止发尘电机，用小刷子清理加尘灰斗，待干净后，约 1 min 后停止风机。待风机稳定后，打开卸灰斗，收集卸灰斗中粉尘并称重，即得 G_2。

（6）通过计量加入粉尘量和捕集粉尘量来计算除尘效率。

（7）改变风量，重复步骤（3）～（5），完成不同风量下的除尘器阻力和效率测定。

（8）改变粉尘粒径范围（如小于 10 μm，10～20 μm，20～30 μm，30～40 μm，…）重复步骤（3）～（5），计算粉尘分割粒径，采用分级效率公式计算除尘效率。

（9）实验完毕后，依次关闭发尘装置、主风机，并清理卸灰装置。

（10）关闭控制箱电源，拔掉电源插头。

5. 实验数据记录与处理

1）除尘器的阻力计算

两测压环分别设在进气、出气段上，用以测量两管的气流静压值并计算出除尘器的阻力。

（当进、出气段管道直径不相等时应用全压计算）

（1）调定除尘器风量后，利用进气口气管段上的测压环和所配的 U 形压力管，测定并计算两处之间的静压差 ΔP_j（Pa）：

$$\Delta P_j = \Delta h \times \rho g \tag{4-1-15}$$

式中：Δh 为 U 形压力计读数，m；ρ 为水的密度 1.0×10^3，kg/m^3；g 为当地的重力加速度，m/s^2。

（2）计算在该风量下进、出气管段内的风速 v_1、v_2（m/s）：

$$v_1 = \frac{Q}{\pi r_1^2 \times 3600} \tag{4-1-16}$$

$$v_2 = \frac{Q}{\pi r_2^2 \times 3600}$$

式中：Q 为实验风量，m^3/h；r_1、r_2 为进、出气段风管半径，m。

（3）计算进、出气管段内的动压 P_{d1}、P_{d2} 及动压差 ΔP_d（Pa）：

$$P_{d1} = v_1^2 \rho / 2 \tag{4-1-17}$$

$$P_{d2} = v_2^2 \rho / 2$$

$$\Delta P_d = P_{d1} - P_{d2} \tag{4-1-18}$$

式中：ρ 为干空气密度，kg/m^3。

（4）计算除尘器前后管段的附加阻力。

进气段附加阻力 ΔP_{f1}（Pa）：

$$\Delta P_{f1} = (\lambda L_1 / d_1) P_{d1} \tag{4-1-19}$$

式中：λ 为摩擦阻力系数，可取 $\lambda = 0.019$；L_1 为测压环至除尘器进口距离，m；d_1 为进气段管道直径，m。

出气段附加阻力 ΔP_{f2}（Pa）：

$$\Delta P_{f2} = (\lambda L_2 / d_2 + \xi) P_{d2} \tag{4-1-20}$$

式中：λ 为摩擦阻力系数，可取 $\lambda = 0.019$；L_2 为测压环至除尘器出口直管段距离，m；d_2 为进气段管道直径，m；ξ 为弯头局部阻力系数，$\xi = 0.19$。

总附加阻力之和为

$$\sum \Delta P_f = \Delta P_{f1} + \Delta P_{f2}$$

（5）除尘器的阻力 ΔP（Pa）：

$$\Delta P = \Delta P_j + \Delta P_d - \sum \Delta P_f \tag{4-1-21}$$

根据不同的风量，计算出除尘器的阻力，将结果填到表 4-1-10 中。

（6）计算除尘器局部阻力系数：根据局部阻力计算公式计算除尘器作为一局部阻力件时，其局部阻力系数，有

$$\Delta P = \frac{1}{2} \xi \rho v_1^2 \tag{4-1-22}$$

式中：ρ 为气体密度，kg/m^3；v_1 为气体入口速度，m/s；ξ 为除尘器局部阻力系数。

将上述实验数据与计算数据填入表 4-1-10 中。

表 4 - 1 - 10　除尘器阻力测定记录表

工况	风量 $Q/(\mathrm{m^3/s})$	粉尘粒径范围 $/\mu\mathrm{m}$	静压差值 $\Delta P_{\mathrm{j}}/\mathrm{Pa}$	动压差值 $\Delta P_{\mathrm{d}}/\mathrm{Pa}$	附加阻力 $\sum\Delta P_{\mathrm{f}}/\mathrm{Pa}$	除尘器阻力 $\Delta P/\mathrm{Pa}$	除尘器局部阻力系数
1							
2							
3							
4							

2)除尘器效率计算

(1)重量法:

$$\eta = \frac{G_2}{G_1} \times 100\% \tag{4-1-23}$$

式中:G_1 为发尘量,g;G_2 为卸灰斗收集的粉尘量,g。

根据测定的数据,计算出该风量下除尘器去除效率,将结果记录到表 4 - 1 - 11 中。

(2)采用分级效率公式计算:

$$\eta = \frac{(d_{\mathrm{pi}}/d_{\mathrm{c}})^2}{1 + (d_{\mathrm{pi}}/d_{\mathrm{c}})^2} \times 100\% \tag{4-1-24}$$

式中:d_{pi} 为粉尘平均粒径,$\mu\mathrm{m}$;d_{c} 为粉尘分割粒径,$\mu\mathrm{m}$。

分割粒径说明:在旋风除尘器内,粒子的沉降主要取决于离心力 F_{C} 和向心运动气流作用于尘粒上的阻力 F_{D}。在内外旋界面上,如果 $F_{\mathrm{C}} > F_{\mathrm{D}}$,粒子在离心力推动下移向外壁而被捕集;如果 $F_C < F_D$,粒子在向心气流的带动下进入内涡旋,最后由排出管排出;如果 $F_C = F_D$,作用在尘粒上的外力之和等于零,粒子在交界面上不停地旋转。实际上由于各种随机因素的影响,处于这种平衡状态的尘粒有 50% 的可能性进入内涡旋,也有 50% 的可能性移向外壁,除尘效率为 50%,此时的粒径即为除尘器的分割粒径 d_c。

根据测定的数据及计算,将结果记录到表 4-1-11 中。

表 4-1-11　除尘效率测定记录表

工况	风量	粉尘粒径范围/m	重量法			分级效率公式计算	
			进口处粉尘质量/g	出口处粉尘质量/g	除尘效率/%	分割粒径 d_c /μm	除尘效率/%
1							
2							
3							

3)分析实验结果

根据所得结果,绘制除尘器的阻力与风量关系曲线($\Delta P - Q$)、除尘效率与风量的关系曲线($\eta - Q$)、分割粒径与风量的关系曲线($d_c - Q$)。

【注意事项】

(1)在测量的过程中注意将倾斜微压计摆正,保持 U 形管两液面相持平。

(2)旋风除尘器卸灰斗不要出现露风现象。

(3)粉尘清扫前,一定要先停自动加灰装置。

(4)实验结果均保留到小数点后两位。

(5)注意用电安全,实验完成后要检查电源是否断开。

6. 思考题

(1)影响旋风除尘器除尘效率的因素有哪些?

(2)压力损失和除尘效率随风量是如何变化的?

实验 5　静电除尘器除尘效率的测定

1. 实验目的

(1)掌握静电除尘器的基本构造、工作原理。

(2)了解静电除尘的基本流程。

(3)了解静电除尘器的基本操作,观察气体流速、入口粉尘浓度、电场强度、粉尘种类改变对除尘效率的影响。

2. 实验原理

静电除尘是工业中应用较为广泛的一种高效烟气净化技术,其总效率一般可达 99% 以上。静电除尘的基本原理主要包括电晕放电、尘粒的荷电、荷电尘粒的运动和捕集、被捕集粉尘的清除四个基本过程。烟气中颗粒物的粒径、粉尘的比电阻、电场风速、电极结构等均对静电除尘器的除尘性能有较大的影响。

除尘效率的定义为所捕集的粉尘占烟气中粉尘量的百分比,不论何种除尘设备,其除尘效率的计算式均为

$$\eta = \left(1 - \frac{c_1}{c_0}\right) \times 100\% \tag{4-1-25}$$

式中:c_0、c_1 为除尘器进气口和排气口的粉尘浓度,mg/m³。

由于静电除尘器的除尘效率一般高于 99%,除尘效率在与其他高效除尘器对比中数值比较接近,因此对于高效除尘器,用穿透率来表示其除尘性能:

$$\lambda = 1 - \eta = \frac{c_1}{c_0} \tag{4-1-26}$$

3. 实验装置

静电除尘器除尘效率测试装置如图 4-1-10 所示,包括发尘装置、静电除尘器本体、高压发生器、采样装置和引风机等。

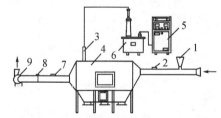

1—发尘装置;2—进口端采样口;3—高压进线箱;
4—静电除尘器本体;5—高压控制柜;6—高压发生器;
7—出口端采样孔;8—流量调节阀;9—引风机。

图 4-1-10　静电除尘装置

4. 实验步骤

1)实验准备

(1)仪器检查:检查所有的测试仪器功能是否正常,高压电极应有良好的接地装置并与测试者保持足够的安全距离。

（2）电极形式：记录电晕线和收尘极板的形式，测量电晕线与收尘极板的垂直距离（线-板间距）。

2）**采样步骤**

（1）测试准备：将测试仪的负高压输出端与电晕线相连，另一端接地；将收尘极板接微电流测试仪后再接地。

（2）开启引风机：测量电场风速，或者通过测量入口风速换算出电场平均风速；调整引风机使电场平均风速达到测试要求，一般为 0.8~1.0 m/s。

（3）外加电压：开启高压发生器，调节电压达到所需平均电场强度，一般为 2.5~4.0 kV/cm。

（4）发尘：开启发尘装置均匀发尘，发尘稳定后调节高压发生器稳定在所需平均电场强度，记录此时的电流值和电压值。

（5）采样：发生的同时开启进口端和出口端采样设备进行采样，测定进、出口的平均浓度。

（6）每次测量，至少测量三组，取其平均值。

5. 数据记录与处理

1）**数据记录**

测定静电除尘器工作参数，并计算除尘效率，数据与结果填入表 4-1-12 中。

表 4-1-12　静电除尘器效率测试数据记录表

采样编号	电压/kV	电流/mA	电场强度/(kV·cm^{-1})	电场风速/(m·s^{-1})	线-板间距/mm	进口浓度/(mg·m^{-3})	出口浓度/(mg·m^{-3})	除尘效率/%

2）**数据处理**

（1）结合粒径分布，计算出不同粒径对应的分级效率。

（2）结合比电阻测试，比较比电阻对除尘效率的影响。

（3）结合放电特性，测试电场强度对除尘效率影响的关系曲线。

6. 思考题

(1)影响静电除尘器除尘效率的因素有哪些?

(2)除尘器的除尘效率和穿透率哪个指标更能够表示除尘器的净化效果?

实验 6　吸附法净化有机废气

1. 实验目的

(1)通过实验进一步提高对吸附机理的认识。

(2)了解影响吸附效率的主要因素。

2. 实验原理

气体吸附是使用多孔固体吸附剂将气体混合物中的一种或数种组分汇集于固体表面,从而与其他组分分离的过程。用吸附法净化有机废气时,在多数情况下发生的是物理吸附,吸附了有机组分的吸附剂,在温度、压力等条件改变时,被吸附组分可以脱离吸附剂表面,从而得到纯度较高的产物。有机废气可以回收利用,同时吸附剂可净化再生。

在某些特定的生产工艺(喷漆工艺、化学工业、石油化工等)中产生的有机废气,常常含有苯、甲苯、二甲苯、醇和醚类等挥发性有机物(VOCs),若不经处理直接排放不仅危害人体健康,同时还会造成严重的环境污染。活性炭吸附法处理低浓度 VOCs 是工业上常用的方法。本实验将通过气体发生器产生的苯蒸气作为 VOCs 试样,用活性炭对其进行吸附。

由于活性炭具有多孔隙结构、表面积大,因此当气体通过活性炭时,与其充分接触,污染物质被截留在孔隙当中,从而达到气体净化的目的。活性炭对常见 VOCs 的吸附量大小为:二甲苯＞丁醇＞甲苯＞环己酮＞苯＞95％乙醇＞乙酸乙酯＞丙酮＞石油醚＞乙醚＞甲醛。

3. 实验装置与仪器

1)**仪器与试剂**

(1)压缩机 1 台,压力为 3 kg/cm² (294 kPa)。

(2)转子流量计 1 只。

(3)压差计(U 形玻璃管)1 只。

(4)三口瓶(500 mL)1 只。

(5)广口瓶(10 000 mL)1 只。

(6)吸附柱(有机玻璃 ϕ40 mm×400 mm)2 支。

(7)气质联机(Trace MS)1 台。

(8)活性炭吸附剂。

2)**实验装置**

本实验采用图 4-1-11 所示的操作流程,该流程可分为如下几个部分。

(1)配气部分。压缩机 1 送出的空气进入缓冲瓶 2,然后通过放空阀门 3,调节进入转子流量计 4 的气体流量。气体经流量计计量后分成两股:一股进入装有苯的气体发生器 5,将发生器中挥发的苯带出;另一股不经气体发生器直接通过。两股气体在进入吸附柱 9 前混合,混合气体的含苯浓度通过调节两股气体的流量比例来控制,两股气体的流量比例则是通过控制阀

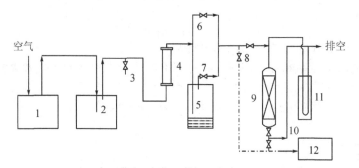

1—压缩机；2—缓冲瓶；3—放空阀门；4—转子流量计；
5—气体发生器；6、7—控制阀门；8—取样口；9—吸附柱；
10—取样口；11—压差计；12—气质联机。

图 4-1-11　活性炭吸附 VOCs 实验装置及流程示意图

门 6 和 7 来调节的。

（2）吸附部分。混合气体通过阀门进入吸附柱 9，吸附柱中装有一定高度的活性炭，吸附净化后的空气排空。

（3）取样部分。在吸附柱前后设置两个取样点，在实验时按需要将取样点分别与气质联机相连（或用针筒从两处取样，再用气质联机分析取出的样品），以测定吸附柱出气口气体的含苯浓度。

4. 实验步骤

（1）按流程图连接好装置并检查气密性。

（2）检定流量计并绘出流量曲线图。

（3）将活性炭放入烘箱中，在 100 ℃以下烘 1～2 h，过筛备用。

（4）标准曲线的绘制。用 5 支 100 mL 注射器分别抽取 5 mL、10 mL、20 mL、40 mL、80 mL 浓度为 1 mg/L 的苯标准气，用洁净的空气稀释至 100 mL，其浓度分别为 50 mg/m³、100 mg/m³、200 mg/m³、400 mg/m³、800 mg/m³。按气质联机操作方法进样，测量峰值面积值，绘制标准曲线。

（5）取三根吸附柱测量管径，然后分别向吸附柱中装入高度为 14 cm、12 cm 和 10 cm 的已烘干活性炭，然后把 14 cm 炭层的吸附柱装在流程上，另两根柱备用。

（6）根据测定的管径，计算出空塔气速为 0.3 m/s 时所应通的气量，并根据流量曲线认准空塔气速的流量计刻度值。

（7）打开放空阀门 3，关闭阀门 7，开启压缩机，然后利用阀门 3 将气体流量调节到所需流量值。

（8）打开取样口阀门 10，将气体接通气质联机，逐渐开启阀门 7，关小阀门 6，并保持流量计所示刻度值不变，调节混合气体含苯浓度为 250 mg/m³，记下此时时间。

（9）关闭取样口阀门 10，使气体全部通过吸附柱，并保持上述条件连续通气。通过取样口不断将气体导入气质联机，测定吸附柱出口含苯浓度，至出口气体有微量苯浓度显示时停止通气，记下时间。

（10）将 14 cm 炭层柱由流程上卸下，并分别将 12 cm 和 10 cm 炭层吸附柱装在流程上，重复（3）～（6）的操作，在操作中保持相同的条件。

(11)实验完毕后,关闭压缩机,切断电源。

【注意事项】

(1)苯为有毒气体,实验中应做好防护措施,注意实验安全。

(2)实验前应仔细检查装置气密性,以防苯气发生泄漏。

5. 数据记录与处理

1) 实验基本数据记录

(1)吸附柱:直径 $D=$ _____ mm,床层横截面积 $F=$ _____ m^2。

(2)活性炭:种类 _____ ,粒径 $d=$ _____ mm,堆积密度 _____ kg/m。

(3)操作条件:室温 _____ ℃,气压 _____ kPa,气体流量 _____ L/min,空塔气速 _____ m/s。

2) 实验数据处理

(1)气体中苯浓度的计算:

$$\rho_i = \rho_0 \varphi \tag{4-1-27}$$

式中:ρ_i 为苯的浓度,mg/m^3;ρ_0 为由标准曲线上查得的样品浓度,mg/m^3;φ 为将样品体积换算为标准状况下体积的换算系数。

(2)希洛夫公式中 K、t_0 的求取。依据所得实验结果,计算希洛夫公式中的常数 K 和 t_0 值:

$$t = KL - t_0 \tag{4-1-28}$$

式中:t 为保持作用时间,min;L 为炭层高度,m。

(3)吸附容量的计算。活性炭的吸附容量

$$a = \frac{KVC}{\rho_b} \tag{4-1-29}$$

式中:a 为活性炭吸附容量,kg/kg;K 为吸附层保护作用系数,s/m;V 为空塔气速,m/s;C 为气流中污染物入口浓度,kg/m^3;ρ_b 为吸附剂的堆积密度,kg/m^3。

(4)将相关实验数据计算结果记入表 4-1-13。

希洛夫公式中的 K 和 t_0 值:$K=$ _____ min/m;$t_0=$ _____ min。

表 4-1-13　实验数据记录与处理

项目	1号吸附柱	2号吸附柱	3号吸附柱
炭层高度/m			
进气浓度/(mg · m^{-3})			
保护作用时间/min			
吸附容量/(kg · kg^{-1})			

6. 思考题

影响吸附量的因素有哪些? 在实验中若空塔气速、气体进口浓度发生变化,将会对吸附量产生什么影响?

实验 7　碱液吸收气体中的二氧化硫

1. 实验目的

(1)了解吸收法净化废气中 SO_2 的效果。

(2)改变气流速度,观察填料塔内气-液接触状况和液泛现象。

(3)测定填料吸收塔的吸收效率及压降。

2. 实验原理

含 SO_2 的气体可采用吸收法净化。由于 SO_2 在水中溶解度不高,常采用化学吸收方法。

吸收 SO_2 的吸收剂种类较多,本实验采用 $NaOH$ 或 Na_2CO_3 溶液作吸收剂,吸收过程发生的主要化学反应为

$$2NaOH + SO_2 — Na_2SO_3 + H_2O$$
$$Na_2CO_3 + SO2 \rightarrow Na_2SO_3 + CO_2$$
$$Na_2SO_3 + SO_2 + H_2O \longrightarrow 2NaHSO_3$$

实验过程中通过测定填料吸收塔进出口气体中 SO_2 的含量,即可近似计算出吸收塔的平均净化效率,进而了解吸收效果。气体中 SO_2 含量的测定采用甲醛缓冲溶液吸收——盐酸副玫瑰苯胺比色法。

实验中通过测出填料塔进出口气体的全压,即可计算出填料塔的压降;若填料塔的进出口管道直径相等,用 U 形管压差计测出其静压差即可求出压降。

3. 实验装置

实验装置主要包括空压机 1 台、液体 SO_2 钢瓶 1 瓶、填料塔 1 个($\Phi = 700$ mm、$H = 650$ mm)、填料 $\Phi = 5 \sim 8$ mm 的瓷杯若干、泵 1 台(扬程 3 m、流量 400 L/h)、缓冲罐 1 个(容积 1 m^3)、高位液槽 1 个、混合缓冲罐 0.5 m^3 1 个、受液槽 1 个、转子流量计(水)1 个(10~100 L/h LZB—10)、转子流量计(气)1 个(4~40 m^3/h LZB—40)、毛细管流量计 1 个(0.1~0.3 mm)、U 形管压力计 3 只(200 mm)、压力表 1 只、温度计 2 支(0~100 ℃)、空盒式大气压力计 1 只、玻璃筛板吸收瓶 20 个(125 mL)、锥形瓶 20 个(250 mL)、烟尘测试仪(采样用)2 台(YQ—I 型)。

实验用试剂包括:

(1)甲醛吸收液:将已配好的吸收储备液稀释 100 倍后,供使用。

(2)对品红储备液:将配好的 0.25％的对品红稀释 5 倍后,配成 0.05％的对品红储备液,供使用。

(3)1.50 mol/LNaOH 溶液:称 NaOH 6.0 g 溶于 100 mL 容量瓶中,供使用。

(4)0.6％氨基磺酸钠溶液;称 0.6 g 氨基磺酸钠,加 1.50 mol/LNaOH 溶液 4.0 mL,用水稀释至 100 mL,供使用。

实验装置如图 4-1-12 所示:

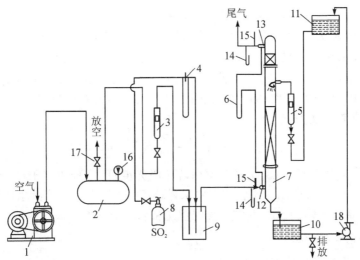

1—空压机；2—缓冲罐；3—转子流量计（气）；4—毛细管流量计；5—转子流量计（水）；6—压差计；
7—填料塔；8—SO₂钢瓶；9—混合缓冲器；10—受液槽；11—高位液槽；12,13—取样口；14—压力计；
15—温度计；16—压力表；17—放空阀；18—泵。

图 4-1-12　SO₂吸收实验装置

　　吸收液从高位液槽通过转子流量计，由填料塔上部经喷淋装置进入塔内，流经填料表面，由塔下部排到受液槽。空气由空压机经缓冲罐后，通过转子流量计进入混合缓冲器，并与 SO₂ 气体相混合，配制成一定浓度的混合气。SO₂ 来自钢瓶，并经毛细管流量计计量后进入混合缓冲器。含 SO₂ 的空气从塔底进气口进入填料塔内，通过填料层后，尾气由塔顶排出。

4. 实验步骤

　　(1) 按图正确连接实验装置，并检查系统是否漏气，关严吸收塔的进气阀，打开缓冲罐上的放空阀，并在高位液槽中注入配制好的碱溶液。

　　(2) 在玻璃筛板吸收瓶内装入采样用的吸收液 50 mL。

　　(3) 打开吸收塔的进液阀，并调节液体流量，使液体均匀喷布，并沿填料表面缓慢流下，以充分润湿填料表面，当液体由塔底流出后，将液体流量调至 35 L/h 左右。

　　(4) 开启空压机，逐渐关小放空阀，并逐渐打开吸收塔的进气阀。调节空气流量，使塔内出现液泛。仔细观察此时的气液接触状况，并记录下液泛时的气速（由空气流量计算）。

　　(5) 逐渐减小气体流量，消除液泛现象。调气体流量计到接近液泛现象且吸收塔正常工作时开启 SO₂ 气瓶，使气体中 SO₂ 含量为 0.01%～0.5%（体积分数）（建议空气流量 20 m³/h，SO₂ 气体流量 0.5 m³/h），稳定运行 5 min，取 3 个平行样。

　　(6) 取样完毕调整液体流量计到 30 L/h、20 L/h、10 L/h，稳定运行 5 min，取 3 个平行样。

　　(7) 实验完毕，先关进气阀，待 2 min 后停止供液。

　　(8) 取样分析：

　　采用甲醛缓冲溶液吸收——盐酸副玫瑰苯胺比色法。SO₂ 被甲醛缓冲液吸收后，发生化学反应生成稳定的羟甲酸基磺酸加成化合物，加碱后又释放出 SO₂，与盐酸副玫瑰苯胺作用，生成紫红色化合物，根据其颜色深浅，比色测定。

　　比色步骤如下：

①待测样品混合均匀后取 10 mL 放入试管中；

②向试管中加入 0.5 mL 0.6％的氨基磺酸钠溶液和 0.5 mL 的 1.50 mol/L NaOH 溶液混合均匀后，再加入 1.00 mL 的 0.05％对品红混合均匀，20 min 后比色；

③比色时将波长调至 577 Å。将待测样品放入 1 cm 的比色皿中，同时用蒸馏水放入另一个比色皿中作参比，测其吸光度（如果浓度高时，可用蒸馏水稀释后再比色）。

SO_2 的浓度计算方法为

$$\rho_{SO_2} = \frac{(A_k - A_0) \times B_s}{V_s} \times \frac{L_1}{L_2} \ (\mu g/m^3)$$

式中，A_k 为样品溶液的吸光度；A_0 为试剂空白溶液吸光度；B_s 为校正因子，$B_s = 0.044 \ \mu g SO_2/$（吸光度/15 mL）；$V_s$ 为换算成参比状态下的采样体积，L；L_1 为样品溶液总体积，mL；L_2 为分析测定时所取样品溶液体积，m。测定浓度时注意稀释倍数的换算。

5. 实验数据记录与分析

（1）填料塔的平均净化效率（η）为

$$\eta = \left(1 - \frac{c_2}{c_1}\right) \times 100\%$$

式中，c_1 为填料塔入口处二氧化硫浓度，mg/m^3；c_2 为填料塔出口处二氧化硫浓度，mg/m^3。

（2）计算出填料塔的液泛速度：

$$v = Q/F$$

式中，Q 为气体流量，m^3/h；F 为填料塔截面积，m^2。

实验结果整理成表（表 4-1-14）：

表 4-1-14　实验结果

序号	气体流量/ ($L \cdot h^{-1}$)	吸液量/ mL	液气比	液泛速度/ ($m \cdot s^{-1}$)	空速/ ($1 \cdot h^{-1}$)	塔内气液接触速度	净化效率/％
1							
2							
3							
4							

（3）绘制液量与效率的曲线 Q-η。

（4）分析气、液流量对填料塔压降的影响。

6. 思考题

（1）根据实验结果标绘出的曲线，试分析你可以得出哪些结论？

（2）通过实验，你有什么体会？对实验有何改进意见？

实验 8　烟气脱硝

（一）SNCR 法脱硝实验

1. 实验目的

工业燃煤燃烧后会产生较多的氮氧化合物（NO_2 和 NO）。它们是光化学污染的主要成因之一,也是破坏臭氧层的原始物质,对环境和人体健康均有较大的危害,因此需要对烟气进行脱硝处理。

通过该实验应达到以下目的:

(1)了解选择性非催化还原法的原理和方法。

(2)巩固烟气中气态污染物的采样原理和方法。

2. 实验原理

选择性非催化还原(selective non-catalytic reduction,SNCR)法是一种不用催化剂,在850~1100 ℃范围内还原 NO_x 的方法,还原剂常用氨水或尿素,其脱硝率一般为 25%~35%,大多用作低 NO_x 燃烧技术后的二次处置。

其工作原理如图 4-1-13 所示,含有 NH_x 基的还原剂在炉膛内迅速热分解成 NH_3 和其他副产物,随后 NH_3 与烟气中的 NO_x 进行 SNCR 反应生成 N_2。

主要反应方程如下:

(1)还原剂为氨水:

$$4NH_3 + 4NO + O_2 \longrightarrow 4N_2 + 6H_2O$$
$$4NH_3 + 2NO + 2O_2 \longrightarrow 3N_2 + 6H_2O$$
$$8NH_3 + 6NO_2 \longrightarrow 7N_2 + 12H_2O$$

(2)还原剂为尿素:

$$(NH_2)_2CO \longrightarrow 2NH_2 + CO$$
$$NH_2 + NO \longrightarrow N_2 + H_2O$$
$$2CO + 2NO \longrightarrow N_2 + 2CO_2$$

3. 实验装置

SNCR 法实验装置主要包括尿素储存罐、燃烧炉、计量装置、NO_x 采样装置等,如图 4-1-13 所示。

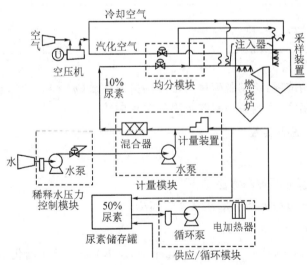

图 4-1-13 SNCR 法脱硝实验原理图

4. 实验步骤

1) 采样准备

(1)仪器检查:检查所有的测试仪器功能是否正常。

(2)实验室通风:由于氮氧化合物、燃煤燃烧中产生的一氧化碳等均为有毒气体,因此测试环境应为负压通风,并保持实验室环境处于良好的通风状态。

2) 采样步骤

(1)开启引风机和水泵。

(2)发烟:将测试燃煤放入燃烧炉内点火,调节鼓风量和燃煤添加量,控制燃烧炉内温度至设定值。

(3)喷浆液:打开喷液调节阀,调节喷液量至设定值,并记录喷液量。

(4)烟气采样:脱硝系统稳定运行后,使用 NO_x 采样装置对进气和排气进行采样,记录燃烧炉内温度。

(5)每次采样,至少采取三个样品,取其平均值。

5. 数据记录与处理

1) 数据记录

测定 SNCR 法脱硝实验的工况参数,计算脱硝率,结果填入表 4-1-15 中。

表 4-1-15　SNCR 法脱硝实验数据记录表

采样编号	浆液流量/$(L \cdot s^{-1})$	烟气温度/℃	采样时间/min	采样体积/L	进气浓度/$(mg \cdot m^{-3})$	排气浓度/$(mg \cdot m^{-3})$	脱硝率/%
1							
2							
3							
4							
5							

2) 数据处理

(1)改变浆液初始浓度,绘制脱硝率与浓度的关系曲线(η-c)。

(2)改变燃烧炉温度,绘制脱硝率与炉温的关系曲线(η-t)。

(二)SCR 法烟气脱硝实验

1. 实验目的

(1)了解 SNCR 法的原理和方法;

(2)巩固烟气中气态污染物的采样原理和方法。

2. 实验原理

选择性催化还原(selective catalytic reduction,SCR)法是指在催化剂(V_2O_5、TiO_2 等)的作用下,利用还原剂(NH_3、液氨、尿素)"有选择性"地与烟气中的 NO_x 反应并生成无毒无污染的 N_2 和 H_2O。在合理的设计及温度范围内,其脱硝率可达 80%～90%。

其工作原理如图 4-1-14 所示,含有 NH_x 基的还原剂在 SCR 反应器内在催化剂的作用

下优先与烟气中的 NO_x 进行反应而生成 N_2。

反应方程式同实验(一)。

3. 实验装置

选择性催化还原法实验装置主要包括空压机、SCR 反应器、计量装置、引风机、NO_x 采样装置等,如图 4-1-14 所示。

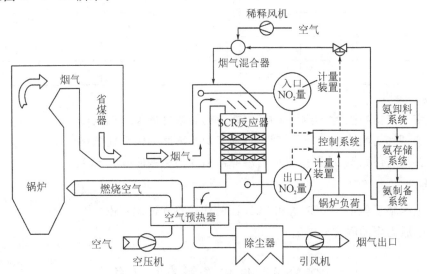

图 4-1-14　典型火电厂烟气 SCR 法脱硝系统流程图

4. 实验步骤

1) 采样准备

(1)仪器检查:检查所有的测试仪器功能是否正常。

(2)填装催化剂:按照设计填装催化剂。

(3)实验室通风:由于氮氧化合物为有毒气体,因此测试环境应为负压通风,并保持实验室环境处于良好的通风状态。

2) 采样步骤

(1)开启引风机和水泵。

(2)升温:开启 SCR 反应器,升温至设定温度,常用的催化剂催化温度一般为 300～400 ℃。

(3)发烟:打开空压机,调节气瓶开关,调节烟气量至设定值。

(4)喷浆液:打开喷液调节阀,调节喷液量至设定值,并记录喷液量。

(5)烟气采样:脱硝系统稳定运行后,使用 NO_x 采样装置对进气和排气进行采样,记录反应器温度。

(6)每次采样,至少采取三个样品,取其平均值。

5. 数据记录与处理

1) 数据记录

测定 SCR 法烟气脱硝过程中的参数,并计算脱硝率,结果填入表 4-1-16 中。

表 4-1-16　SCR 法脱硝实验数据记录表

采样编号	浆液流量 /(L·s⁻¹)	烟气温度/℃	采样时间/min	采样体积/L	进气浓度 /(mg·m⁻³)	排气浓度 /(mg·m⁻³)	脱硝率 /%
1							
2							
3							
4							
5							

2)**数据处理**

(1)改变浆液初始浓度,绘制脱硝率与浆液初始浓度的关系曲线(η-c)。

(2)改变烟气初始浓度,绘制脱硝率与烟气初始浓度的关系曲线(η-c)。

(3)改变反应器温度,绘制脱硝率与反应器温度的关系曲线(η-t)。

6. 思考题

(1)简述脱硝工程中 SNCR 法和 SCR 法的优缺点和适用范围。

(2)影响脱硝率的因素有哪些?

实验 9　催化降解有机废气

1. 实验目的

(1)掌握催化燃烧法净化有机废气的基本原理和有关仪器设备的使用方法。

(2)学会工艺条件的实验方法,通过实验选择适宜的工艺参数,为催化反应装置的设计提供依据。

2. 实验原理

有机化合物在一定温度下可发生氧化反应,生成无毒的二氧化碳和水,直接燃烧有机化合物所需温度较高,并伴有火焰产生。若采用适宜的氧化型催化剂,则可使燃烧温度降低,而且燃烧时无火焰发生,因为催化燃烧的实质就是借助催化剂的作用在较低温度下将有机物氧化分解为二氧化碳和水。

苯系物在催化剂作用下,将发生深度氧化反应,其反应方程式如下:

$$2C_6H_5OH+14.5O_2 \xrightarrow{\text{催化剂}} 12CO_2+7H_2O$$

催化反应必须在一定温度下才能发生,即只有温度达到某一值时,催化反应才能以明显的速度进行,这个温度称为催化剂的起燃温度。不同的催化剂要求的起燃温度不同,起燃温度的高低及苯系物转化率的大小是评价催化剂的标志。

3. 实验装置与流程

1)**实验装置和流程**

本实验装置和流程图如图 4-1-15 所示。

实验流程共分三部分:配气系统、催化反应部分和测试部分。

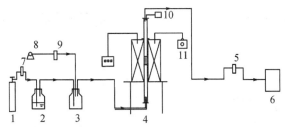

1—氮气；2—溶剂发生器；3—缓冲瓶；4—催化反应管；
5—尾气吸收；6—气相色谱仪；7、9—流量计；8—空气泵；
10—热电偶；11—控温仪。

图 4-1-15　催化燃烧实验装置和流程图

配气：氮气经钢瓶减压后，进入溶剂发生器 2，将挥发的溶剂带出，空气泵 8 送入空气，经流量计 9 计量后进入缓冲瓶 3，气体混合，将溶剂气体稀释。配气浓度可通过调节稀释气和含溶剂气的流量来控制。

反应和测试：配制成一定浓度的混合气，经缓冲瓶进入催化反应管 4，管内装 0.5 mL 的催化剂，该反应管置于加热炉中，当加热炉经电加热升温达一定温度后，混合气中的溶剂组分即可在催化剂上发生氧化反应。电加热炉的温度由控温仪控制，反应区的温度用电位差计测定。反应前、后的气体用针管取样，注入气相色谱仪 6，由此可测定反应后气体中溶剂的浓度。

2) 试剂

(1) 甲苯，分析纯（用于气相色谱中配标准浓度气）；

(2) 甲苯，化学纯（用于实验配气）。

4. 实验方法

1) 实验操作

(1) 将 0.5 mL 40～60 目 (0.42～0.63 mm) 的钙钛矿型催化剂装入石英管，催化剂两端用玻璃棉固定，然后将反应管固定于加热炉内。

(2) 检查系统有无漏气，电路是否正确。

(3) 打开钢瓶阀门，调节流量计 7 的流量为 50 mL/min、流量计 9 的流量为 0.5 L/min。使其空速（气体流量与催化剂体积之比）为 60000/h。

(4) 打开电加热炉控温仪的开关，按指定程序升温，待温度稳定在 300 ℃后，开始测定反应前后的组分浓度。控制反应温度在 300～450 ℃范围内，每升高一次温度，测定一次浓度值。

(5) 把温度控制在甲苯的转化率达 100% 的条件下，调节气量使空速从 10000/h 变化到 60000/h，应尽量保持反应前配气浓度不变，依次测定在各空速条件下反应前后的气体浓度。通过计算可得到空速与甲苯的转化率之间的关系。

(6) 在甲苯的转化率达 100% 的温度条件下，调节两路气量的比例，使配气浓度从 10^{-4} 变化到 10^{-3}，尽量保持空速不变，依次测定在各进气浓度条件下反应前后的气体浓度。通过计算则可得到进气浓度与甲苯的转化率之间的关系。

2) 取样分析

(1) 可将气相色谱仪与催化反应系统连接起来，如图 4-1-15 所示。通过定量管将反应前后的气体定量通入气相色谱仪。

(2) 也可用注射器进行采样，此时色谱仪不必与系统连接。

(3)样品分析:按仪器操作方法进样,记录分析时的室温和气压,测定峰高和半峰宽,由标准曲线上查得样品浓度。

5. 数据记录与处理

1)数据记录

将实验数据记入表 4－1－17 中。

表 4－1－17　实验数据记录表

样品编号	反应温度/℃	溶剂的浓度/(mg·m⁻³)		转化率/%
		反应前	反应后	

2)数据处理

(1)绘出空速和进气浓度一定时,反应温度与甲苯的转化率的关系曲线,并从图上找出催化剂的起燃温度 T50(转化率为 50%时的反应温度)和 T90(转化率为 90%时的反应温度)。

(2)绘出反应温度(转化率为 100%时的反应温度)及进气浓度不变时,空速与甲苯的转化率的关系曲线,并指出其规律。

(3)绘出反应温度(转化率为 100%时的反应温度)及空速一定时,进气浓度与甲苯的转化率的关系曲线,并指出其规律。

6. 思考题

(1)对实验结果进行分析,评价该催化剂的活性。

(2)对实验误差及实验中出现的问题进行分析和讨论。

4.2　水污染控制工程实验

4.2.1　污水的性质和指标

4.2.1.1　污水的物理性质及指标

表示污水物理性质的主要指标是水温、色度、臭味、固体含量及泡沫等。

1. 水温

污水的水温,对污水的物理性质、化学性质及生物性质有直接的影响。所以水温是污水水质的重要物理性质指标之一。

我国幅员辽阔,但根据统计资料表明,各地生活污水的年平均温度差别不大,均为 10～20 ℃。而生产污水的水温与各生产工艺有关,差别很大。故城市污水的水温,与排入排水系统的生产污水性质、所占比例有关。污水的水温过低(如低于 5 ℃)或过高(如高于 40 ℃)都会影响污水的生物处理效果。

2. 色度

生活污水的颜色常呈灰色。但当污水中的溶解氧降低至零,污水所含有机物腐败,则水色转呈黑褐色并有臭味。工业生产污水的色度视企业的性质而异,差别极大,如印染、造纸、农药、焦化、冶金及化工等的生产污水,都有各自的特殊颜色。水的颜色用色度作为指标,色度可由悬浮固体、胶体或溶解物质形成,悬浮固体形成的色度称为表色;胶体或溶解物质形成的色度称为真色。

3. 臭味

生活污水的臭味主要由有机物腐败产生的气体造成。工业废水的臭味主要由挥发性化合物造成。臭味大致有鱼腥臭[胺类 CH_3NH_2、$(CH_3)_3N$]、氨臭(氨 NH_3)、腐肉臭[二元胺类 $NH_2(CH_2)_4NH_2$]、腐蛋臭(硫化氢 H_2S)、腐甘蓝臭[有机硫化物 $(CH_3)_2S$]、粪臭(甲基吲哚 $C_8H_5NHCH_3$)及某些生产污水的特殊臭味。臭味给人以感观不悦,甚至会危及人体健康,使人呼吸困难、倒胃胸闷、呕吐等,故臭味也是污水物理性质的主要指标。

4. 固体含量

固体物质按存在形态的不同可分为:悬浮的、胶体的和溶解的三种;按性质的不同可分为:有机物、无机物与生物体三种。固体含量用总固体(total solid,TS)量作为指标。把一定量水样在 105~110 ℃烘箱中烘干至恒重,所得的重量即为总固体量。

悬浮固体(suspended solid,SS)或叫悬浮物。悬浮固体中,颗粒粒径在 0.1~1.0 μm 者称为细分散悬浮固体;颗粒粒径大于 1.0 μm 者称为粗分散悬浮固体。把水样用滤纸过滤后,被滤纸截留的滤渣,在 105~110 ℃烘箱中烘干至恒重,所得重量称为悬浮固体;滤液中存在的固体物即为胶体和溶解固体。悬浮固体中,有一部分可在沉淀池中沉淀,形成沉淀污泥,称为可沉淀固体。

悬浮固体也由有机物和无机物组成。故又可分为挥发性悬浮固体(volatile suspended solid,VSS)或称为灼烧减重、非挥发性悬浮固体(non-volatile uspended solids,NVSS)或称为灰分。把悬浮固体,在马弗炉中灼烧(温度为 600 ℃),所失去的重量为挥发性悬浮固体;残留的重量为非挥发性悬浮固体。生活污水中,前者约占 70%,后者约占 30%。

4.2.1.2　污水的化学性质及指标

污水中的污染物质,按化学性质可分为无机物与有机物;按存在的形态可分为悬浮状态与溶解状态。

1. 无机物及指标

污水中的无机物包括氮、磷、氨、无机盐类及重金属离子等,其定量指标一般为酸碱度。

2. 有机物及指标

生活污水所含有机物主要来源于排泄物及人类生活活动产生的废弃物、植物残片等,主要成分是碳水化合物、蛋白质、尿素及脂肪。组成元素是碳、氢、氧、氮和少量的硫、磷、铁等。由于尿素分解较快,故在城市污水中很少发现尿素。食品加工、饮料等工业废水中有机物成分与生活污水中的基本相同,其他工业废水所含有机物种类繁多。

有机物按被生物降解的难易程度,可分为两类 4 种:

第一类是可生物降解有机物:①可生物降解有机物,对微生物无毒害或抑制作用;②可生物降解有机物,但对微生物有毒害或抑制作用。

第二类是难生物降解有机物:③难生物降解有机物,对微生物无毒害或抑制作用;④难生物降解有机物,并对微生物有毒害或抑制作用。

上述两类有机物的共同特点是都可被氧化成无机物。第一类有机物可被微生物氧化;第二类有机物可被化学氧化或被经驯化、筛选后的微生物氧化。

由于污水中有机物种类繁多,现有的分析技术难以全部区分并定量。但可根据上述的都可被氧化这一共同特性,用氧化过程所消耗的氧量作为有机物总量的综合指标,进行定量,具体包括以下指标:

生物化学需氧量或生化需氧量(biochemical oxygen demand,BOD)。

化学需氧量(chemical oxygen demand,COD)。

总需氧量(total oxygen demand,TOD)。

总有机碳(total organic carbon,TOC)。

4.2.1.3　污水的生物性质及指标

污水中的有机物是微生物的食料,污水中的微生物以细菌与病菌为主。生活污水、食品工业污水、制革污水、医院污水等含有肠道病原菌(痢疾、伤寒、霍乱菌等)、寄生虫卵(蛔虫、蛲虫、钩虫卵等)、炭疽杆菌与病毒(脊髓灰质炎、肝炎狂犬、腮腺炎、麻疹等),如每克粪便中约含有 $10^4 \sim 10^5$ 个传染性肝炎病毒。因此了解污水的生物性质有重要意义,如污水中的寄生虫卵,约有 80% 以上可在沉淀池中沉淀去除;但病原菌、炭疽杆菌与病毒等不易沉淀,在水中存活的时间很长,具有传染性。

污水生物性质的检测指标有大肠菌群数(或称大肠菌群值)、大肠菌群指数、病毒及细菌总数。

4.2.2　废水处理的基本方法

根据处理的原理,废水处理的方法可分为物理法、化学法和生物法等。

物理法是利用物理作用来分离废水中呈悬浮状态的污染物质,在处理过程中不改变其化学性质。例如沉淀法不仅可以去除废水中相对密度大于 1 的悬浮颗粒,同时也是回收这些物质的有效方法;气浮法可除去乳状油或相对密度接近 1 的悬浮物;筛网过滤可除去纤维、纸浆等。此外,利用蒸发法浓缩废水中的溶解性不挥发物质也是一种物理处理法,属于这一类的还有离心分离、超滤、反渗透等方法。

化学法是利用化学反应的作用来处理废水中的溶解性污染物质或胶体物质。属于化学处理方法的有中和法、氧化还原法、混凝法、电解法、汽提法、萃取法、吹脱法、吸附法、离子交换法、电渗析法等。

生物法主要是利用微生物的作用,使废水中呈溶解和胶体状态的有机污染物转化为无害的物质。根据微生物的类别,目前常用的生物法可分为好氧生物处理法和厌氧生物处理法。好氧处理法中又有活性污泥法、生物膜法、生物氧化塘法、土地处理系统等。

以上各种处理方法都有它们各自的特点和适用条件。在实际废水处理中,往往需要组合使用各种方法,不能预期只用一种方法就把所有的污染物质都去除干净。这种由若干种处理方法合理组配而成的废水处理系统通常称为废水处理流程。

按照不同的处理程度,废水处理系统可分为一级处理、二级处理、三级处理等。一级处理只去除废水中较大颗粒的悬浮物质。大部分物理法是用于一级处理的,一级处理有时也叫作机械处理。废水经一级处理后,一般仍达不到排放要求,尚需进行二级处理。从这个角度上说,一级处理只是预处理。二级处理的主要任务是去除废水中呈溶解和胶体状态的有机物质。生物法是最常用的二级处理方法,比较经济有效,因此二级处理也叫生物处理或生物化学处理。通过二级处理,废水中有机物浓度大幅度降低。三级处理也称为高级处理或深度处理。当对出水水质要求很高时,为了进一步去除废水中的营养物质(氮和磷)、生物难降解的有机物质和溶解盐类等,以便达到某些水体要求的水质标准或直接回用于工业及供冲厕、绿化等生活杂用,就需要在二级处理之后再进行三级处理。对于某一种废水来说,究竟采用哪些处理方法和怎样的处理流程,需根据废水的水质和水量、回收价值、排放标准、处理方法的特点及经济条件等,通过调查、分析和费用比较后才能确定。必要时,还要进行实验研究。

实验 1　颗粒自由沉淀

沉淀是水污染控制中用以去除水中杂质的常用方法。沉淀可分为四种其本类型,即自由沉淀、絮凝沉淀、成层沉淀和压缩沉淀。颗粒自由沉淀是指颗粒物在水中做自由沉降并聚集的过程。当悬浮物质浓度不高且颗粒不具有絮凝性或絮凝性较弱时,颗粒在沉淀过程中不受器壁和其他颗粒的影响,呈离散状态,其形状、尺寸、质量均不改变,下沉速度不受干扰,各自独立地完成沉淀过程。典型例子是砂粒在沉砂池中的沉淀及悬浮物浓度较低的污水在初次沉淀池中的沉淀过程。

颗粒自由沉淀实验是研究水中颗粒浓度较低时单颗粒的沉淀规律。一般是通过沉淀柱静沉实验获取沉淀曲线。它不仅具有理论指导意义,而且也是水污染控制中,某些构筑物如沉砂池、初沉池设计的重要依据。

1. 实验目的

(1)加深理解沉淀的基本概念和颗粒自由沉淀规律。

(2)掌握颗粒自由沉淀实验的方法,能对实验数据进行分析、整理,并通过计算绘制出颗粒自由沉淀曲线。

2. 实验原理

在层流状态下,颗粒自由沉淀的沉淀速度符合斯托克斯(Stokes)公式。但是由于水中颗粒的复杂性,颗粒粒径和密度等参数无法准确地测定,因而沉淀效果、特性无法通过公式求得,而需要通过静沉实验确定。

自由沉淀时颗粒是等速沉淀,沉淀速度与沉淀高度无关,因此,自由沉淀实验可在一般沉淀柱内进行。考虑到器壁对颗粒沉淀的影响,沉淀柱直径应足够大,一般应使内径 $D > 100$ mm。

自由沉淀实验设在一个有效水深为 H 的沉淀柱内进行,如图 4-2-1 所示。实验开始,沉淀时间为 0,此时沉淀柱内悬浮物分布是均匀的,即每个断面上颗粒的数量与粒径的组成相同,悬浮物浓度为 C_0 (mg/L),此时去除率 $E = 0$。

实验开始后,在时间为 t_1 时从水深为 H 处取一水样,测出其浓度为 C_1 (mg/L)。由于沉速大于 u_1($u_1 = H/t_1$)的所有颗粒已沉淀到取样点以下,残余颗粒的沉速必然小于 u_1。这样,具有沉速小于 u_1 的颗粒与全部颗粒的比例为 $p_1 = C_1/C_0$。在时间为 t_2,t_3,…时重复上述过程,则具有沉速小于 u_2,u_3,…的颗粒比例 p_2,p_3,…也可求得。将这些数据整理可绘出如图 4-2-2 所示的曲线。

对于指定的沉淀时间 t_0 可求得颗粒沉速 u_0，沉速大于 u_0 的颗粒在 t_0 时可全部去除，设 p_0 代表沉速小于 u_0 的颗粒所占百分数，则沉速大于等于 u_0 的颗粒去除的百分数可用 $(1-p_0)$ 表示。而沉速小于 u_0 的颗粒能否去除决于其在水中的高度，只有距取样口高度低于 h_i ($h_i = u_i t_0$) 的颗粒才可以去除，也即在 t_0 时水中沉速为 u_i 的颗粒的去除率为 h_i/H。因此，颗粒的总去除率为

$$E = (1-p_0) + \int_0^{p_0} \frac{h_i}{H} \mathrm{d}p \qquad (4-2-1)$$

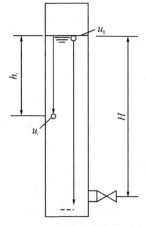

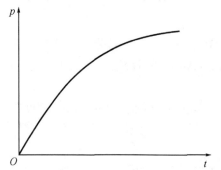（说明：实际为右侧图）

图 4-2-1　颗粒自由沉淀示意图　　　　图 4-2-2　颗粒沉速累计频率分布曲线

由于

$$\frac{h_i}{H} = \frac{u_i t_0}{u_0 t_0} = \frac{u_i}{u_0} \qquad (4-2-2)$$

将式(4-2-2)代入式(4-2-1)可得

$$E = (1-p_0) + \frac{1}{u_0} \int_0^{p_0} u_i \mathrm{d}p \qquad (4-2-3)$$

式(4-2-3)中积分部分可根据沉淀实验曲线用图解积分法计算，即图 4-2-2 中的阴影部分。根据式(4-2-3)可以得到图 4-2-3 和 4-2-4 所示沉淀特性曲线。

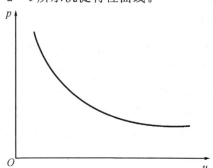

图 4-2-3　沉淀时间与总去除率关系曲线　　　图 4-2-4　颗粒沉速与总去除率关系曲线

此外，还有另外一种确定沉淀特性曲线的方法。在 $t=0$ 时，沉淀柱内任何一点的悬浮物分布是均匀一致的。随着沉淀时间的增加，由于不同沉速颗粒的下沉距离不同，因此沉淀柱中悬浮物浓度不再均匀，其浓度随水深而增加。经过沉淀时间 t 后，如果将沉淀柱中有效水深内的水样全部取出，测出其剩余的悬浮物浓度 C，可以计算出沉淀效率：

$$E = \frac{C_0 - C}{C_0} \times 100\% \qquad (4-2-4)$$

但由于这样做实验工作量太大，通常可以从有效水深的上、中、下部取相等体积的水样混合后求出有效水深内的平均悬浮物浓度。或者，为了简化，可以假设悬浮物浓度沿深度呈直线变化。因此，可以将取样口设在 $H/2$ 处，则该处水样的悬浮物浓度可近似地代表整个有效水深内的平均浓度，由此计算出沉淀时间为 t 时的沉淀效率。

依此类推，在不同沉淀时间 $t_1, t_2, t_3, \cdots$ 分别从中部取样测出悬浮物浓度 $C_1, C_2, C_3, \cdots$，并同时测量水深的变化 $H, H_1, H_2, \cdots$（如沉淀柱直径足够大，则 $H, H_1, H_2, \cdots$ 相差很小），可计算出 $u_1, u_2, u_3, \cdots$，再绘制出沉淀特性曲线。这种采用中部取样的方法得出的沉淀特性曲线，与采用第一种实验方法用式（4-2-4）计算得出的沉淀特性曲线是很相近的。

3. 实验装置与设备

（1）有机玻璃管沉淀柱一根，内径 $D=100$ mm，高 1500 mm。沉淀柱上设溢流管、取样口、进水管等。

（2）配水及投配系统包括水样调配箱、搅拌装置、水泵、高位水箱等，如图 4-2-5 所示。

（3）计量水深用标尺，计时用秒表或手表。

（4）取样用玻璃烧杯、玻璃棒等。

（5）悬浮物定量分析所需的定量滤纸、抽滤装置、烘箱、干燥器、分析天平。

（6）水样可用硅藻土人工配制的水样或实际废水。

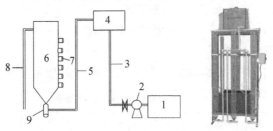

1—水样调配箱；2—水泵；3—水泵输水管；4—高位水箱；
5—沉淀柱进水管；6—沉淀柱；7—取样口；8—溢流管；
9—沉淀柱进水阀门；

图 4-2-5　颗粒自由沉淀实验装置

4. 实验步骤

（1）准备工作：将选好的中速定量滤纸，放入托盘，将其放入（105±1）℃的烘箱烘 2 h，取出后放入干燥器冷却 30 min，在分析天平上称重，以备过滤时使用。

（2）配制固体悬浮液，启动搅拌机，搅拌 3～5 min，使悬浮液允分混匀，停止搅拌，迅速取原水样 50 mL，测其浓度为 C_0。

（3）启动搅拌机，开启水泵，打开各沉淀柱进水阀门，原水样将从底部进入沉淀柱内，当水上升到溢流口并流出后，关闭进水阀、停泵，开始计时，沉淀实验开始。

（4）隔 5 min、10 min、20 min、30 min、40 min、60 min、90 min 时，由同一高度取样口取样，同时记录沉淀柱内液面高度。

（5）观察悬浮颗粒沉淀特点、现象。

（6）用编号的滤纸过滤水样，烘干，测定水样悬浮物含量。

（7）将实验中得到的数据记录在实验记录表中，如表 4-2-1 所示。

表 4 - 2 - 1　颗粒自由沉淀实验记录表

沉淀时间 /min	滤纸质量 /g	取样体积 /mL	滤纸＋SS 质量 /g	水样 SS 质量 /g	浓度 C /(mg · L^{-1})	工作水深 /cm
0						
5						
10						
20						
30						
40						
60						
90						

5. 数据处理

(1)实验基本参数整理。

实验日期:＿＿＿＿＿＿＿;　　　　　水样性质及来源:＿＿＿＿＿＿＿;

沉淀柱直径 D＝＿＿＿＿＿＿＿;　　　柱高 H＝＿＿＿＿＿＿＿。

水温:＿＿＿＿＿＿℃;　　　　　　　原水悬浮物浓度 C_0＝＿＿＿＿＿(mg/L)。

绘制沉淀柱草图及管路连接图。

(2)实验数据整理。将实验原始数据按表 4 - 2 - 2 整理,以备计算分析。

表 4 - 2 - 2　实验原始数据整理表

沉淀时间 t_i/min	0	5	10	20	30	40	60	90
沉淀高度 H_i/cm								
实测水样 SS 浓度 C_i/(mg · L^{-1})								
未被去除悬浮物百分比 p_i								
颗粒沉速 u_i/(mm · s^{-1})								

表 4 - 2 - 2 中不同沉淀时间 t_i 时,沉淀柱内未被去除的悬浮物的百分比及颗粒沉速分别按下式计算:

未被去除悬浮物的百分比:

$$p_i = \frac{C_i}{C_0} \times 100\% \qquad\qquad (4 - 2 - 5)$$

式中:C_0 为原水中 SS 浓度值,mg/L;C_i 为沉淀时间 t_i 后,水样中 SS 浓度值,mg/L。

相应颗粒沉速:

$$u_i = \frac{H_i}{t_i} \qquad\qquad (4 - 2 - 6)$$

(3)以颗粒沉速 u 为横坐标,以 p 为纵坐标,绘制 p - u 关系曲线(见图 4 - 2 - 6)。

(4)参考图 4 - 2 - 6,利用图解积分法列表(见表 4 - 2 - 3)计算不同沉速时,悬浮物的总去除率。

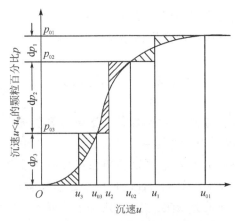

图 4-2-6　沉速分布曲线的图解积分

表 4-2-3　悬浮物总去除率 E 的计算

u_0	p_0	$1-p_0$	Δp	u	$\dfrac{\sum u\Delta p}{u_0}$	$E=(1-p_0)+\dfrac{\sum u\Delta p}{u_0}$

(5)根据上述计算结果,以 E 为纵坐标,分别以 u 及 t 为横坐标,绘制 E-u、E-t 关系曲线。

【注意事项】

(1)向沉淀柱内进水时,速度要适中,既要较快完成进水,以防进水中一些较重颗粒沉定,又要防止速度过快造成柱内水流强烈紊动,影响静沉实验效果。

(2)取样前,一定要记录柱中水面至取样口距离 H_0(以 cm 计)。

(3)取样时,先排除管中积水而后取样,每次取 $100\sim200$ mL。

(4)测定悬浮物浓度时,为避免颗粒在烧杯中沉淀产生的影响,可将水样全部过滤,并用蒸馏水多次冲洗烧杯后过滤保证悬浮物完全转移到滤纸上。

6. 思考题

(1)若沉淀柱直径较小,会对实验结果产生哪些影响?

(2)从沉淀柱取样时,应注意哪些问题以减少取样误差?

(3)理论上说,底部取样和中部取样哪种方式所得结果更可靠?

实验 2　混凝沉淀

废水和天然水中由于含有各种悬浮物、胶体和溶解物等杂质,呈现出浊度、色度、臭味等水质特征,其中胶体物质是形成水中浊度的主要因素。胶体物质由于本身的布朗运动特性、电荷特性(ξ电位)及其表面水化作用,在水中可以长期保持分散悬浮状态,即具有稳定性,很难靠重力自然沉降去除。向水中投加混凝剂可使胶体的稳定状态被破坏,脱稳之后的胶体颗粒可借助一定的水力条件通过碰撞彼此聚集絮凝,形成可重力沉淀的较大的絮体,从而易于从水中分离,这一过程称为混凝。

1. 实验目的

(1)了解混凝现象及影响混凝的主要因素,加深对混凝原理的理解。

(2)学会优化混凝条件(混凝剂种类、投药量、pH 值及水流速度梯度等)的基本方法。

(3)了解助凝剂对混凝效果的影响。

2. 实验原理

向水中投加混凝剂:①降低胶粒的 ξ 电位,降低颗粒间的排斥能峰,实现胶粒"脱稳";②产生高聚物,发生吸附架桥作用,从而达到颗粒的凝聚;③生成沉淀物,沉淀物自身沉淀过程中对水中胶体颗粒进行网捕和卷扫。

投加混凝剂的多少,直接影响混凝的效果。投加量不足或投加量过多,均不能获得良好的混凝效果。不同水质对应的最优混凝剂投加量也各不相同,必须通过实验的方法加以确定。

向被处理水中投加混凝剂如 $Al_2(SO_4)_3$、$FeCl_3$ 后,生成的 $Al(\mathrm{III})$、$Fe(\mathrm{III})$ 化合物对胶体颗粒的脱稳效果不仅受混凝剂投加量、水中胶体颗粒的浓度影响,同时还受水的 pH 的影响。若 pH 值过低(小于 4),则混凝剂的水解受到限制,其水解产物中高分子多核多羟基物质的含量很少,絮凝作用很差;如水的 pH 值过高(大于 9),所生成的化合物就会出现溶解现象,生成带负电荷的络合离子,也不能很好地发挥絮凝作用。

水温对混凝效果也有明显影响。通常在低温时,絮凝体形成缓慢,絮凝颗粒细小、松散。这主要由于:①混凝剂水解多是吸热反应,水温低时水解速率降低;②低温时水的黏度大,布朗运动减弱,颗粒间的碰撞概率降低,不利于脱稳胶体聚集生成较大的絮凝体。同时,水黏度大时,水流剪切力增大,同样不利于絮凝体的长大;③低温时胶体颗粒的水化作用增强,妨碍胶体凝聚。

在混凝过程中,使脱稳胶体形成大的絮凝体,关键在于保持颗粒间的相互碰撞。当颗粒粒径大于 $1\ \mu\mathrm{m}$ 时,由布朗运动造成的"异向絮凝"基本消失,主要依赖流体湍动,即"同向絮凝"作用来促使颗粒相互碰撞,因此,水力条件对混凝效果有很大的影响。一般用速度梯度来反映水力条件,速度梯度是指两相邻水层的水流速度差和它们之间的距离之比,用 G 表示,其数值可用式(4-2-7)计算:

$$G = \sqrt{\frac{P}{\mu V}} \tag{4-2-7}$$

式中:G 为混凝设备的速度梯度,s^{-1};P 为在混凝设备中水流所耗功率,W;μ 为水的动力黏度,Pa・s;V 为混凝设备的有效容积,m^3。

对于垂直轴式搅拌器,桨板绕轴旋转时克服水的阻力所耗功率 P 可用式(4-2-8)计算:

$$P = \frac{m C_D \rho}{8} L \omega^3 (r_2^4 - r_1^4) \qquad (4-2-8)$$

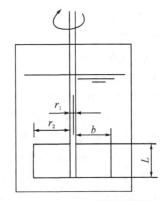

图 4-2-7　垂直轴搅拌设备示意图

式中:m 为同一旋转半径上的桨板数,图 4-2-7 中搅拌设备中 $m = 2$;C_D 为阻力系数,取决于桨板宽长比,见表 4-2-4;ρ 为水的密度,kg/m^3;L 为桨板长度,m;ω 为桨板相对于水的旋转角速度,rad/s;r_2 为桨板外缘旋转半径,m;r_1 为桨板内缘旋转半径,m。

表 4-2-4　阻力系数 C_D

宽长比(b/L)	<1	1~2	2.5~4	4.5~10	10.5~18	>18
C_D	1.10	1.15	1.19	1.29	1.40	2.00

混凝过程的混合和反应阶段对水力条件要求不同,混合阶段要求水和混凝剂快速均匀混合,此阶段所需延续的时间通常要求在 10~30 s,最长不超过 2 min,一般 G 值在 500~1000 s^{-1}。在反应阶段要求水流具有由强至弱的混合强度,一方面保证脱稳的颗粒间相互碰撞的概率,另一方面防止已形成的絮体因强烈的水力剪切作用而被打破,一般要求混合强度由大变小,通常以 G 值(混凝设备的速度梯度)和 GT(间接表示整个采凝时间内颗粒碰撞的总次数,是混凝过程中的控制指标)值作为控制指标,G 值一般控制在 70~20 s^{-1},GT 值在 10^4~10^5 为宜。

此外,当单独使用混凝剂不能取得预期效果时,可投加助凝剂以提高混凝效果。助凝剂通常是高分子物质,作用机理是高分子物质的吸附架桥作用,它能改善絮凝体结构,促使细小而松散的絮粒变得粗大而结实。

3. 实验材料

1)仪器

六联搅拌机、浊度仪、pH 计、温度计、烧杯、移液管、量筒、注射针筒等。

2)试剂

混凝剂及参考浓度:聚合氯化铝(PAC)(10 g/L)、聚丙烯酰胺(PAM)(0.5 g/L)、氯化铁(20 g/L)、硫酸铝(20 g/L)、10%盐酸溶液、10%氢氧化钠溶液。

3) 实验用样品水

生活污水、印染废水、模拟废水等。

4. 实验步骤

1)确定最佳混凝剂种类和最小投加量

(1)测定原水的浊度、pH 值和水温。

(2)量取 600 mL 原水注入烧杯中,将烧杯置于六联混凝搅拌机平台。

(3)启动搅拌机,慢速搅拌(转速 50 r/min),并每次增加 0.5 mL 混凝剂投加量,直至出现"矾花"为止。这时的混凝剂量作为形成"矾花"的最小投加量。

(4)关闭搅拌机,静置沉淀 10 min,观察"矾花"的形成过程,并判断最佳混凝剂(用量最少的那种混凝剂)。

2)确定最佳投加量

(1)量取 600 mL 原水注入烧杯中,将烧杯置于六联混凝搅拌机平台。

(2)根据最小混凝剂投加量,取其 1/4 作为 1 号烧杯的混凝剂投加量,取其 2 倍作为 6 号烧杯的混凝剂投加量,用依次增加相同混凝剂投加量的方法求出 2~5 号烧杯混凝剂投加量,把混凝剂分别加入 1~6 号加药试管中。

(3)启动搅拌机,中速搅拌 0.5 min,转速 150 r/min;快速搅拌 1.5 min,转速 200 r/min;慢速搅拌 15 min、转速 50 r/min。在搅拌过程中,观察并记录"矾花"形成的过程、外观、大小及密实程度等。

(4)关闭搅拌机,静置沉淀 10 min,用注射器抽取烧杯中的上清液,迅速测定其剩余浊度值,抽取上清液和浊度测定重复三次,以保证结果的准确性,测定重复 2 次。

(5)分析浊度仪与投加量的关系,找出相应的最佳投加量。

3)确定最佳 pH 值

(1)量取 600 mL 原水注入烧杯中,将烧杯置于六联混凝搅拌机平台。

(2)向各加药试管中加入相同剂量的混凝剂(投加剂量按照步骤 1)和 2)中最佳混凝剂的最佳投加量而确定)。

(3)调节原水 pH 值:用盐酸和氢氧化钠溶液调节不同的 pH 值。

(4)启动搅拌机,中速搅拌 0.5 min,转速 150 r/min;快速搅拌 1.5 min,转速 200 r/min;慢速搅拌 15 min、转速 50 r/min。

(5)关闭搅拌机,静置沉淀 10 min,用注射器抽取烧杯中的上清液,迅速测定其剩余浊度值,抽取上清液和浊度测定重复三次,以保证结果的准确性。

(6)画出 pH 值与出水浊度之间的关系曲线,确定最佳 pH 值。

4)确定最佳搅拌速度梯度

(1)量取 600 mL 原水注入烧杯中,依据步骤 3)确定的最佳 pH 值,用相同剂量的盐酸或氢氧化钠溶液调节水样 pH 值,将烧杯置于六联混凝搅拌机平台。

(2)向各加药试管中加入相同剂量的混凝剂(投加剂量按照步骤 1)和 2)中最佳混凝剂的最佳投加量而确定)。

(3)分别设置 6 个烧杯对应搅拌器的搅拌速率,中速搅拌 0.5 min,转速 150 r/min;快速搅拌 1.5 min,转速 200 r/min;慢速搅拌阶段分别设置 30 r/min、50 r/min、70 r/min、90 r/min、120 r/min、150 r/min,搅拌时间 10~20 min,启动搅拌机。

(4)待程序运行完成后,关闭搅拌机,静置沉淀 10 min,用注射器抽取烧杯中的上清液,迅速测定其剩余浊度值,抽取上清液和浊度测定重复三次,以保证结果的准确性。

(5)画出速度梯度与出水浊度之间的关系曲线,确定最佳速度梯度。

5. 数据记录与处理

1)测定基本参数

原水浊度:＿＿＿＿＿＿＿＿;原水 pH＝＿＿＿＿＿＿＿;水温:＿＿＿＿。

最小投加量:＿＿＿＿＿＿＿＿ 。

最佳混凝剂:＿＿＿＿＿＿＿＿ 。

2)混凝剂的最佳投加量的确定

实验数据记录在表 4-2-5 中,以出水浊度为纵坐标,混凝剂投加量为横坐标,绘制曲线,选出最佳混凝剂投加量。

表 4 - 2 - 5　混凝剂最佳投加量的确定数据记录表

项目		1 号水样	2 号水样	3 号水样	4 号水样	5 号水样	6 号水样
混凝剂投加量/mL							
"矾花"形成时间/min							
出水浊度/度	第 1 次						
	第 2 次						
平均浊度/度							

3）**最佳 pH 值**

实验数据记录在表 4 - 2 - 6，以出水浊度为纵坐标，废水 pH 值为横坐标，绘制曲线，选出最佳混凝 pH 值。

表 4 - 2 - 6　　pH 值的最佳选择数据记录表

项目		1 号水样	2 号水样	3 号水样	4 号水样	5 号水样	6 号水样
pH 值							
混凝剂投加量/mL							
出水浊度/度	第 1 次						
	第 2 次						
	第 3 次						
平均浊度/度							

4）**最佳搅拌速度梯度的确定**

实验数据记录在表 4 - 2 - 7 中，以出水浊度为纵坐标，搅拌速度梯度为横坐标，绘制曲线，选出最佳混凝搅拌速度梯度。

表 4 - 2 - 7　最佳搅拌速度梯度的确定的数据记录表

项目		1 号水样	2 号水样	3 号水样	4 号水样	5 号水样	6 号水样
混凝剂投加量/mL							
快速搅拌	速度/(r·min^{-1})						
	时间/min						
慢速搅拌	速度/(r·min^{-1})						
	时间/min						
速度梯度	快速/s^{-1}						
	慢速/s^{-1}						
出水浊度/度	第 1 次						
	第 2 次						
	第 3 次						
平均浊度/度							

【注意事项】

(1)混凝慢速搅拌和快速搅拌阶段的搅拌速度和搅拌时间可根据实验自行确定。

(2)混凝前取水样时,要搅拌均匀,尽量减少所取水样浓度上的差别。

(3)取沉淀水上清液时,要在相同条件下取上清液,不要把沉下去的"矾花"搅起来。

(4)若最小投加量过少时,可将混凝剂进行稀释,以免影响投加量精确度。

(5)水样的浊度应取多次测量的平均值。

6. 思考题

(1)根据实验结果及所观察到的现象,简述影响混凝的主要因素。

(2)为什么混凝剂投加过量时,处理效果反而不好?

(3)本实验与水处理实际情况有哪些差别? 该如何改进?

实验 3　过滤及反冲洗实验

过滤是具有孔隙的物料层截留水中杂质从而使水得到澄清的工艺过程。作为一种固-液分离单元操作,常用的过滤方式有砂滤、硅藻土涂膜过滤、金属丝编织物过滤,还有近几年发展较快的纤维过滤等。过滤不仅可以去除水中细小的悬浮颗粒,而且细菌、病毒及有机物也会随浊度的降低而被部分去除。本实验采用石英砂作为滤料进行过滤及反冲洗。

1. 实验目的

(1)观察过滤及反冲洗现象,加深理解过滤及反冲洗原理。

(2)了解砂层过滤时水头损失变化规律。

(3)掌握反冲洗时冲洗强度与滤层膨胀度之间的关系。

2. 实验原理

本实验中过滤主要是通过石英砂滤料层截留废水中的悬浮物质,在废水处理工艺中对应的构筑物是普通快滤池。过滤是水中悬浮颗粒与滤料间相互作用的结果,涉及迁移、黏附、脱离等过程。当水中的悬浮颗粒迁移到滤料表面上时,发生接触絮凝,水中的颗粒物附着在滤料上而被去除。影响过滤的主要因素有:①水质、水温及悬浮颗粒的表面性质、尺寸和强度;②滤料滤径、形状、孔隙率、滤层级配和厚度及滤层的水头损失。此外,滤池的结构(如 V 型滤池、虹吸滤池等)也影响过滤过程。

随着过滤时间的增加,滤层截留的杂质增多,滤层的水头损失也随之增大。就整个滤料层而言,上层滤料截污量多,下层滤料截污量小,因此水头损失的增值也由上而下逐渐减小。水头损失的增长速度随滤速大小、滤料颗粒的大小和形状、过滤进水中悬浮物含量及截留杂质在垂直方向的分布而定。当水头损失至一定程度时,滤池产水量锐减,或由于滤后水质不符合要求,滤池必须停止过滤,进行反冲洗。反冲洗的目的是清除滤层中的污物,使滤池恢复过滤能力。高速水流反冲洗是最常用的形式,反冲洗时,滤料层膨胀起来,截留于滤层的污物在滤层孔隙中水流剪应力及滤料颗粒碰撞摩擦的作用下,从滤料表面脱落下来,然后被冲洗水带出滤池。反冲洗效果通常由滤床膨胀率来控制。根据经验,排水浊度降至 10 度以下可停止冲洗。

3. 实验材料

(1)过滤及反冲洗实验装置,如图 4-2-8 所示。

(2)浊度仪、软尺、烧杯等。

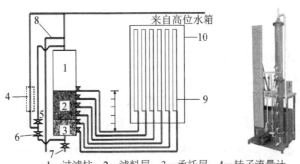

1—过滤柱；2—滤料层；3—承托层；4—转子流量计；
5—过滤进水阀门；6—反冲洗进水阀门；7—过滤出水阀门；
8—反冲洗出水管；9—测压板；10—测压管。

图 4 - 2 - 8　过滤及反冲洗实验装置示意图

4. 实验步骤

1）过滤水头损失实验步骤

(1)开启反冲洗阀门，冲洗滤层 1 min。

(2)关闭反冲洗阀门，开启过滤阀门，流量设置为 37.5 L/h，关闭出水阀，使过滤柱内保持一定的水位高度(1.4～1.5 m)，若水位过高，可适当地调节出水阀。

(3)改变过滤水量，重复上面操作，流量依次为 50 L/h、75 L/h、100 L/h，待测压管中水位稳定后(5 min)，分别测出最高、最低两根测压管中水位值，测定出水浊度。

(4)停止过滤水阀，水泵断电，结束过滤实验。

2）反冲洗实验步骤

(1)量出滤层厚度 L_0。慢慢开启反冲洗进水阀，调整流量，使滤层刚刚膨胀起来，待滤层表面稳定后，记录反冲洗流量和滤层膨胀后的厚度，测定反冲洗出水浊度。

(2)改变反冲洗流量，调整反冲洗流量依次为 0.5 m³/h、1 m³/h、1.25 m³/h、1.5 m³/h，每个流量稳定 3 min。

按步骤(1)、(2)记录反冲洗流量和滤层膨胀后的厚度 L_1、L_2、L_3、L_4(注意不能使滤料溢出滤池)。

(3)停止反冲洗，水泵断电，结束实验。

5. 数据记录与处理

1）过滤过程

(1)将过滤时所测流量、测压管水头损失等填入表 4 - 2 - 8。

表 4 - 2 - 8　清洁砂层过滤水头损失、出水浊度实验记录表

滤柱直径 D=_____ m　　　　滤柱截面积 A=_____ m²　　　原水浊度=_____度

流量 Q/ (L·h⁻¹)	滤速 v	实验水头损失		出水浊度/度
	Q/A /(m·h⁻¹)	测压管水头/cm		
		h_b	h_a	$h=h_b-h_a$ /cm

注：h_b 为最高测压管水位值；h_a 为最低测压管水位值。

(2)以流量 Q 为横坐标,水头损失 h 为纵坐标,绘制实验曲线。或绘出流速 v 与水头损失 h 的关系曲线。

(3)绘制流速与出水浊度关系图。

2)反冲洗实验结果整理

(1)将反冲洗流量变化情况、膨胀后砂层厚度填入表 4 - 2 - 9。

(2)以反冲洗强度为横坐标,砂层膨胀度为纵坐标,绘制实验曲线。

表 4 - 2 - 9　滤层反冲洗强度与膨胀后厚度实验记录表

反冲洗前滤层厚度 $L_0 =$ _____ cm

反冲洗流量 $Q/(\text{m}^3 \cdot \text{h}^{-1})$	反冲洗强度 $Q/A \big/ (\text{m} \cdot \text{h}^{-1})$	膨胀后砂层厚度 L /cm	砂层膨胀度 $e = \dfrac{L - L_0}{L_0}$ %

【注意事项】

(1)在过滤实验前,滤层中应保持一定水位,不要把水放空以免过滤实验时测压管中积存空气。

(2)反冲洗滤柱中的滤料时,不要使进水阀门开启过大,应缓慢打开以防滤料冲出柱外。

(3)反冲洗时,为了准确地量出砂层的厚度,一定要在砂面稳定后再测量。

6. 思考题

滤层内有空气泡时对过滤、反冲洗有何影响?

实验 4　压力溶气气浮实验

气浮法是一种有效的固-液和液-液分离方法,其对于分离那些颗粒密度接近或小于水的非常细小的颗粒更具优势。在用气浮法去除低密度悬浮固体时,在较高的水力负荷与固体负荷条件下也可以得到澄清的出水。气浮法处理工艺能迅速启动并能在启动后 45 min 内达到稳定状态。当用于活性污泥浓缩工艺中,其浮渣的含水率一般为 96% 左右,比重力浓缩要低得多。

根据制取微细气泡的方法的不同,气浮法水处理技术主要分为电解气浮法、散气气浮法和溶气气浮法。溶气气浮法根据气浮池中气泡析出时所处的压力的不同,又分为真空溶气气浮法和压力溶气气浮法两类,其中压力溶气气浮法是使用得最为广泛的一种技术。

1. 实验目的

(1)了解气浮实验系统及设备,学习该系统的运行方法。

(2)通过气浮法去除废水中悬浮物及 COD 的实验,加深理解气浮净水的原理。

(3)求出不同表面负荷(反应及分离停留时间)时的处理效率并进行比较和评价。

2. 实验原理

气浮法就是使空气以微小气泡的形式出现于水中并慢慢自下而上地上升,在上升过程中,气泡与水中污染物质接触,并把污染物质黏附于气泡上(或气泡附于污染物上)从而形成比重小于水的气-水结合物,快速浮升到水面,使污染物质从水中分离出去。

根据加压水(即溶气用水)的来源和数量,压力溶气气浮有全部进水加压、部分进水加压和部分回流水加压三种基本流程。部分回流水加压,是从处理后的净化水中抽取10%～30%作为溶气用水,而全部原水都经加药后进行气浮。这种流程不仅能耗低,混凝剂利用充分,而且操作较为稳定,不易发生溶气罐堵塞等问题,因而应用最为普遍。图4-2-9是部分回流水加压溶气气浮系统。

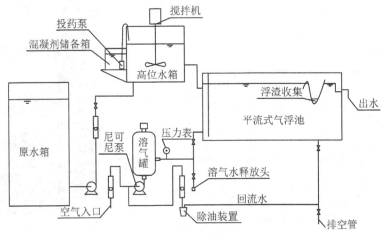

图4-2-9　部分回流水加压溶气气浮系统示意图

回流水由加压泵升压至0.2～0.4 MPa(表压),与压力管通入的压缩空气一起进入溶气罐内,并停留2～4 min,使空气充分溶于水。然后使经过溶气的水通过特殊设计的释放器进入气浮池,此时由于压力突然降低,溶解于污水中的空气便以微细气泡形式从水中释放出来。微细气泡在上升的过程中附着于悬浮颗粒上,使颗粒密度降低,上浮到气浮池表面与液体分离。黏附于悬浮颗粒上的气泡越多,颗粒与水的密度差就越大,悬浮颗粒的特征直径也越大,两者都使悬浮颗粒上浮速度增快,提高固-液分离的效果。水中悬浮颗粒浓度越高,气浮时需要的微细气泡数量越多,通常以气固比表示单位重量悬浮颗粒需要的空气量。气固比可按式(4-2-9)计算:

$$\alpha = \frac{A}{S} = \frac{\rho Q_r C_a (fP - 1)}{Q C_s} \quad (4-2-9)$$

式中:A 为减压至1 atm时释放的空气量,g/d;S 为悬浮固体干重,g/d;ρ 为空气密度,g/L;Q_r 为加压水回流量,m³/d;C_a 为1 atm操作温度下水中空气的溶解度,mL/L;f 为加压溶气系统的溶气效率,为实际空气溶解度与理论空气溶解度之比,与溶气罐形式等因素有关;P 为溶气绝对压力,atm;Q 为原水水量,m³/d;C_s 为原水的悬浮固体浓度,mg/L。

气固比与操作压力,悬浮固体的浓度、性质有关。对活性污泥进行气浮时,气固比一般为0.005～0.06,变化范围较大。在一定范围内,气浮效果随气固比的增大而变好,即气固比越大,出水悬浮固体浓度越低,浮渣的固体浓度越高。

3. 实验装置与试剂

(1)竖流式加压溶气气浮实验装置,如图 4-2-10、图 4-2-11 所示。

(2)测定悬浮物、pH 值和 COD 等所用仪器设备。

(3)称量瓶、烧杯等玻璃仪器。

(4)废水:采用造纸厂白水、学校池塘水或用硅藻土配制(硅藻土充分研磨,过 150 目筛,用自来水配成悬浮物约为 100 mg/L 的水样)。

(5)混凝剂硫酸铝 $Al_2(SO_4)_3$。

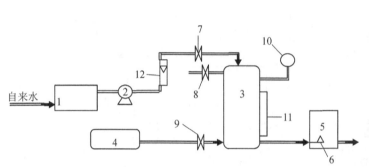

1—废水池;2—水泵;3—溶气罐;4—空气压缩机;5—气浮池;
6—溶气释放器;7—进水阀;8—调压阀;9—进气阀;10—压力表;
11—水位计;12—玻璃转子流量计。

图 4-2-10 竖流式加压溶气气浮实验装置

图 4-2-11 竖流式加压溶气
气浮实验装置实物图

4. 实验步骤

(1)在投药瓶中配好混凝剂(1%的硫酸铝溶液)。

(2)将气浮池及溶气水箱中充满自来水待用。

(3)开启空气压缩机使压力达到 0.35 MPa 以上(可自动启停)时,打开进气阀,然后开启回流水增压水泵,使压力水与空气混合后进入溶气罐,按一定的回流比调节流量,并控制溶气罐水位在罐中 4/5 以上。待溶气罐内压力达 0.26 MPa 时,打开溶气释放器前的阀门排出溶气水。调节溶气水流量和空气流量使溶气罐内水位和气压稳定。

(4)静态气浮实验确定最佳投加量。取 5 个 1000 mL 量筒,加 750 mL 原水样,按投加量 20 mg/L、40 mg/L、60 mg/L、80 mg/L、100 mg/L 加入混凝剂(1%的硫酸铝溶液),快速搅拌 1 min,慢速搅拌 3 min,快速通入溶气水至 1000 mL,静置 10 min,观察实验现象,确定最佳投加量。

(5)原水用泵混合后通入气浮池,根据步骤(4)确定的最佳投加量投加混凝剂,调节排水量使气浮池水位稳定,保证进、出水平衡。

(6)根据气浮池容积及进水流量计算水力停留时间,待系统稳定运行后取、进出水样测定悬浮物浓度、COD 及 pH 值。

5. 数据记录与处理

(1)记录实验操作条件。

原污水流量_____L/h；   回流水流量_____L/h；   回流比_____。

空气流量_____L/h；   溶气罐压力_____MPa。

混凝剂投加量_____mg/L； 混凝剂流量_____L/h。

将气浮实验结果记入表 4 - 2 - 10。

表 4 - 2 - 10 实验数据记录表

项目	原水	出水	去除率/%
悬浮物浓度/(mg·L^{-1})			
COD/(mg·L^{-1})			
pH 值			—

(2)计算气浮池反应段和分离段各自的容积、水力停留时间及表面负荷。

(3)评价实验结果。

【注意事项】

(1)用废水做演示实验时，处理后出水最好不要回流至加压水箱，以免在处理装置运行不正常时，弄脏水箱与溶气罐。

(2)随时注意溶气罐内的压力，压力表不得超过 0.4 MPa，以防发生意外。

(3)单相电水泵不能断水、不能空载运行，以防损坏。

6.思考题

(1)气浮实验中为什么要添加混凝剂？

(2)部分回流水压力容器气浮与全溶气气浮、部分水溶气气浮相比各有什么优缺点？

(3)实验中如何保证产生的气泡小且均匀？

实验 5 酸性废水中和吹脱实验

不同工业生产排出的酸性生产污水的含酸量往往相差很大，因而有不同的处理方法。含酸量大于 3% 的高浓度含酸废水，常称为废酸液，可因地制宜采用特殊的方法回收其中的酸，或者进行综合利用，如利用扩散渗析法回收钢铁酸洗废液中的硫酸，并作为制造硫酸亚铁、氧化铁红、聚合硫酸铁的原料等。对于酸含量小于 3% 的低浓度酸性废水，由于其含酸量低，回收价值不大，常采用中和法处理，使其达到排放要求。

目前常用的中和法有酸碱废水中和、投药中和及过滤中和三种。过滤中和法具有设备简单、造价便宜、耐冲击负荷等优点，故在生产中应用较多。由于过滤中和时，废水在滤池中的停留时间、滤速与废水中酸的种类、浓度等有关，常需要通过实验来确定，以便为工艺设计和运行管理提供依据。

1.实验目的

(1)掌握酸性废水过滤中和处理的原理与工艺；

(2)测定升流式石灰石过滤设备在不同滤速下中和酸性水的效果；

(3)测定不同形式的吹脱设备去除水中游离 CO_2 的效果。

2. 实验原理

酸性废水流过碱性滤料时与滤料进行中和反应的方法称为过滤中和法。

酸性废水根据酸性强弱和中和产物的性质可分为三类：①含有强酸（如 HCl、HNO₃），其钙盐易溶解于水；②含有强酸（如 H₂SO₄），其钙盐难溶解于水；③含有弱酸（如 HCOOH、CH₃COOH）。

碱性滤料主要有石灰石、大理石和白云石等。其中石灰石和大理石的主要成分是 $CaCO_3$，而白云石的主要成分是 $CaCO_3 \cdot MgCO_3$。石灰石的来源较广、价格便宜，因而是最常用的碱性滤料。

滤料的选择与中和产物的溶解度有密切的关系。滤料的中和反应发生在颗粒表面，如果中和产物的溶解度很小，就在滤料颗粒表面形成不溶性的硬壳，阻止中和反应的继续进行，使中和处理失败。各种酸在中和后形成的盐具有不同的溶解度，其顺序大致为：$Ca(NO_3)_2 >$ $CaCl_2 > MgSO_4 > CaSO_4 > CaCO_3 > MgCO_3$。因此，中和第①类酸性废水时，各种滤料均可采用。但废水中酸的浓度不能过高，否则滤料消耗快，给处理造成一定的困难，其极限浓度为 $20\ g \cdot L^{-1}$。中和第②类酸性废水时，最好选用含镁的白云石。但是，白云石的来源少、成本高、反应速度慢，所以，如能正确控制硫酸浓度，使中和产物（$CaSO_4$）的生成量不超过其溶解度，则也可以采用石灰石或大理石。以石灰石为滤料时，硫酸允许浓度在 $1 \sim 1.2\ g \cdot L^{-1}$。中和第③类酸性废水时，弱酸与碳酸盐反应速率很慢，滤速应适当减小。

过滤中和设备主要有重力式中和滤池、等速升流式膨胀中和滤池和变速升流式膨胀中和滤池三种。等速升流式膨胀中和滤池滤料颗粒小（$0.5 \sim 3\ mm$）、滤速大（$50 \sim 70\ m \cdot h^{-1}$），水流由下向上流动。采用这种中和滤池，由于滤速大，滤料可以悬浮起来，通过互相碰撞，使表面形成的硬壳容易剥落下来，因此进水中硫酸的允许浓度可以提高至 $2.2 \sim 2.5\ g \cdot L^{-1}$。

采用碳酸盐做中和滤料，均有 CO_2 气体产生，它能附着在滤料表面，形成气体薄膜，阻碍反应的进行。酸的浓度越大，产生的气体就越多，阻碍作用也就越严重。升流过滤方式和较大的过滤速度，有利于消除气体的阻碍作用。另外，过滤中和产物 CO_2 溶于水使出水 pH 值较低，需要进行曝气，吹脱 CO_2，使 pH 值可上升到 6 左右。

3. 实验材料

（1）实验装置如图 4-2-12 所示。

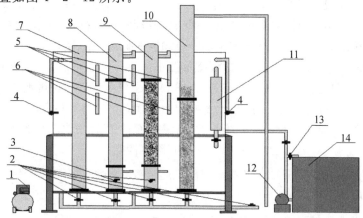

1—空压机；2—放空阀；3—取样阀；4—取样口；5—液体流量计；6—气体流量计；
7—鼓风曝气式吹脱塔；8—筛板塔式吹脱塔；9—瓷环填料式吹脱塔；
10—升流式过滤柱；11—液体流量计；12—液泵；13—液体回流阀；14—水箱。

图 4-2-12　实验装置图

(2)过滤柱:内径 70 mm、高 2.3 m、滤层高为 90 mm,1 根。

(3)吹脱设备:有机玻璃柱,内径 90 mm、高 1.5 m,3 根。

(4)实验仪器仪表:pH 计 1 台,测定 CO_2 的仪器装置 1 套。

4.实验步骤

(1)在塑料水槽中自配硫酸溶液,浓度为 1.5~2 g/L,用泵循环使硫酸浓度均匀。测定水样 pH 值。

(2)打开中和柱进水阀门,将酸性废水用泵提升进入中和滤柱,用阀门依次调节进水流量为 160 L/h、240 L/h、320 L/h 和 400 L/h,对应的滤速在 40~100 m/h。观察中和过程出现的现象。

(3)将中和后出水引到吹脱柱,用阀门调节风量为 0.4 m³/h,与中和柱流量相对应,吹脱柱进水流量依次调节为 30 L/h、40 L/h、60 L/h、80 L/h。待稳定流动 8~10 min 后,取中和后出水水样及不同吹脱塔的出水水样。取样瓶应装满不留空隙,并迅速用磨口塞塞好,以免气体逸出或溶入。

(4)测定中和出水及吹脱后水样的 pH 值、游离 CO_2 的含量。

(5)改变气体流量为 0.8 m³/h,重复实验(2)、(3)、(4)步骤。

5.数据记录与处理

将实验数据及吹脱实验数据计算结果分别填入表 4-2-11 及表 4-2-12 中。

表 4-2-11　实验数据记录表

原水	流速		中和后出水			
pH 值	流量 /(L·h⁻¹)	滤速 /(m·h⁻¹)	酸度 /(mg·L⁻¹)	pH 值	游离 CO₂/(mg·L⁻¹)	中和效率/%

表 4-2-12　实验数据记录表

气流		水流		空柱吹脱出水			筛板式吹脱柱出水			瓷环填料式吹脱柱出水		
流量 /(m³·h⁻¹)	流速 /(m·h⁻¹)	流量 /(L·h⁻¹)	滤速 /(m·h⁻¹)	pH 值	游离 CO₂ /(mg·L⁻¹)	吹脱效率/%	pH 值	游离 CO₂ /(mg·L⁻¹)	吹脱效率/%	pH 值	游离 CO₂ /(mg·L⁻¹)	吹脱效率/%

对数据进一步讨论,以滤速为横坐标,以 pH 值、游离 CO_2、吹脱效率为纵坐标分别绘制中和、吹脱相关曲线。

【注意事项】

(1)中和柱的进水流量为各吹脱柱流量之和的 1.5～2 倍,可以维持各吹脱柱稳定的液面。

(2)取中和、吹脱后出水水样时,利用排空法将瓶子取满水样,立即盖上塞子,以免 CO_2 释出,影响测定结果。

(3)吹脱过程中,使出水水位保持在出水口及进气口之间。

(4)吹脱过程中,在保证所用气量的前提下,将多余的气体排空以免爆管。

(5)测定时请勿移动游离 CO_2 测定连接装置。

6.思考题

过滤中和法的处理效果与哪些因素有关?

附——游离 CO_2 的测定方法

1.原理

CO_2 溶于水,小部分与 H_2O 作用生成碳酸 H_2CO_3(约占 1%),大部分仍以溶解状态的 CO_2 存于水中。"游离 CO_2"是指水中的碳酸及溶解状态的 CO_2 的总和。碳酸在溶液中又可分步电离为 HCO_3^- 及 CO_3^{2-}。水样为酸性时,碳酸的第二步电离受到抑制,此时水中的微量 CO_3^{2-} 可忽略不计。

中和法测定水中游离 CO_2,是用氢氧化钠标准溶液同 CO_2 反应,当水中 CO_2 全部转化为 $NaHCO_3$ 时,溶液的 pH 值为 8.3 左右,可使酚酞呈淡红色,可以将酚酞用作滴定终点的指示剂。隔绝 CO_2 的取样和滴定装置分别如图 4-2-13 和图 4-2-14 所示。

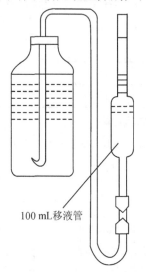

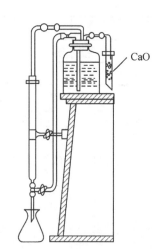

100 mL移液管

图 4-2-13　隔绝 CO_2 的取样装置　　　图 4-2-14　隔绝 CO_2 的滴定装置

2.试剂

(1)0.02 mol/L 氢氧化钠溶液:在 30 mL 刚煮沸过的蒸馏水中溶入 25 g NaOH,稍冷后装入小塑料瓶密封保存,静置 4、5 天后,取 1 mL 澄清液放入 1 L 容量瓶,再用无 CO_2 纯水稀释到刻度。摇匀后装入带胶塞的试剂瓶或聚乙烯塑料瓶保存,准确浓度需标定。

(2)1‰酚酞:溶 1.0 g 酚酞于 50 mL 95％的酒精中,溶完后再加蒸馏水 50 mL,滴加 0.02 mol/L NaOH 到微红色。

(3)氢氧化钠溶液的标定:取基准试剂级邻苯二甲酸氢钾在 105～110 ℃下烘至恒重,精确称取两份,每份约 0.1 g(称量准确至 0.0001 g),分别置于 250 mL 锥形瓶中,加入 100 mL 水,使之溶解,然后加入 3 滴酚酞指示剂,用待标定的氢氧化钠溶液滴定到淡红色并在 1 min 内不消失为止。记录滴定消耗的氢氧化钠溶液的体积 V(mL)。按下式计算氢氧化钠的浓度:

$$C = G \times 1000/(V \times 204.22) \tag{4-2-10}$$

式中:C 为氢氧化钠标准溶液浓度,mol/L;V 为滴定时氢氧化钠标准溶液用量,mL;G 为邻苯二甲酸氢钾重量,g;204.22 为邻苯二甲酸氢钾摩尔质量,g/mol。

3. 测定步骤

(1)取样:用橡皮管虹吸法(见图 4-2-13)取水样 100 mL 注入 250 mL 锥形瓶中,加入 4 滴酚酞指示剂,用连接在滴定管上的橡皮塞将锥形瓶塞好,小心振荡均匀,如果产生红色,则说明水样不含 CO_2。

(2)若不生成红色,即迅速向滴定管中加入氢氧化钠标准溶液进行滴定,同时小心振荡至生成淡红色并在 1 min 内不消失为止。记录所消耗的氢氧化钠的用量 V。

4. 计算公式

$$游离 CO_2(mg/L) = \frac{C \times V_1 \times 44}{V} \times 1000 \tag{4-2-11}$$

式中:C 为氢氧化钠标准溶液溶度,mol/L;V_1 为氢氧化钠标准溶液用量,mL;V 为滴定时所取水样体积,mL;44 为 CO_2 摩尔质量,g/mol。

【注意事项】

(1)为了正确掌握滴定终点,可以配制一个终点标准颜色作为对照。水样在移取和滴定的过程中,尽量避免与空气接触,操作尽量快速以免引起误差。

(2)中和法测 CO_2 实际是用强碱滴定弱酸,如果水样中有其他酸类物质,都将一并被测定,使结果偏高。较清洁的水干扰物较少,测定结果可以用来计算 CO_2 含量。否则,测定结果只能看作是总酸度,用 mg/L 表示。

实验 6　污水曝气充氧修正系数 α 和 β 的测定

曝气是活性污泥系统的一个重要环节,它的作用是向池内充氧,保证微生物生化作用所需的氧,同时保持池内微生物、有机物、溶解氧(即泥、水、气三者)的充分混合,为微生物降解创造有利条件。曝气过程消耗大量电能,在二级生物处理厂(站)中,曝气充氧电耗常常占到全厂动力消耗的 50％以上,因而了解并掌握曝气设备充氧性能,以及不同污水充氧修正系数 α 和 β 值及其测定方法,对工程设计人员和污水处理厂(站)运行管理人员都至关重要。

1. 实验目的

分别针对清水和污水进行曝气充氧实验,测定氧转移修正系数 α 和 β,并了解两种情况下氧转移过程的区别。

(1)了解测定曝气中充氧修正系数 α 和 β 的实验设备,掌握其测定和计算方法。

(2)加深理解曝气过程及 α 和 β 值在设计选用曝气设备时的意义。

2. 实验原理

曝气设备充氧性能的相关测定一般有两种实验方法,一种是间歇非稳态法,即实验时池内水不进不出,池内溶解氧随时间而变;另一种是连续稳态测定法,即实验时池内连续进出水,池内溶解氧浓度保持不变。目前国内外多用间歇非稳态测定法,即向池内注满所需水后,将待曝气的水以无水亚硫酸钠为脱氧剂、氯化钴为催化剂,脱氧至零后开始曝气,液体中溶解氧浓度逐步提高。液体中溶解氧浓度 C 是时间 t 的函数,其规律可由菲克(Fick)第一扩散定律和双膜理论得出,即氧传递方程式

$$\frac{\mathrm{d}C}{\mathrm{d}t} = K_{\mathrm{La}}(C_{\mathrm{s}} - C_{\mathrm{t}}) \tag{4-2-12}$$

式中:$\frac{\mathrm{d}C}{\mathrm{d}t}$ 为水中溶解氧浓度变化速率,mg/(L•min);K_{La} 为氧总转移系数,min^{-1};C_{s} 为实验温度和压力下水中饱和溶解氧浓度,mg/L;C_{t} 为 t 时刻水中实际溶解氧浓度,mg/L;$C_{\mathrm{s}} - C_{\mathrm{t}}$ 为液膜两侧溶解氧浓度差,即氧传质推动力,mg/L。

将式(4-2-12)积分可求得

$$K_{\mathrm{La}}t = \ln \frac{C_{\mathrm{s}} - C_0}{C_{\mathrm{s}} - C_{\mathrm{t}}} \tag{4-2-13}$$

式中:t 为曝气时间,min;C_0 为曝气池内初始溶解氧含量,mg/L。

曝气后每隔一定时间 t 取曝气水样,测定水中溶解氧浓度,从而利用式(4-2-13)计算 K_{La} 值,或是以氧传质推动力 $\ln(C_{\mathrm{s}} - C_{\mathrm{t}})$ 为纵坐标,时间为横坐标作图,根据直线斜率求得 K_{La} 值。

式(4-2-13)中 K_{La} 和 C_{s} 的值受曝气水水质,水温,氧分压,气、液之间的接触面积和接触时间,水的紊流程度等因素的影响。

曝气水的水质对氧转移造成的影响主要表现在以下两个方面:

(1)由于待曝气充氧的污水中含有各种各样的杂质,如表面活性剂、油脂、悬浮固体等,它们会对氧的转移产生一定的影响,特别是表面活性物质这类两亲分子会集结在气、液接触面上,阻碍氧的扩散,所以污水曝气充氧得到的氧总转移系数 K_{Law} 比清水曝气充氧得到的氧总转移系数 K_{La} 低,为此引入修正系数 α:

$$\alpha = \frac{K_{\mathrm{Law}}}{K_{\mathrm{La}}} \tag{4-2-14}$$

式中:K_{Law} 为在相同曝气设备、相同条件下,污水中氧总转移系数,min^{-1}。

(2)由于污水中含有大量盐分,会影响氧在水中的饱和度,相对于相同条件的清水而言,污水中氧的饱和度 C_{sw} 要比清水中氧的饱和度 C_{s} 低,为此引入修正系数 β:

$$\beta = \frac{C_{\mathrm{sw}}}{C_{\mathrm{s}}} \tag{4-2-15}$$

式中:C_{sw} 为相同曝气设备、相同条件下,污水中氧的饱和度,mg/L。

如果污水中不含好氧微生物,或好氧微生物的呼吸作用可忽略时,采用间歇非稳态法用同一曝气设备分别对清水和污水进行曝气充氧,获取其饱和溶解氧值 C_{s} 和 C_{sw},利用式(4-2-13)计算或作图拟合得到 K_{La} 和 K_{Law},即可得到污水的 α 和 β 值。应当指出的是,由于是对比实验,所以要严格控制清水实验和污水实验的基本实验条件相同,如水温、氧分压、水量、供气量等,

以保证数据可靠。

如果污水中存在大量微生物,微生物始终在进行呼吸(耗氧),此时水中溶解氧的变化速率应该是曝气引起的氧转移速率与微生物耗氧速率之差,即

$$\frac{\mathrm{d}C}{\mathrm{d}t} = K_{\mathrm{La}}(C_\mathrm{s} - C_\mathrm{t}) - R \tag{4-2-16}$$

式中:R 为微生物的耗氧速率,$\mathrm{mg/(L \cdot min)}$。

式(4-2-16)可以进一步变为

$$C_\mathrm{t} = C_\mathrm{s} - (\frac{\mathrm{d}C}{\mathrm{d}t} + R)\frac{1}{K_{\mathrm{La}}} \tag{4-2-17}$$

针对间歇非稳态法测得的 C_t 数据,以 C_t 为纵坐标,以 $(\frac{\mathrm{d}C}{\mathrm{d}t} + R)$ 为横坐标绘图,图解法可求得 C_{sw} 和 K_{Law},但首先要测出微生物耗氧速率 R。R 也可以采用间歇非稳态的曝气充氧方法获得:首先向曝气筒中曝气至溶解氧稳定,停止曝气,打开搅拌器,满足溶解氧测定仪准确测定所需的相对流速(通常为 $20 \sim 30~\mathrm{cm/s}$)。由于没有曝气(不考虑大气臭氧作用),所以氧的转移速率为 0,即

$$K_{\mathrm{La}}(C_\mathrm{s} - C_\mathrm{t}) = 0 \tag{4-2-18}$$

将式(4-2-18)代入式(4-2-16),可得

$$\frac{\mathrm{d}C}{\mathrm{d}t} = -R \tag{4-2-19}$$

式(4-2-19)积分可得

$$C_\mathrm{t} = C_\mathrm{s}' - Rt \tag{4-2-20}$$

式中:C_s' 为停止曝气时水中溶解氧数值,$\mathrm{mg/L}$。

本实验不考虑微生物对氧的消耗。

3. 实验材料

(1)本实验装置如图 4-2-15 所示。

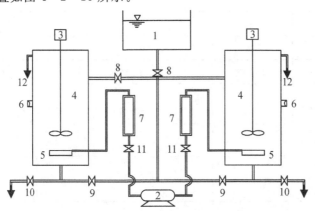

1—高位水箱;2—鼓风机;3—搅拌器;4—混合反应器;5—曝气设备;
6—取样口;7—转子流量计;8、9、10、11—调节阀;12—溢流口。

图 4-2-15　曝气实验装置示意图

(2)鼓风机、转子流量计。

(3)温度计、秒表(计时器)。

(4)碘量法测定溶解氧所需药品及容器(也可采用溶解氧测定仪)。

(5)实验用水样(城市污水处理厂初沉池出水或自行配制)。

(6)脱氧剂:无水亚硫酸钠。

(7)催化剂:氯化钴 0.1 mg/L。

4. 实验步骤

(1)将污水和清水分别注入混合反应器中。

(2)分别测定两个混合反应器内溶解氧浓度,计算池内溶解氧的含量 $G＝DO×V$,计算脱氧剂无水亚硫酸钠和催化剂氯化钴的投加量。

①脱氧剂采用无水亚硫酸钠,根据亚硫酸钠与氧反应的化学方程式,可得每次投加量 $m＝(1.1\sim1.5)×7.9G$。

②催化剂采用氯化钴,投加浓度为 0.1 mg/L。

(3)将称得的药剂用温水化开,倒入池内,约 10 min 后,取水样测其溶解氧浓度。

(4)待反应器内溶解氧降为 0 后,打开鼓风机,调节气量,同时向两个混合反应器内曝气,同时开始计时,当时间为 1 min,2 min,3 min,4 min,5 min,7 min,9 min,11 min,13 min,15 min,…,取样测定溶解氧浓度,直至溶液中溶解氧浓度稳定(即饱和)为止,将清水及污水中的饱和值分别记为 C_s、C'_{sw}。

5. 数据记录与分析

记录数据至表 4－2－13、表 4－2－14 中。

表 4－2－13 　曝气对比实验数据记录表

| | 编号 | 时间/min | 滴定的药量 | | (V_2-V_1)/mL | 溶解氧浓度 C_t/(mg·L^{-1}) |
			V_1/mL	V_2/mL		
清水实验						
污水实验						

清水饱和溶解氧浓度 $C_s/(\mathrm{mg} \cdot \mathrm{L}^{-1})$				
污水饱和溶解氧浓度 $C'_{sw}/(\mathrm{mg} \cdot \mathrm{L}^{-1})$				

表 4 - 2 - 14　曝气实验系统测定的计算数据表

项目	t/min	C_t	$C_s - C_t$	$\ln(C_s - C_t)$
清水实验				

项目	t/min	C_t	$C_{sw} - C_t$	$\ln(C_{sw} - C_t)$
污水实验				

将实验数据分别列于表 4 - 2 - 14 中,绘制 $\ln(C_s - C_t) - t$ 的关系曲线,利用图解法求出 K_{La} 及 K'_{Law}。

【注意事项】

(1)溶解氧测定仪要定时更换探头内电解液,使用前标定零点及满度。

(2)溶解氧测定仪探头的位置对实验影响较大,要保证位置的固定不变,探头应保持与被测溶液有一定相对流速,测试中应避免气泡和探头直接接触,否则会引起表针(或数显)跳动影响读数。

(3)应严格控制各项基本实验条件,如水温、搅拌强度、供风风量等,尤其是对比实验更应严格控制。

6. 思考题

α 和 β 值各受哪些因素的影响?

实验 7　好氧污泥的活性测试

活性是评价污泥优劣或是否适应某种废水的重要参数,活性可以通过比耗氧速率、脱氢酶活性等参数评价。比耗氧速率是探寻完全混合曝气池底物降解与需氧量间关系,确定底物降解中用于产生能量的那一部分比值 a' 和内源呼吸耗氧率 b' 的重要前提,也可以判断污水的可生化性,对科研、设计与生产运行管理均有重要意义。

1. 实验目的

(1)加深对活性污泥活性基本原理的理解。

(2)了解废水生物处理效果的重要性。

(3)掌握耗氧速率及脱氢酶活性的测定方法。

2. 实验原理

活性污泥是活性污泥法废水处理系统中的主体物质,其中栖息着具有强大生命力的微生物群体,在微生物群体新陈代谢的作用下,活性污泥具有将有机污染物转化为稳定的无机物质的活力,故称之为"活性污泥"。

活性污泥的活性是指污泥中微生物对有机质氧化分解的能力。它是关系到废水生物处理效果的一个重要性能。污泥的活性常采用耗氧速率或脱氢酶活性来测定,测定的结果往往反映了生物处理效果的好坏。

1)耗氧速率的测定

活性污泥在分解有机质过程中要消耗氧气,因此,测定单位时间内污泥的耗氧量,可在一定程度上反映污泥的生物活性。污泥好氧生物处理中,微生物在对有机物的降解过程中不断耗氧,在污泥负荷(F/M)、温度、混合等条件不变的情况下,其耗氧速率不变。根据这一性质,取曝气池混合液于一密闭容器内,在搅拌情况下,测定混合液溶解氧(dissolved oxygen,DO)值随时间变化关系,直线斜率即为比耗氧速率,如图 4-2-16 所示。

图 4-2-16　比耗氧速率变化曲线

2)脱氢酶活性的测定

由于在微生物氧化分解有机质的复杂过程中,脱氢起到了根本性的作用。因此,测定污泥中脱氢酶活性可在一定程度上反映其中的生物活性。本实验应用氯化三苯基四氮唑(TTC)法测脱氢酶活性,其原理是无色 TTC 作为受氢体可变成红色的三联单苯基甲膦(TF),反应过程如下式所示,根据产生红色的色度判断脱酶活性。

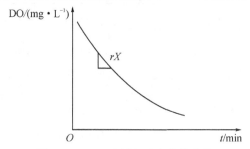

TTC(无色)　　　　　　　　　　　　　　TF(无色)

3. 实验材料

1)耗氧速率法测定污泥活性

(1)实验装置如图 4-2-17 所示。

(2)密闭搅拌罐、控制仪、微型空压机。

(3)溶解氧测定仪、记录仪、秒表。

(4)水分快速测定仪或万分之一天平、烘箱等。

(5)烧杯、三角瓶、100 mL 量筒、漏斗、滤纸等。

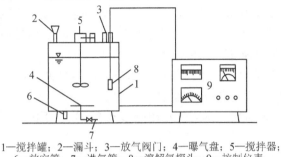

1—搅拌罐；2—漏斗；3—放气阀门；4—曝气盘；5—搅拌器；
6—放空管；7—进气管；8—溶解氧探头；9—控制仪表。

图 4-2-17　实验装置示意图

2）污泥脱氢酶活性测定

(1)可见光分光光度计(波长 485 nm)；

(2)恒温水浴(37 ℃和 90 ℃)；

(3)离心机(4000 r/min)；

(4)离心管、烧杯、移液管、黑布袋等；

(5)三羟甲基氨基甲烷盐酸盐(Tris-HCl)缓冲液：将 6.037g 缓血酸铵及 20 mL 1 mol/LHCl,溶于 1 L 蒸馏水中；

(6)1 mol/L 的 HCl；

(7)TTC 溶液：将 4 g 氯化三苯基四氮唑溶于 1 L 蒸馏水中,储存于棕色瓶中,每隔一周重新配制；

(8)氯化钴溶液：在 1 L 蒸馏水中溶解 0.577CoCl$_2$；

(9)连二亚硫酸钠(保险粉)、正丁醇、浓硫酸、对硫磷农药废水、Na$_2$SO$_3$溶液；

(10)活性污泥,经生理盐水洗涤后,会重新悬浮于等量的生理盐水中。

4. 实验步骤

1）耗氧速率法测定污泥活性

(1)打开放气阀门 3,将生产运行或实验曝气池内混合液通过漏斗 2 加入密闭的搅拌罐 2 内 6~8 L。同时测定混合液浓度。

(2)开动空压机进行曝气,待溶解氧值达到 4~5 mg/L 时关闭空压机与进气阀门。

(3)取下漏斗,密封进口,关闭放气阀门 3,开动搅拌装置,待溶解氧测定仪读数稳定后按表 4-2-15 记录时间和溶解氧值,或将溶解氧测定仪与记录仪接通自动记录。

表 4-2-15　污泥溶解氧值原始记录

时间 t /min	0	0.5	1	1.5	2	3	5	7	9	12	20
DO /(mg·(L·h)$^{-1}$)											

2)污泥脱氢酶活性测定

(1)制作标准曲线。

①取 12 支(每个浓度做两个平行)带塞的 10 mL 离心管,按顺序尽快在各试管中加入 Na_2SO_3 溶液 0.5 mL,$CoCl_2$ 溶液 0.5 mL,Tris-HCl 缓冲液 1.5 mL,污泥悬液 1 mL,TTC 含量为 0%、20%、40%、60%、80%、100%的蒸馏水溶液 0.5 mL。然后向各管中加入 5 mg 连二亚硫酸钠使 TTC 全部还原为 TF(红色)。

②将各离心管置于黑布袋,放到 37 ℃恒温水浴中加热约 30 min,不时地轻轻摇动(培养时间以显色情况而定,一般在 10~60 min)。

③取出离心管,立即向各管中加入 1 滴浓硫酸和 5 mL 正丁醇,摇匀,置于 90 ℃水浴中萃取 6 min。

④取出各管冷却至室温,离心 10 min(约 4000 r/min)。

⑤用吸管小心取出萃取液,在波长 485 nm 下,测定分光光度计上的光密度(OD)值。

⑥绘出 TF 与 OD 对应曲线。

(2)污泥脱氢酶的测定。取 10 mL 离心管 4 支,按顺序尽快加入 Na_2SO_3 溶液 0.5 mL、$CoCl_2$ 溶液 0.5 mL、对硫磷农药废水 0.5 mL。

以下步骤同上述制作标准曲线中第②步到第⑤步。

5. 数据处理

1)耗氧速率法测定污泥活性

(1)实验数据整理。根据实验记录,以时间 t 为横坐标,溶解氧值为纵坐标,在普通坐标纸上绘图。

(2)根据所得直线图解,或用数理统计法求解比耗氧速率 $mg(O_2)/(L \cdot h)$污泥或 $mg(O_2)/(g \cdot h)$污泥。

2)污泥脱氢酶活性计算

(1)酶活性计算:

$$TF = A \times B \times C \tag{4-2-21}$$

式中:A 为标准曲线对应值;B 为培养时间校正,为 60 min/培养时间;C 为比色时的稀释倍数。

(2)绘制 TF 与 OD 的对应曲线。

【注意事项】

(1)熟悉溶解氧仪的使用及维护方法,实验前应接通电源预热并调好溶解氧仪零点及满度,具体使用详见溶解氧仪说明书。

(2)取出曝气池混合液,当溶解氧值不足 4~5 mg/L 时,宜曝气充氧,当溶解氧值 DO=4~5 mg/L 时,可直接进行测试。

(3)探头在罐内位置要适中,不要贴壁,以防水流流速过小影响溶解氧值的测定。

(4)处理厂(站)实测曝气池内比耗氧速率时,完全混合曝气池内由于各点状态基本一致,可测几点取均值。推流式曝气池则不同,由于池内各点负荷等状态不同,各点比耗氧速率也不同。

6. 思考题

(1)测定污泥比耗氧速率的意义何在?

(2)当污泥负荷不同时,污泥比耗氧速率相同吗? 应当如何变化?

实验 8 厌氧污泥产甲烷活性实验

在高浓度有机废水处理工艺中,厌氧生物处理技术以其工艺稳定、运行简单、减少剩余污泥处置费用、可以产生甲烷等燃料气体等优点而受到广泛关注,其应用也日渐广泛。厌氧污泥产甲烷(CH_4)活性的指标,根据其测定原理的不同可分为两大类:一是直接测定 CH_4 的生成,它包括最大比产 CH_4 速率,以及由此推算可得的最大比 COD 去除速率;二是建立在厌氧消化微生物学基础上的间接指标,主要包括:辅酶 F420、氢化酶、磷酸酯酶、ATP 含量等的测定。

直接测定最大比产 CH_4 速率来表征某种厌氧污泥的活性,操作简单易行,所得结果直观,对工程实践具有较好的参考价值。因此在本实验中通过采用测定最大比产 CH_4 速率的方法对厌氧产甲烷活性进行测定;同时在本实验中,还要通过与耗氧实验的比较,加深对活性测定和影响因素的理解。

1. 实验目的

(1)加深对厌氧污泥活性概念的理解。

(2)掌握史氏发酵管间歇培养法的操作。

(3)考察 1～2 种对厌氧污泥活性有影响的因素。

2. 实验原理

厌氧生物处理过程中的有机物降解速率或 CH_4 生成速率可用相似莫诺(Monod)方程来描述,即

$$-\frac{dS}{dt} = -\frac{U_{max}SX}{K_s + S} \tag{4-2-22}$$

式中:S 为基质浓度,gCOD 或 BOD/L;t 为时间,d;U_{max} 为最大比基质降解速度,d^{-1};X 为微生物或污泥浓度,gVSS/L;K_s 为饱和常数。

$$\frac{dV_{CH_4}}{dt} = Y_g V_r \left(-\frac{dS}{dt}\right) \tag{4-2-23}$$

式中:V_{CH_4} 为间歇反应开始后的积累 CH_4 产量,mL;Y_g 为基质的 CH_4 转化系数,$mLCH_4/gCOD$;V_r 为间歇反应器的反应区容积,L。

由式(4-2-22)、式(4-2-23)得

$$\frac{dV_{CH_4}}{dt} = \frac{Y_g V_r U_{max} SX}{K_s + S} \tag{4-2-24}$$

因为厌氧细菌的世代周期一般相对很长,合成量相对较少,在短期内(1～2 d 内)可以认为厌氧微生物的生物量不会发生变化,即式(4-2-24)中的 X 可以认为是一个常数;同时,由于在反应初期基质浓度很高,即可以认为 $S > K$,此时式(4-2-24)就可以简化为

$$\frac{dV_{CH_4}}{dt} = Y_g U_{max} V_r X = U_{max \cdot CH_4} V_r X \tag{4-2-25}$$

或

$$\frac{1}{V_r X} \cdot \frac{dV_{CH_4}}{dt} = U_{max \cdot CH_4} \tag{4-2-26}$$

式中：$U_{max \cdot CH_4}$就是上面提到的厌氧污泥的最大比产CH_4速率。从式(4-2-26)可以知道，我们只要通过实验求得某种污泥的产CH_4速率dV_{CH_4}/dt，就可以得到该种污泥的最大比产CH_4速率，即其活性。

从$U_{max \cdot CH_4}$可以进一步推算出衡量厌氧污泥活性的另一个指标——最大比COD去除速率($U_{max \cdot COD}$)。一般可以有下面两种方法：

第一，先求出COD对CH_4的转化系数Y_g，再由Y_g和$U_{max \cdot CH_4}$计算$U_{max \cdot COD}$，即

$$Y_g = \frac{V_{CH_4}(t)}{(S_0 - S)V_r} \cdot \frac{T_0}{T_1} \qquad (4-2-27)$$

则

$$U_{max \cdot COD} = \frac{U_{max \cdot CH_4}}{Y_g} \qquad (4-2-28)$$

式中：$V_{CH_4}(t)$为间歇培养结束时的累积CH_4产量，mL；S_0为培养瓶内初始COD浓度，$g \cdot L^{-1}$；T_0为标准绝对温度，273 K；T_1为测试时室温绝对温度，K。

第二，假定在厌氧条件下，约有15%的有机物会被用于合成菌体细胞，剩下的有机物则被转化为CH_4。又根据1 g COD在厌氧条件下完全分解理论上能产生350 mLCH_4，由此得出最大比COD去除速率和最大比产CH_4速率之间的关系如下：

$$U_{max \cdot COD} = \frac{U_{max \cdot CH_4}}{(1-15\%) \times 350} \qquad (4-2-29)$$

3. 实验材料

1)仪器

恒温水浴锅、反应瓶、史氏发酵管、橡胶管、医用针头、止水夹、三通管、量筒。

2)试剂

(1)挥发性脂肪酸(VFA)母液：采用乙酸溶液，溶液COD=100 g/L，并用NaOH调节pH=7.0。

(2)营养液：称取170 gNH_4Cl、37 gKH_2PO_4、8 g$CaCl_2 \cdot 2H_2O$、9 g$MgSO_4 \cdot H_2O$溶于1 L水中。

(3)微量元素：每升含：$FeCl_3 \cdot 4H_2O$，2000 mg；$CoCl_2 \cdot 6H_2O$，2000 mg；$MnCl_2 \cdot 4H_2O$，500 mg；$CuCl_2 \cdot 2H_2O$，30 mg；$ZnCl_2$，50 mg；$(NH_4)_6Mo_7O_{24} \cdot 4H_2O$，90 mg；$Na_2SeO_3 \cdot 5H_2O$，100 mg；$NiCl_2 \cdot 6H_2O$，50 mg；EDTA，1000 mg；36%HCl，1 mL；刃天青，500 mg。

(4)硫化钠母液(100 g/L)：每升水中含$Na_2S \cdot H_2O$ 100 g，临用时配制。

(5)酵母膏母液(100 g/L)：每升水中含酵母膏100 g，临用时配制。

(6)吸收液：3%的氢氧化钠。

4. 实验步骤

1)测试装置

厌氧污泥活性的测试可以采用如下间歇实验的方法，其装置如图4-2-18所示。

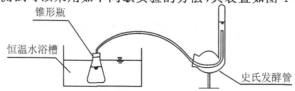

图4-2-18 厌氧污泥活性测试的间歇实验装置示意图

如图 4 - 2 - 18 所示,装有一定量受试厌氧污泥的 200 mL 锥形瓶被放置在可以控温的恒温水浴槽内,锥形瓶内还装有被调整到一定浓度的受试的有机物溶液或某种有机废水,锥形瓶用橡胶塞密封并通过细小的乳胶管与 25 mL 史氏发酵管相连,以保证反应瓶内所产生的沼气能够以小气泡的形式进入史氏发酵管内,并在通过浓度为 2 mol/L 的 NaOH 溶液的过程中,沼气中的 CO_2、H_2S 等酸性气体可以被碱液吸收,而余下的被计量的气体可认为完全是 CH_4 气体。

2)实验条件

(1)温度:温度对污泥活性有很大的影响,一般选取中温(35±1) ℃或常温[(20～25)±1] ℃进行测试,也可以根据需要选择其他温度。

(2)pH 值:由于一般认为产 CH_4 细菌的最适 pH 值是 6.8～7.2,而对于普通的厌氧污泥,其 pH 值范围可以放宽到 6.5～7.5,因此,在厌氧污泥活性的测试中一般通过在反应瓶中加入 $NaHCO_3$ 将其 pH 值调节到 7.0 左右。

(3)基质浓度与污泥浓度:基质浓度一般设定为 5000 mg/L,而污泥浓度取 3～7 g/L,保证 COD 与 VSS 的比值为 0.7～1.6。基质中还必须加入适量的 N、P 等营养元素,必要时还需要加入微量金属元素和酵母浸出膏或某些特殊的维生素等,并在稀释时用去氧水进行稀释。

3)测试步骤

(1)首先在锥形瓶容积为 100 mL 处做好标记,再加入浓度为 10000 mg/L 的母液50 mL,再加入一定量的受试厌氧污泥(保持 COD/VSS 为 0.7～1.6),并用去氧水稀释至 100 mL。

(2)把恒温水浴槽调至所需要的反应温度,将锥形瓶、橡胶管、史氏发酵管等连接好,并利用 N_2 将锥形瓶上部的空气驱除。

(3)将锥形瓶摇匀并放置在水浴槽内开始实验,一般每小时读取一次史氏发酵管内的产 CH_4 气体量。每次读数后都需要再次将锥形瓶轻轻摇动以使基质与污泥充分接触及基质浓度分布均匀。一般整个反应过程共需要约 10 h,但对于活性较低的污泥可能需要的时间更长。

(4)当反应瓶内的污泥不再大量产气后,即可认为反应基本结束。此时,需要将锥形瓶内的混合液进行离心分离(或过滤)后测量其 VSS 量。

(5)进行数据整理,计算出 $U_{\max \cdot CH_4}$,及 $U_{\max \cdot COD}$。

(6)一般要求每个实验需有 2～3 个平行样,以保证实验结果的可靠性。

5. 数据记录与处理

1)E_a 的计算

由于间歇反应开始启动,锥形瓶气室内存在的空气(或 N_2)会使反应初期用碱液吸收并计量出的 CH_4 产量读数偏高,引起误差。反应初期进入史氏发酵管的沼气中的空气体积分数可用下式表示:

$$E_a = \exp\left(-\frac{V_{g(t)}}{V_a}\right) \qquad (4 - 2 - 30)$$

式中:E_a 为锥形瓶的出气中,空气(或 N_2)的体积分数;$V_{g(t)}$ 为反应开始后到 t 时的累积出气量,mL;V_a 为锥形瓶中气室的容积,mL。

由式(4 - 2 - 30)可知,当 $V_{g(t)}/V_a$ 为 3.5 时,E_a 为 0.03。即当累积出气量为气室容积的 3.5 倍时,进入史氏发酵管的气体中的空气(或 N_2)含量只占 3%,此时可以认为气室内的空气

(或 N_2)已基本排完。实际实验时,取史氏发酵管计量的产气量达气室容积 3.5 倍以后的数据作为求 $U_{max \cdot CH_4}$ 的计算数值,便可消除空气(或 N_2)的影响。

2)$U_{max \cdot CH_4}$ 与 $U_{max \cdot COD}$ 的计算

将厌氧污泥和底物放入锥形瓶后,经过一段时间的培养,可得如图 4 - 2 - 19 所示的累积 CH_4 产量(V_{CH_4})曲线。

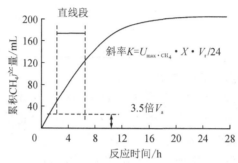

图 4 - 2 - 19   厌氧污泥活性测试实验中累积 CH_4 产量随时间的变化曲线

一般情况下,在反应初期,由于反应瓶内底物浓度相对较高,累积 CH_4 产量 V_{CH_4} 会以较为恒定的速度增加,即产 CH_4 过程呈零级反应,如图 4 - 2 - 19 所示的线性增加的直线段;经过一段时间的反应后,反应瓶内的基质浓度由于不断地被降解而迅速下降,使产 CH_4 过程不再呈零级反应,在图中表现为 V_{CH_4} 随时间呈非线性变化。由于我们关心的只是最大比产 CH_4 速率,因此只需要采用一元线性回归的方法求出 $V_{CH_4} - t$ 曲线上的直线段的斜率 K,再通过一些计算就可得到受试污泥在实验条件下的最大比产 CH_4 速率 $U_{max \cdot CH_4}$。还可以根据式(4 - 2 - 28)或式(4 - 2 - 29)进一步计算出其最大比 COD 去除速率 $U_{max \cdot COD}$。如前所述,应取 V_{CH_4} 值为 $3.5V_a$ 以后的数据点作为直线段的起点求斜率 K。

因此,在实验过程中可以不必测出整个 V_{CH_4} 累积曲线,而只需测出直线段即可。所以一般来说实验时间共需 10 h 左右。

计算中,一般可忽略实验环境的大气压与标准状态下的大气压的偏差,并可忽略史氏发酵管集气段气压与外界大气压的偏差(此偏差不超过 1.2%)。可用下式近似计算 $U_{max \cdot CH_4}$:

$$U_{max \cdot CH_4} = \frac{24K}{X \cdot V_r} \cdot \frac{T_0}{T_1} \tag{4 - 2 - 31}$$

式中:K 为累积 CH_4 产量-时间曲线上直线段的斜率,$mLCH_4/h$;T_0 为标准绝对温度,K;X 为污泥浓度,gVSS/L;V_r 反应混合液体积,L;T_1 为测试实验温度,K。

6. 思考题

(1)厌氧污泥产 CH_4 的机理是什么?

(2)史氏发酵法的原理是什么?

实验 9   废水可生化降解性的评价

1. 实验目的

(1)了解废水可生化降解性评价的方法。

(2)掌握 COD、BOD_5 的测定方法。

2. 实验原理

BOD₅/COD 比值是评价废水可生化降解性的一种常用方法。BOD₅ 和 COD 都反映废水中有机物在氧化分解时所耗的氧量。BOD₅ 是有机物在微生物作用下氧化分解所需的氧量,它代表废水中可生物降解的那部分有机物;COD 是有机物在化学氧化剂作用下氧化分解所需的氧量,它代表废水中可被化学氧化剂分解的有机物,常采用重铬酸钾为氧化剂,一般可近似认为 COD 测定值代表废水中的全部有机物。一般认为 BOD₅/COD 比值大于 0.45 时,该废水适用于生物处理,如比值在 0.2 左右,说明这种废水中含有大量难降解的有机物,这种废水可否采用生物处理法处理,尚需看微生物驯化后,能否提高此比值才能判定。此比值接近零时,采用生物处理法是比较困难的。

3. 实验材料

1)仪器

(1)COD 测定仪、BOD₅ 测定仪、生化培养箱。

(2)酸式滴定管、锥形瓶、容量瓶、烧杯、移液管等。

2)试剂

(1)重铬酸钾标准溶液($c_{(1/6K_2Cr_2O_7)}=0.2500$ mol/L):称取 12.258 g 在 120 ℃烘干 2 h 的优级纯重铬酸钾溶于水中,移入容量瓶中定容至 1 L。

(2)硫酸汞(掩蔽剂):称取 10.00 g 硫酸汞溶于 100 mL 10%硫酸中。

(3)重铬酸钾(消化液):称取 9.80 g 重铬酸钾、50.0 g 硫酸铝钾、10.0 g 钼酸铵,溶解于 500 mL 水中,加入 200 mL 浓硫酸,冷却后,转移至 1000 mL 容量瓶中,用水稀释至标线,重铬酸钾浓度为 0.2 mol/L。(注:测定 COD 浓度在 50~1000 mg/L)

(4)硫酸银(催化剂):称取 8.8 g $AgSO_4$ 溶于 1 L 浓硫酸中,摇匀过夜后使用。

(5)硫酸亚铁铵(浓度约 0.1 mol/L):称取 39.5 g 硫酸亚铁铵溶于水中,边搅拌边缓慢加入 20 mL 浓硫酸,冷却后移入 1000 mL 容量瓶,定容。临用前,用重铬酸钾标准溶液标定。

(6)试亚铁灵:分别称取 1.485g 邻菲啰啉和 0.695 g$FeSO_4 \cdot 7H_2O$ 溶于水中,稀释至 100 mL,贮存于棕色瓶中。

(7)10% H_2SO_4:量取 50 mL 蒸馏水,缓慢加入 10 mL 硫酸,冷却后,定容至 100 mL。

(8)硫酸镁溶液:称取 22.5 g $MgSO_4 \cdot 7H_2O$ 溶于水中,稀释至 1 L。

(9)氯化钙溶液:称取 27.5 g 无水氯化钙溶于水中,稀释至 1 L。

(10)氯化铁溶液:称取 0.25 g $FeCl_3 \cdot 6H_2O$ 溶于水中,稀释至 1 L。

(11)磷酸盐缓冲溶液:将 8.5 g 磷酸二氢钾、21.75 g 磷酸氢二钾、33.4 g 七水合磷酸氢二钠和 1.7 g 氯化铵溶于水中,稀释至 1000 mL。此溶液的 pH 值应为 7.2。

4. 实验步骤

(1)测定废水 COD 值:准确吸取 3.00 mL 水样,置于 20 mL 具密封塞的加热管中,加入 1 mL 掩蔽剂,混匀。然后加入 3.0 mL 消解液和 5 mL 催化剂,旋紧密封塞,混匀。然后将加热器接通电源,待温度达到 165 ℃时,再将加热管放入加热器中,消解 20 min 后取出加热管,冷却后用 60 mL 的蒸馏水分三次冲洗管壁,倒入锥形瓶中,加入 2~3 滴试亚铁灵试剂,用硫酸亚铁铵标准溶液滴定。同时做空白实验(用蒸馏水代替废水水样,其他步骤同废水 COD 测试方法)。每种水样做两组平行实验。

（2）硫酸亚铁铵溶液标定：准确吸取 10.00 mL0.2500 mol/L 重铬酸钾标准溶液于 250 mL 锥形瓶中，加水稀释至 55 mL 左右，缓慢加入 15 mL 浓硫酸，混匀，冷却后，加入 2～3 滴试亚铁灵指示剂用硫酸亚铁铵溶液滴定，溶液的颜色由黄色经蓝绿色至红褐色即为终点。有

$$c = \frac{0.2500 \times 10.00}{V} \tag{4-2-32}$$

式中：c 为硫酸亚铁铵标准溶液的浓度，mol/L；0.2500 为重铬酸钾浓度，mol/L，10.00 为重铬酸钾体积，mL；V 为硫酸亚铁铵标准滴定溶液的用量，mL。

（3）用 BOD_5 测定仪测定废水的 BOD_5 值（使用方法见后附）：根据测得的 COD 值的 80% 估计废水的 BOD_5 值，将两个不同的样品稀释体积分别倒入两个 BOD_5 瓶，水样取完后，将磁子投入瓶中，在瓶颈插入一个橡皮套，在橡皮套中用镊子夹入几粒 NaOH 颗粒，不要让颗粒掉进样品中，拧紧瓶子同时按下"S"和"M"键，直到出现"00"为止。当瓶内温度达到 20 ℃时，仪器开始计时。5 天后按"S"键来显示各天的 BOD_5 数据，第 5 天数据与表 4-2-16 中乘积系数相乘即为 BOD_5 值。

（4）计算废水的 BOD_5/COD 值，评价废水的可生化性。

5. 数据记录与处理

COD 计算：

$$COD(mg/L) = \frac{(V_0 - V_1) \times C \times 8 \times 1000}{V_2} \tag{4-2-33}$$

式中：V_0 为滴定空白样时硫酸亚铁铵标准滴定溶液的用量，mL；V_1 为滴定水样时硫酸亚铁铵标准滴定溶液的用量，mL；V_2 为水样的体积，mL；C 为硫酸亚铁铵标准溶液的浓度，mol/L；8 为 1/2 氧的摩尔质量，g/mol。

【注意事项】

（1）配制试剂或使用过程中要小心谨慎，避免被浓硫酸溅伤；

（2）取样前要摇匀，保证水样完成混合；

（3）具塞试管与螺帽需一一对应，避免加热过程中有液体溅出；

（4）滴定时速度应按快速—缓慢—逐滴的过程变化，以利于反应的充分进行；

（5）COD 的测定结果应保留三位有效数字，若大于 1000 mg/L 应以科学计数法上报。

6. 思考题

废水生化可降解性测定的意义是什么？

附——BOD_5 测定仪原理及水样体积确定方法

BOD_5 测定仪的原理是测压法，微生物呼吸消耗水中的溶解氧，同时产生 CO_2，CO_2 被 NaOH 吸收导致瓶中的气压降低，通过气压的降低程度反映出 BOD_5 的大小。

BOD_5 测定需要估计废水的 BOD_5 值，根据 BOD_5 值取不同体积的水倒入 BOD_5 测定瓶，具体值见表 4-2-16。如果是工业废水，还要投加营养物质：磷酸盐溶液、三氯化铁溶液、硫酸镁溶液或氯化钙溶液，按与水样体积比 1：1000 投加。

表 4 - 2 - 16　BOD$_5$ 测定取水体积表

样品量/mL	测量范围/(mg·L^{-1})	乘积系数
432	0~40	1
365	0~80	2
250	0~200	5
164	0~400	10
97	0~800	20
43.5	0~2000	50
22.7	0~4000	1000

注:乘积系数就是在计算水样 BOD$_5$ 值时在读数值上要乘的系数。

实验 10　产甲烷毒性实验

生物法是废水中有机物去除的主要方法,但在处理工业废水时往往需要考虑毒性物质对微生物的抑制问题。这是由于工业废水成分复杂,往往含有多种有毒物质,会对微生物的活性产生不同程度的影响,使生物反应器效率降低,甚至导致反应器运行失败。开展废水中有毒物质的毒性实验,一方面有利于评价某种废水是否适宜采用生物法进行处理,另一方面可以探索适宜的生物处理方法。

1. 实验目的

(1)了解厌氧毒性测试原理并掌握测试方法。

(2)探究厌氧毒性与有毒物质浓度之间的关系。

(3)评价实际工业废水的厌氧毒性,提出降低毒性的策略。

2. 实验原理

在废水的厌氧生物处理过程中,复杂物料经过水解、发酵(或酸化)、产乙酸和产甲烷(CH$_4$)四个阶段,在功能菌群的作用下最终实现污染物的降解和 CH$_4$ 的产生。受到毒性作用后,相关微生物的活性下降,表现为产 CH$_4$ 速率降低。

麦卡蒂(McCarty)研究小组在斯坦福大学开发了一种简单实用的评价废水水样对厌氧微生物潜在毒性的测定方法,即厌氧毒性测试(anaerobic toxicity assay,ATA)。ATA 条件下生物体活性的最大速率与基质浓度无关,产气速率的任何减少都由废水中的毒性抑制引起。在解释 ATA 结果时必须考虑接种对水样的稀释,但是,如果接种物是脱水的颗粒污泥则对毒性物质无稀释作用。为了能合适地评价抑制性,ATA 应采用不同的水样体积与接种物比值。如果废水具有抑制作用,则会引起起始产气速率的减少,并随着水样体积和接种物量的比值增加而逐渐减少。实验通常在 3~5 d 内完成。

3. 实验材料

1)仪器

(1)推荐采用图 4 - 2 - 20 所示的反应器和液体置换系统或图 4 - 2 - 21 所示的以血清瓶等搭建的简易系统,两者区别在于是否进行搅拌,整个系统须置于恒温箱内。

(2)量筒、漏斗、机械搅拌器、注射器针头。

2)**试剂**

(1)**营养母液**：1 L 母液中应包含：NH_4Cl，170 g；KH_2PO_4，37 g；$CaCl_2 \cdot 2H_2O$，8 g；$MgSO_4 \cdot 4H_2O$，9 g。

(2)**微量元素母液**：1 L 母液中应包含：$FeCl_3 \cdot 4H_2O$，2000 mg；$CoCl_2 \cdot 6H_2O$，2000 mg；$MnCl_2 \cdot 4H_2O$，500 mg；$CuCl_2 \cdot 2H_2O$，30 mg；$ZnCl_2$，50 mg；H_3BO_3，50 mg；$(NH_4)_6Mo_7O \cdot 4H_2O$，90 mg；$Na_2SeO_3 \cdot 5H_2O$，100 mg；$NiCl_2 \cdot 6H_2O$，50 mg；EDTA，1000 mg；36%HCl，1 mL；刃天青 500 mg。

(3)**硫化钠母液**：每升含 $Na_2S \cdot 9H_2O$ 100 g，使用时临时配制。

(4)**挥发性脂肪酸(VFA)母液**：用乙酸钠配制成 100 g COD/L 的 VFA 母液，加 NaOH 调 pH 值至 7。

(5)0.1 mol/L 的 NaOH 和 HCl。

(6)**厌氧颗粒污泥**，使用前可用适量乙酸钠溶液进行驯化培养。

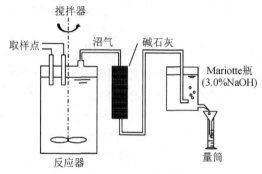

图 4-2-20　用于测量厌氧毒性的反应器和液体置换系统

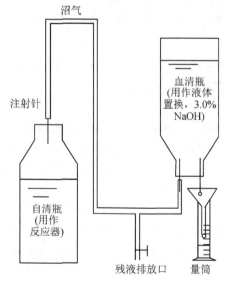

图 4-2-21　用于测量厌氧毒性的简易系统

4. 实验步骤

(1)采用重量法测定厌氧颗粒污泥的 TSS 和 VSS。

(2)实验组：在每个血清瓶(500 mL)中接种相同质量(体积)的污泥，使其污泥浓度为 4 gVSS/L。在每个血清瓶内加入 16 mLVFA 母液、0.4 mL 营养母液、0.4 mL 微量元素母液、0.4 mL 硫化钠母液和 0.08 g 酵母粉。在各个反应器中分别加入 2 g、4 g、6 g、8 g、10 g NaCl，然后用 HCl 和 NaOH 调 pH 值至 7。

(3)对照组：对照组除不加模拟废水外，其余设计与实验组相同。

(4)空白组：空白组除不加 VFA 外，其余设计与对照组相同。

(5)上述样品补加蒸馏水至总体积 400 mL。

(6)向上述各反应器中通 N_2 3 min 除去溶解氧，然后接入图 4-2-20 或图 4-2-21 所示的液体置换系统，置于 35 ℃ 恒温箱内正式开始实验，定期读取量筒中液体体积，记录产气数值，换算成标准状况下的气体体积。

5. 数据处理

(1)对照组和实验组产气数值扣除对应的空白组产气数值为实际产气量。

(2)绘制累积 CH_4 产量随时间变化图。

(3)划分最大活性区间(最大活性区间应当至少覆盖已利用的底物的 50%，如图 4-2-22 所示)，产 CH_4 速率 R 是这一区间的平均斜率，其单位为 mL/h。

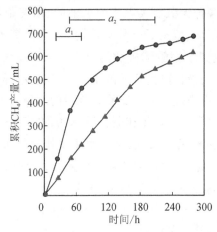

图 4-2-22　最大产 CH_4 活性区间选取

(图中 a_1 和 a_2 分别为第 1 组和第 2 组实验选取的最大活性区间)

(4)抑制曲线：根据 $I = \left(1 - \dfrac{\text{实验组 } CH_4 \text{ 产量}}{\text{对照组 } CH_4 \text{ 产量}}\right) \times 100\%$ 计算产 CH_4 抑制百分数，绘制实验结束时产 CH_4 抑制百分数随浓度变化关系图。

【注意事项】

(1)实验装置需保证气密性。

(2)测量气体产量的量筒应及时清空，防止排出的 NaOH 溶液溢出。

6. 思考题

(1)反应器中为什么要加入硫化钠母液？

(2)实验开始前驯化污泥的目的是什么？

实验 11　离子交换实验

离子交换法是处理火力发电厂、电子、医药、化工等工业用水,处理含有害重金属离子的废水和回收废水中高价值重金属的普遍方法。它可以去除或交换水中溶解的无机盐、去除水中硬度、碱度以及制取去离子水。

在应用离子交换法进行水处理时,需要根据离子交换树脂的性能设计离子交换设备,需要根据水质确定交换设备的运行周期和再生处理,实验是获取相关数据的重要手段。

1. 实验目的

(1)熟悉顺流再生固定床运行的操作过程。

(2)加深对阳离子交换和阴离子交换基本理论的理解。

(3)了解离子交换法在水处理中的应用。

2. 实验原理

离子交换过程可以看作是固相的离子交换树脂与液相中电解质之间的化学置换反应,其反应一般都是可逆的。水中各种无机盐类电离生成的阴、阳离子经过 H 型离子交换树脂时,水中阳离子被 H^+ 取代,经过 OH 型离子交换树脂时,水中阴离子被 OH^- 取代,进入水中的 H^+ 和 OH^- 结合成水,从而达到了去除无机盐的效果。水中所含阴阳离子的多少,直接影响了溶液的导电性能,经过离子交换树脂处理后的水中离子很少,导电率很小,电阻值很大,在工业用水测定时,常用水的导电率来表示离子交换处理后的水质。

本实验采用国产强酸型树脂和强碱型树脂去除水中的盐离子,这种方法称为水的软化除盐。原水通过装有阳离子交换树脂的交换柱时,水中的阳离子如 Ca^{2+}、Mg^{2+}、K^+、Na^+ 等离子与树脂中的可交换离子 H^+ 交换;接着通过装有阴离子交换树脂的交换柱时,水中的阴离子 Cl^-、SO_4^{2-}、HCO_3^- 等与树脂的可交换离子 OH^- 交换,基本反应如下:

$$RH^+ + \begin{cases} 1/2Ca^{2+} \\ 1/2Mg^{2+} \\ Na^+ \\ K^+ \end{cases} \begin{cases} 1/2SO_4^{2-} \\ Cl^- \\ HCO_3^- \\ HSiO_3^- \end{cases} = R \begin{cases} 1/2Ca^{2+} \\ 1/2Mg^{2+} \\ Na^+ \\ K^+ \end{cases} + H^+ \begin{cases} 1/2SO_4^{2-} \\ Cl^- \\ HCO_3^- \\ HSiO_3^- \end{cases}$$

$$ROH^- + H^+ \begin{cases} 1/2SO_4^{2-} \\ Cl^- \\ HCO_3^- \\ HSiO_3^- \end{cases} = R \begin{cases} 1/2SO_4^{2-} \\ Cl^- \\ HCO_3^- \\ HSiO_3^- \end{cases} + H_2O$$

经过上述阴、阳离子交换柱处理的水,盐分已被去除。树脂在使用一定时间后交换容量耗尽,出水电导率显著升高,这一情况称为穿透。此时,必须将树脂再生,即把树脂上吸附的阴阳离子置换出来,代之以新的可交换离子。阳离子交换树脂用 HCl 再生,阴离子交换树脂用 NaOH 再生。基本反应如下:

$$R_2Ca + 2HCl = 2RH + CaCl_2$$
$$RCl + NaOH = ROH + NaCl$$

3. 实验材料

离子交换装置、阴(阳)离子树脂、电导率仪、pH 计、秒表、4%HCl、4%NaOH。

4. 实验步骤

(1)熟悉实验装置(见图 4-2-23)。装置管路连接方式,清楚各个阀门的作用及管路流程,排出阴阳离子交换柱的废液。

将两个交换柱串联起来:水箱进水—阳柱—阴柱—出水,确保各路线连接无误。

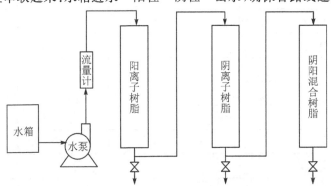

图 4-2-23　离子交换实验装置图

(2)清洗树脂。用除盐水正洗交换柱 5 min,流速 12 m/h,测定正洗出水的 pH 值,若出水 pH 不呈中性,则延长正洗时间。

(3)测定原水的 pH 值、电导率、交换柱内径等计入记录表中。

(4)开启阳柱和阴柱的进水阀门,通过调整流量计,使交换柱内流速为 15 m/h,运行 8 min 后测定出水的电导率和 pH 值,依次改变交换流速为 30 m/h、45 m/h、60 m/h,将所测的数据记入记录表中。

(5)反洗。

离子交换完成后,用除盐水以 15 m/h 的流速正洗、反洗各 5 min,并分别通入 4%HCl 和 4%NaOH 至淹没树脂交换层高度的 1.5 倍,浸泡 30 min,排出再生液。

(6)再用纯水浸泡树脂,高于树脂层 5 cm。

(7)关闭所有进出水阀门,切断仪器电源。

5. 数据记录与处理

将实验步骤中的数据记入表 4-2-17、表 4-2-18 中。

离子交换树脂参数:阳树脂:＿＿＿＿＿＿＿＿＿;阴树脂:＿＿＿＿＿＿＿＿＿。

表 4-2-17　原水电导率及实验装置的有关数据记录表

原水电导率 $K/(\mu S \cdot cm^{-1})$	交换柱内径/cm	阳离子树脂层高度/cm	阴离子树脂层高度/cm

表 4-2-18　交换实验过程中数据记录表

原水温度：		原水 pH=		
交换柱流速/(m·h⁻¹)	阳离子交换柱		阴离子交换柱	
	pH 值	电导率/(μS·cm⁻¹)	pH 值	电导率/(μS·cm⁻¹)

绘制不同流速与出水电导率、pH 值关系的变化曲线,分析原因。

【注意事项】

反冲洗时应控制好流速,防止树脂被冲走。

6. 思考题

(1)试分析提高出水水质的措施有哪些?

(2)阐述树脂鉴别方法的原理。

实验 12　高级氧化处理染料废水

工业废水常含有某些难生物降解或毒性物质,采用传统生物处理技术难以处理达标。化学氧化法是处理这类污染物质的有效方法之一,其目的是将污染物氧化为无害的终端产物或较易生物降解的中间产物。通过化学氧化,可使废水中的有机物和无机物氧化分解,从而降低废水的 COD 和 BOD,使水中的有毒物质无害化。

废水处理中用得最多的氧化剂是空气、臭氧(O_3)、次氯酸(HOCl) 和氯气(Cl_2),这些氧化剂可在不同的情况下用于各种废水的氧化处理。近年来,出现了大量以自由基(如 ·OH 和 SO_4^- ·)作为主要氧化剂的化学氧化法,称为高级氧化技术,如芬顿氧化、类芬顿氧化(非均相芬顿、电芬顿、光芬顿等)、过硫酸盐氧化($K_2S_2O_8$ 或 K_2SO_5)、湿式氧化和催化湿式氧化等。高级氧化法具有氧化能力强、反应速率快等优点,部分技术已应用于废水处理工程实践。

本实验采用过氧化氢和催化剂亚铁盐构成的氧化体系(通常称为芬顿(Fenton)试剂)处理难生物降解的有机废水,以提高 COD 的去除率。

1. 实验目的

(1)了解芬顿试剂氧化法处理有机工业废水的基本原理;

(2)掌握芬顿试剂氧化法的实验过程。

2. 实验原理

芬顿试剂法是以过氧化氢为氧化剂,以亚铁盐为催化剂的高级氧化法,可用于处理难生物降解的有机废水,也可使染料废水脱色,在处理含烷基苯磺酸盐、酚、表面活性剂、水溶性高分子的废水时都特别有效。在含有 Fe^{2+} 的酸性溶液中投加过氧化氢时,会发生下列反应:

$$Fe^{2+} + H_2O_2 \longrightarrow Fe^{3+} + \cdot OH + OH^-$$
$$Fe^{3+} + H_2O_2 \longrightarrow Fe^{2+} + HO_2 \cdot + H^+$$
$$Fe^{2+} + \cdot OH \longrightarrow Fe^{3+} + OH^-$$
$$Fe^{3+} + HO_2 \cdot \longrightarrow Fe^{2+} + O_2 + H^+$$
$$\cdot OH + H_2O_2 \longrightarrow H_2O + HO_2 \cdot$$
$$HO_2 \cdot \longrightarrow O_2^- + H^+$$
$$O_2^- + H_2O_2 \longrightarrow O_2 + \cdot OH + OH^-$$

在 Fe^{2+} 的催化作用下,H_2O_2 能产生两种活泼的羟基自由基,从而引发和传播自由基链反应,加快有机物和还原剂物质的氧化。从以上方程式可以看出,Fe^{2+} 和 H_2O_2 浓度升高有利于 $\cdot OH$ 的生成,而 OH^- 浓度高不利于 $\cdot OH$ 的生成。因此,用芬顿试剂处理不同废水时,要确定 pH 值、Fe^{2+} 和 H_2O_2 浓度的最佳条件。

1)水样 pH 值的影响

$[OH^-]$ 越低,反应生成的羟基自由基越多,有机氧化反应效率就越高。芬顿试剂法适用于酸性条件,通常在 pH 值为 3~4 的条件下进行,此时自由基生产速率最大。pH 值较高时,Fe^{2+} 氧化反应生成的 Fe^{3+} 快速水解,转化为 $Fe(OH)_3$ 沉淀,脱离反应体系,有效催化剂浓度降低,反应速率也随之降低。pH 值高于 8 时,Fe^{2+} 也开始形成絮体沉淀,直接影响反应的进行。

2)Fe^{2+} 投加量的影响

当无 Fe^{2+} 参与反应时,COD 的去除率很低,一旦水中存在 Fe^{2+},COD 的去除率可呈直线上升,说明在酸性溶液中 H_2O_2 本身的氧化速率较慢,要在适量的 Fe^{2+} 作用下氧化速率才能提高,但 Fe^{2+} 本身要消耗羟基自由基,加入过多对有机物的氧化并无促进作用。因此,最佳投加量应视废水中有机物的种类和浓度而定。

3)H_2O_2 投加量的影响

一般来说,H_2O_2 投加量大有利于有机物氧化,但投加量过大时,H_2O_2 本身也会作为还原剂消耗 $\cdot OH$,所以,H_2O_2 投加量存在一个最优值。此外,如果要将废水中有机物完全分解,需要 H_2O_2 与有机物的物质的量之比远大于 1,从经济上考虑是不行的。如果只需将难生物降解的物质转化为可生物降解的物质,H_2O_2 投加量就有降低的空间。

3. 实验材料

1)仪器

磁力搅拌器、分光光度计、烧杯、量筒、移液管等。

2)试剂

3%H_2O_2溶液;0.5 mol/L 硫酸亚铁溶液(临用前配制);0.5 mol/L 硫酸溶液;0.5 mol/L 氢氧化钠溶液;1g/L 罗丹明 B 贮备液。

4. 实验步骤

1)工作曲线的绘制

配制适量 50 mg/L 的罗丹明 B 使用液,绘制罗丹明 B 溶液的浓度-吸光度工作曲线:将使用液稀释不同梯度的浓度,在波长 556 nm 处测得浓度 c-吸光度 A 数据,绘制 c-A 曲线。

2)单因素实验

(1)pH 值对染料废水处理的影响。

①分别量取 50 mg/L 罗丹明 B 溶液 200 mL,置于烧杯中,将此样品准备 4 份;

②用 0.5 mol/L 硫酸溶液和 0.5 mol/L 氢氧化钠溶液将上述溶液 pH 值分别调节为 2、3、4 和 5;

③向 4 份样品中各加入新配制的硫酸亚铁溶液 2.5 mL 和 H_2O_2 溶液 4 mL,搅拌 10 min 后停止,取上清液采用分光光度计测定剩余罗丹明 B 溶液的浓度。

(2)Fe^{2+} 浓度对染料废水处理的影响。

①分别量取 50 mg/L 罗丹明 B 溶液 200 mL,置于烧杯中,将此样品准备 4 份;

②向上述溶液中分别加入新配制的硫酸亚铁溶液 1 mL、2 mL、3 mL 和 4 mL;

③向 4 份样品中各加入 H_2O_2 溶液 4 mL,搅拌 10 min 后停止,取上清液采用分光光度计测定剩余罗丹明 B 的浓度。

(3)H_2O_2 浓度对染料废水处理的影响。

①分别量取 50 mg/L 罗丹明 B 溶液 200 mL,置于烧杯中,将此样品准备 4 份;

②向上述溶液中分别加入 H_2O_2 溶液 1 mL、2 mL、4 mL 和 6 mL;

③向 4 分样品中各加入新配的硫酸亚铁溶液 2.5 mL,搅拌 10 min 后停止,取上清液采用分光光度计测定剩余罗丹明 B 的浓度。

(4)反应时间对染料废水处理的影响。

①配制 50 mg/L 的罗丹明 B 初始溶液 200 mL,置于烧杯中;

②用 0.5 mol/L 硫酸溶液和 0.5 mol/L 氢氧化钠溶液调节至适宜的 pH 值;

③向溶液中加入新配制的硫酸亚铁溶液 2.5 mL、H_2O_2 溶液 4 mL,置于磁力搅拌器上搅拌,开始计时,每隔 5 min 取样测定剩余罗丹明 B 的浓度。

3)正交实验

对于一定浓度的染料废水,采用正交实验探索 pH 值、Fe^{2+} 投加量、H_2O_2 投加量及反应时间等的影响大小,确定各影响因素的主次关系和最佳的运行条件。

5. 数据记录与分析

(1)绘制罗丹明 B 浓度与吸光度工作曲线。

(2)单因素实验。

分析不同条件下罗丹明 B 的去除率,实验数据填入表 4-2-19、表 4-2-20、表 4-2-22。

$$罗丹明\ B\ 去除率(\%) = \frac{处理前浓度 - 处理后浓度}{处理前浓度} \times 100\% \qquad (4-2-34)$$

由表 4 - 2 - 19 至 4 - 2 - 22 中数据绘制各因素变化曲线,分析其原因。

表 4 - 2 - 19　pH 优化实验条件数据记录表

温度:＿＿　实验条件:加入硫酸亚铁溶液＿＿＿＿＿mL 和 H_2O_2 溶液＿＿＿＿＿mL,搅拌 10 min 后停止

pH 值	处理前浓度	处理后浓度	去除率/%

表 4 - 2 - 20　Fe^{2+} 投加量优化实验条件数据记录表

温度:＿＿＿＿＿＿＿＿　实验条件:加入 H_2O_2 溶液＿＿＿＿＿＿mL,搅拌 10 min 后停止

$FeSO_4$ 溶液体积/mL	处理前浓度	处理后浓度	去除率/%

表 4 - 2 - 21　H_2O_2 投加量优化实验条件数据记录表

温度:＿＿＿＿＿＿＿＿　实验条件:加入硫酸亚铁溶液＿＿＿＿＿＿mL,搅拌 10 min 后停止

H_2O_2 溶液体积/mL	处理前浓度	处理后浓度	去除率

表 4 - 2 - 22　反应时间优化实验条件数据记录表

温度:＿＿＿＿＿＿＿＿　实验条件:加入硫酸亚铁溶液＿＿＿＿＿＿mL,H_2O_2 ＿＿＿＿＿mL

反应时间/min	处理前浓度	处理后浓度	去除率/%

(3)正交实验。

正交表中各因素的水平选取可参照单因素实验,也可以按表 4 - 2 - 23 进行选择,废水仍采用含 50 mg/L 罗丹明 B 的溶液 200 mL,具体实验条件参照表 4 - 2 - 24。

表 4 - 2 - 23　芬顿氧化实验的因素水平表

水平	因素			
	pH 值	硫酸亚铁溶液/mL	H₂O₂ 溶液/mL	反应时间/min
1	2	1	2	10
2	3	2	4	20
3	4	4	6	30

注:将所选正交表中各列的不同水平数字换成对应各因素相应水平值,每一横行即代表所要进行的实验的一种条件。

表 4 - 2 - 24　芬顿氧化实验四因素三水平的实验方案与极差分析

实验号	列号(因素)				实验结果去除率/%
	pH 值(A)	硫酸亚铁溶液(B)	H₂O₂ 溶液(C)	反应时间(D)	
1	2	1	2	10	
2	2	2	4	20	
3	2	4	6	30	
4	3	1	4	30	
5	3	2	6	10	
6	3	4	2	20	
7	4	1	6	20	
8	4	2	2	30	
9	4	4	4	10	
K_1					
K_2					
K_3					
$\overline{K}_1$					
$\overline{K}_2$					
$\overline{K}_3$					
R					
因素主次					
优水平					
优组合					

注:(1)填写评价指标;

(2)计算各列的水平效应值 K_i、$\overline{K}_i$ 和极差 R 值;

K_i＝任一列上水平号为 i 时对应的指标之和;

$\overline{K}_i$＝ K_i/任意一列各水平出现的次数;

R＝任意一列 K_i 的极大值与极小值之差。

（3）比较各因素的 R 值：根据 R 值大小排列出对实验指标影响的主次顺序，有时空白列的极差要比所有因素的极差值大，说明因素间可能存在有不可忽略的交互作用，或者忽略了对实验结果有重要影响的其他因素。

（4）比较同一因素下各水平的效应值 $\overline{K_i}$，确定优方案：若指标越大越好，则在同一因素下 $\overline{K_i}$ 最大的那个值对应的水平为优水平，反之若指标越小越好，则在同一因素下 $\overline{K_i}$ 最小的那个值对应的水平为优水平。

【注意事项】

（1）过程中涉及的强氧化剂操作应小心谨慎，以防灼伤。

（2）注意观察实验过程中的现象变化。

6. 思考题

有何其他措施可进一步提高芬顿反应的氧化效果？

实验13 污泥厌氧消化

厌氧消化可用于处理有机污泥和含高浓度有机物的工业废水（如酒精厂、食品加工厂污水），是污水和污泥处理的主要方法之一。厌氧消化过程受 pH 值、碱度、温度、负荷率等因素影响，产气量与操作条件和污染物种类有关。进行消化池设计之前，一般都要经过实验来确定有关参数，因此，掌握厌氧消化实验方法是很重要的。

1. 实验目的

（1）掌握厌氧消化实验方法。

（2）了解厌氧消化过程各重要指标的变化情况，加深对厌氧消化的理解。

2. 实验原理

厌氧消化是指在无氧的条件下，兼性菌和专性厌氧菌降解有机物的处理过程，其终点产物与好氧处理不同：大部分碳都转化为甲烷、氮转化为氨、硫转化为硫化氢，中间产物除同化合成细菌物质外，还合成为复杂而稳定的腐殖质。从有机物降解途径角度分析，厌氧消化可以分为四个阶段。

水解阶段：高分子有机物在胞外水解酶的作用下进行水解，被分解成为小分子有机物；

酸化阶段：小分子有机物在产酸菌的作用下转化为挥发性脂肪酸（VFA）、醇类、乳酸等简单的有机物；

产氢产乙酸阶段：上述产物被进一步转化为乙酸、氢气、碳酸及新细胞物质；

产甲烷阶段：乙酸、氢气、碳酸、甲酸和甲醇等在产甲烷菌的作用下被转化为甲烷和新细胞物质。

在进行厌氧消化实验的时候应创造合适条件使产酸和产甲烷的速度保持平衡，才能保证反应持续稳定地进行。为建立这一平衡，实验时应该注意几个主要的影响因素。

1）绝对厌氧

由于甲烷细菌是专性厌氧菌，实验装置应该保证绝对的厌氧条件。

2）温度

厌氧发酵实际是一个多菌种多层次的混合生化反应体系，温度会对微生物的生长和代谢产生重要影响。通过控制温度，可以改变酶活性及微生物的种群结构，进而改变生化反应速率和基质降解速率。作为影响反应速率的重要因素,通常将温度控制在中温(30～37 ℃)和高温(45～55 ℃)两个范围段,其中 35 ℃和 55 ℃对应的产甲烷菌活性最高。由于产甲烷菌对环境温度变化敏感,当环境温度变化 1～2 ℃时,影响不明显,但当温度发生急剧变化时,厌氧体系很容易产酸并积累,导致产气效率降低,因此厌氧过程中对温度控制的要求很高。

3)pH 和碱度

pH 值可以直接影响厌氧体系的生化速率,不同微生物对 pH 值的要求各不相同,其中酸化细菌适宜的 pH 值范围较宽,为 4.50～8.00,而产甲烷菌对 pH 值范围要求较窄,通常为6.50～7.50,最佳范围为 6.8～7.2。pH 值过高(>8.00)或过低(<6.00)均会抑制微生物的正常生长代谢。通常酸性条件下,脂肪酸以分子态存在,可以直接穿透微生物细胞膜,破坏细胞内酸碱平衡;碱性条件下,脂肪酸则表现为带电荷的酸根离子,阻碍了微生物的吸收利用。此外 pH 值还可以影响发酵产酸类型,以葡萄糖为例,酸性 pH 值条件下,丁酸是主要代谢产物,而碱性 pH 值条件下,则以乙酸和丙酸为主,因此在实际应用中也常常通过控制系统 pH值来获得目标产物。

4)碳氮比(C/N 比)

碳元素(C)和氮元素(N)是微生物生长代谢所必需的营养元素。C/N 过高,即氮源不足,会导致体系缓冲作用降低,pH 值降低,产气速率下降;C/N 过低则又会使铵盐积累,pH 值升高,且碱性情况下以游离态存在的氨占比增加,容易对微生物细胞造成毒害。为了保证较高的厌氧消化速率,通常将 C/N 比控制在(25～30):1 范围内。

5)水力停留时间

污水或者污泥在厌氧消化的设备中的停留时间以不引起厌氧细菌流失为准,它与操作方式有关。当温度为 35 ℃时,对于间歇进料的实验,水力停留时间为 5～7 d。

6)微量元素

微生物生长代谢所需的微量元素包括 K、Na、Fe、Ca、Cu、Zn、Mg、Mn、Ni、Co 等,这些元素在酶和辅酶类物质合成方面发挥着重要作用,任何一种微量元素的不足均会对产甲烷过程造成抑制。厌氧消化体系中,微量元素具有两面性。较适宜的浓度可以有效促进产甲烷效率,但浓度过高也会对微生物造成毒害,因此应该严格控制微量元素在厌氧体系中的浓度,以维持厌氧发酵系统高效运行。

厌氧消化实验可以用污水、污泥等进行试验,也可以用已知成分的化学品如醋酸、醋酸钠、谷氨酸等进行试验。本实验是在 35 ℃的条件下,以城市污水处理厂剩余污泥为对象,采用间歇进料的方式进行的。

3. 实验装置和材料

1)实验装置

实验装置由消化器、恒温箱和湿式气体流量计等组成,如图 4-2-24 所示。消化器放入恒温箱内,以控制仪控制恒温箱的温度。

2)实验设备和仪器表

厌氧消化罐、湿式气体流量计、加热器、COD 测定仪、烘箱、马弗炉、分析天平、气相色谱仪、酸度计等。

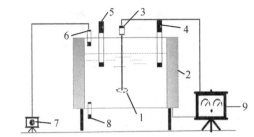

1—污泥消化罐；2—水浴锅；3—搅拌器；4—出料口；
5—进料口；6—出气口；7—湿式气体流量计；8—排料口；
9—搅拌、温度控制仪。

图 4-2-24　厌氧消化实验装置示意图

4. 实验步骤

(1)由正常运行的污水处理厂的消化池取熟污泥作为种泥,加入消化罐内,逐步升温到
(35±1)℃。

(2)达到温度后实验装置系统稳定运行 12～24 h,而后按照投配比 3‰～5‰投加生污泥。

(3)厌氧消化的最适 pH 值为 6.5～7.5,如需调 pH 值可加稀盐酸或者稀氢氧化钠来
调节。

(4)日常操作运行。

①每天定时开动搅拌装置,搅动 15～20 min。

②在搅动 10 min 后,按照所要求的投配比,一次性投入新泥。同时排出等量的消化罐内
的混合液,取泥样进行分析测定 pH、碱度值、COD、VSS、TSS 等。

③每隔一定时间搅拌一次,并且记录温度、产气量等。

(5)分析气体成分时,将连接湿式气体流量计的连接管拔下,将气体收集到气体袋里,进行
测试分析。

5. 数据处理

(1)实验数据记录。

消化器体积:＿＿＿＿＿；　　消化温度:＿＿＿＿＿；　　污泥投配比:＿＿＿＿＿；

初始固含率:＿＿＿＿＿；　　初始 pH＝＿＿＿＿＿；　　初始碱度:＿＿＿＿＿。

(2)参考表 4-2-25 记录沼气产量和成分。

表 4-2-25　沼气产量和成分

时间	湿式气体流量计读数	产气量/(mL·d^{-1})	CH$_4$占比/%	CO$_2$占比/%	H$_2$占比/%

(3)参照表 4-2-26 记录消化液分析数据。

表 4 - 2 - 26　消化液分析数据记录

时间	pH 值	碱度 /(mgCaCO₃ · L⁻¹)	COD /(mg · L⁻¹)

（4）参照表 4 - 2 - 27 记录 TSS 和 VSS 的测定数据。

表 4 - 2 - 27　TSS 和 VSS 测定数据

时间	滤纸质量/g	坩埚质量/g	（坩埚＋滤纸质量）/g	（坩埚＋滤纸＋污泥质量）/g	灼烧后质量/g

【注意事项】

（1）为了保证实验的可比性,生污泥应该一次性取足,存入冰箱在 2～4 ℃的条件下保存。

（2）操作运行中要严防漏气和进气。

（3）每次配制生污泥的时候,其含水率应该相近。

6. 思考题

（1）根据实验结果讨论环境因素对于厌氧消化的影响是什么。

（2）试述污泥停留时间对于厌氧消化处理的影响。

实验 14　污泥比阻测定

在污水生物处理过程中,会产生大量污泥,其数量约占处理水量的 0.5%,数量极为可观。这些污泥具有含水率高、体积大、流动性强的特点。为便于污泥的运输和贮藏,在最终处置之前都要进行污泥脱水。

不同来源的污泥组成和性质不同,脱水性能差异很大。污泥比阻是评价污泥脱水性能的重要指标,为了比较各种污泥脱水性能的优劣,常常需要测定污泥比阻。污泥比阻实验也可为污泥机械脱水前的调理阶段确定药剂种类、用量及运行条件提供依据。

1. 实验目的

（1）通过实验掌握污泥比阻的测定方法。

（2）掌握通过污泥比阻实验筛选合理的混凝剂和优化混凝剂投加量。

2. 实验原理

污泥比阻是表示污泥过滤特性的综合性指标,它的物理意义是:单位重量的污泥在一定压力下过滤时在单位过滤面积上的阻力。污泥比阻愈大,污泥脱水性能愈差。

　　描述污泥过滤的基本规律是卡门(Carmen)过滤基本方程式:

$$\frac{dV}{dt} = \frac{pA^2}{\mu(vVR_c + R_gA)} \quad\quad (4-2-35)$$

式中:V 为滤液体积,mL;p 为过滤压力,Pa;A 为过滤面积,cm^2;t 为过滤时间,s;μ 为滤液的动力黏度,Pa·s;v 为单位体积滤液在过滤介质上截留的滤饼体积, mL/mL;R_c 为单位厚度滤饼的阻力,cm^{-2};R_g 为单位过滤面积上,通过单位体积的滤液过滤介质产生的阻力,cm^{-1}。

　　若以滤过单位体积的滤液在过滤介质上截留的滤饼干固体质量 ω 代替 v,并以单位质量的阻抗 r 代替 R_c,则式(4-2-35)可改写为

$$\frac{dV}{dt} = \frac{pA^2}{\mu(\omega Vr + R_gA)} \quad\quad (4-2-36)$$

式中:r 为污泥比阻,cm/g。

　　定压过滤时,式(4-2-36)对时间积分,可转化为

$$\frac{t}{V} = \frac{\mu\omega rV}{2pA^2} + \frac{\mu R_g}{pA} \quad\quad (4-2-37)$$

因此,在定压下过滤,t/V 与 V 成直线关系,直线的斜率为

$$b = \frac{\mu\omega r}{2pA^2} \quad\quad (4-2-38)$$

因此比阻公式为

$$r = \frac{2pA^2}{\mu} \cdot \frac{b}{\omega} \quad\quad (4-2-39)$$

因此,通过实验求出斜率 b 和 ω,就可以得到污泥比阻 r。在定压下(真空度保持不变)通过测定一系列的 t-V 数据,根据式(4-2-37),以 V 为横坐标,t/V 为纵坐标绘图,斜率即为 b,见图 4-2-25。

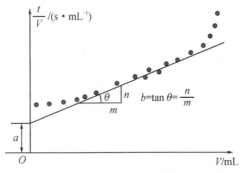

图 4-2-25　图解法求斜率 b

　　ω 可根据定义计算:

$$\omega = \frac{(V_0 - V_f)S_c}{V_f} \quad\quad (4-2-40)$$

式中:V_0 为原污泥体积,mL;V_f 为滤液体积,mL;S_c 为滤饼固体浓度,g/mL。

　　根据液体平衡关系可写出

$$V_0 = V_f + V_c \quad\quad (4-2-41)$$

式中:V_c 为滤饼体积,mL。

根据固体物质平衡关系可写出

$$V_0 S_0 = V_f S_f + V_c S_c \tag{4-2-42}$$

式中：S_0 为原污泥中固体物质浓度，g/mL；S_f 为滤液中固体物质浓度，g/mL。

由式（4-2-41）和式（4-2-42）可得

$$V_f = \frac{V_0 (S_0 - S_c)}{S_f - S_c} \text{ 或 } V_c = \frac{V_0 (S_0 - S_f)}{S_c - S_f} \tag{4-2-43}$$

将式（4-2-43）代入式（4-2-40），可得

$$\omega = \frac{S_c (S_0 - S_f)}{S_c - S_0} \tag{4-2-44}$$

因滤液固体浓度 S_f 相对原污泥固体浓度 S_0 要小得多，故忽略不计，因此

$$\omega = \frac{S_c S_0}{S_c - S_0} \tag{4-2-45}$$

也可用测滤饼含水率的方法计算 ω：

$$\omega = \frac{1}{\dfrac{P_0}{100 - P_0} - \dfrac{P_c}{100 - P_c}} \tag{4-2-46}$$

式中：P_0 为原污泥的含水率，%；P_c 为滤饼的含水率，%。

一般认为比阻在 $10^{12} \sim 10^{13}$ cm/g 的污泥算作难过滤的污泥，比阻在 $(0.5 \sim 0.9) \times 10^{12}$ cm/g 的污泥算作中等难度过滤污泥，比阻小于 0.4×10^{12} cm/g 的污泥容易过滤。初沉污泥的比阻一般为 $(4.61 \sim 6.08) \times 10^{12}$ cm/g，活性污泥的比阻一般为 $(1.65 \sim 2.83) \times 10^{13}$ cm/g，消化污泥的比阻一般为 $(1.24 \sim 1.39) \times 10^{13}$ cm/g。这三种污泥均属于难过滤污泥。一般认为，进行机械脱水时，较为经济和适宜的污泥比阻在 $9.81 \times 10^{10} \sim 3.92 \times 10^9$ cm/g，故这三种污泥在机械脱水前需进行加药调理。

加药调理是减小污泥比阻、改善污泥脱水性能最常用的方法。对于上述污泥，无机混凝剂，如 $FeCl_3$、$Al_2(SO_4)_3$ 等的投加量，一般为污泥干重的 5%～10%；无机高分子混凝剂如聚合氯化铝（PAC）和聚合硫酸铁（PFS）的投加量为 1%～3%；有机高分子絮凝剂，如阳离子聚丙烯酰胺（PAM）的投加量一般为 0.1%～0.3%，或者更低。

3. 实验材料

1）仪器

（1）污泥比阻装置见图 4-2-26。

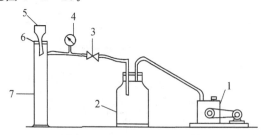

1—真空泵；2—吸滤瓶；3—真空调节阀；4—真空表；
5—布式漏斗；6—橡胶塞；7—计量筒。

图 4-2-26　污泥比阻测试装置示意图

(2)烘箱、分析天平、量筒、秒表、滤纸、烧杯、温度计、移液管、镊子等。

2)试剂

10 g/L FeCl₃ 溶液、10 g/L Al₂(SO₄)₃ 溶液。

4. 实验步骤

(1)测定原污泥的含水率 P_0 及固体浓度 S_0。

(2)配制浓度为 10 g/L 的 FeCl₃ 溶液和 Al₂(SO₄)₃ 溶液。

(3)在直径为 55 mm 的布氏漏斗上放置滤纸,用水润湿,贴紧周底。

(4)开动真空泵,调节真空压力,大约比实验压力小 1/3,实验时真空压力采用 35.5 kPa,关掉真空泵,倒掉量筒内的抽滤水。

(5)加入 50 mL 需实验的污泥于布氏漏斗中,使其依靠重力过滤 1 min,启动真空泵,调节真空压力至实验压力。

(6)真空压力达到实验压力后,开始秒表计时,并记下开动时计量管内的滤液 V_0。每隔一定时间(5 s、10 s、30 s、60 s、120 s、240 s、300 s、400 s、500 s、600 s、1200 s)分别计量出滤液体积 V'。在整个实验过程中,仔细调节真空调节阀,以保持实验压力恒定。

(7)定压过滤至滤饼破裂,真空破坏,如真空长时间不破坏,则过滤 25 min 后即可停止(也可 30~40 min 待泥饼形成为止)。

(8)关闭真空泵,打开排空阀,使真空压力表归零,测出定压过滤后滤饼的厚度 δ,取下滤饼称量湿重。

(9)称量后的滤饼于 105 ℃ 的烘箱内烘干称量干重。

(10)计算滤饼的含水率 P_c 及固体浓度 S_c。

(11)加入 FeCl₃ 溶液或 Al₂(SO₄)₃ 溶液调理污泥(每组加一种混凝剂量),投加量(固体质量)分别为干污泥重的 2%、4%、6%、8%、10%。量取加混凝剂的污泥 50 mL,按实验步骤(3)~(9)分别进行实验。

5. 数据记录与处理

(1)测定并记录实验基本参数。

原污泥的含水率 P_0＝_____%；　　　　污泥固体浓度(湿泥)S_0＝_____g·L⁻¹；

实验真空度_____kPa；　　　　　　滤液温度_____℃。

(2)根据测定的滤液温度 T(℃)计算动力黏滞度 μ：

$$\mu(\text{Pa}\cdot\text{s})=\frac{0.00178}{1+0.0337\cdot T+0.000221\cdot T^2} \tag{4-2-47}$$

(3)按表 4-2-28 记录每组布氏漏斗抽滤实验所得的数据并计算。

表 4-2-28　布氏漏斗实验数据

时间/s	计量筒总滤液量 V'/mL	定压过滤滤液量 $(V=V'-V_0)$/mL	$\dfrac{t}{V}$/(s·mL⁻¹)	备注

时间/s	计量筒总滤液量 V'/mL	定压过滤滤液量 $V = V' - V_0$/mL	$\dfrac{t}{V}$/(s·mL^{-1})	备注

(4)以 t/V 为纵坐标，V 为横坐标作图，求斜率 b。

(5)根据原污泥的含水率 P_0 及滤饼的含水率 P_c 按式(4-2-46)求出单位体积的滤液在过滤介质上截留的滤饼干固体质量 ω。

(6)按表 4-2-29 计算比阻值 r。

表 4-2-29　比阻值计算表

污泥含水率/%	污泥固体浓度/(g·mL^{-1})	混凝剂用量/%	b/(s·cm^{-6})	$k = \dfrac{2pA^2}{\mu}$						单位面积滤液的固体量 ω/(g·mL^{-1})	比阻值 $r = k\dfrac{b}{\omega}$/(cm·g^{-1})
				布氏漏斗直径/cm	过滤面积 A/cm^2	面积平方 A^2/cm^4	滤液黏度 μ/Pa·s	真空压力 p/Pa	k 值/(cm^4·s^{-1})		

(7)以比阻为纵坐标，混凝剂投加量为横坐标作图，求出混凝剂最佳投加量。

【注意事项】

(1)实验前仔细检查抽真空装置的各个接头处是否漏气。

(2)滤纸称量烘干，放入布氏漏斗前，要先用蒸馏水湿润，而后再用真空泵抽吸一下，滤纸要贴紧，不能漏气。

(3)污泥中加混凝剂后应充分混合。

(4)污泥倒入布氏漏斗内时，有部分滤液流入计量筒，所以开始真空定压过滤后记录量筒内滤液体积。

(5)在整个过滤过程中，真空度应始终保持一致。

6.思考题

(1)为什么初沉污泥、活性污泥和消化污泥比阻差别很大？哪些因素影响污泥的比阻？

(2)活性污泥在真空过滤时,是否真空度越大,泥饼的固体浓度越大? 为什么?

附 1——污泥含水率的测定

1. 准备称量瓶

取一个称量瓶,放入烘箱中于 103～105 ℃烘半小时后,取出置于干燥器内冷却至室温,称其重量。反复烘干、冷却、称量,直至两次称量的重量差≤0.5 mg,记录为 W_1。

2. 取样

用量筒取 20 mL 体积的污泥,完全转移到称量瓶内,称重量,记录为 W_2,则湿污泥的重量＝W_2-W_1。

3. 烘干

将称量瓶放入烘箱于 103～105 ℃烘 2 h,放入干燥器内冷却 30 min 至室温,称量,记录质量。重复烘干、冷却、称重,至达到恒重 W_3(两次称量的重量差≤0.5 mg)。水分重＝W_2-W_3。

$$污泥含水率 P = \frac{W_2 - W_3}{W_2 - W_1} \times 100\% \qquad (4-2-48)$$

附 2——污饼含水率的测定

1. 准备滤纸

取定量滤纸放入烘箱中于 103～105 ℃烘干半小时后取出置于干燥器内冷却至室温,称其重量。反复烘干、冷却、称量,直至两次称量的重量差≤0.5 mg,记录为 W_1。

2. 取样

称取定量体积的污泥,经抽滤后,称其滤饼与滤纸的重量,记录为 W_2,则湿泥饼的重量＝W_2-W_1。

3. 烘干

将泥饼放入烘箱于 103～105 ℃烘 2 h,放入干燥器内冷却 30 min 至室温,称量,记录质量;重复烘干、冷却、称重,至达到恒重 W_3(两次称量的重量差≤0.5 mg)。水分重＝W_2-W_3。

$$泥饼含水率 = \frac{W_2 - W_3}{W_2 - W_1} \times 100\% \qquad (4-2-49)$$

4.3　固体废物处理与处置实验

"固体废物处理与处置"是环境工程专业核心课程,在环境保护类相关专业人才培养领域占有重要地位,固体废物处理与处置实验是其重要的实践环节,起着培养学生理论联系实践和动手操作能力的关键作用。现对固体废物处理与处置过程中的一些工艺作简单介绍。

4.3.1　固体废物处理与处置常用技术

国内经过多年经验积累,研究和对照发达国家关于固体废物处置的技能和体会,进行固体废物全程管理,直到完成其"三化"。固体废物无害化解决技术是最终治理的方法,首先是进行分类、粉碎、压实和凝固等,之后实施填埋、焚烧和堆肥等终极解决措施,实现资源回收利用,减少固体废物造成的环境破坏。

1. 填埋法

填埋法是指将固体废物存放在比较封闭的地方,同时此处要进行防渗,一般位于地面上。用该法解决固体废物具有量多、易于管理、省钱和适应性较强的特点,适于落后、土地资源较多的地区。而国内需解决的城市固体废物所占比例较大,达到总量的 60% 以上,还因固体废物里经常混杂金属、塑料等有机废物,会在填埋中生成别的污染物质和重金属,且会产生渗滤液,破坏土壤环境、损害人体健康。

2. 焚烧法

焚烧法是国内使用较为广泛的一种处理固体废物技能,对于固体有机废物处置效果最佳也最彻底。该法是把固体废物倒入高温炉里,当中的可燃成分充分氧化最终变为 H_2O 与 CO_2,净化后可直接进入大气层。运用该法选择全封闭模式处理固体废物,避免了泄露污染物,对比堆肥法和填埋法有其优势,即该法可以减小固体废物 85% 以上的体积,减小土地资源浪费,同时焚烧产热可供暖与发电等,特别适于人口较多、土地较少地区。

由于焚烧法对人员素质和技术管理要求较高,且成本高、垃圾分类艰难,以及焚烧产生的残渣及其他污染物如硫氧化物、氮氧化物等有害气体,对环境及人体有害,因此有其局限性。

3. 堆肥法

堆肥法就是生物质有机物被微生物影响,发生化学反应,形成一种类似腐殖质土壤的物质,可以当做肥料来改良土质。该法成本低、消耗少、易使用,符合固体废物资源化利用,适用于固体废物里面可腐有机物较多和生活垃圾量大的地区。

因为由固体废物变成的肥料中重金属大量累积与污染,经过食物链最终会危及人体、损害健康,因此固体废物堆肥办法虽能达到"资源化、减量化",但长时间运用会对环境和人体产生不利影响。

4.3.2 固体废物处理与处置新方法

由于国内固体废物治理起步较晚,目前虽然在固体废物处置方面有所进步,但相比发达国家,固体废物处置水平还有待提高。故此,对于成本低、可完全治理、不会再次污染的新型清洁固体废物治理办法的研究是维护我国生态环境的重要课题,现在已研发出了固体废物处置的高新技术,如厌氧沼气工程、等离子体技术及热解法、共处置法等。

1. 厌氧沼气工程

厌氧沼气工程使用厌氧微生物分解生物质有机组分,要求环境温和,生成的沼液与残渣是很好的有机肥料,运用到农田可改善土壤,同时生成甲烷沼气,可有效减少温室气体排放量,是最有前景的利用生物质能的方法之一。

该技术优势有耗能少、再次污染少、生成能源清洁等,对比别的处理方法,环境优势更显著及投入产出效益更高。由于预处理方法高效、能研发特效菌种及操作技术的不断改进,该技术具有的优势与潜能逐步凸显,其对于国内饭店垃圾治理推广运用的潜力很大。

2. 等离子体技术

等离子体技术是利用等离子气化炉解决固体废物的方法,气化炉内温度达到 1000～1700 ℃后固体废物完全分解,后进行重组,分离出有害物质及重金属,剩下的经过熔融固化变为玻璃体。该技术对消除二噁英和呋喃等有害物效果明显,且分离出的金属能再利用,生成的玻璃体物质可制作耐用陶瓷等建材,基本上达到"零排放"污染物。等离子体技术在我国核废料解决方面使用较晚,目前主要应用于工艺试验和实验室实验。我国很多学者提倡用该技术解决城市固体废物,多是对电子垃圾、垃圾飞灰、生化污泥、医疗废物等方面的治理,这为其在工程实践中的应用积攒了经验。该技术解决固体废物时安全、高效、再次污染小,应用前景广泛。

3. 热解法

由于有机固体废物受热后极不稳定,因而热解法就是利用此特点使有机固体废物在无氧或氧气较少情况下受热分解。因其温度要求没有焚烧法高,因此能将有机固体废物分解产物直接用作燃料油与燃料气等。

热解法解决对象主要是油泥和有机废渣、污泥等有机物,此法有较高的设施使用条件,其生成的废渣是无菌的,热解后气体可夹杂入煤气直接使用;热解技术机械故障较少,比焚烧法更环保、针对性更强、解决范围大,还能获得较有价值的副产品。

4. 共处置法

固体废物共处置法主要是指在工业生产期间利用固体废物作为一次燃料与原料,在固体废物中再产生能量与原料的方法。特别对于建筑材料方面,共处置法是处理大宗工业固体废物效果最好的办法。

解决不同固体废物,是相关生产企业在新时期得以生存的关键环节,也有可能成为新行业发展的起点。积极创造用工业窑炉对工业产生的固体废物、有害废物和有机废物进行联合解决的条件,将固体废物的解决与行业的产业链相结合,将是一个重点发展方向。

对比传统的固体废物解决办法,新型清洁解决方法更高效、环保,更具优势也更先进,若能有效解决其技术难题及高造价问题,能使新型清洁解决办法的运用更加广泛。因此,各个地区需依据自身固体废物特质,根据因地制宜及技术制宜的标准,有针对性地类别化、集中化解决固体废物,利用各种解决方法所具有的优势,建立系统、综合的解决流程,进一步改进整体治理作用,减小解决固体废物造价,最终达到减小固体废物总量,使其资源化、无害化。

本节的固体废物处理与处置实验技术包括固体废物样品基础理化性质分析、固废废物的预处理、固体废物的好氧堆肥、固体废物的厌氧消化、固体废物的热处理、危险固体废物的鉴别与处理、固体废物的填埋、固体废物资源化。实验内容的编写和固体废物处理与处置的基础理论及技术发展相辅相成,与时俱进地融合了部分创新实验内容,既能满足基本的固体废物处理与处置实验技能培养需要,又能较好地吸收该学科国内外新近发展的理论和技术。

通过本节实验课程的训练,可培养学生掌握固体废物处理与处置的基础实验技能,并使学生能够运用已掌握的基础实验技能解决本领域的综合环境问题。同时,教师可根据人才培养方案和实验室的设备条件,选择开设创新型实验,开阔学生的视野,激发学生的学习兴趣,从而推动创新型人才培养。

实验 1　固体废物的破碎与筛分

1. 实验目的

(1) 了解固体废物破碎设备和筛分设备。

(2)掌握破碎和筛分的实验过程。

2. 实验原理

固体废物的破碎是利用外力克服固体废物质点间的内聚力而使大块固体废物分裂成小块的过程。固体废物的筛分是根据产物粒度的不同,利用不同筛孔尺寸的筛子将物料中小于筛孔尺寸的细物粒透过筛面,大于筛孔尺寸的粗物粒留在筛面上,从而完成粗细颗粒分离的过程。

破碎产物的特性一般用粒度分布和破碎比来描述。粒度分布表示固体颗粒群中不同粒径颗粒的含量分布情况。破碎比表示破碎过程中原废物粒度与破碎产物粒度的比值,常用废物破碎前的平均粒度(D_{cp})与破碎后的平均粒度(d_{cp})的比值来确定破碎比(i)。筛分完成后,本筛格存留的筛上颗粒质量为筛余量,这些颗粒粒度小于上格筛孔径大于本格筛孔径,本格筛余量的粒度取颗粒平均粒径。

3. 实验材料

(1)破碎机、振筛机、鼓风干燥箱、样品刷若干。

(2)方孔筛:规格 0.15 mm、0.3 mm、0.6 mm、1.18 mm、2.36 mm、4.75 mm 及 9.5 mm 的筛子,并附有筛底和筛盖。

(3)台式天平:$d_{max}=15$ kg,$e=1$ g。

(4)实验固废样品若干。

4. 实验步骤

(1)称取样品不少于 100 g 在(105±5)℃的温度下烘干至恒重;

(2)称取烘干后试样 80 g 左右,精确至 0.1 g;

(3)将实验样品倒入按孔径大小从上到下组合的套筛(附筛底)内;

(4)开启振筛机,对样品筛分 5 min;

(5)筛分后将不同孔径的筛子里的颗粒进行称重并记录数据;

(6)将称重后的颗粒混合,倒入破碎机进行破碎;

(7)收集破碎后的全部物料;

(8)将破碎后的颗粒再次放入振筛机,重复(3)(4)(5)步骤;

(9)做好实验记录,收拾实验台,完成实验分析并得出结果。

5. 数据记录与处理

1)实验数据处理

实验数据记录如表 4-3-1 所示。

表 4-3-1 实验原始数据记录表

筛孔粒径/mm	破碎前样品总量/g:_____			破碎后样品总量/g:_____		
	筛余量/g:	分计筛余百分率/%	累积筛余百分率/%	筛余量/g	分计筛余百分率/%	累积筛余百分率/%
9.5						
4.75						

筛孔粒径/mm	破碎前样品总量/g：_____			破碎后样品总量/g：_____		
	筛余量/g：	分计筛余百分率/%	累积筛余百分率/%	筛余量/g	分计筛余百分率/%	累积筛余百分率/%
2.36						
1.18						
0.6						
0.3						
0.15						
筛底						
合计						
差量						
平均粒径						

(1)分计筛余百分率：各号筛余量与试样总量之比,计算精确至 0.1%；

(2)累积筛余百分率：各号的分计筛余百分率加上该号以上各分级筛余百分率之和,精确至 0.1%；筛分后,如每号筛的筛余量与筛底的剩余量之和同原试样质量之差超过1%时,应重新实验。平均粒度 d_{cp} 使用分计筛余百分率 p_i 和对应粒径 d_i 计算：

$$d_{cp} = \sum_i^n p_i d_i$$

2)计算真实破碎比

真实破碎比(i)＝废物破碎前的平均粒度(D_{cp})/破碎后的平均粒度(d_{cp})

【注意事项】

(1)样品破碎前后转移时,尽量减少损失；

(2)破碎机开启后,应远离设备,注意安全。

6. 思考题

固体废物进行破碎和筛分的目的是什么？

实验 2 固体废物的风力分选

1. 实验目的

(1)了解风力分选的原理和方法。

(2)掌握确定风力分选的主要条件。

2. 实验原理

风力分选是在分离分选设备中,以空气为分选介质,在气流作用下使固体废物颗粒按密度和力度进行分选的一种方法,目前,该方法已经被许多国家广泛地用在城市生活垃圾的分选中。其包括两个过程：一是分离出具有低密度、空气阻力大的轻质部分和具有高密度、空气阻力小的重质部分；二是进一步将轻颗粒从气流中分离出来。

为了提高分选效率,在分选之前需要先将废物进行分级或破碎使颗粒均匀,然后按密度差异进行分选。为了扩大固体颗粒间颗粒沉降末速度的差异,提高不同颗粒的分离精度,分选常在运动气流中进行。在运动气流中,固体颗粒的沉降速度大小或方向会有所改变,从而使分离精度得到提高。可通过控制上升气流速度、控制不同密度固体颗粒的运动状态,使固体颗粒有的上浮,有的下沉,从而将这些不同密度的固体颗粒加以分离。同时结合控制水平气流速度,就可控制不同密度颗粒的沉降位置,从而最终分离不同密度的固体颗粒。

固体废物的分选效率通常用回收率和纯度两个指标来评价。回收率是指从某种分选过程中排出的某种成分的质量与进入分选过程的这种成分的质量之比。纯度是指从某种分选过程中排出的某种成分的质量与该分选过程中排出物料的所有组分的质量之比。

3. 实验材料

(1)卧式风力分选机、烘箱、台式天平(10 kg)、磅秤(50 kg)、铁面盆(ϕ50 mm)、铁铲。

(2)手筛子(规格 100 mm×40 mm):筛孔 80 mm、50 mm、20 mm、10 mm、5 mm、3 mm。

4. 实验步骤

1)实验准备

(1)仔细检查分选机组连接是否正确。

(2)检查实验所需的材料是否齐全。

2)实验过程

(1)将生活垃圾烘干后进行破碎,以保证分选的顺利进行。

(2)按筛孔大小依次进行筛分分级,保证物料粒度均匀。

(3)调整风力分选级的各种参数,使之能满足风力分选的需要。

(4)将破碎和筛分分级后的固体废物定量分别给入风机内,待固体废物中的各成分在风力的作用下沿着不同运动轨迹落入不同的收集槽中后,取出各收集槽内的固体废物分别称量。

(5)分析各收集槽中不同成分的含量。

(6)记录整理实验数据,并计算分选效率。

5. 数据记录与处理

(1)测定各产品各类成分的含量。

(2)计算固体废物分选后各产品的纯度:

$$产品的纯度 = \frac{某产品的质量}{排出物料所有组分的质量} \times 100\% \qquad (4-3-1)$$

(3)计算分选效率(回收率):

$$回收率 = \frac{排出的某成分的质量}{进入分选过程的某种成分的质量} \times 100\% \qquad (4-3-2)$$

将实验数据和计算结果分别记录在表 4-3-2、表 4-3-3 中。

表 4 - 3 - 2　不同级别物料分选实验记录表

类别	产品名称	质量/g	纯度/%	回收率/%
不分级材料	轻质组分			
	中重质组分			
	重质组分			
	共计			
分级材料	轻质组分			
	中重质组分			
	重质组分			
	共计			

表 4 - 3 - 3　不同气流流速风选实验记录表

类别	产品名称	质量/g	纯度/%	回收率/%
不分级材料	重质组分			
	中重质组分			
	轻质组分			
	共计			
分级材料	重质组分			
	中重质组分			
	轻质组分			
	共计			

6. 思考题

(1)分析风选的原理,并对风选设备进行分类。

(2)根据实验结果分析影响风力分选的主要因素。

实验 3　固体废物样品基本理化性质分析

固体废物中样品的各项物理性质是选择后续处理工艺的重要依据,因此对固体废物样品中含水率、pH 值、总有机碳(TOC)、总氮(TN)和总磷(TP)的测定及其工业分析是非常必要的。

(一)固体废物含水率的测定

1. 实验目的

(1)了解固体废物含水率对固体废物处理方法选择的意义。

(2)掌握固体废物含水率的测试方法。

2. 实验原理

固体废物的含水率测定采用重量法。固体废物样品中的水分经(105±5)℃的烘箱烘干至恒定质量,计算样品中损失的质量与样品初始质量的百分比,即得到样品的含水率。

3. 实验材料

鼓风干燥箱、电子天平、铝盒、干燥器等。

4. 实验步骤

(1)称量空铝盒质量 M_0,将采集样品破碎至粒径小于 15 mm 的细块,称量固体废物鲜样约 20 g,放入已知质量的铝盒中,称量,即铝盒和样品的湿重,记为 M_1。

(2)打开样品铝盒盖,将其放至烘箱内,在(105±5) ℃下烘干 4~8 h,取出放至干燥器中冷却至室温,称重;重复烘 1~2 h,再冷却、称重,直至恒重(2 次称重之差不超过试样质量的 0.5%),记录恒重质量 M_2。

5. 数据记录与处理

固体废物含水率可通过下式计算:

$$C_水=(M_1-M_2)/(M_1-M_0) \tag{4-3-3}$$

式中 :$C_水$ 为固体废物的含水率,%;M_0 为铝盒质量,g;M_1 为固体废物湿基加铝盒的质量,g;M_2 为固体废物干基加铝盒的质量,g。

6. 思考题

分析固废物料含水率的意义是什么?

(二)固体废物 pH 值的测定

1. 实验目的

(1)了解测定固体废物 pH 值对固体废物处理的意义。

(2)掌握固体废物 pH 值的测定方法。

2. 实验原理

采用玻璃电极法测定固体废物的 pH 值,以玻璃电极为指示电极,饱和甘汞电极为参比电极。在 25 ℃的理想条件下,氢离子活度变化 10 倍,使电动势偏移 59.16 mV,据此在仪器上可直接读出 pH 值。仪器上有温度差异的补偿装置,可根据具体实验条件进行设置。

3. 实验材料

参照 3.1 节中的实验 7:水样中物理性质的测定——pH 值的测定相关材料。

4. 实验步骤

(1)称取烘干至恒重的样品 10 g 置于 50 mL 烧杯中,加入 25 mL 蒸馏水,放在磁力搅拌器上充分搅拌 30 min,过滤,收集上清液。液体样品(如垃圾渗滤液)则无需浸提,可直接测量。

(2)仪器校正:将水样与 pH 标准缓冲溶液调至同一温度,记录测定温度,并将仪器温度补偿旋钮调至该温度上。选用合适的标准溶液校正仪器,其与样品 pH 值相差应不超过 2 个 pH 单位,从标准溶液中取出电极后,彻底冲洗并用滤纸吸干。再将电极浸入第二个 pH 标准缓冲溶液中,其 pH 值大约与第一个标准缓冲溶液相差 3 个 pH 单位,如果仪器响应的示值与第二个 pH 标准缓冲溶液的 pH 值之差大于 0.1 个 pH 单位,就要检查仪器、电极或标准溶液是否存在问题。当三者均正常时,方可用于测定样品。

(3)测定样品时,先用蒸馏水仔细冲洗电极,再用水样冲洗,然后将电极浸入样品中,小心摇动或进行搅拌使其均匀,静置待读数稳定时,记下 pH 值。

【注意事项】

(1)每种样品取两个平行样测定,结果差值不应大于 0.5,否则应再取 1~2 个样品重复测定,结果应用测得的 pH 值范围表示。

(2)每次测量后,必须仔细清洗电极数次后方可测量另一样品。

(3)对于高 pH 值(>10)或低 pH 值(<2)的试样,两个平行样品的 pH 值测定结果允许差值不应超过 0.2,否则应再取 1~2 个样品重复测定。

(4)在测定 pH 值的同时,应报告环境温度、样品来源、粒度大小、实验过程中的异常现象,以及特殊情况下实验条件的改变及改变原因等。

5. 思考题

若某一处理工艺需将物料调整为中性范围(pH 值为 6~8),可采取哪些措施?

(三) 固体废物总有机碳(TOC)的分析

1. 实验目的

掌握固体废物 TOC 的测定方法,分析获得的固体废物 TOC 含量,这可为物料属性的判断、固体废物处理方法的选择、工艺设计、物料调配和处理过程的监控等提供参考数据。

2. 实验原理

在加热条件下,样品中的有机碳被过量重铬酸钾-硫酸溶液氧化,重铬酸钾中的六价铬(Cr^{6+})被还原为三价铬(Cr^{3+}),其含量与样品中有机碳的含量成正比,于波长 585 nm 处测定样品吸光度,根据三价铬(Cr^{3+})的含量计算有机碳含量。

3. 实验材料

1)仪器

分光光度计、电子天平、恒温加热器、消解玻璃管、离心机、烧杯、离心管、移液管等。

2)试剂

(1)1.84 g/mL 硫酸(H_2SO_4)溶液。

(2)硫酸汞($HgSO_4$)。

(3)0.27 mol/L 重铬酸钾($K_2Cr_2O_7$)溶液:称取 80.00 g 重铬酸钾溶于适量水中,溶解后移至 1000 mL 容量瓶中,用水定容,摇匀。该溶液贮存于试剂瓶中,4 ℃下保存。

(4)10.00 g/L 葡萄糖($C_6H_{12}O_6$)标准使用液:称取 10.00 g 葡萄糖溶于适量水中,溶解后移至 1000 mL 容量瓶中,用水定容,摇匀。该溶液贮存于试剂瓶中,有效期为一个月。

4. 实验步骤

1)校准曲线的绘制

(1)分别量取 0.00 mL、0.50 mL、1.00 mL、2.00 mL、4.00 mL 和 6.00 mL 葡萄糖标准使用液于 100 mL 具塞消解玻璃管中,其对应 TOC 质量分别为 0.00 mg、2.00 mg、4.00 mg、8.00 mg、16.0 mg 和 24.0 mg。

(2)分别加入 0.1 g 硫酸汞和 5.00 mL 重铬酸钾溶液,摇匀,再分别缓慢加入 7.5 mL 硫酸溶液,轻轻摇匀。

(3)开启恒温加热器,设置温度为 135 ℃。当温度升至接近 100 ℃时,将上述具塞消解玻璃管开塞放入恒温加热器的加热孔中,以仪器温度显示 135 ℃时开始计时,加热 30 min。然后关掉恒温加热器开关,取出具塞消解玻璃管水浴冷却至室温。向每个具塞消解玻璃管中缓慢加入约 50 mL 水,继续冷却至室温。再用水分别定容至 100 mL 刻线,加塞摇匀。

(4)于波长 585 nm 处,用 10 mm 比色皿,以水为参比,分别测量吸光度。

(5)以零浓度校正吸光度为纵坐标,以对应的 TOC 质量(mg)为横坐标,绘制校准曲线。

2) *样品测量*

(1)准确称取适量风干后的待测样品,小心加入至 100 mL 具塞消解玻璃管中,避免沾壁。

(2)按照校准曲线的绘制步骤(2)加入试剂,按照校准曲线的绘制步骤(3)进行消解、冷却、定容。

(3)将定容后试液静置 1 h,取约 80 mL 上清液至离心管中以 2000 r/min 离心分离 10 min,再静置至澄清;或在具塞消解玻璃管内直接静置至澄清。

(4)最后取上清液按照校准曲线的绘制步骤(4)确定吸光度。

(5)根据标准曲线确定的吸光度得到对应的 TOC 浓度。

5. 数据记录与处理

根据标准曲线算出相应的总碳量 m,试样 TOC 含量按式(4-3-4)计算:

$$TOC(mg/L) = m/V \qquad\qquad (4-3-4)$$

式中:m 为总碳量,mg;V 为测定用试样体积,L。

【注意事项】

(1)当样品有机碳含量超过 16.0% 时,应增大重铬酸钾溶液的加入量,重新绘制校准曲线。

(2)一般情况下,试液离心后静置至澄清约需 5 h 或直接静置至澄清约需 8 h。

6. 思考题

(1)如何根据实验结果计算物料的干基碳含量(%)和湿基碳含量(%)?

(2)对于固体废物的生物处理或燃烧处理,试分析测定物料 TOC 的意义是什么?

(四) 固体废物总氮(TN) 的分析

1. 实验目的

氮是固体废物中重要的组成元素,是影响生物处理的众多因素之一,因此总氮(TN)分析对于固体废物的生物处理工艺设计和过程控制具有重要指导意义。

2. 实验原理

本实验采用凯氏定氮法测定 TN。氮在硫代硫酸钠、浓硫酸、高氯酸和催化剂的作用下,经氧化还原反应全部转化为铵态氮。消解后的溶液碱化蒸馏出的氨被硼酸吸收,用标准盐酸溶液滴定,根据标准盐酸溶液的用量来计算样品中总氮含量。

3. 实验材料

1)*仪器*

(1)凯氏定氮蒸馏装置,如图 4-3-1 所示。

(2)研磨机、样品筛、分析天平、酸式滴定管,玻璃研钵、锥形瓶等玻璃器皿。

2）试剂

（1）无氨水。

（2）浓硫酸（H_2SO_4）（$\rho = 1.84$ g/mL）。

（3）浓盐酸（HCl）（$\rho = 1.19$ g/mL）。

（4）高氯酸（$HClO_4$）（$\rho = 1.768$ g/mL）。

（5）无水乙醇（C_2H_6O）（$\rho = 0.79$ g/mL）。

（6）催化剂：200 g 硫酸钾（K_2SO_4）、6 g 无水硫酸铜（$CuSO_4$）、6 g 二氧化钛（TiO_2）于玻璃研钵中充分混匀，研细，贮于试剂瓶中保存。

（7）还原剂：将五水合硫代硫酸钠研磨后过 60 目筛，临用现配。

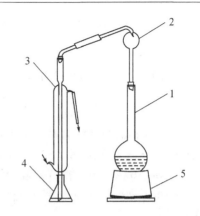

1—凯氏蒸馏瓶；2—定氮球；3—直形冷凝管；
4—接收瓶；5—加热装置。

图 4-3-1　凯氏定氮蒸馏装置示意图

（8）氢氧化钠（NaOH）溶液（$\rho = 400$ g/L）。

（9）硼酸（H_3BO_3）溶液（$\rho = 20$ g/L）。

（10）碳酸钠（Na_2CO_3）标准溶液（$c = 0.0500$ mol/L）。

（11）甲基橙指示剂（$\rho = 0.5$ g/L）。

（12）盐酸标准贮备溶液：用分度吸管吸取 4.20 mL 浓盐酸（试剂（3）），并用水稀释至 1000 mL，此溶液浓度约为 0.05 mol/L。

（13）盐酸标准溶液：吸取 50.00 mL 盐酸标准贮备溶液（试剂（12））于 250 mL 容量瓶中，用水稀释至标线。

（14）混合指示剂：将 0.1 g 溴甲酚绿和 0.02 g 甲基红溶解于 100 mL 无水乙醇（试剂（5））中。

4. 实验步骤

（1）将样品用研磨机研磨过 60 目（0.42 mm）筛。

（2）准确称取 0.5 g 过筛后样品，放入凯式氮消解瓶中，用少量水润湿，再加入 4 mL 浓硫酸，瓶口上盖小漏斗，转动凯式氮消解瓶使其混合均匀。

（3）使用干燥的长颈漏斗将 0.5 g 还原剂加到凯式氮消解瓶底部，置于电热板上加热，待冒烟后停止加热。

（4）冷却后加入 1.1 g 催化剂，摇匀，继续在电热板上消煮，消煮时保持微沸状态，使白烟到达瓶颈 1/3 处回旋，待消煮液呈灰白色稍带绿色后，表明消解完全，再继续消煮 1 h，冷却。在样品消煮过程中，如果不能完全消解，可以冷却后加几滴高氯酸后再消煮。

（5）按照图 4-3-1 连接蒸馏装置，蒸馏前先检查蒸馏装置气密性，并将管道洗净。

（6）将消解液转入蒸馏瓶中，并用水洗涤凯式氮消解瓶 4～5 次，总用量不超过 80 mL。

（7）在 250 mL 锥形瓶中加入 20 mL 硼酸溶液和 3 滴混合指示剂吸收馏出液，导管管尖伸入吸收液液面以下。

（8）将蒸馏瓶成 45°斜置，缓缓沿壁加入 NaOH 溶液 20 mL，使其在瓶底形成碱液层。迅速连接定氮球和冷凝管，摇动蒸馏瓶使溶液充分混匀，开始蒸馏，待馏出液体积约 100 mL 时，蒸馏完毕。用少量已调节至 pH 值为 4.5 的水洗涤冷凝管的末端。

（9）用盐酸标准溶液滴定蒸馏后的馏出液，溶液颜色由蓝绿色变为红紫色，记录所用盐酸标准溶液体积。

(10)凯式氮消解瓶中不加入试样,按照步骤(1)到(9)测定,记录所用盐酸标准溶液体积。

5. 结果计算

根据式(4-3-5)计算样品中 TN 含量:

$$\omega_N = \frac{(V_1 - V_0) \times c_{HCl} \times 14.0 \times 1000}{m \times w_{dm}} \qquad (4-3-5)$$

式中:w_N 为样品中 TN 含量,mg/kg;V_1 为样品中消耗盐酸标准溶液的体积,mL;V_0 为空白消耗盐酸标准溶液的体积,mL;c_{HCl} 为盐酸标准溶液的浓度,mol/L;14.0 为氮的摩尔质量,g/mol;w_{dm} 为样品的干物质含量,%;m 为称取样品的质量,g。

结果保留 3 位有效数字,按科学计数法表示。样品的干物质含量 w_{dm} 根据含水率进行计算。

6. 思考题

(1)如何根据实验结果计算物料的干基氮含量(%)和湿基氮含量(%)?

(2)对于固体废物的生物处理,分析物料 TN 的意义是什么?

(五)固体废物总磷(TP)的分析

1. 实验目的

本实验的目的是分析获得固体废物中总固体磷含量。磷是微生物生长必需的营养元素,因此总磷(TP)的分析对于固体废物的生物处理的营养调配具有重要指导意义。

2. 实验原理

本实验采用钼锑抗分光光度法测定 TP,即在酸性条件下,正磷酸盐与钼酸铵、酒石酸锑氧钾反应,生成磷钼杂多酸,被还原剂抗坏血酸还原,则变成蓝色络合物,通常称为磷钼蓝,以此测定 TP。

3. 实验材料

1)试剂

(1)3 mol/L H_2SO_4 溶液:于 800 mL 水中,在不断搅拌下小心加入 168.0 mL 的密度为 1.84 g/mL 的浓硫酸,冷却后将溶液移入 1000 mL 容量瓶中,加水至标线,混匀。

(2)0.5 mol/L H_2SO_4 溶液:于 800 mL 水中,在不断搅拌下小心加入 28.0 mL 的密度为 1.84 g/mL 的浓硫酸,冷却后将溶液移入 1000 mL 容量瓶中,加水至标线,混匀。

(3)H_2SO_4 溶液(1:1):蒸馏水和密度为 1.84 g/mL 的浓硫酸按照体积比 1:1 混合。

(4)2 mol/L NaOH 溶液:称取 20.0 g 优级纯 NaOH 颗粒,溶解于 200 mL 水中,待溶液冷却后移入 250 mL 容量瓶,加水至标线,混匀。

(5)无水乙醇:ρ 为 0.789 g/mL。

(6)10%抗坏血酸溶液:称取 10.0 g 抗坏血酸于适量水中,并转入 100 mL 容量瓶中,加水至标线混匀。该溶液贮存在棕色玻璃瓶中,在约 4 ℃下可稳定两周。如颜色变黄,则弃之重配。

(7)0.13 g/mL 钼酸铵溶液:称取 13.0 g 钼酸铵溶于 100 mL 水中。

(8)0.0035 g/mL 酒石酸锑氧钾溶液:称取 0.35 g 酒石酸锑氧钾溶于 100 mL 水中。

(9)钼酸盐溶液:在不断搅拌下,将 0.13 g/mL 钼酸铵溶液缓慢加入已冷却的 300 mL 的

$H_2SO_4(1:1)$溶液中,再加入 100 mL 上述酒石酸锑氧钾溶液,混匀。该溶液贮存在棕色玻璃瓶中,在约 4 ℃下可以稳定两个月。

(10)50.0 mg/L 磷标准贮备溶液:称取 0.2197 g 优级纯 KH_2PO_4(于 110 ℃干燥 2 h)溶于适量水中,移入 1000 mL 容量瓶中。加 $H_2SO_4(1:1)$溶液 5 mL,用水稀释至标线,混匀。该溶液贮存在棕色玻璃瓶中,在约 4 ℃下可以稳定六个月。

(11)5.00 mg/L(以 P 计)磷标准工作溶液:移取 25.00 mL 磷酸盐贮备溶液($\rho=$50.0 mg/L)于 250 mL 容量瓶中,用水稀释至标线,混匀。该溶液临用时现配。

(12)0.002 g/L 2,4-二硝基酚指示剂:称取 0.2 g 2,4-二硝基酚(优级纯)溶解于100 mL 水中,混匀。

2)测试步骤

(1)称取通过 0.149 mm 孔径筛的固体废物干样品 0.2500 g(精确到 0.0001 g)于镍坩埚底部,用几滴无水乙醇湿润样品。

(2)加入 2 g 固体 NaOH 平铺于样品的表面,将样品覆盖,盖上坩埚盖。

(3)将坩埚放入高温电炉中持续升温,当温度升至 400 ℃左右时,保持 15 min;然后继续升温到 640 ℃,保温 15 min,取出冷却。

(4)向坩埚中加入 10 mL 水加热至 80 ℃,待熔块溶解后,将坩埚内的溶液转入 50 mL 离心杯中,再用 10 mL 3 mol/L H_2SO_4 溶液分三次洗涤坩埚,洗涤液转入离心杯中,进而用适量的水洗涤坩埚三次,洗涤液全部转入离心杯中,然后以 2500~3500 r/min 离心分离 10 min。静置后将上清液全部转移至 100 mL 容量瓶中,用水定容,待测。

(5)取 6 支 50.0 mL 具塞比色管,分别加入磷酸盐标准溶液 0 mL、0.50 mL、1.00 mL、2.00 mL、4.00 mL、5.00 mL,加水稀释至刻度,标准系列中的磷含量分别为 0.00 μg、2.50 μg、5.00 μg、10.00 μg、20.00 μg、25.00 μg。

(6)向上述比色管中加入 2~3 滴 2,4-二硝基酚指示剂。

(7)用 0.5 mol/L H_2SO_4 溶液和 2 mol/LNaOH 溶液调节上述溶液 pH 值为 4.4 左右,至溶液刚呈微黄色。再分别加入 1.0 mL 抗坏血酸溶液,混匀。

(8)待 30 s 后,再分别加入 2.0 mL 钼酸盐溶液充分混匀,于 20~30 ℃下放置 15 min。用 30 mm 比色皿,于波长 700 nm 处,以零浓度溶液(水)为参比,分别测量吸光度。以试剂吸光度为纵坐标,对应的含磷量(μg)为横坐标绘制标准曲线。

(9)移取 10 mL(或根据样品浓度确定量取体积)待测样品于 50 mL 具塞比色管中,加水稀释至 50 mL,加入 1 滴 2,4-二硝基酚指示剂。

(10)用 0.5 mol/L H_2SO_4 溶液和 2 mol/LNaOH 溶液调节 pH 值至溶液刚呈微黄色。

(11)然后按照与绘制标准曲线相同步骤进行显色和吸光度测量。

(12)移取 10 mL 处理后的空白试样(不加固体干样品,其余步骤相同)按照相同操作步骤进行显色和吸光度测定。

4. 结果计算

按照式(4-3-6)计算 TP 含量:

$$w = \frac{[(A - A_0) - a] \times V_1}{b \times m \times w_{dm} \times V_2} \qquad (4-3-6)$$

式中:w 为固体样品中 TP 的含量,mg/kg;A 为样品的吸光度值;A_0 为空白试验的吸光度值;a

为校准曲线的截距;V_1为试样定容体积,mL;b为校准曲线的斜率;V_2为试样体积,mL;m为样品重量,g;w_{dm}为固体样品的干物质含量(质量分数),%。

结果保留 3 位有效数字,按科学计数法表示。样品的干物质含量 w_{dm} 根据含水率进行计算。

5. 思考题

(1)生物处理的最佳碳氮磷比范围是什么?

(2)当物料缺乏磷源时能采取哪些措施改善?

(六)固体废物样品的工业分析

固体废物样品工业分析指的是样品中水分、灰分、挥发分及固定碳的总称。

1. 实验目的

(1)了解固体废物样品工业分析测定的意义。

(2)掌握工业分析的测定方法及相关设备的使用。

2. 实验原理

1)水分

称取一定量的风干样品,置于 105～110 ℃干燥箱内干燥到质量恒定,根据样品的质量损失计算出水分的质量分数。

2)灰分

称取一定量的风干样品,放入马弗炉中,以一定的速度加热到(815±10) ℃,灰化并灼烧到质量恒定,以残留物的质量占样品质量的百分数作为样品的灰分。

3)挥发分

称取一定量的风干样品,放在带盖的瓷坩埚中,在(900±10) ℃下,隔绝空气加热 7 min,以减少的质量占样品质量的百分数减去该样品的水分含量百分数作为样品的挥发分。

3. 实验材料

马弗炉、电子天平、鼓风干燥箱、称量瓶、干燥器、坩埚、坩埚架等。

4. 实验步骤

1)水分

(1)在预先干燥并已称量过的称量瓶内称取粒度小于 0.2 mm 的风干样品(1±0.1) g,称准至 0.0002 g,平摊在称量瓶中。

(2)打开称量瓶盖,放入预先鼓风并已加热到 105～110 ℃的干燥箱中。在一直鼓风的条件下,干燥 2 h。(注:预先鼓风是为了使温度均匀,将装有样品的称量瓶放入干燥箱前 3～5 min 就开始鼓风。)

(3)从干燥箱中取出称量瓶,立即盖上盖,放入干燥器中冷却至室温(约 20 min)后称量。

(4)进行检查性干燥,每次 30 min,直到连续两次干燥样品的质量减少不超过 0.0010g 或质量增加时为止。

在后一种情况下,采用质量增加前一次的质量为计算依据。水分在 2.00% 以下时,不必进行检查性干燥。

2)灰分

(1)在预先灼烧至质量恒定的灰皿中,称取粒度小于 0.2 mm 的风干样品(1±0.1)g,称准至 0.0002 g,均匀地摊平在灰皿中,使其每平方厘米的质量不超过 0.15 g。

(2)将灰皿送入炉温不超过 100 ℃ 的马弗炉恒温区中,关上炉门并使炉门留有 15 mm 左右的缝隙。在不少于 30 min 的时间内将炉温缓慢升至 500 ℃,并在此温度下保持 30 min。继续升温到(815±10)℃,并在此温度下灼烧 1 h。

(3)从炉中取出灰皿,放在耐热瓷板或石棉板上,在空气中冷却 5 min 左右,移入干燥器中冷却至室温(约 20 min)后称量。

(4)进行检查性灼烧,每次 20 min,直到连续两次灼烧后的质量变化不超过 0.0010 g 为止。以最后一次灼烧后的质量为计算依据。灰分低于 15.00% 时,不必进行检查性灼烧。

3)挥发分

(1)在预先于 900 ℃ 温度下灼烧至质量恒定的带盖瓷坩埚中,称取粒度小于 0.2 mm 的风干样品(1±0.01)g(称准至 0.0002 g),然后轻轻振动坩埚,使样品摊平,盖上盖,放在坩埚架上。

(2)将马弗炉预先加热至 920 ℃ 左右。打开炉门,迅速将放有坩埚的架子送入恒温区,立即关上炉门并计时,准确加热 7 min。坩埚及架子放入后,要求炉温在 3 min 内恢复至(900±10)℃,此后保持在(900±10)℃,否则此次实验作废。加热时间包括温度恢复时间。

(3)从炉中取出坩埚,放在空气中冷却 5 min 左右,移入干燥器中冷却至室温(约 20 min)后称量。

5.数据记录与处理

实验过程中测定的数据记录于表 4-3-4 中。

表 4-3-4 固体废物工业分析测定数据表

序号	测定参数	第一次	第二次	第三次	平均值	备注
1	水分/%					
2	灰分/%					
3	挥发分/%					
4	固定碳/%					

(1)风干固体废物样品中水分=(干燥后样品失去的重量/称重样品的重量)×100%:

$$M_{ad} = (m_1/m) \times 100\% \tag{4-3-7}$$

(2)风干固体废物样品中灰分=(灼烧后残留的质量/称重样品的重量)×100%:

$$A_{ad} = (m_2/m) \times 100\% \tag{4-3-8}$$

(3)风干固体废物样品中挥发分=(样品加热后减少的质量/称重样品的重量)×100%—空气干燥样品的水分

$$V_{ad} = (m_3/m) \times 100\% - M_{ad} \tag{4-3-9}$$

(4)固定碳的计算:

$$FC_{ad} = 100\% - (M_{ad} + A_{ad} + V_{ad}) \tag{4-3-10}$$

6.思考题

固体废物水分、灰分、挥发分和固定碳的关系是什么?

实验 4　危险废物浸出毒性实验

1. 实验目的

(1)了解危险废物浸出毒性的意义。

(2)掌握固体废物中有害物质的浸出方法。

2. 实验原理

固体废物受到水的冲淋、浸泡,其中有害成分将会转移到水相而污染地表水、地下水,导致二次污染。浸出实验采用水平振荡法浸出水溶液,然后分析浸出液的有害成分。分析的项目有汞、镉、砷、铅、铜、锌、镍、锑、铍、氟化物、氰化物、硫化物、硝基苯类化合物等。浸出毒性鉴别标准值(GB 5085.3—2007《危险废物鉴别标准 浸出毒性鉴别》)如表 4-3-5 所示。

表 4-3-5　浸出毒性鉴别标准值

序号	项目	浸出液最高允许浓度/(mg·L⁻¹)	序号	项目	浸出液最高允许浓度/(mg·L⁻¹)
1	烷基汞	不得检出	8	锌(以总锌计)	100
2	汞(以汞总计)	0.1	9	铍(以总铍计)	0.02
3	铅(以总铅计)	5	10	钡(以总钡计)	100
4	镉(以总镉计)	1	11	镍(以总镍计)	5
5	总铬	15	12	砷(以总砷计)	5
6	铬(六价)	5	13	无机氟化物(除氟化钙外)	100
7	铜(以总铜计)	100	14	氰化物(以 CN⁻ 计)	5

注:"不得检出"指甲基汞<10 ng/L,乙基汞<20 ng/L。

3. 实验材料

原子吸收分光光度计、水平往复振荡器、具盖广口聚乙烯瓶或玻璃瓶、0.45 μm 滤膜(水性)等。

4. 实验步骤

(1)称取试样。称取 100 g 固体样品,置于浸出容积为 2 L 的具盖广口聚乙烯瓶或玻璃瓶中,加水 1 L。

(2)振荡摇匀。将瓶子垂直固定在水平往复振荡器上,调节振荡频率为(110±10)次/min,振幅 40 mm 在室温下振荡 8 h,静止 16 h。

(3)过滤。通过 0.45 μm 滤膜(水性)过滤,滤液按各分析项目进行保护,于合适条件下贮存备用。每种样品做两个平行浸出实验,每瓶浸出液对预测项目平行测定两次,取算术平均值报告结果。实验报告应包括被测样品的名称、来源、采集时间,样品的粒度分配情况,实验过程的异常情况、浸出液的 pH 值、颜色、乳化和相分层情况。对于含水污泥样品,其滤液也必须同时加以分析并报告结果,说明实验过程的环境温度和波动范围、条件改变及其原因。

5. 实验数据与处理

根据检测项目的要求,参照相关分析方法分析被测污染物的浓度,以浓度值是否超过允许值来判断其毒害性。浸出毒性鉴别标准与实验鉴别结果如表 4-3-6 所示。

表 4-3-6　浸出毒性鉴别标准与实验鉴别结果

项目	浸出液最高允许浓度/(mg·L^{-1})	测量值/(mg·L^{-1})	鉴别结果(是否为危险废物)
铬	15		
铜	100		
⋮	⋮	⋮	

【注意事项】

需要考虑浸出液与进出容器的相容性,在某些情况下,可用类似形状与容器的玻璃瓶代替聚乙烯瓶。

6. 思考题

如何提高实验的精确度?

实验 5　固体废物热值测定

固体废物的热值是固体废物的一个重要物化指标,热值大小关系到固体废物的可燃性,因此也是选择处理和处置方式的重要依据。要使物质维持燃烧,就要求其燃烧释放出来的热量足以提供加热废物到达燃烧温度所需的热量和发生燃烧反应所必需的活化能。否则,需要消耗辅助燃料才能维持燃烧。根据经验,当生活垃圾的低热值大于 3350 kJ/kg (800 kcal/kg)时,燃烧过程无需加助燃剂。采用 SDC 量热仪可测定生活垃圾的发热量或热值。

1. 实验目的

(1)掌握 SDC 量热仪的原理、构造及使用方法。

(2)测定部分典型生活垃圾的热值。

2. 实验原理

燃料的燃烧热(或热值)是指单位质量的燃料在标准状态下与氧完全燃烧时释放的热量。完全燃烧是指燃料中的碳完全转变为二氧化碳、氢转变为水、硫转变为二氧化硫。根据反应产物中水的状态的不同,热值又有低热值和高热值之分。如产物水为 20 ℃的水蒸气,这时的热值为低位发热值 Q_L(简称低位热值或低热值),如产物为 0 ℃的液态水,这时的热值就为高位发热值 Q_H(简称高位热值或高热值),两者的差值为水的汽化潜热。由于水蒸气的这部分汽化潜热是不能加以利用的,故在垃圾焚烧处理中一般都使用低位热值进行设计和计算。

测量热效应的仪器称为量热仪。量热仪的种类很多,本实验使用 SDC 量热仪。测量的基本原理是:根据能量守恒定律,样品完全燃烧放出的能量促使氧弹及其周围的介质(本实验用水)温度升高,测量介质在燃烧前后温度的变化即可计算出该样品的热值,其计算式为

$$mQ_v = (V_{水}\rho C + C_{卡})\Delta T - 2.9L$$

式中:Q_v 为热值,J/g;ρ 为水的密度,g/cm³;C 为水的比热容,J/(℃·g);m 为样品的质量,kg;

$C_卡$ 为氧弹的水当量,即量热体系温度升高 1 ℃时所需的热量,J/℃;L 为铁丝的长度,cm,其热值为 2.9 J/cm;$V_水$ 为实验用水量,mL;ΔT 为温度差,℃。

当出现因样品热值过低而点不着火的现象时,需在样品中加入助燃剂,苯甲酸因其热值稳定而被广泛使用。此时样品的热值计算如下:

$$Q_2 = (Q - m_1 q_1)/m_2$$

式中:Q_2 为样品热值,J/g;Q 为总发热量,J/g;m_1 为苯甲酸质量,g;q_1 为苯甲酸热值,26467 J/g;m_2 为样品质量,g。

氧弹的水当量($C_卡$)一般也用纯净苯甲酸的燃烧热来标定,其在氧弹中燃烧,从量热体系的温升即可求得 $C_卡$。所以热值的测量一般分为两步,首先由标准样品的燃烧测定 $C_卡$,然后测定样品热值。

本实验所使用的 SDC 量热仪自动化程度高,可自动识别氧弹、自动确定内桶水量、自动控制水温、自动完成实验。因此,实验中主要需要学习的是氧弹内样品的装填、充氧及 SDC 量热仪系统的使用。

3. 实验材料

1) **仪器**

SDC 量热仪、分析天平、氧气瓶、铁丝、氧弹架。

2) **材料**

(1)标准物质:苯甲酸。

(2)待测原料:木屑、塑料、布料、纸张等。

4. 实验步骤

(1)实验前应准备好洗净并烘干的坩埚、实验样品和干燥的样勺。

(2)开启电源和计算机,双击桌面上的"SDC 量热仪"图标。

(3)温度平衡:将氧弹放入内筒并盖上桶盖,点击"温度平衡"按钮(若在设置内选择了自动温度平衡,则无需此操作),系统开始温度平衡(此过程需要 30 min 左右),等待系统状态栏显示系统就绪后,就可以开始实验。

(4)装氧弹:将氧弹芯取出,挂在氧弹支架上,将装有样品的坩埚放在坩埚支架上,用点火丝弯成一个 V 字状,两端分别卡在坩埚支架上,再将点火丝卡紧。使点火丝中间部位接触到样品(点火丝不能接触到坩埚),在氧弹内注入 10 mL 的纯净水,再将氧弹芯放入氧弹内,拧紧氧弹。

(5)充氧:将氧弹拿到充氧器上充氧 30 s(氧气瓶减压阀小表调到 2.8~3 MPa),充氧结束后将氧弹放入仪器内筒,并盖好桶盖。

(6)输参数:在仪器状态栏点击桶号,软件会跳出"参数输入"对话框,在"手动编号"栏输入编号,"样品重量"栏输入样品重量,仪器会自动开始实验,这时只需等待实验结果。

(7)实验结束后,软件会自动报出发热量结果,并保存在数据管理内。

(8)清洗氧弹:打开桶盖将氧弹从内筒中取出,用放气阀将氧弹放气,拧开氧弹盖,清除氧弹芯坩埚支架上的残留点火丝,清洗氧弹筒和坩埚,用氧弹布将氧弹擦干,坩埚放入烘箱内烘干备用。

(9)如有多个样品,只需重复操作步骤(6)~(7)即可。

(10)待所有样品测试结束后,退出 SDC 量热仪测控软件,关闭计算机,关闭主机和计算机等的终端电源。

5. 数据记录与处理

实验数据记录如表 4-3-7 所示。

表 4-3-7　固体废物热值测定记录表

热值	木屑	塑料	布料	纸张
样品 1 热值/$(J \cdot g^{-1})$				
样品 2 热值/$(J \cdot g^{-1})$				
样品 3 热值/$(J \cdot g^{-1})$				
平均热值/$(J \cdot g^{-1})$				

【注意事项】

(1)氧弹在使用过程中必须轻拿轻放。

(2)每次实验前后的氧弹必须清洗干净,并使用专用布擦干。

(3)每次装点火丝之前,必须将残留在电极杆上和压环内的点火丝或其他异物清理干净。

(4)严禁超压充氧(正常为 2.8~3 MPa),充氧时间(30~60 s)应相对一致,如果充氧压力超过 3.2 MPa 应将氧气放掉,调整减压阀输出至 2.8~3 MPa,重新充氧。

(5)氧弹盖不宜旋得过紧,旋到位后稍加一点力即可。

(6)每次实验结束后,应关闭氧气总阀,并将气路中的氧气放掉,使减压阀的高低压表指向 0 MPa。

(7)充氧器与氧气瓶置放场所应严禁烟火与高温。

(8)严禁弯折和扭曲充氧导管。

6. 思考题

(1)在实验操作过程中,有哪些因素可能影响测量分析的精度?

(2)固体状样品与流动状样品的热值测量方式有何不同?

实验 6　固体废物热解实验

热解是固体废物能源利用的方式之一。在热解过程中,有机成分在高温条件下被分解破坏,实现快速、显著减容。与生化法相比,热解法处理固定废物周期短、占地面积小、可实现最大程度的减容、延长填埋场使用寿命;与普通的焚烧法相比,热解过程产生的二次污染少。热解的气态或液态产物用作燃料与固体废物直接燃烧相比,不仅燃烧效率更高,所造成的大气污染也更少。随着现代工业的发展,热解技术的应用范围也在逐渐扩展,例如重油裂解生成轻质燃料油,煤炭气化生成燃料气等,采用的都是热解工艺。

1. 实验目的

(1)加深对热解原理的理解。

(2)熟悉热解装置的操作流程及参数的设置。

2. 实验原理

热解是将有机物在无氧或缺氧状态下加热,使之成为气态、液态或固态可燃物质的化学分解过程。固体废物的热解是一个非常复杂的化学反应过程,包含了大分子键的断裂、异构化和小分子的聚合等反应,最后生成较小的分子。热解反应过程可用下述通式表示:

$$有机固体废物 \xrightarrow{\triangle} 气体(H_2、CH_4、CO、CO_2) +$$
$$有机液体(有机酸、芳烃、焦油) + 固体(炭黑、灰渣)$$

3. 实验设备及原料

(1)实验装置(见图 4-3-2)主要由载气系统、热解炉及温控系统、冷凝系统、气体净化收集系统四部分组成。载气选择氮气;热解炉选取卧式可开启管式炉,要求炉管能耐受 800 ℃高温;气体净化收集系统要求密封性好,有一定抗腐蚀性,由净化器、湿式流量计、干燥管、集气口及集气袋组成。

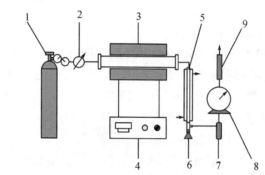

1—氮气瓶;2—质量流量计;3—热解炉;4—温控仪;5—冷凝管;
6—焦油收集瓶;7—净化器;8—湿式流量计;9—干燥管。

图 4-3-2　热解实验装置示意图

(2)配套设备:烘箱、铁架台、量筒、定时钟、分析天平。

(3)实验原料:松木屑。

4. 实验步骤

(1)称取 100 g 已制备成样的松木屑,装入反应管中并将管口拧紧。

(2)打开氮气瓶减压阀,调节气体流量计使氮气流量控制在 20 mL/min 左右,用氮气吹扫除去反应体系内空气。

(3)接通循环水冷却泵的电源,使冷凝水循环流动。

(4)接通反应炉和温控仪电源,设置升温速率为 20 ℃/min,将炉温升至 400 ℃并保持恒温。

(5)当反应炉温度升至 400 ℃后,每隔 15 min 记录湿式流量计数据总共记录 4 h,每隔 1 h 换一次集气袋并将已收集气体的集气袋密封编号。

(6)实验结束后测定收集到焦油的量并密封编号保存,待炉温降至室温收集管内固体残渣进行测定并密封编号保存。

(7)可对收集的气体进行气相色谱分析。

(8)实验结束后关闭电源、氮气瓶减压阀,并清洗冷凝管、集液瓶等。

(9)温度分别升高到 500 ℃、600 ℃、700 ℃、800 ℃,重复实验步骤(1)~(8)。

5. 数据记录与处理

实验数据记录如表 4-3-8 所示。

表 4-3-8 不同温度下产气量记录

记录时间:_____ 记录人:_____ 载气流量:_____ 单位:mL·h⁻¹

时间	1 号	2 号	3 号	4 号	5 号
	400 ℃	500 ℃	600 ℃	700 ℃	800 ℃
恒温后 15 min					
恒温后 30 min					
⋮	⋮	⋮	⋮	⋮	⋮
恒温后 4 h					

【注意事项】

(1)实验前须仔细检查装置气密性,漏气会直接影响实验结果。

(2)不同原料产气率不同,应根据实际情况调节载气流量。

(3)换气袋时需佩戴好口罩,避免异味刺激。

(4)炉温升高后要避免靠近及接触炉体,实验结束后确保炉温降至室温方可打开炉体。

6. 思考题

(1)热解法和焚烧法的区别是什么?

(2)载气的作用有哪些?

实验7 固体废物堆肥及腐熟度评价

1. 实验目的

通过固体废物堆肥,评判堆肥产品的腐熟程度,为堆肥进程和产品应用提供依据。

2. 实验原理

本实验是在人工控制的条件下,依靠微生物代谢活动,将生物可降解的有机固体废物氧化分解,转化为稳定的腐殖质。堆肥物料腐熟后,将表现出相对稳定的物理、化学和生物性能,因此可采用包括物理、化学指标(如碳氮组分、阳离子代换量、腐殖化程度等)及生物学指标(如发芽指数、微生物种群数量等)进行堆肥腐熟度的评价。

3. 实验材料

1)堆肥原料

鸡粪、猪粪、厨余垃圾、果蔬垃圾、生活垃圾等均可作为堆肥原料。进行初始原料性质分析前,可根据堆肥对含水率和营养物质的需求,按一定配比进行原料混合后,再开展堆肥实验。可用秸秆或落叶作为调节剂进行含水率和 C/N 比的调节,一般控制初始含水率为 70% 左右,初始 C/N 比为 20~25,颗粒直径为 1.5~3.0 cm。

2) 其他材料

(1)仪器:振荡器、光照培养箱、酸式滴定管、烧杯、滤纸、游标卡尺和培养皿等。

(2)试剂:0.25 mol/L 重铬酸钾溶液、1.84 g/mL 浓硫酸、0.2 mol/L 硫酸亚铁溶液、试亚铁灵指示剂。

其他材料见具体方法。

4. 实验步骤

1) 堆肥过程

将堆肥原料约 100 g 样品,充分破碎,使之粒径小于 0.5 cm,混匀后装入 1 L 塑料容器内进行堆肥,每天进行 2 次翻动,并保证足够的通风、透气,每天测量堆肥温度,绘制温度随堆肥时间变化曲线,待温度经过高温期逐渐趋于稳定后停止堆肥,并从堆肥装置的上、中、下部采集样品,混匀,贮存于冰箱备用。

2) 指标及方法

(1)含水率、TOC、TN 和 TP 的分析的具体方法详见本节实验 3 相关内容。

(2)种子发芽指数(germination index,GI)的测定。

根据堆肥的腐熟程度可以把堆肥过程分为三个阶段:

①抑制发芽阶段,一般在堆肥开始的 1～13 d,此时种子的发芽几乎被完全抑制;

②GI 迅速上升阶段,一般发生在堆肥后的 26～65 d,种子发芽指数 GI=30%～50%;

③GI 缓慢上升至稳定阶段,当继续堆肥至超过 65 d,GI 可上升至 90%。具体测试如下:

取 10 g 烘干样品与蒸馏水按 1:10 (m/V) 比例充分混合,在水平振荡器内振荡 30 min,取滤液以 3000 r/min 离心 5 min。吸取 10 mL 上清液于铺有滤纸的培养皿中,放置 10 粒种子,用蒸馏水作为对照,要求至少两个平行样,并在 30 ℃光照培养箱中培养 2～3 d,用游标卡尺测量种子的根长,计算种子的发芽指数,结果计算如下:

$$种子发芽指数(GI)=[(c_{处理} \times L_{处理})/(c_{对照} \times L_{对照})] \times 100\%$$

式中:c 为种子发芽率,%;L 为根长,mm。

(3)生物降解度(BDM)的测定。

①将已烘干的固体物质放在粉碎机里磨细,称取 0.020 g 干原料于锥形瓶中,需要做 3 份平行样。

②分别准确加入 0.25 mol/L 的重铬酸钾溶液 15 mL,混合均匀后分别加入浓硫酸 10 mL,在振荡箱里振荡 30 min,再分别加水稀释至 100 mL 左右,加入试亚铁灵指示液 10 滴,用硫酸亚铁溶液滴定,溶液颜色由黄色经绿色至刚出现砖红色不褪即为终点。计算公式为

$$BDM(\%)=\frac{(V_0-V_1) \times C \times 6.383 \times 10^{-3} \times 100}{W}$$

式中:BDM 为生物降解度,%;V_1 为试样滴定体积,mL;V_0 为空白试验滴定体积,mL;C 为硫酸亚铁溶液浓度,mol/L;W 为样品质量,g。

5. 数据记录与处理

1) 堆肥物料性质

将物料性质测定结果记录于表 4-3-9 中。试分析各指标的检测意义与内在联系。

表 4 - 3 - 9　原始物料性质分析表

序号	TOC	TN	C/N 比	含水率
初始物料 1				
初始物料 2				
⋮	⋮	⋮	⋮	⋮
混合物料				

2)堆肥温度

将堆肥过程温度变化监测结果记录于表 4 - 3 - 10 中。并绘制温度(均值)随堆肥时间变化曲线。

表 4 - 3 - 10　堆肥温度记录表

堆肥时间	堆肥温度/℃			
	上层	中层	下层	均值
1 d				
3 d				
5 d				
⋮	⋮	⋮	⋮	⋮

3)堆肥腐熟度评价

将堆肥产品腐熟度监测结果记录于表 4 - 3 - 11 中。

表 4 - 3 - 11　堆肥产品腐熟度评价表

序号	TOC	TN	C/N 比	GI	BDM
堆肥产品 1					
堆肥产品 2					
⋮	⋮	⋮	⋮	⋮	⋮

6. 思考题

(1)试述种子发芽指数作为堆肥腐熟度评价指标的意义。

(2)温度作为堆肥腐熟度指标的理论依据是什么?

实验 8　堆肥中不同形态重金属含量测定

1. 实验目的

(1)了解重金属对环境的危害。

(2)掌握堆肥中不同形态的重金属含量的测定方法。

2. 实验原理

固体物中重金属以不同的化学形态存在,通过不同的化学药剂可以将固体废物中不同形态(弱酸可提取态、可还原态、可氧化态和残渣态)存在的重金属分别提取测试。

3. 实验材料

1) 主要仪器

原子吸收光谱仪、电子天平、烧杯、容量瓶、玻璃棒等。

2) 主要试剂

(1) 0.10 mol/L 的 CH_3COOH 溶液：用移液管精确量取 6.3 mL 冰醋酸，用超纯水定容至 1000 mL。

(2) 1.0 mol/L 的 HNO_3 溶液：用移液管精确量取 62.5 mL 浓硝酸，用超纯水定容至 1000 mL。

(3) 2.0 mol/L 的 HNO_3 溶液：用移液管精确量取 125 mL 浓硝酸，用超纯水定容至 1000 mL。

(4) 0.5 mol/L 的 $NH_2OH \cdot HCl$ 溶液(pH=1.5)：用天平精确称取 34.745 g $NH_2OH \cdot HCl$，用900 mL的超纯水完全溶解，此时用 2.0 mol/L 的硝酸溶液将 pH 值调节为 1.5，定容至 1000 mL。

(5) 30% 或 8.0 mol/L 的 H_2O_2 溶液：用浓硝酸将双氧水的 pH 值调节至 2～3。

(6) 1.0 mol/L 的 CH_3COONH_4 溶液：用天平精确称取 77.089gCH_3COONH_4，用 900 mL 超纯水完全溶解，用浓硝酸将 pH 值调节至 2 左右，定容至 1000 mL。

4. 实验步骤

(1) 弱酸可提取态：准确量取 0.8 g 干重的样品置于 50 mL 聚乙烯离心管内，用移液管移取 32 mL 配制好的 0.11 mol/L 的 CH_3COONH_4 溶液，在 25 ℃下震荡 16 h，在转速 3000 r/min 的离心机内离心 20 min，将上清液小心地倒入100 mL烧杯中(尽量避免残渣损失)。向剩余残渣中加入 16 mL 超纯水进行洗涤，震荡 15 min，离心，再次将上清液小心地倒入 100 mL 烧杯中(尽量避免残渣损失)。将 100 mL 烧杯中的液体加热，蒸发至近干，此时加入5 mL1.0 mol/L硝酸，定容至 25 mL 的容量瓶中，待测。将容量瓶中的残渣进行洗涤，洗涤步骤同上，倒掉上清液。

(2) 可还原态：向第(1)步已洗涤过的离心管中的残渣加入配制好的 32 mL0.5 mol/L 的 $NH_2OH \cdot HCl$ 溶液，在 25 ℃下震荡 16 h，在转速 3000 r/min 的离心机内离心 20 min，将上清液小心地倒入 100 mL 烧杯中(尽量避免残渣损失)。向剩余残渣中加入 16 mL 超纯水进行洗涤，震荡 15 min，离心，再次将上清液小心地倒入 100 mL 烧杯中(尽量避免残渣损失)。将 100 mL 烧杯中的液体加热，蒸发至近干，此时加入 5 mL 1.0 mol/L 硝酸，定容至 25 mL 的容量瓶中，待测。将容量瓶中的残渣进行洗涤，洗涤步骤同上，倒掉上清液。

(3) 可氧化态：向第(2)步已洗涤过的离心管中的残渣加入配制好的 8 mL30% 或 8.0 mol/L的 H_2O_2，在 25 ℃下消化 1 h，间歇性震荡使残渣与浸提剂充分混合，消化 1 h 后将温度升高至(85±2)℃并在恒温水浴条件下继续消化 1 h。消化完成后，将离心管冷却至室温，再次加入 8 mL30% 或 8.0 mol/L 的 H_2O_2 并在 25 ℃下消化 1 h，间歇性震荡使残渣与浸提剂充分混合，消化 1 h 后将温度升高至(85±2)℃并在恒温水浴条件下蒸发至小体积。加入 40 mL 1.0 mol/L 的 CH_3COONH_4 溶液，在 25 ℃下震荡 16 h，在转速 3000 r/min 的离心机内离心 20 min，将上清液小心地倒入 100 mL 烧杯中(尽量避免残渣损失)。向剩余残渣中加入16 mL 超纯水进行洗涤，震荡 15 min，离心，再次将上清液小心地倒入 100 mL 烧杯中(尽量避免残渣损失)。将 100 mL 烧杯中的液体加热,蒸发至近干,此时加入 5 mL 1.0 mol/L 硝酸,定容至 25 mL 的容量瓶中,待测。将容量瓶中的残渣进行洗涤,洗涤步骤同上,倒掉上清液。

(4)残渣态:向第(3)步剩余的残渣中加入 5 mL 氢氟酸,5 mL 硝酸,3 mL 高氯酸,置于聚四氟乙烯坩埚中并在电热板上加热至近干后再次加入 3 mL 氢氟酸,3 mL 硝酸,1 mL 高氯酸加热至近干,残渣用 5 mL 1 mol/L 的硝酸溶解,最后定容至 25 mL 的容量瓶中,待测。

(5)采用原子吸收法测定浸提液中重金属含量,具体可参考本书 5.1 相关内容。

5. 数据记录与分析

实验中堆肥的各形态重金属含量数据可记录入表 4 - 3 - 12。分析堆肥的生态安全性。

表 4 - 3 - 12　堆肥物料中各形态重金属含量

单位:$mg \cdot kg^{-1}$

样品	可交换态重金属				还原态重金属				氧化态重金属				残渣态重金属			
	Cu	Cd	Pb	Zn	Cu	Cd	Pb	Zn	Cu	Cd	Pb	Zn	Cu	Cd	Pb	Zn
样品 1																
样品 2																
样品 3																

6. 思考题

(1)分析土壤中不同形态的重金属离子存在的危害。

(2)提出控制土壤中重金属离子危害的可行性措施。

实验 9　水泥固化对炼油废渣土样浸出液毒性的影响

工业炼油废渣污染土中有害组分的浸出决定于污染土的内在性质及该地的水文条件和地球化学性质。影响固化体中有毒有害物质浸出的因素有:固化体性质、颗粒物大小、溶液性质和接触时间等,实验室数据在最好的情况下也只能模拟现场形式处于理想静态(条件位于某时的一个点)情况或最复杂的现场条件下的情况。浸出实验可以用来比较各种固化/稳定化(S/S)过程的效果,但是还不能证明它们可以确定废物的长期浸出行为。

1. 实验目的

经水泥固化/稳定化后的工业炼油废渣污染土,在地下水侵蚀,或经酸雨淋洗后,污染土中的有害组分有可能向周围环境滤出,再次污染环境,因此,需对固化/稳定化后的废物进行有效的测试,污染土的浸出毒性测试是评价固化/稳定化效果的一项重要指标。

2. 实验原理

本实验研究了工业炼油废渣污染土壤的浸出毒性,主要研究土样中的苯、Pb、Cd、Cr、硫化物、酚、化学需氧量(COD)、pH 值、有机物相对含量等固化前后的变化。本实验通过国家标准中土质重金属浸出毒性的标准,对原状土样和固化后的土样进行测定。实验中利用原子吸收光谱分析法(AAS)测定土样中的 Pb、Cd、Cr 3 种金属元素含量,并利用索氏提取器测量有机物及其他挥发性物质的含量。

3. 实验材料

原子吸收分光光度计、油浴锅、pH 计、振荡器、电子天平、烧杯、移液管、容量瓶等。

4. 实验步骤

1)测定污染土样性质

可参考环境监测综合实验中土壤性质的测定方法，测定样品 pH 值及 TOC、Pb、Cd 和 Cr 各指标的含量。

2) 制备浸出液

分别掺杂 2%、6%、8%、12%、16% 和 20% 的水泥量到污染土样中，并养护一个月后，制备不同水泥掺杂量的土样浸出液。具体制备方法参照我国 2010 年颁布的新的标准——危险废物鉴别标准：固体废物浸出毒性浸出方法水平振荡法(HJ 557—2010)。

3)加固化剂后样品性质分析

测定加固化剂后样品的 pH 值及 TOC、Pb、Cd 和 Cr 各指标的含量。

5. 实验数据与处理

根据表 4-3-13、表 4-3-14 的实验数据，分析各指标随不同掺杂比的变化关系。

表 4-3-13　原始炼油污染土样的测定

样品	pH 值	TOC	Pb	Cd	Cr
土样					

表 4-3-14　掺杂不同比例的水泥与浸出液样品的性质分析

掺杂量	pH 值	TOC	Pb	Cd	Cr
2%					
6%					
8%					
12%					
16%					
20%					

6. 思考题

掺杂的固化剂本身对浸出性质有无影响？

第 5 章

专业综合实验

5.1 环境监测综合实验

实验 1 地表水体富营养化程度的评价

1. 实验目的

(1)根据布点采样原则,选择适宜方法进行布点,掌握测定水体总氮、总磷、COD 及初级生产力的采样和监测方法。

(2)根据参数指标的监测结果,学会用参数法和综合营养状态指数法评价水体的富营养化状况。

2. 实验原理

我国湖泊富营养化评价的基本方法主要有参数法、综合营养状态指数(TSI)法(营养度指数法)、评分法、数学评价法等。该实验通过测定总氮(TN)、总磷(TP)、叶绿素 a 含量(chla)和初级生产力等指标,利用参数法和综合营养状态指数法对湖泊水体富营养化进行相关评价。

3. 实验材料

仪器设备与试剂详见 COD、总氮、总磷的测定实验。

4. 实验步骤

1)COD 的测定

参见章节 3.1 中实验 9 的相关内容。

2)总氮的测定

参见章节 3.1 中实验 12 的相关内容。

3)总磷的测定

参见章节 3.1 中实验 13 的相关内容。

4)水藻类叶绿素 a 的测定

(1)实验目的。

①熟悉水体浮游植物藻类的采样方法。

②掌握叶绿素 a 的提取及测定方法。

(2)实验原理。

水样中的藻类经过过滤后,用 90%丙酮溶液提取叶绿素 a,于分光光度计上测定吸光度,根据叶绿素 a 在特定波长下的吸收计算其含量。

(3)实验材料。

仪器:分光光度计、抽滤装置、离心机、醋酸纤维滤膜及有机玻璃采样器。

试剂:碳酸镁粉末,90%丙酮溶液。

(4)实验步骤。

①水样的采集与保存。采水器一般为有机玻璃采水器,水样量视水体中浮游植物多少而定,一般应采 0.5~2 L,将采到的水样注入水样瓶中,放在阴凉处,避免阳光直射;如经较长时间才进行水样的进一步处理,则应置低温(0~4 ℃)保存,并加入 1%碳酸镁悬浊液,添加量为每升 1 mL,以防止水样酸化引起色素的降解。

②抽滤。在抽滤器上装好 0.45 μm 醋酸纤维滤膜,倒入定量体积的水样进行抽滤。水样抽完后,继续抽 1~2 min,以减少滤膜上的水分。

③提取。取出带有浮游植物的滤膜,在冰箱中低温干燥 6~8 h 后取出,把滤膜放入组织研钵中,加入少量碳酸镁粉末 0.05 g(如在采水样中已加入碳酸镁悬浊液此步可省去)和 2~3 mL 的 90%丙酮溶液充分研磨,提取叶绿素 a。

④离心。将研钵匀浆转入离心管中,用离心机(3000~4000 r/min)离心 10 min,将上清液倒入 5 mL 或 10 mL 容量瓶中,再加入 2~3 mL 90%丙酮溶液,继续研磨提取,离心 10 min,并将上清液再转入 5 mL 或 10 mL 容量瓶中,重复 1~2 次,最后用 90%丙酮溶液定容至 5 mL 或 10 mL,摇匀。

⑤吸光度测定。将上层清液倒入 1 cm 比色皿中,以 90%丙酮溶液为参比,用分光光度计分别读取波长 750 nm、663 nm、645 nm、630 nm 处的吸光度。

(5)结果计算。

$$\text{叶绿素 a(mg/m}^3) = \frac{V_1 \times [11.64 \times (D_{663} - D_{750}) - 2.16 \times (D_{645} - D_{750}) + 0.10 \times (D_{630} - D_{750})]}{V \times \delta}$$

$$(5-1-1)$$

式中:V 为水样体积,L;D 为吸光度;V_1 为提取液定容后的体积,mL;δ 为比色皿的光程,cm。

【注意事项】

①叶绿素 a 测定时要求波长 750 nm 处的吸光度值低于 0.005,目前采用的醋酸纤维滤膜过滤,离心后的上清液很难达到要求,用 0.45 μm 孔径聚四氟乙烯有机相针式滤器抽滤可有效降低试样浊度,达到吸光度低于 0.005 的要求。

②为避免研磨样品转移时产生的损失,可将带有浮游植物的滤膜直接放入具塞试管中,用吸管加入 90%丙酮溶液 10 mL 置于冰箱,低温提取 6~8 h,其他步骤相同。

(6)思考题。

在组织研钵中利用丙酮提取叶绿素 a 的过程中,加入少量碳酸镁粉末的作用是什么?

5)水体初级生产力的测定

(1)实验目的。

①了解测定水体生态系统中初级生产力的意义和方法。

②以黑白瓶测氧法为例学习测定水体初级生产力的原理和过程。

(2)实验原理。生态系统中的生产过程主要是植物通过光合作用生产有机物的过程,起主要作用的是浮游植物。在光合作用与呼吸作用两个过程中,在单位时间、单位体积内所生产的有机物量,即为该生态系统的初级生产力。测定水体初级生产力最通行的方法是黑白瓶测氧法:黑瓶内的浮游植物,在无光条件下只进行呼吸作用,瓶内氧气将会被逐渐消耗而减少,而白瓶在光照条件下,瓶内植物进行光合作用与呼吸作用两个过程,但以光合作用为主,所以白瓶中的溶解氧量会逐渐增加。光合作用的过程可以用下列化学反应式来表示:

$$6CO_2 + 12H_2O \longrightarrow C_6H_{12}O_6 + 6H_2O + 6O_2$$

其简化式为

$$CO_2 + H_2O \longrightarrow [CH_2O]_n + O_2$$

由反应式可以看出,氧气的生成量与有机物的生成量之间存在着一定的当量关系,所以可以通过测定瓶中溶解氧的变化,用 O_2 量间接表示生产量,也可以将 O_2 量转换成 C 量,从 O_2 量转换成 C 量的转换系数是 0.375。因此通过测定水体中溶解氧的变化可间接测量水体初级生产力。

(3)实验材料。溶氧仪、照度计、电导率仪、采水器、透明度盘、黑白瓶、水桶、pH 计、洗瓶、洗耳球、乳胶管、滤纸、卷尺、曲别针。

(4)实验步骤。

①本实验可以在室内大水族箱内进行模拟,也可以到现场(湖或河)中进行。

②挂瓶,用采水器采 0～1 m 深度的水样(采样深度可分别取 0.00 m、0.05 m、0.10 m、0.15 m、0.20 m、0.25 m、0.30 m、0.35 m、0.40 m、0.50 m、0.60 m 和 1.0 m),装满实验瓶,灌水时要使水满溢出 2～3 倍的量。每组 3 个实验瓶(瓶的容积通常为 125～300 mL),其中一瓶水应立即进行溶氧测定(为 IB 瓶),测定原初溶氧量,另一白瓶(为 LB 瓶)与另一黑瓶(为 DB 瓶)装满水后挂入与采水相同深度的水层中,放置一定时间后(通常是 4 h,也可到 24 h)便从水体中取出,用溶氧仪分别测定黑瓶、白瓶的溶解氧(先测黑瓶,再测白瓶)。

③采样的同时做好测定点水温、透明度、pH 值、水深、电导等水质状态参数的测定记录。野外工作还要详细记录当天的天气情况,如晴、阴、雨、风向、风力等,以备实验分析时参考。

④在野外测定时,要选择晴天。在室内进行时,水族箱应放在靠窗户位置,或加人工光源。不论室内或室外,均可用照度计定时测定光照度。

(5)数据记录与处理。

①溶氧量单位均用 mg/(L·h)表示。

$$呼吸量(R) = IB - DB \tag{5-1-2}$$

$$总生产力(PG) = LB - DB \tag{5-1-3}$$

$$静生产力(PN) = LB - IB \tag{5-1-4}$$

式中:IB 为原初溶氧量;LB 为白瓶溶氧量;DB 为黑瓶溶氧量。

②各水层日生产力的计算方法:

$$PG_1 \left[\frac{O_2(mg)}{L \cdot d} \right] = PG \times 每日光周期时间/暴露时间 \tag{5-1-5}$$

③水柱日生产力的计算方法:水柱日生产力指的是 1 m² 水面下,从水表面一直到水底整个柱形水体的总生产力。可用各水层日生产力算术平均值累计法计算,即

$$PG_2 \left[\frac{O_2(mg)}{L \cdot d} \right] = PG \times \frac{每日光周期时间}{暴露时间} \times 10^3 \times 水深(m) \tag{5-1-6}$$

式中:10^3 为体积浓度,mg/L,换算为 mg/m³ 的系数。

④假设全日 24 h 呼吸作用保持不变,计算日呼吸量:

$$R\left[\frac{O_2(mg)}{L \cdot d}\right] = PG \times \frac{24}{暴露时间(h)} \times 10^3 \times 水深(m) \tag{5-1-7}$$

⑤计算日净生产力：

$$PN\left[\frac{O_2(mg)}{L \cdot d}\right] = 日\ PG - 日\ R \tag{5-1-8}$$

⑥将 O_2 量转换成 C 量：假设符合光合作用的理想方程($CO_2 + H_2O - CH_2O +$.)将 O_2 生产力的单位转换成固定碳的单位：$CO_2 + H_2O \longrightarrow CH_2O + O_2$，则

$$日\ PM\left[\frac{O_2(mg)}{L \cdot d}\right] = 日\ PN\left[\frac{O_2(mg)}{L \cdot d}\right] \times 12/32 \tag{5-1-9}$$

【注意事项】

①开始取的水样中若溶解氧过饱和，则应缓缓地给水样通气，以除去过剩的氧，并重新测定溶解氧。

②黑白瓶分别悬挂在与取水样相同的水深位置，调整这些瓶子，使阳光能充分照射。一般将瓶子暴露几个小时，暴露期为清晨至中午，或中午至黄昏，也可清晨至黄昏。

(6)思考题。

①分析用黑白瓶法测定水生生态系统初级生产力的优缺点。

②初级生产力的测定方法还有哪些？

5. 结果与评价

1)**参数法**

在富营养化湖泊的水生生态系统中，各种生物与非生物因子处于十分复杂、相互作用的网络中。一般采用水体中营养物质氮、磷的浓度（即总氮、总磷指标），水体透明度，藻类的种类、数量、指示种、优势种、叶绿素 a，生物多样性指数及水质综合污染指数等生物和生态学指标对湖泊、水库的生态系统质量进行评价，以判断水体是否处于富营养化状态。部分常用评价指标参数见表 5-1-1。根据本实验测定结果，参照水体富营养化的评价标准，评价水体富营养化状况。

表 5-1-1　富营养化的评价标准

富营养化类型	TP /(mg · L⁻¹)	TN /(mg · L⁻¹)	chla /(mg · L⁻¹)	水深 SD /m	初级生产力 /(mg · (m³ · h)⁻¹)	藻量 /×10⁴ 个/L
极贫营养	0.001	<0.02	—	>37.00	<4	—
贫营养	0.004	0.06	<0.004	12.00	15	<0.3
中营养	0.023	0.31	0.004~0.010	2.40	50	—
富营养	0.110	1.20	0.010~0.150	0.55	100	>1.0
极富营养	>0.660	>4.60	>0.150	<0.17	>1 000	—

2)**综合营养状态指数法**

$$TLI = \sum_{j=1}^{m} W_j \cdot TLI_j \tag{5-1-10}$$

式中：TLI 为综合营养状态指数；TLI_j 为第 j 种参数的营养状态指数；W_j 为第 j 种参数的营养状态指数的相关权重。

各参数营养状态指数计算公式如下：

$$\text{TLI(chla)} = 10(2.15 + 1.1086\ln \text{chla}) \tag{5-1-11}$$

$$\text{TLI(TP)} = 10(9.1436 + 1.1624\ln \text{TP}) \tag{5-1-12}$$

$$\text{TLI(TN)} = 10(5.1453 + 1.1694\ln \text{TN}) \tag{5-1-13}$$

$$\text{TLI(SD)} = 10(5.1118 - 1.194\ln \text{SD}) \tag{5-1-14}$$

$$\text{TLI(COD)} = 10(0.109 + 2.661\ln \text{COD}) \tag{5-1-15}$$

式中：TN 为总氮；TP 为总磷；chla 为叶绿素 a 含量；SD 为水深；COD 为化学需氧量。

以 chla 作为基准参数，则第 j 种参数的归一化的相关权重计算公式为

$$W_j = \frac{r_{ij}^2}{\sum\limits_{j=1}^{n} r_{ij}^2} \tag{5-1-16}$$

式中：r_{ij} 为第 j 种参数与基准参数 chla 的相关系数；n 为评价参数的个数。我国湖泊的 chla 与其他参数之间的相关关系 r_{ij} 及 r_{ij}^2 见表 5-1-2。根据本实验测定结果，并参照表 5-1-3，评价水体富营养化状况。

表 5-1-2　我国湖泊的 chla 与其他参数之间的相关关系 r_{ij} 及 r_{ij}^2 值[*]

参数	chla	TP	TN	SD	COD$_{Mn}$
r_{ij}	1	0.84	0.82	-0.83	0.83
r_{ij}^2	1	0.7056	0.6724	0.6889	0.6889

注：* 引自金相灿等著《中国湖泊环境》，表中 r_{ij} 来源于我国 26 个主要湖泊调查数据的计算结果。

表 5-1-3　湖泊富营养化状态分级

富营养化类型	综合营养状态指数（TLI）
贫营养	TLI<30
中营养	30≤TLI≤50
轻度富营养	50<TLI≤60
中度富营养	60<TLI≤70
重度富营养	70>TLI

3）优化选择

目前关于水体富营养化评价的方法较多，在实际中要优化选择适宜的方法进行评价。

6. 思考题

(1)被测水体的富营养化状况如何？

(2)水体富营养化评价方法有哪些？并讨论其局限性。

实验 2 校园空气质量监测

1. 实验目的

(1)掌握空气环境质量标准的内容和相关的监测要求,以及如何根据监测结果评价环境质量。

(2)掌握如何根据环境质量标准进行环境监测因子的确定,以及掌握大气环境质量常规环境监测因子的监测。

(3)学习如何根据监测目的进行大气监测方案的制订。

2. 实验内容

(1)监测目的的确定。

(2)现场资料的收集和调查。

(3)监测方案的制订。

(4)监测方案的实施。

3. 大学校园现场资料的收集

本实验方案的制订以某大学校园大气环境质量监测为例,需要收集的资料如下。

(1)校园地理位置、气候相关资料:收集所处区域地理位置(校园所处区域的地理位置及周边环境)、地形地貌、气候气象、所属大气环境功能分区、校园周边及内部规划情况。

(2)污染源调查:调查校园内部实验楼、食堂、锅炉等主要污染源的分布情况,以及主要污染源的种类和污染情况;校园周边一定区域内的工业污染源的情况,包括企业名称、主要产品、燃料类型、主要污染物治理措施、污染物排放情况与距校园中心位置的距离和方位,特别注意当地主导风向上风向的污染源情况;校园周边主要交通干道分布及车流量情况。

(3)环境质量的情况:调查校园所属区域监测点位大气污染情况,以及近几年的大气环境质量变化趋势和影响。

4. 大学校园环境监测方案的制订

一个完整的监测方案包含以下内容:明确监测目的、进行调查研究、确定监测对象(因子)、设计监测网点、合理安排采样时间和频率、选定采样和保存方法、选定分析测定技术、提出监测评价报告的基本要求;制订质量保证程序、措施和方案的实施计划,并结合监测目的给出环境监测综合评价报告。

5. 环境监测方案的实施

1)明确监测目的

监测目的一般分为例行监测和特定目的监测。针对校园大气环境质量监测,在没有大气污染事故的情况下的监测为例行监测,在有校园大气污染事故时的监测为特定目的监测。

2)调查研究

调查研究内容根据监测目的确定。

3)确定监测对象(因子)

(1)例行监测:根据《环境空气质量标准》(GB 3095—2012)确定监测因子,一般以基本项目为监测因子。基本项目监测因子主要包括：二氧化硫（SO_2）、二氧化氮（NO_2）、颗粒物 1（粒径不大于 10 μm）、颗粒物 2（粒径不大于 2.5 μm）、一氧化碳（CO）和臭氧（O_3）。

（2）特定目的监测：除了根据《环境空气质量标准》（GB 3095—2012）确定的监测因子外，还要结合污染具体情况，增加其他项目的监测因子。

4）设计监测布点

监测点的布设应按照《环境空气质量监测规范》（试行）中的要求执行，主要根据环境功能区的情况、污染源的分布情况来确定。对于校园环境监测布点，一般主要考虑在教学区、宿舍区、食堂和实验区域布点。各监测点位的布设一般标注在平面图上。

5）合理安排采样时间和频率

采样时间和频率的确定依据《环境空气质量标准》（GB 3095—2012），同时满足监测时间和数据有效性的规定，具体见表 5 - 1 - 4。

表 5 - 1 - 4　污染物监测时间和数据有效性的最低要求

污染物项目	平均时间	数据有效性规定
二氧化硫（SO_2）、二氧化氮（NO_2）、颗粒物 1（粒径不大于 10 μm）、颗粒物 2（粒径不大于 2.5 μm）、氮氧化物（NO_x）	年平均	每年至少有 324 个日平均浓度值，每月至少有 27 个日平均浓度值（二月至少有 25 个日平均浓度值）
二氧化硫（SO_2）、二氧化氮（NO_2）、一氧化碳（CO）、颗粒物 1（粒径不大于 10 μm）、颗粒物 2（粒径不大于 2.5 μm）、氮氧化物（NO_x）	24 h 平均	每日至少有 20 h 平均浓度值或采样时间
臭氧（O_3）	8 h 平均	每 8 h 至少有 6 h 平均浓度值
二氧化硫（SO_2）、二氧化氮（NO_2）、一氧化碳（CO）、臭氧（O_3）、氮氧化物（NO_x）	1 h 平均	每小时至少有 45 min 的采样时间
总悬浮颗粒物（TSP）、苯并[a]芘（BaP）、铅（Pb）	年平均	每年至少有分布均匀的 60 个日平均浓度值，每月至少有分布均匀的 5 个日平均浓度值
铅（Pb）	季平均	每季至少有分布均匀的 15 个日平均浓度值，每月至少有分布均匀的 5 个日平均浓度值
总悬浮颗粒物（TSP）、苯并[a]芘（BaP）、铅（Pb）	24 h 平均	每日应有 24 h 的采样时间

6）监测分析方法的确定

监测分析方法的确定主要依据《环境空气质量标准》（GB 3095—2012）。如果是常规环境质量监测，采用的相应分析方法见表 5 - 1 - 5。

表 5-1-5　各监测因子分析方法

序号	污染物项目	分析方法	标准编号	自动分析方法
1	二氧化硫（SO₂）	环境空气　二氧化硫的测定——甲醛吸收-副玫瑰苯胺分光光度法	HJ 482—2009	紫外荧光法、差分吸收光谱分析法
	二氧化硫（SO₂）	环境空气　二氧化硫的测定——四氯汞盐吸收-副玫瑰苯胺分光光度法	HJ 483—2009	紫外荧光法、差分吸收光谱分析法
2	二氧化氮（NO₂）	环境空气　氮氧化物（一氧化氮和二氧化氮）的测定——盐酸萘乙二胺分光光度法	HJ 479—2009	化学发光法、差分吸收光谱分析法
3	一氧化碳（CO）	空气质量　一氧化碳的测定——非分散红外法	GB 9801—1988	气体滤波相关红外吸收法、非分散红外吸收法
4	臭氧（O₃）	环境空气　臭氧的测定——靛蓝二磺酸钠分光光度法	HJ 504—2009	紫外荧光法、差分吸收光谱分析法
	臭氧（O₃）	环境空气　臭氧的测定——紫外分光光度法	HJ 590—2010	紫外荧光法、差分吸收光谱分析法
5	颗粒物（粒径不大于10 μm）	环境空气　PM10 和 PM2.5 的测定——重量法	HJ618—2011	微量振荡天平法、β射线法
6	颗粒物（粒径不大于2.5 μm）	环境空气　PM10 和 PM2.5 的测定——重量法	HJ618—2011	微量振荡天平法、β射线法
7	总悬浮颗粒物（TSP）	环境空气　总悬浮颗粒物的测定——重量法	GB/T 15432—1995	—
8	氮氧化物（NOₓ）	环境空气　氮氧化物（一氧化氮和二氧化氮）的测定——盐酸萘乙二胺分光光度法	HJ 479—2009	化学发光法、差分吸收光谱分析法

序号	污染物项目	分析方法	标准编号	自动分析方法
9	铅(Pb)	环境空气　铅的测定——石墨炉原子吸收分光光度法	HJ 539—2015	—
	铅(Pb)	环境空气　铅的测定——火焰原子吸收分光光度法	GB/T 15264—1994	
10	苯并[a]芘(BaP)	空气质量　飘尘中苯并[a]芘的测定——乙酰化滤纸层析荧光分光光度法	GB 8971—1988	—
	苯并[a]芘(BaP)	环境空气　苯并[a]芘的测定——高效液相色谱法	GB/T 15439—1995	

7)确定采样和保存方法

监测样品根据表 5-1-5 中的样品采集和保存方法进行采集保存。

样品采集前要对采样仪器进行校准,并采用滤膜等相关材料进行预处理。

在样品采集过程中必须同时记录气温、气压、风向、风速等相关气候条件,同时记录采样位置、采气流量和起始时间。采样记录表可参考表 5-1-6。

表 5-1-6　空气环境质量监测采样记录

采样点编号:_____　采样点名称:_____　污染物:_____

采样日期	时间		采样号	采样温度/K	采样气压/kPa	采样流量/(L·min⁻¹)	采样体积		天气状况
	开始	结束					现场	标态	

测定过程主要包含以下内容。

(1)仪器设备的预热和校准。

(2)重量法测定时注意样品的平衡恒重。

(3)仪器测定的内容包含药品的配制、校准曲线的绘制和样品的测定。

(4)平行样和质控样品的测定。

注意:平行样和质控样品的监测,按照《环境监测质量管理技术导则》(HJ 630—2011)的要求执行,一般不少于 10% 的平行样。

8)数据处理

按照《环境空气质量标准》(GB 3095—2012)的监测浓度要求进行数据处理,各污染因子的数据处理主要包含表 5-1-7 的内容。

表 5-1-7   环境空气基本项目浓度限值及统计时间要求

序号	污染物项目	平均时间	浓度限值/$(\mu g \cdot m^{-3})$	
			一级	二级
1	二氧化硫(SO_2)	年平均	20	60
		24 h 平均	50	150
		1 h 平均	150	500
2	二氧化氮(NO_2)	年平均	40	40
		24 h 平均	80	80
		1 h 平均	200	200
3	一氧化碳(CO)	24 h 平均	4	4
		1 h 平均	10	10
4	臭氧(O_3)	日最大 8 h 平均	100	160
		1 h 平均	160	200
5	颗粒物(粒径不大于 10 μm)	年平均	40	70
		24h 平均	50	150
6	颗粒物(粒径不大于 2.5 μm)	年平均	15	35
		24 h 平均	35	75

9)制订质量保证程序、措施和方案的实施计划

按照《环境监测质量管理技术导则》(HJ 630—2011)制订从监测布点、取样监测到分析整个过程的质量保证程序和措施,保证监测数据的代表性、准确性、精密性和可比性。

10)提出大气环境监测综合评价报告

根据监测结果,对比《环境空气质量标准》(GB 3095—2012)进行分析。

(1)分析各监测点位环境空气是否符合校园所属环境功能区的质量要求。

(2)如果有污染物超标的情况,结合污染情况分析超标原因。

(3)根据环境空气质量指数,分析校园大气环境质量的分质量指数,确定首要污染物。

【注意事项】

1)滤膜称重时的质量控制

取清洁滤膜若干张,在平衡室内平衡 24 h,称重。每张滤膜称 10 次以上,则每张滤膜的平均值为该张滤膜的原始质量,此为"标准滤膜"。每次称清洁或样品滤膜的同时,称量两张"标准滤膜",若质量在(原始质量±5)mg 范围内,则认为该批样品滤膜称量合格,否则应检查称量环境是否符合要求,并重新称量该批样品滤膜。

2)其他

(1)测量时要经常检查采样头是否漏气。当滤膜上颗粒物与四周白边之间的界线逐渐模糊,则表明应更换面板密封垫。

(2)称量不带衬纸的聚氯乙烯滤膜时,在取放滤膜时,用金属镊子触一下天平盘,以消除静电的影响。

(3)采集平行样不少于样品数的 10%。

(4)保证整个测定过程符合质量保证程序的要求。

6. 思考题

(1)对于特定目的监测,监测因子和监测频率如何确定?

(2)如何检查滤膜是否破损?

(3)对于基本监测项目的日均浓度的监测,各监测因子的监测时间不少于多少?

实验 3　室内空气质量监测

1. 实验目的

室内环境的空气质量对人体健康的影响最为显著,日益受到公众的广泛关注,因此对室内空气质量进行监测和评价是一项非常重要的工作。根据监测数据对室内环境进行评价,了解该室内空气质量是否会对人体健康造成损害,从而选择相应措施改善室内空气质量,最终达到改善居住环境、保护居民身体健康的目的。

本实验要求掌握室内空气质量监测与评价的流程,并会根据不同监测指标正确选择监测方法,最终对室内空气质量做出评价。

2. 实验原理

对室内空气采样,采用不同方法分析各个室内空气质量指标。将分析结果与《室内空气质量标准》中的标准进行对照,对该室内空气质量做出评价,以确定该室内空气质量状况。

在 19 项室内空气质量的指标中,甲醛、苯系物、氨和臭氧是最常见、所占比例最大的污染物,应着重关注,为了方便起见,本实验以这几种物质为例,阐述实验步骤和结果计算等。

3. 仪器与试剂

本实验仪器和试剂根据表 5-1-8 所列各方法中的要求进行选择和准备,或参照前面各个具体监测实验。

表 5-1-8　室内空气中各种参数的检验方法

序号	项目名称	检验方法	来源
1	温度	公共场所空气温度测定方法	GB/T 18204.13—2000
2	相对湿度	公共场所空气湿度测定方法	GB/T 18204.14—2000
3	空气流速	公共场所风速测定方法	GB/T 18204.15—2000
4	二氧化硫	甲醛吸收盐酸-副玫瑰苯胺分光光度法	GB/T 15262—1994　GB/T 16128—1995
5	二氧化氮	改进 Saltzman 法	GB/T 15435、GB 12372
6	一氧化碳	公共场所空气中一氧化碳测定方法	GB/T 18204.23—2000
		空气质量一氧化碳的测定	GB 9801—1988

续表

序号	项目名称	检验方法	来源
7	臭氧	靛蓝二磺酸钠分光光度法	GB/T 15437—1995
8	氨	公共场所中氨检验方法	GB/T 14668　GB/T 18204.25—2000
9	甲醛	乙酰丙酮分光光度法	GB/T 15516—1995
		居住区大气中甲醛卫生检验标准方法	GB/T 16129—1995
		公共场所空气中甲醛测定方法	GB/T 18204.26—2000
		《民用建筑工程室内环境污染控制规范》中方法	GB 50325—2001(6.0.7)
10	苯系物	居住区大气中苯、甲苯和二甲苯卫生检验标准方法	GB/T 11737—1989
		《室内空气质量标准》附录 B 中方法	GB/T 18883—2002
11	苯并[a]芘	高效液相色谱法	GB/T 15439—1995
12	可吸入颗粒物(PM10)	撞击式称重法	GB/T 17095—1997
13	总挥发性有机物(TVOC)	《民用建筑工程室内环境污染控制规范》附录 E 中方法	GB/T 50325—2001
		《室内空气质量标准》附录 C 中方法	GB/T 18883—2002
14	菌落总数	室内空气中菌落总数检验方法《室内空气质量标准》附录 D 中方法	GB/T18883—2002
15	²²²氡	环境空气中氡的标准测量方法	GB/T 14582—1993

4. 实验步骤

(1)采样布点:首先了解居室面积。采样点数量根据监测面积大小和现场情况而定,小于 50 m² 的房间设 1~3 个点、50~100 m² 的房间设 3~5 个点、100 m² 以上房间至少设 5 个点。在对角线上或梅花式均匀分布。

(2)采样前将居室门窗密闭 12 h。

(3)在实验室根据要监测的项目,做好采样前的准备,包括校准仪器设备,准备仪器和试剂等。

(4)到现场采样,根据现场情况,决定在中心位置布点,或在对角线上布点,或是采用梅花式布点。记录采样时温度、湿度、气压及采样空气流速和采样时间。

(5)采集回来的样品,按照规定保存,在各方法所要求的时间内分析完毕。

(6)样品分析:根据监测指标不同,按照各指标的监测要求,绘制标准曲线、测定吸光度等,具体参见前述各实验。

5. 结果计算

(1)将采样体积换算成标准状况下的采样体积。

(2)计算各指标浓度(计算公式详见各指标监测实验)。

(3)根据要求进一步换算和计算,得到最终检测结果。

（4）与表 5-1-9 对照，编制监测评价报告，给出具体评价结果。

表 5-1-9　室内空气质量标准

序号	参数类别	参数	单位	标准值	备注
1	物理性	温度	℃	22～28	夏季空调
				16～24	冬季采暖
2		相对湿度	%	40～80	夏季空调
				30～60	冬季采暖
3		空气流速	$m \cdot s^{-1}$	0.3	夏季空调
				0.2	冬季采暖
4		新风量	$m^3 \cdot (h \cdot 人)^{-1}$	30a	
5	化学性	二氧化硫（SO_2）	$mg \cdot m^{-3}$	0.50	1 h 均值
6		二氧化碳（CO_2）	%	0.10	日平均值
7		二氧化氮（NO_2）	$mg \cdot m^{-3}$	0.24	1 h 均值
8		一氧化碳（CO）	$mg \cdot m^{-3}$	10	1 h 均值
9		氨（NH_3）	$mg \cdot m^{-3}$	0.20	1 h 均值
10		臭氧（O_3）	$mg \cdot m^{-3}$	0.16	1 h 均值
11		甲醛（HCHO）	$mg \cdot m^{-3}$	0.10	1 h 均值
12		苯（C_6H_6）	$mg \cdot m^{-3}$	0.11	1 h 均值
13		甲苯（C_7H_8）	$mg \cdot m^{-3}$	0.20	1 h 均值
14		二甲苯（C_8H_{10}）	$mg \cdot m^{-3}$	0.20	1 h 均值
15		苯并[a]芘（B(a)P）	$mg \cdot m^{-3}$	1.0	日平均值
16		可吸入颗粒物（PM10）	$mg \cdot m^{-3}$	0.15	日平均值
17		总挥发性有机物（TVOC）	$mg \cdot m^{-3}$	0.60	8 h 均值
18	生物性	菌落总数	$cfu \cdot m^{-3}$	2500	依据仪器定 b
19	放射性	氡（222Rn）	$bq \cdot m^{-3}$	400	年平均值（行动水平）c

a. 新风量要求≥标准值，其他参数要求≤标准值；

b. 根据采样器流量和采样时间，换算成每立方米的菌落数；

c. 达到此水平建议采取行动以降低室内氡水平。

【注意事项】

（1）采样点布设：应避开通风口（空调进风口、门窗缝隙等），离墙壁距离应大于 0.5 m；采样点高度距离地面 0.8～1.5 m。

（2）在炎热的夏天，应采取适当措施（如用冰袋、冰包、冰箱等）保存样品，防止样品的挥发、变质。

（3）测试结果以平均值表示，化学性、生物性和放射性指标平均值符合标准值要求时，为符合国家标准。如有一项检验结果未达到标准值要求,为不符合国家标准。要求年平均、日平均、8 h 平均值的参数,可以先做筛选采样检验,若检验结果符合标准值要求,为符合标准,若筛选采样检验结果不符合标准值要求,必须按年平均、日平均、8 h 平均值的要求,用累积采样检验结果评价。

6. 思考与讨论

通过对居室空气环境的监测评价,找出甲醛、苯系物、氨和臭氧的浓度受哪些因素影响,并初步探讨控制措施。

实验 4　土壤环境质量监测

土壤是指陆地地表具有肥力并能生长植物的疏松表层,是植物生长的基地,是人类生存环境不可缺少的组成部分,土壤环境质量的优劣直接影响人类的生产、生活和发展。人类大量施用农药、过度使用化肥及进行污水灌溉,导致大量的污染物通过多种途径进入土壤,当进入土壤的污染物浓度超过土壤自净能力时,将导致土壤环境质量下降,直接影响土壤的生产能力。

本实验将详细介绍土壤环境质量监测方案的制订,土壤样品的采集与制备,土壤样品的预处理、典型土壤监测项目的监测方法、分析测试、数据处理与结果评价,以及土壤环境质量监测报告的编写。

1. 实验目的

通过对某蔬菜种植地土壤环境质量的监测,学习土壤环境质量监测方案的制订,熟悉土壤监测采样布点方法、土壤样品的采集与制备方法,掌握土壤样品的消解与提取等预处理技术,掌握土壤中铜、锌、汞、砷、六六六、滴滴涕、pH 值和水分含量等典型指标的分析测试技术,掌握这些指标的监测数据处理与结果评价及土壤监测报告的编写等。

2. 监测方案的制订

1) 资料收集及现场调查

该农田面积约为 1500 m²,地形平坦,土壤发育良好,附近无工业污染源,土壤污染分布较均匀,土壤质地为黏土。

该农田为种植蔬菜的农业用地,主要种植当季蔬菜、红薯、白地瓜等农作物,农家肥和化肥混合、交叉使用,主要受到农业化学物质的污染;该农田长期采用周边的湖水进行灌溉,该湖水水质达到《地表水环境质量标准》(GB 3838—2002)规定的Ⅲ类水体水质,能满足农业灌溉用水要求。

2) 监测点位的布设

(1)采样单元的划分。在进行区域土壤环境质量监测时,涉及的面积往往较大,加上区域内自然条件、社会条件、环境条件等比较复杂,因此需要划分若干个采样单元,同一采样单元内的差别应尽可能地小。可按土壤接纳污染物途径,参考土壤类型、农作物种类、耕作制度等要素,划分为大气污染型、污水灌溉型、固体废物污染型、综合污染型等采样单元。

鉴于本书选择的农田面积较小,污染分布较均匀,因此无须划分采样单元。

(2)采样点的布设。根据土壤自然条件及污染情况的不同,常用的土壤采样布点方法如图 5-1-1 所示。

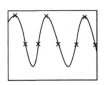

(a) 对角线布点法　　　(b) 梅花形布点法　　　(c) 棋盘式布点法　　　(d) 蛇形布点法

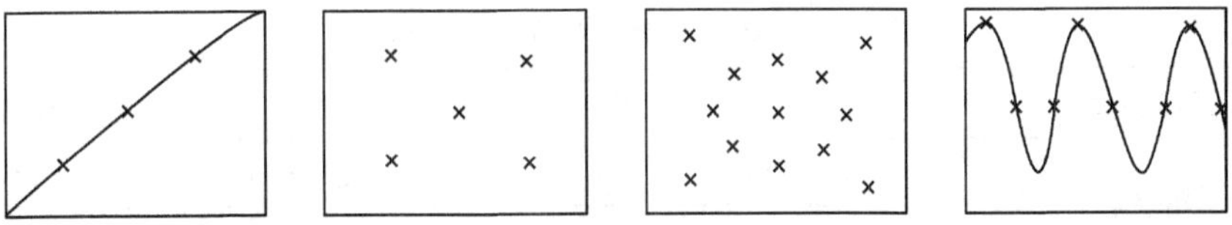

图 5 - 1 - 1　土壤采样布点方法示意图

对角线布点法适用于面积小、地势平坦、受污水灌溉或被污染的河水灌溉的田块。梅花形布点法适用于面积较小、地势平坦、土壤分布较均匀的田块,一般设 5～10 个采样点。棋盘式布点法适用于中等面积、地势平坦、地形完整开阔,但土壤分布较不均匀的田块,也适用于受固体废物污染的土壤,一般设 10～20 个采样点。蛇形布点法适用于面积较大、地势不很平坦、土壤不够均匀的田块,布点数目较多。

本书案例中的农田面积较小(约 1500 m²)、地势平坦、污染分布较均匀,故可采用梅花形布点法,布设 5 个采样点。

3) 采样时间及频率

采样时间及频率根据监测的目的和污染的特点确定。为了解土壤污染的一般状况,可随时采样测定;为调查土壤对植物生长的影响,应在不同生长阶段同时采集土样和植物进行分析。

一般土壤样品在农作物收获后与农作物同步采集,必测污染项目一年一次。污染事故监测时,应在收到事故报告后立即采样;科研性监测时,可视研究目的而定;教学监测时,可根据教学实验进度安排随时采样。

4) 监测项目的确定

根据《土壤环境质量　农用地土壤污染风险管控标准》(试行)(GB 15618—2018),我国目前列入农用地土壤污染风险筛选值的基本项目为必测项目,包括 Cd、Pb、Hg、As、Cu、Zn、Cr、Ni 等 8 个指标。列入农用地土壤污染风险筛选值的其他项目为选测项目,包括六六六、滴滴涕和苯并[a]芘等 3 个指标。

对土壤污染风险筛选值的基本项目进行评价时,重金属的污染风险筛选值与土壤的 pH 值有关,因此 pH 值也是土壤的必测指标之一,为了将风干土样的测定结果换算为烘干土样基准,还需要测定土壤的水分含量。

本实验选择土壤中 pH 值、水分含量、铜、锌、砷、镉、六六六、滴滴涕等代表性指标进行监测。

5) 监测方法的选择

土壤监测方法选用《土壤环境监测技术规范》(HJ/T 166—2004)、《农田土壤环境质量监测技术规范》(NY/T 395—2012)中推荐的标准方法。土壤常见项目的监测方法列于表 5 - 1 - 10。

表 5 - 1 - 10　土壤常见项目的监测方法

监测项目	监测方法	来源
铅、镉	KI-MIBK 萃取火焰原子吸收分光光度法	GB/T 17140—1997
	石墨炉原子吸收分光光度法	GB/T 17141—1997
汞	冷原子吸收分光光度法	GB/T 17136—1997
	原子荧光法	GB/T 22105.1—2008
	微波消解-原子荧光法	HJ 680—2013
砷	二乙基二硫代氨基甲酸银分光光度法	GB/T 17134—1997
	硼氢化钾-硝酸银分光光度法	GB/T 17135—1997
	原子荧光法	GB/T 22105.2—2008
铜、锌	火焰原子吸收分光光度法	GB/T 17138—1997
铬	火焰原子吸收分光光度法	HJ 491—2009
镍	火焰原子吸收分光光度法	GB/T 17139—1997
六六六和滴滴涕	气相色谱法	GB/T 14550—2003
	气相色谱-质谱法	HJ 835—2017
苯并[a]芘	高效液相色谱法	HJ 784—2016
	气相色谱-质谱法	HJ 805—2016

6)质量保证措施

(1)采样、制样质量控制。根据检测目的和研究区域土壤污染分布情况合理布设采样点和样品数据。根据规定的要求采集土壤样品并重视样品流转程序的规范,样品制备与样品保存过程不影响样品的代表性。

(2)精密度控制。每批样品每个项目分析时均须做 20％的平行样品:当有 5 个以下样品时,平行样不少于 1 个。由分析者自行编入的明码平行样,或由质控员在采样现场或实验室编入的密码平行样,平行样测定结果的误差在允许误差范围之内者为合格。

(3)土壤标准样品对照分析。使用土壤标准样品时,选择合适的标样,使标样的背景结构、组分、含水量水平尽可能与待测样品一致或近似。如果待测样品与标样的化学性质和基本组成差异很大,由于基体干扰,用土壤标样作为标定或校正仪器的标准,有可能产生一定的系统误差。

3. 土壤样品的采集

1)采样器材准备

(1)采样工具及相关器材。铁铲、铁镐、土铲,土钻、土刀、木片、竹片、托盘、GPS 定位仪、高度计、卷尺、标尺、铝盒、样品袋、照相机、样品标签、采样记录表等。

(2)个人安全防护用品。工作服、防滑鞋、口罩、安全帽等。

2)土壤样品的类型、采样深度

(1)混合样品。对种植一般农作物的耕地,采集 0～20 cm 的表层(或耕作层)土壤;对种植果林类农作物的耕地,采集 0～60 cm 的耕作层土壤。对多点采样的土壤样品,可将每个采样点采集的土样混合制备成混合样品,按四分法反复弃取,留下实验室分析所需的 1～2 kg 土样。

　　(2)剖面样品。对特殊要求的监测(土壤背景、环评、污染事故等),必要时选择部分采样点采集剖面样品。剖面的规格一般为长 1.5 m、宽 1.0 m、深 1.2 m。一般每个剖面采集 A、B、C 三层土样。地下水位较高时,剖面挖至地下水出露时为止;山地丘陵土层较薄时,剖面挖至风化层;对 B 层发育不完整的山地土壤,只采 A、C 两层;对干旱地区剖面发育不完善的土壤,在表层 5~20 cm、心土层 50 cm、底土层 100 cm 左右采样,每层取混合土样 1 kg,装入样品袋。土壤剖面示意图如图 5-1-2 所示。

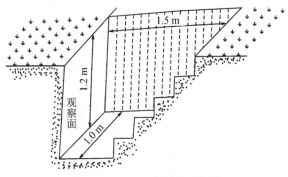

图 5-1-2　土壤剖面示意图

　　本实验目的是了解农田土壤环境质量一般状况,可随时前往现场采样。在每个采样点处采 0~20 cm 耕作层土壤 1 kg,将各采样点的土样混匀后用四分法取 1 kg 土样装入样品袋,多余部分弃去。按照表 5-1-11 做好采样记录。

表 5-1-11　土壤采样现场记录表

采用地点			天气		温度/℃	
样品编号			采样日期			
样品类别			采样人员			
采样层次			采样深度/cm			
样品描述	土壤颜色		植物根系			
	土壤质地		沙砾含量			
	土壤湿度		其他异物			

　　注:土壤颜色可采用门塞尔比色卡比色,也可按土壤颜色三角表进行描述。颜色描述可采用双名法,主色在后、副色在前,如黄棕、灰棕等。颜色深浅还可以冠以暗、淡等形容词,如浅棕、暗灰等。

4. 土壤样品的制备与保存

1)土壤样品的制备

　　测定铜、镉、锌、六六六和滴滴涕均需要用风干样品。土壤样品的制备程序包括风干、磨碎、过筛、混合、缩分、分装等,制成满足分析要求的土壤样品,如图 5-1-3 所示。

　　(1)土样的风干。风干应在阴凉通风处进行,切忌阳光直接曝晒,防止尘埃落入。

　　(2)研磨,过筛与缩分。

　　①碾碎(粗磨)和初过筛:可将样品放在木板上,用木棒或有机玻璃棒碾碎后,除去筛上的沙石和植物残体,完全通过 10 目(2 mm)筛。

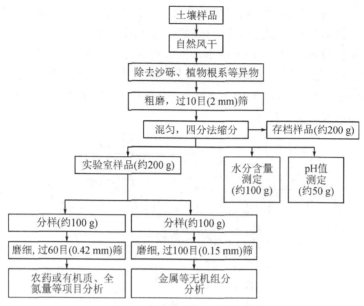

图 5-1-3　土壤样品制样流程图

②缩分：对已过 10 目（2 mm）筛的样品反复按四分法缩分，留下足够分析用的数量（约 600 g），分成 3 份。一份存档（约 200 g），一份进行土壤水分含量和 pH 值测定，还有一份再分成 2 小份（每小份约 100 g），继续碾磨，过筛待用。

③磨细和再过筛：用玛瑙研钵分别磨细②中 2 小份土样。一份研磨到全部通过 60 目（0.25 mm）筛，用于农药或土壤有机质、土壤全氮量等项目分析；另一份研磨到全部通过 100 目（0.15 mm）筛，用于土壤金属元素分析。

2）样品的保存

将过筛混匀、编分后的土样贮存于洁净的玻璃或聚乙烯容器中，贴标签，密封，于常温、避光、阴凉、干燥条件下保存。一般土壤样品需保存半年至一年，以备必要时核查之用。

（一）土壤水分含量的测定

1. 实验目的

土壤水分是土壤生物生长必需的物质，非污染组分。土壤监测结果规定用 mg/kg（烘干土）表示。为了将各种成分的测定结果换算成以烘干土样为基准时的测定结果，无论是用风干土样还是新鲜土样测定污染组分时，均必须对土壤样品进行含水量测定。土壤水分测定的国家标准方法是重量法（HJ 613—2011）。

2. 实验原理

土壤样品在（105±2）℃烘至恒重时的失重，即为土壤样品所含水分的质量。

3. 实验材料

（1）标准套筛：含孔径 10 目（2 mm）筛。

（2）铝盒或具盖容器：防水材质且不吸收水分。小型的直径约 40 mm，高约 20 mm；大型的直径约 60 mm，高约 30 mm。

（3）分析天平：0.001 g 或 0.01 g。

(4)恒温烘箱:(105±5)℃。

(5)干燥器:装有无水变色硅胶。

4. 实验步骤

1)样品的制备

风干土样:选取有代表性的风干土壤样品,压碎,过 5 目(1 mm)筛,混合均匀后备用。

2)水分的测定

风干土样水分的测定:取小型铝盒和盖子在(105±5)℃恒温箱中烘干 1 h,稍冷,盖好盖子,然后置于干燥器内至少冷却 45 min,测定带盖铝盒的总质量 m,精确至 0.001 g。用角勺将已过 5 目(1 mm)筛的风干土样拌匀,舀取 5~10 g,均匀地平铺在已称重的铝盒中,盖好盖子,测定总质量 m_1,精确至 0.001 g,将铝盒盖揭开,将盒盖和装有风干土样的铝盒置于(105±5)℃的恒温烘箱中烘干至恒重,取出,盖好盖子,置于干燥器内至少冷却 45 min,从干燥器内取出后立即称量总质量 m_2,精确至 0.001 g。风干土样水分的测定应做 2 份平行样测定。

5. 数据记录与处理

按下式计算水分质量占烘干土样质量的百分数:

$$水分质量分数(干基) = \frac{m_1 - m_2}{m_2 - m_0} \times 100\% \qquad (5-1-17)$$

式中:m_0 为烘干空铝盒的质量,g;m_1 为烘干前铝盒及土样的质量,g;m_2 为烘干后铝盒及土样的质量,g。

(二)土壤 pH 值的测定

土壤酸碱度是土壤重要的理化参数,对土壤微量元素的有效性和肥力有重要影响。土壤 pH 值过高或过低,均将影响植物的正常生长:土壤酸性增强,会使许多金属化合物的溶解度增大,其有效性和毒性也增大。评价土壤重金属污染状况时要参考土壤的 pH 值。土壤 pH 值的测定采用电位法(HJ 962—2018《土壤　pH 值的测定　电位法》)。

1. 实验原理

用于浸提土壤样品的水或盐溶液(酸性土壤采用 1.0 mol/L 氯化钾溶液,中性和碱性土壤采用 0.5 mol/L 氯化钙溶液)与土之比为 2.5∶1,与盐土之比为 5∶1,与枯枝落叶及泥炭之比为 10∶1。加水或盐溶液后经充分搅匀,平衡 30 min,然后将 pH 电极插入浸出液中,用 pH 计测定。

2. 实验材料

pH 计、电子天平、烧杯、容量瓶等。

3. 实验步骤

1)土壤浸出液的制备

称取通过 10 目(2 mm)筛孔的风干土样 10 g 于 50 mL 高型烧杯中,加入 25 mL 无二氧化碳的水或 1.0 mol/L 氯化钾溶液(酸性土壤测定用)或 0.5 mol/L 氯化钙溶液(中性,石灰性或碱性土壤测定用)。用玻璃棒剧烈搅动 1~2 min,静置 30 min,此时应避免空气中氨或挥发性酸等的影响。即得到土壤浸出液,待测。

2)仪器校准

按仪器使用说明书的操作程序进行仪器校准。用与土壤浸提液 pH 值接近的缓冲液校正仪器,使标准缓冲液的 pH 值与仪器标度上的 pH 值相一致。

3)样品的测定

把电极插入土壤浸出液中,小心摇动或进行搅拌使其均匀,静置,待读数稳定时记下 pH 值。每份样品测完后,立即用水冲洗电极,并用干滤纸将水吸干。平行测定 2 份。

4)数据记录与处理

一般的 pH 计可直接读出 pH 值,不需要换算。2 次称样平行测定结果允许误差为 0.1 pH 单位。

(三)土壤阳离子交换量的测定

1. 实验目的

(1)理解土壤阳离子交换量的内涵及其环境化学意义。

(2)掌握土壤阳离子交换量的测定原理和方法。

2. 实验原理

本实验采用的是快速法来测定阳离子交换量。土壤中存在的各种阳离子可被某些中性盐 $(BaCl_2)$ 水溶液中的阳离子 (Ba^{2+}) 等价交换,如下反应式所示。由于在反应中存在交换平衡,交换反应实际上不能反应完全,当增大溶液中交换剂的浓度、增加交换次数时,可使交换反应趋于完全。交换离子的本性、土壤的物理状态等对交换反应的进行程度也有影响。

$$\begin{array}{|c|}\hline \text{土}\\ \text{壤}\\ \hline \end{array}\begin{matrix}Ca^{2+}\\ Mg^{2+}\\ Al^{3+}\\ Na^+\\ K^+\\ H^+\end{matrix}\xrightarrow{BaCl_2}\begin{array}{|c|}\hline \text{土}\\ \text{壤}\\ \hline \end{array}\begin{matrix}Ba^{2+}\\ Ba^{2+}\\ Ba^{2+}\\ Ba^{2+}\\ Ba^{2+}\\ Ba^{2+}\end{matrix}+\begin{matrix}CaCl_2\\ MgCl_2\\ AlCl_3\\ NaCl\\ KCl\\ HCl\end{matrix}\xrightarrow{H_2SO_4}\begin{array}{|c|}\hline \text{土}\\ \text{壤}\\ \hline \end{array}\begin{matrix}H^+\\ H^+\\ H^+\\ H^+\\ H^+\\ H^+\end{matrix}+BaSO_4\downarrow$$

本实验利用硫酸溶液把交换到土壤中的 Ba^{2+} 交换下来,由于生成了硫酸钡沉淀,而且氢离子的交换吸附能力很强,使交换反应基本趋于完全。这样,通过测定交换反应前后硫酸含量的变化,可以计算出消耗硫酸的量,进而计算出阳离子交换量。用不同方法测得的阳离子交换量的数值差异较大,在报告及结果应用时应注明方法。

3. 实验材料

1)仪器

离心机、电子天平、电炉、离心管、锥形瓶、量筒、移液管、烧杯、碱式滴定管、玻璃棒。

2)试剂

(1)氯化钡溶液:称取 60 g 氯化钡 $(BaCl_2 \cdot 2H_2O)$ 溶于水中,转移至 500 mL 容量瓶中,用蒸馏水定容。

(2)0.1%酚酞指示剂 (W/V) :称取 0.1 g 酚酞溶于 100 mL 乙醇中。

(3)硫酸溶液 $(c=0.1\ mol/L)$:移取 5.36 mL 浓硫酸至 1000 mL 容量瓶中,用水稀释至刻度。

(4)标准氢氧化钠溶液 $(c \approx 0.1\ mol/L)$:称取 2 g 氢氧化钠溶解于 500 mL 煮沸后冷却的蒸馏水中。其浓度需要标定。

标定方法:各称取两份约 0.5000 g 的邻苯二甲酸氢钾(预先在烘箱中 105 ℃烘干)于 250 mL 锥形瓶中,分别加入 100 mL 煮沸后冷却的蒸馏水溶解,再分别加 2 滴酚酞指示剂,用配制好的氢氧化钠标准溶液滴定至淡红色,即消耗氢氧化钠溶液体积 V_1 mL(取平均值)。再用煮沸后冷却的蒸馏水做一个空白实验,并从滴定邻苯二甲酸氢钾的氢氧化钠溶液的体积中扣除空白值,空白实验消耗氢氧化钠溶液体积 V_0 mL。氢氧化钠的标定浓度 N 计算公式如下:

$$N_{NaOH} = \frac{W \times 1000}{(V_1 - V_0) \times 204.23} \tag{5-1-18}$$

式中:W 为邻苯二甲酸氢钾的重量,g;V_1 为滴定邻苯二甲酸氢钾消耗的氢氧化钠体积,mL;V_0 为滴定蒸馏水空白消耗的氢氧化钠体积,mL;204.23 为邻苯二甲酸氢钾的摩尔质量,g/mol。

4. 实验步骤

(1)样品处理:风干土样磨碎后过 200 目(0.075 mm)标准筛,备用。

(2)取 3 支 50 mL 离心管,分别称出空离心管的重量 W(准确至 0.001 g,下同),各加入 W_0(约 1.0 g)表层风干土壤样品,并做标记。

(3)向各管中加入 20 mL 氯化钡溶液,用玻璃棒搅拌 4 min 后,以 3000 r/min 转速离心至下层土样紧实为止(5 min 左右)。弃去上清液,再各加 20 mL 氯化钡溶液,重复上述操作,离心完保留离心管内的土层。

(4)在各离心管内加 20 mL 蒸馏水,用玻璃棒搅拌 1 min 后,离心沉降,弃去上清液。称出各离心管连同土样的重量 G。

(5)移取 25.00 mL 0.1 mol/L 硫酸溶液至各离心管中,搅拌 10 min 后,放置 20 min,离心沉降,将上清液分别倒入 3 只试管中。再从各试管中分别移取 10.00 mL 上清液至 3 只 100 mL 锥形瓶中。同时,分别移取 10.00 mL 0.1 mol/L 硫酸溶液至另外 2 只锥形瓶中。在这 5 只锥形瓶中分别加入 10 mL 蒸馏水、3 滴酚酞指示剂,用标准氢氧化钠溶液滴定,溶液转为红色并数分钟不褪色为终点。

5. 数据记录与处理

将 10 mL 0.1 mol/L 硫酸溶液消耗的氢氧化钠溶液体积 A 和样品消耗氢氧化钠溶液体积 B,氢氧化钠的标定浓度 N,连同以上数据记入表 5-1-12 中。

表 5-1-12　实验数据记录表

项目	土样 1	土样 2	土样 3	氢氧化钠标定		
干土重 W_0/g				V_1/mL	土样 1	
W/g					土样 2	
G/g					土样 3	
A/mL				V_0/mL	空白 1	
B/mL					空白 2	
交换量/(cmol·kg^{-1})					空白 3	

按下式计算土壤阳离子交换量(CEC):

$$CEC = \frac{\left[A \times 2.5 - \frac{B \times (25 + M)}{10}\right] \times N \times 100}{W_0} \tag{5-1-19}$$

$$M = G - W - W_0 \tag{5-1-20}$$

式中：CEC 为土壤阳离子交换量，cmol/kg；A 为滴定 0.1 mol/L 硫酸溶液消耗标准氢氧化钠溶液的体积，mL；B 为滴定离心沉降后的上清液消耗标准氢氧化钠溶液的体积，mL；2.5 为分取系数，即 25/10；M 为加硫酸前土壤的水量，g；G 为离心管连同土样的重量，g；W 为空离心管的重量，g；W_0 为称取的土样重，g；N 为标准氢氧化钠溶液的浓度，mol/L。

【注意事项】

(1)实验所用的玻璃器皿应洁净干燥，以免造成实验误差。

(2)离心时注意，处在对应位置上的离心管应重量接近，避免重量不平衡情况的出现。

6. 思考题

测定土壤阳离子交换量的方法还有哪些？各有什么优缺点？

(四)土壤中有机质的测定

1. 实验目的

(1)掌握测定土壤有机质的化学氧化法。

(2)了解土壤有机质作为环境监测项目的意义。

2. 实验原理

土壤有机质(OM)是评价土壤肥力的重要指标，土壤有机质的含量一般通过测定有机碳的含量计算后求得，将所测得有机碳乘以常数 1.724，即为有机质总量。但这是一个近似值，因为各种土壤中有机碳含量是不完全一致的。

在加热条件下，用一定量的重铬酸钾硫酸溶液氧化土壤有机碳，多余的重铬酸钾则用硫酸亚铁溶液滴定，以实际消耗的重铬酸钾量计算出有机碳的含量，再乘以常数 1.724，即为土壤有机质含量，其反应方程式如下：

$$2K_2Cr_2O_7 + 3C + 8H_2SO_4 =\!=\!= 2K_2SO_4 + 2Cr_2(SO_4)_3 + 3CO_2 + 8H_2O$$
$$K_2Cr_2O_7 + 6FeSO_4 + 7H_2SO_4 =\!=\!= K_2SO_4 + Cr_2(SO_4)_3 + 3Fe_2(SO_4)_3 + 7H_2O$$

3. 实验材料

1)仪器

油浴锅、锥形瓶、烧杯、试管、试管架、酸式滴定管等。

2)试剂

(1)重铬酸钾-浓硫酸溶液。

称取重铬酸钾 9.8 g，配成 250 mL 溶液，另取 250 mL 98% 浓硫酸，缓缓加入重铬酸钾溶液中，以防急剧升温。此溶液浓度可认为是 $c(1/6K_2Cr_2O_7) = 0.4000$ mol/L。

(2)重铬酸钾标准溶液。称取重铬酸钾 12.257 g(130 ℃烘 1.5 h)，配成 1000 mL 溶液，此溶液浓度 $c(1/6K_2Cr_2O_7) = 0.2500$ mol/L。

(3)硫酸亚铁标准溶液(约 0.200 mol/L)。称取硫酸亚铁 14 g，先加入 150 mL 左右的蒸馏水将其溶解，再加入 5 mL 浓硫酸，搅拌均匀后，加水定容至 250 mL。此溶液易受空气氧化，使用时必须标定一次准确浓度。

(4)邻菲啰啉指示剂。称取邻菲啰啉 3.725 g，溶于含有 1.75 g 硫酸亚铁的 250 mL 水溶液中。此指示剂易变质，应密闭保存于棕色瓶中备用。

4. 实验步骤

1)硫酸亚铁溶液标定

取 0.2500 mol/L 重铬酸钾标准溶液 5 mL,置于 150 mL 锥形瓶中,加浓硫酸 5 mL,邻菲啰啉指示剂 3 滴,用硫酸亚铁溶液滴定。计算硫酸亚铁标准溶液的浓度。

2)有机质含量的测定

(1)准确称取两份风干土样 0.15 g,置于 10 mL 干燥试管中,然后准确加入重铬酸钾-浓硫酸溶液 5 mL,混匀。另取重铬酸钾-浓硫酸溶液 5 mL 于干燥试管中,做空白样,可以用纯砂或灼烧土代替样品,以免溅出溶液。其他同上。

(2)将上述试管置于已加热至 175 ℃的硅油浴中,消煮 8 min,取出冷却。

(3)将试管内液体移至 150 mL 锥形瓶中,润洗试管两三次,将润洗液也移至试管中,总体积不宜超过 30 mL 左右,加 2~3 滴邻菲啰啉指示剂,使用硫酸亚铁标准溶液滴定。变色过程为由黄绿色变为蓝绿色,再变为棕红色,即达终点,过量不足半滴即有明显变色。

5. 数据记录与处理

1)数据记录表

实验数据记入表 5-1-13 中。

表 5-1-13　实验数据记录表

管号	标定用 $FeSO_4$ V	试验空白 V_0	样品测定 V_1	样品重量 W	水分/%
实验管 1					
空白样管 2					

2)计算公式

$$土壤有机质(g/kg)=\frac{c\times(V_0-V_1)\times3\times1.33\times1.724}{W\times(1-水分\%)} \qquad (5-1-21)$$

式中:c 为 $FeSO_4$ 标准溶液的浓度,mol/L;3 为 1/4 碳原子的摩尔质量,g/mol;1.33 为氧化校正系数;1.724 一般认为是有机质中含有机碳 58%,即 100/58=1.724;V_0 为滴定空白液时所用去的硫酸亚铁体积,mL;V_1 为滴定样品时所用去的硫酸亚铁体积,mL;W 为土壤样品的重量,g。

【注意事项】

(1)如果试样滴定所用硫酸亚铁标准溶液的毫升数不到空白标定所耗硫酸亚铁标准溶液毫升数的 1/3 时,则应减少土壤称样量,重新测定。

(2)实验中需要注意硫酸浓度的变化、硫酸亚铁易氧化和油浴时间的控制。

(3)油浴加热时液体会沸腾,操作时应注意安全。

6. 思考与讨论

消解温度与时间对实验结果有何影响?

(五)土壤中重金属元素的测定

1. 实验原理

本实验采用 $HCl-HNO_3-HF-HClO_4$ 全分解的方法,彻底破坏土壤矿物晶格,使试样中待测的铜元素和锌元素全部进入试液中。然后将土壤消解液喷入空气-乙炔火焰中,铜和锌化合物在火焰原子化系统中离解为基态原子,该基态原子蒸汽对相应的空心阴极灯发射的特征谱线产生选择性吸收,选择合适的测量条件测定铜、锌的吸光度,吸光度与浓度成正比,继而可计算其浓度。

2. 实验材料

1)**仪器**

(1)镉空心阴极灯、铜空心阴极灯、锌空心阴极灯、原子吸收分光光度计、乙炔钢瓶、空气压缩机、聚四氟乙烯坩埚、电热板。

(2)仪器测量条件:不同型号原子吸收分光光度计的最佳测试条件有所不同,可根据仪器使用说明书自行选择测量条件。《土壤质量　铅、镉的测定　KI-MTBK 萃取火焰原子吸收分光光度法》(GB/T 17140—1997)及《土壤质量　铜、锌的测定　火焰原子吸收分光光度法》(GB/T 17138—1997)推荐的镉、铜和锌仪器测量条件列于表 5-1-14。

表 5-1-14　镉、铜和锌的仪器测量条件

元素	测定波长/nm	通带宽度/nm	灯电流/mA	火焰性质	其他可测定波长/nm
镉	228.8	1.2	7.5	氧化性	326.1
铜	324.8	1.3	7.5	氧化性	327.4,225.5
锌	213.8	1.3	7.5	氧化性	307.6

2)**试剂**

(1)浓盐酸(HCl,优级纯,$\rho = 1.19$ g/mL)。

(2)浓硝酸(HNO$_3$,优级纯,$\rho = 1.42$ g/mL)。

(3)氢氟酸(HF,优级纯,$\rho = 1.49$ g/mL)。

(4)高氯酸(HClO$_4$,优级纯,$\rho = 1.48$ g/mL)。

(5)2%硝酸溶液和 0.2%硝酸溶液。

(6)5%硝酸镧溶液。

(7)1.000 mg/mL 镉标准贮备液:购自国家标准物质中心,使用液为 10 mg/L。

(8)1.000 mg/mL 铜标准贮备液:购自国家标准物质中心,使用液为 20 mg/L。

(9)1.000 mg/mL 锌标准贮备液:购自国家标准物质中心,使用液为 10 mg/L。

3. 实验步骤

1)**土壤样品的消解**

采用 HCl-HNO$_3$-HF-HClO$_4$ 混合酸消解法。

(1)称取 0.5～1.0 g 固体废物样品于 25 mL 聚四氟乙烯坩埚中,用少量的水润湿,加入 10 mL 浓 HCl,在电炉上加热,保持沸腾状态,火不易过大(在通风橱内进行)。

(2)待液体蒸至 3 mL 左右,加入 15 mL HNO$_3$,继续加热,至溶解物剩余约 5 mL 时,再加入 5 mLHF,并加热分解除去硅化物,煮沸 10 min。

(3)加入 5 mLHClO$_4$,加热至消解物呈淡黄色,继续加热,驱赶白烟蒸至近干。

(4)取下坩埚冷却,加入 HNO$_3$(1+5)2 mL 微热溶解残渣,移入 50 mL 容量瓶中,并用 0.2%硝酸定容。

(5)将定容后的样品进行离心后,再用滤纸过滤上清液,待测。由于土壤种类较多、所含有机质差异较大,在消解时,要注意观察,各种酸的用量可视消解情况酌情增减。土壤消解液应为白色或淡黄色液体,没有明显沉淀物存在。消解时电热板温度不宜过高,否则会使聚四氟乙烯坩埚变形。

2)空白实验

用去离子水代替试液,采用和土壤样品消解相同的步骤和试剂,制备全程序空白溶液。每批样品制备 2 个以上的全程序空白溶液。

3)仪器设定

(1)把测定元素对应的空心阴极灯装在灯架,选择需要的波长;

(2)接通仪器电源,预热仪器 10～30 min;

(3)设置测量方法及确定样品信息;

(4)启动空气气源,调节压力和流量达到规定值;

(5)点火,用去离子水清洗燃烧器。

4)标准曲线的绘制

在 7 个 50 mL 容量瓶或比色管中(表 5 - 1 - 15 中的 0 号～6 号),用 0.2%硝酸溶液稀释混合标准使用液,配制标准工作溶液,其浓度范围应包括试液中镉、铜、锌的浓度。镉、铜和锌混合标准溶液浓度参考见表 5 - 1 - 15。

表 5 - 1 - 15 镉、铜和锌混合标准溶液浓度

项目	0 号	1 号	2 号	3 号	4 号	5 号	6 号
标准使用液加入体积/mL	0	0.25	0.50	1.00	2.00	3.00	5.00
标准溶液中镉的浓度/(mg·L^{-1})	0	0.05	0.10	0.20	0.40	0.60	1.00
标准溶液中铜的浓度/(mg·L^{-1})	0	0.10	0.20	0.40	0.80	1.20	2.00
标准溶液中锌的浓度/(mg·L^{-1})	0	0.05	0.10	0.20	0.40	0.60	1.00

按仪器使用说明书,调节仪器至最佳工作条件,按由低到高的浓度分别测定镉、铜、锌和标准系列吸光度。用减去空白后的吸光度与相对的元素含量(mg/L)绘制标准曲线。

4. 数据记录与处理

按照测定标准溶液相同的仪器工作条件测定样品溶液和全程序空白溶液的吸光度。

土壤中镉、铜和锌的含量 W(Cd、Cu、Zn,mg/kg,烘干基)按照下式计算:

$$W = \frac{c \times V}{m(1-f)} \qquad (5-1-22)$$

式中:c 为样品溶液的吸光度减去空白实验的吸光度后在标准曲线上查得的镉、铜、锌的含量,mg/L;V 为样品消解后的定容体积,mL;m 为称取风干土样的质量,g;f 为土壤样品的水分含量(质量分数)。

5. 思考题

样品预处理过程中存在的干扰有哪些?

(六)土壤六六六和滴滴涕测定

1. 实验目的

(1)学习土壤中六六六和滴滴涕的溶剂提取方法。

(2)掌握气相色谱法测定六六六和滴滴涕的保留时间定性与外标法定量技术。

2. 实验原理

本实验采用有机溶剂提取土壤样品中的六六六和滴滴涕,经液-液分配及浓硫酸净化或柱层析净化除去干扰物质,用电子捕获检测器(ECD)检测,根据色谱峰的保留时间定性、外标法定量。

3. 实验材料

1) 仪器

(1)脂肪提取器(索氏提取器)、旋转蒸发器、振荡器、水浴锅、离心机、微量注射器。

(2)玻璃器皿:玻璃磨口瓶,300 mL 分液漏斗,300 mL 具塞锥形瓶,100 mL 量筒,250 mL 平底烧瓶,25 mL、50 mL、100 mL 容量瓶,筒形漏斗。

(3)气相色谱仪:带电子捕获检测器(^{63}Ni 放射源)。

2) 试剂

(1)载气:氮气(N_2),纯度≥99.99%。

(2)异辛烷(C_8H_{18})。

(3)正己烷(C_6H_{14}):沸程 67~69 ℃,重蒸。

(4)石油醚:沸程 60~90 ℃,重蒸。

(5)丙酮(CH_3COCH_3):重蒸。

(6)苯(C_6H_6):优级纯。

(7)农药标准品:α-BHC、β-BHC、γ-BHC、δ-BHC、p,p′-DDE、o,p′-DDT、p,p′-DDD、p,p′-DDT 等 8 种有机氯农药标准品,纯度为 98.0%~99.0%。

(8)农药标准贮备液:准确称取每种农药标准品 100 mg(准确到 ±0.0001 g),溶于异辛烷或正己烷(β-BHC,先用少量苯溶解),在 100 mL 容量瓶中定容至刻度,在冰箱中贮存。

(9)农药标准中间液:用移液管分别量取 8 种农药标准贮备液,移至 100 mL 容量瓶中,用异辛烷或正己烷稀释至刻度,α-BHC、β-BHC、γ-BHC、δ-BHC、p,p′-DDE、o,p′-DDT、p,p′-DDD、p,p′-DDT 8 种贮备液的体积比为 1:1:3.5:1:3.5:5:3:8(适用于填充柱)。

(10)农药标准工作液:根据检测器的灵敏度及线性要求,用石油醚或正己烷稀释标准中间液,配制成几种浓度的标准工作溶液,在 4 ℃下贮存。

(11)浓硫酸(H_2SO_4):优级纯。

(12)无水硫酸钠(Na_2SO_4):在 300 ℃烘箱中烘烤 4 h,放入干燥器备用。

(13)硫酸钠溶液($\rho=20$ g/L)。

(14)硅藻土:试剂级。

4. 实验步骤

1) 提取

采用索氏提取器提取。操作流程:准确称取 20 g 过 60 目(0.25 mm)筛的土壤风干样品,置于小烧杯中,加 2 mL 蒸馏水、4 g 硅藻土,充分混匀,无损地移入滤纸筒内,上部盖一片滤纸,将滤纸筒装入索氏提取器中,加 100 mL 石油醚-丙酮(1:1),取 30 mL 浸泡了 12 h 的土样,在 75~95 ℃恒温水浴上加热提取 4 h,每次回流 4~6 次,待冷却后,将提取液移入 300 mL 分液漏斗中,用 10 mL 石油醚分 3 次冲洗提取器及烧瓶,将冲洗液并入分液漏斗中,加入 100 mL 20 g/L 硫酸钠溶液,振摇 1 min,静置分层后,弃去下层丙酮水溶液,留下石油醚提取液待净化。

2)净化

采用浓硫酸净化。操作流程:在分液漏斗中加入石油醚提取液体积十分之一的浓硫酸,振摇 1 min,静置分层后,弃去硫酸层(注意:用硫酸净化过程中,要防止发热爆炸,加硫酸后,开始要慢慢振摇,不断放气,然后再剧烈振摇),按上述步骤重复数次,直至加入的石油醚提取液两相界面清晰且均呈无色透明为止。然后向弃去硫酸层的石油醚提取液中加入其体积量一半左右的 20 g/L 硫酸钠溶液,振摇十余次,待其静置分层后弃去水层。如此重复至提取液呈中性为止(一般 2~4 次),石油醚提取液再经装有少量无水硫酸钠的筒型漏斗脱水,滤入 250 mL 平底烧瓶中。

3)浓缩

用旋转蒸发器将石油醚提取液浓缩至 5 mL,定容至 10 mL,供气相色谱测定。

5.六六六和滴滴涕的分析要点

1)气相色谱测定条件

(1)色谱柱。

①螺旋状硬质玻璃填充柱,2.0 m×2.0 mm,填装涂有 1.5% OV-17+1.95% QF-1/Chromosorb WAW-DMCS,80~100 目(0.18~0.15 mm)的担体;

②螺旋状硬质玻璃填充柱,2.0 m×2.0 mm,填装涂有 1.5% OV-17+1.95% OV-210/Chromosorb WAW-DMCS-HP,80~100 目(0.18~0.15 mm)的担体。

(2)温度:柱箱 195~200 ℃、汽化室 220 ℃、检测器 280~300 ℃。

(3)气体及流速:氮气,50~70 mL/min。

(4)检测器:电子捕获检测器(ECD)。

2)气相色谱中使用农药标准样品的条件

标准样品的进样体积与试样的进样体积相同,标准样品的响应值接近试样的响应值。当一个标样连续注射进样 2 次,其色谱峰的峰高(或峰面积)相对偏差不大于 7%,即认为仪器处于稳定状态。在实际测定时标准样品和试样应交叉进样分析。

3)进样

进样方式:注射器进样。进样量:1~4 μL。

4)色谱峰的测量

以峰的起点和终点的连线作为峰底,以峰高的极大值对时间轴作垂线,对应的时间即为保留时间,此垂线从峰顶至峰底间的线段即为峰高。

5)定性分析

(1)组分的色谱峰顺序:α-BHC、γ-BHC、β-BHC、δ-BHC、p,p′-DDE、o,p′-DDT、p,p′-DDD、p,p′-DDT。

(2)检验可能存在的干扰,采取双柱定性,如图 5-1-4 所示,先采用色谱柱①(2.0 m×2 mm,填装涂有 1.5% 0V-17+1.95% QF-1/Chromosorb WAW-DMCS,80~100 目(0.18~0.15 mm)的担体)进行分析,再用色谱柱②(填装涂有 1.5% OV-17、1.95% OV-210/Chromosorb WAW-DMCS-HP、80~100 目(0.18~0.15 mm)的担体)进行确证检验色谱分析,可确定六六六、滴滴涕的存在及杂质干扰状况。

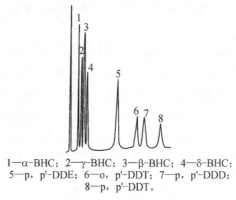

1—α-BHC；2—γ-BHC；3—β-BHC；4—δ-BHC；
5—p, p'-DDE；6—o, p'-DDT；7—p, p'-DDD；
8—p, p'-DDT。

图 5 - 1 - 4　8 种六六六和滴滴涕的气相色谱图

6)外标法定量

吸取 1 μL 混合标准溶液注入气相色谱仪,记录色谱峰的保留时间和峰高(或峰面积)。再吸取 1 μL 试样,注入气相色谱仪,记录色谱峰的保留时间和峰高(或峰面积),根据色谱峰的保留时间和峰高(或峰面积)采用外标法定性和定量。

6. 数据记录与处理

土壤中农药含量的计算公式如下:

$$\rho_i = \frac{h_i \times m'_{is} \times V}{h_{is} \times V_i \times m} \tag{5-1-23}$$

式中:ρ_i 为土壤样品中 i 组分农药的含量,mg/kg;h_i 为土壤样品中 i 组分农药的峰高(cm)或峰面积(cm^2);m'_{is} 为标样中 i 组分农药的绝对量,ng;V 为土壤样品(质量为 G)定容体积,mL;h_{is} 为标样中 i 组分农药的峰高(cm)或峰面积(cm^2);V_i 为土壤试液的进样量,μL;m 为土壤样品的质量,g。

7. 思考题

试分析实验过程中主要的误差来源有哪些?

实验 5　环境噪声监测

1. 实验目的

本实验通过对各类功能区声环境的监测,学习环境噪声监测方案的制定,掌握声级计的使用方法及环境噪声监测数据的处理与结果评价,了解各功能区监测点位的达标情况及声环境质量随时间的分布特征,熟悉环境噪声监测报告的编写等。

2. 环境噪声监测方案的确定

1) 校园环境噪声监测

(1)资料收集及现场调查。主要对校园内各类功能区类型、大小,周边噪声的来源和分布等相关信息进行收集。在收集基础资料的基础上,还需进行现场踏勘,充分了解监测区域内道路、交通、供电等实际情况。

大学校区内虽然分为教学区、生活区、行政办公区、运动休闲区等,但总体属于文教区,根据《声环境质量标准》(GB 3096—2008)规定,以居民住宅、医疗卫生、文化教育、科研设计、行政办公为主要功能,需要保持安静的区域,属于一类声环境功能区,校区内包括医院、教学楼、住宅等噪声敏感建筑物,主要噪声来源为交通噪声和运动娱乐噪声。

(2)监测点位。将整个监测区域划分成多个等大的正方形网格,对于未连成片的建成区,正方形网格可以不衔接。网格中水面面积或无法监测的区域(如禁区)面积为 100%及非建成区面积大于 50%的网格为无效网格。

在每一个网格的中心布设 1 个监测点位。若网格中心点不宜测量(如水面禁区、马路行车道等),应将监测点位移动到距离中心点最近的可测量位置进行测量。监测点位高度距地面为1.2~4.0 m。

监测点位基础信息见表 5-1-16 规定的内容,并根据实验数据作记录。

表 5-1-16　区域噪声环境监测点位信息表

网格代码	测定名称	测定参照物	覆盖人口/万人	功能区代码	备注

注:功能区代码——0.0 类区,1.1 类区,2.2 类区,3.3 类区,4.4 类区。

(3)监测时间和频率。昼间监测一般选在 8:00~12:00 或 14:00~18:00 内进行。夜间监测一般选在 22:00~次日 5:00 内进行。每个监测点位测量 10 min 的等效连续 A 声级 Leq(等效声级),在瞬时值记录表中每隔 5 s 记录一个数据,记录 100 个数据。将数据从小到大排列后记录累积百分声级 L10、L50、L90、Lmax、Lmin 和标准差(SD)。区域噪声环境监测记录表见表 5-1-17。

表 5-1-17　噪声瞬时值记录表

环境噪声测量记录			
	年　　月　　日	时　　分至　　时　　分	
星期:		测量人:	
天气:		仪器:	
地点:		计权网络:	
噪声源:		档位:	
取样间隔:		取样总次数:	
具体噪声记录数据:			

2)道路交通噪声环境监测

(1)监测目的。反映道路交通噪声源的噪声强度,分析道路交通噪声声级与车流量、路况等的关系及变化规律,分析城市道路交通噪声的变化规律和变化趋势。

(2)监测点位。根据以下原则进行监测点位(简称"测点")的选择:

①能反映建成区内各类道路(城市快速路、城市主干路、城市次干路、含轨道交通走廊的道路及穿过城市的高速公路等)交通噪声排放特征。

②能反映不同道路特点(考虑车辆类型、车流量、车辆速度、路面结构、道路宽度和敏感建筑物分布等)交通噪声排放特征。

③道路交通噪声监测点位数量：一个测点可代表一条或多条相近的道路；根据各类道路的路长比例分配点位数量。

④选在路段两路口之间时，距任一路口的距离均大于 50 m，路段不足 100 m 的选路段中点；位于人行道上时应距路面（含慢车道）20 cm 处，高度距地面为 1.2～6.0 m。测点应避开非道路交通源的干扰，传声器指向被测声源。

监测点位基础信息见表 5-1-18 规定的内容，并根据实验数据作记录。

表 5-1-18　道路交通噪声环境监测点位信息表

测定代码	测定名称	测定参照物	路段名称	路段起止点	路段长度	路幅宽度	道路级别	覆盖人口/万人	备注

注：①路段名称、路段起止点、路段长度：指测点代表的所有路段。②道路级别：a.城市快速路，b.城市主干路，c.城市次干路，d.城市含路面轨道交通的道路，e.穿过城市的高速公路，f.其他道路。③覆盖人口：指该代表路段两侧对应的 4 类噪声环境功能区覆盖的人口数量。

（3）监测时间和频率。昼间监测一般选在 8:00～12:00 或 14:00～18:00 内进行。夜间监测一般选在 22:00～次日 5:00 进行。每个测点测量 20 min 等效声级 Leq，在瞬时值记录表中每隔 5 s 记录一个数据，记录 200 个数据。将数据从小到大排列后记录累积百分声级 L10、L50、L90、Lmax、L min 和标准差（SD），分类（大型车、中小型车）记录车流量。

3. 现场监测

1）实验仪器的准备

本实验的监测仪器为声级计。声级计又叫作噪声计，是一种按照一定的频率计权和时间计权测量声音的声压级和声级的仪器，是声学测量中最常用的基本仪器。监测前应备好记录笔和监测点位基本信息表、瞬时值记录表与监测记录表。

2）现场监测和记录

按照要求开展监测，并将监测信息及数据记录于表 5-1-17 中。

4. 数据处理与评价分析

1）区域环境噪声监测的数据处理

监测瞬时值数据记录在表 5-1-17 内，处理后应按表 5-1-19 进行记录。

表 5-1-19　区域噪声环境监测记录表

网格代码	测定名称	时间	声源代码	Leq	L10	L50	L90	Lmax	Lmin	标准差（SD）	备注

注：声源代码——1.交通噪声；2.工业噪声；3.施工噪声；4.生活噪声。两种以上噪声填主噪声。除交通、工业、施工噪声外的噪声归入生活噪声。

计算整个监测区域噪声总体水平,可分析计算昼间或夜间等效连续声级,或将网格测点测得的等效声级分昼间和夜间,按式(5-1-24)进行算术平均运算,所得到的昼间平均等效声级和夜间平均等效声级可代表该城市昼间和夜间的环境噪声总体水平。

$$\overline{S} = \frac{1}{n}\sum_{i=1}^{n} L_i \qquad\qquad (5-1-24)$$

式中:$\overline{S}$ 为城市区域昼间平均等效声级(S_d)或夜间平均等效声级(S_n),dB(A);L 为第 i 个网格测得的等效声级,dB(A);N 为有效网格总数。

2)区域环境噪声监测结果评价

区域环境噪声总体水平按《声环境质量标准》(GB 3096—2008)中的表 5-1-20 进行评价。

表 5-1-20 城市区域环境噪声总体水平等级划分

等效声级	0 类	1 类	2 类	3 类	4a 类	4b 类
昼间平均等效声级($\overline{S}_d$)						
夜间平均等效声级($\overline{S}_n$)						

注:城市区域环境噪声总体水平等级"一级"至"五级"(0 类到 4 类)可分别对应为"好""较好""一般""较差"和"差"。

3)道路交通噪声监测的数据处理

监测瞬时值数据记录在表 5-1-17 内,经处理后应按表 5-1-21 规定的内容记录。

表 5-1-21 道路交通噪声环境监测记录表

网格代码	测定名称	时间	Leq	L10	L50	L90	Lmax	Lmin	标准差(SD)	车流量____辆/min 大型车	小型车	备注

将道路交通噪声监测的等效声级采用路段长度加权算术平均法,按式(5-1-25)计算道路交通噪声平均值:

$$\overline{L} = \frac{1}{l}\sum_{i=1}^{n}(l_i \times L_i) \qquad\qquad (5-1-25)$$

式中:$\overline{L}$ 为道路交通昼间平均等效声级(L_d)或夜间平均等效声级(L_n),dB(A);l 为监测的路段总长;l_i 为第 i 测点代表的路段长度,m;L_i 为第 i 测点测得的等效声级,dB(A)。

4)道路交通噪声监测结果评价

道路交通噪声的平均值按《声环境质量标准》(GB 3096—2008)进行评价,具体见表 5-1-20。

5. 噪声监测质量保证措施

噪声监测的测量仪器精度、气象条件和采样方式等应符合《声环境质量标准》(CB 3096—2008)的相应要求。噪声测量仪器在每次测量前后应在现场用声校准器进行声校准,其前后校准示值偏差不应大于 0.5 dB,否则测量无效。测量需使用延伸电缆时,应将测量仪器与延伸电缆一起进行校准。城市声环境常规监测应在规定时间内进行,不挑选监测时间或随意按暂停键。区域监测过程中,凡是自然社会可能出现的声音(如叫卖声、说话声、小孩哭声、鸣笛声等),均不予以排除。

6. 思考题

(1)在噪声监测取样时,过往车辆与行人是否会对瞬时的噪声测量产生影响,如何影响?当影响比较大时,可采取什么方法进行消除和避免?

(2)噪声监测数据为什么应该呈现正态分布,如果数据不呈现正态分布,其原因是什么?

5.2 "三废"污染控制综合实验

实验 1　好氧生物反应器的运行实验

1. 实验目的

(1)熟练掌握污水水质分析的方法,通过间歇式活性污泥处理系统的运行,加深对该系统的特点及运行规律的认识。

(2)通过对实验系统的调试和控制,初步培养进行独立小型实验的基本技能,进一步理解容积负荷、污泥负荷、溶解氧等控制参数在实际运行中的作用和意义。

(3)学会综合分析控制条件对各指标的影响及对污泥活性和形态变化的影响。

2. 实验原理

在活性污泥中,除了微生物外,还有一些无机物和分解的有机物,微生物和有机物构成活性污泥的挥发性部分(即挥发性活性污泥),它占全部活性污泥的 70%～80%。活性污泥的含水量一般在 98%～99%,它具有很强的吸附和氧化分解有机物的能力。

通过一定的方法培养活性污泥能使微生物增值,达到一定的污泥浓度,通过驯化活性污泥可对混合微生物群进行选择和诱导,使具有降解污水中污染活性的微生物占优势。

间歇式活性污泥法,又称序批式活性污泥法(sequencing batch reactor activated sludge process,SBR),是一种不同于传统连续流活性污泥法的活性污泥处理工艺。其去除有机物的机理与传统的活性污泥法相同,即都是通过活性污泥的絮凝、吸附、沉淀等过程来实现有机污染物的去除;所不同的只是其运行方式不同。SBR 具有工艺简单、运行方式灵活、脱氮除磷效果好、SVI 值较低污泥易于沉淀、可防止污泥膨胀、耐冲击负荷和所需费用低、不需要二沉池和污泥回流设备等优点。

SBR 系统包含预处理池、一个或几个反应池及污泥处理设施,反应池兼有调节池和沉淀池的功能。该工艺被称为序批间歇式工艺,它有两个含义:a. 其运行操作在空间上按序排列;b. 每个 SBR 的运行操作在时间上也是按序进行的。

SBR 工作过程通常包括 5 个阶段:进水阶段(加入基质)、反应阶段(基质降解)、沉淀阶段(泥水分离)、排放阶段(排上清液)、闲置阶段(恢复活性)。这 5 个阶段都是在曝气池内完成,从第一次进水开始到第二次进水开始称为一个工作周期。每一个工作周期中的各阶段的运行时间、运行状态可根据污水性质、排放规律和出水要求等进行调整。对各个阶段采用一些特殊的手段,又可以达到脱氮、除磷、抑制污泥膨胀等目的。SBR 典型的运行模式如图 5-2-1 所示。

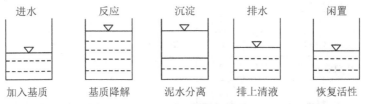

图 5-2-1　SBR 典型运行模式

3. 实验材料

SBR 反应器装置、溶解氧仪、pH 计、多功能水质分析仪、分光光度计、烘箱及多种玻璃器皿等。

4. 实验设计

1)模拟污水的配制

根据实验目的,确定污水性质,比如:

废水一:模拟的生活污水,COD 约 500 mg/L(葡萄糖或乙酸钠、氯化铵、磷酸二氢钾),COD∶N∶P=100∶5∶1。

废水二:模拟的含氮高的生活污水,COD 约 500 mg/L(葡萄糖或乙酸钠、氯化铵、磷酸二氢钾),COD∶N∶P=100∶20∶1。

2)反应器接种菌种

预估反应器内菌种接种量,确定驯化条件和培养方式。

3)反应器结构及运行

熟悉反应器结构及管路阀门的控制,初步确定反应器的运行周期。

4)监测方法

运行期间需确定各监测指标(如 pH 值、溶解氧(DO)、COD、氨氮、磷、混合液悬浮固体浓度(MLSS)、混合液挥发性悬浮固体浓度(MLVSS)、污泥沉降比(SV))及相关测定方法,配制相关试剂及绘制标准曲线。

5)反应器运行

反应器启动运行,进行各指标的取样分析及确定监测频率。

6)工艺评价

结合出水要求,分析出水指标,评价各运行周期水质是否达标,若不达标可进一步设计深度处理措施。出水水质要求见表 5-2-1。

表 5-2-1　出水水质要求

序号	基本控制项目	一级标准		二级标准	三级标准
		A 标准	B 标准		
1	化学需氧量(COD)	50	60	100	120
2	生化需氧量(BOD₅)	10	20	30	60

续表

序号	基本控制项目		一级标准		二级标准	三级标准
			A 标准	B 标准		
3	悬浮物(SS)		10	20	30	50
4	动植物油		1	3	5	20
5	石油类		1	3	5	15
6	阴离子表面活性剂		0.5	1	2	5
7	总氮(以 N 计)		15	20	—	—
8	氨氮(以 N 计)		5(8)	8(15)	25(30)	—
9	总磷(以 P 计)	2005.12.31 前建设的	1	1.5	3	5
		2006.1.1 起建设的	0.5	1	3	5
10	色度(稀释倍数)		30	30	40	50
11	pH 值		6~9			
12	粪大肠菌群数/(个/L)		10^3	10^4	10^4	—

5. 实验报告编写要求

实验报告中主要包含实验方案、监测指标的具体方法、反应器实际运行的操作条件及实验结果分析与讨论,重点分析如下:

(1)实验室分析模拟废水的水质分析。

(2)不同运行周期 COD 去除率、氨氮去除率或其他指标的去除率。

(3)运行期间污泥负荷、容积负荷的变化。

具体实验数据记录及分析如表 5-2-2 所示。

表 5-2-2　实验数据记录及分析表

指标		周期 1	周期 2	周期 3	周期 4	周期 5	周期……
温度							
出水前 DO							
pH 值							
进水	COD						
出水							
去除率							
进水	氨氮						
出水							
去除率							
进水	…						
出水							

续表

指标		周期 1	周期 2	周期 3	周期 4	周期 5	周期……
去除率							
活性污泥	SV						
	MLSS						
	SVI						
污泥负荷 F/M							

【注意事项】

(1)无人值守反应器装置自动运行时要检查主要自动控制原件是否能正常工作,如检查电磁阀是否能正常开关,检查滗水器升降是否灵活。

(2)根据实验数据灵活调整运行参数,及时分析实验结果。

6. 思考题

(1)简述 SBR 反应器与传统的活性污泥法的异同。

(2)如果要求脱氮除磷,应怎样调整 SBR 工作过程各阶段的控制时间?

实验 2　UASB 处理高浓度有机废水实验

厌氧生物处理过程又称厌氧消化,是在厌氧条件下由活性污泥中的多种微生物共同作用,使有机物分解并生成 CH_4 和 CO_2 的过程。厌氧生物处理技术不仅用于有机污泥、高浓度有机废水的处理,而且还能够处理低浓度污水。与好氧生物处理技术相比较,厌氧生物处理技术具有有机物负荷高、污泥产量低、能耗低等一系列明显的优点。

1979 年布利安特(Bryant)等人提出了厌氧消化的三阶段理论:①水解、发酵;②产氢、产乙酸(酸化);③产甲烷。

第一阶段,为水解、发酵阶段,即复杂有机物在微生物作用下进行水解和发酵。例如,多糖先水解为单糖,再通过醇解途径进一步发酵成乙醇和脂肪酸,如丙酸、丁酸、乳酸等;蛋白质则先水解为氨基酸,再通过脱氢基作用产生脂肪酸和氨。

第二阶段,为产氢、产乙酸阶段,是有一类专门的细菌,称为产氢产乙酸菌,可将丙酸、丁酸等脂肪酸和乙醇等转化为乙酸、H_2 和 CO_2。

第三阶段,为产甲烷阶段,是由产甲烷细菌利用乙酸和 H_2、CO_2,产生 CH_4。研究表明,厌氧生物处理过程中约有 70% 的 CH_4 产自于乙酸的分解,其余少量则产自 H_2 和 CO_2 的合成。

至今,三阶段理论已被公认为是对厌氧生物处理过程较全面和较准确的描述。升流式厌氧污泥床(UASB)是厌氧生物处理的一种主要构筑物,它集厌氧生物反应与沉淀分离于一体,有机负荷和去除效率高,不需要搅拌设备。

1. 实验目的

(1)熟悉 UASB 反应器的构造,特别是三相分离器的构造。

(2)巩固对厌氧生物处理原理及特点的理解。

(3)掌握利用 UASB 反应器处理高浓度有机污水的实验方案设计和实验方法。

(4)掌握 UASB 反应器处理废水的启动方法。

2. 实验原理

UASB 装置的构造如图 5-2-2 所示,废水自下而上通过污泥床,在底部有一个高浓度、高活性的污泥层,大部分的有机物在这里转化为 CH_4 和 CO_2。由于产生污泥消化气的原因,在污泥层的上部可形成一个污泥悬浮层。反应器的上部为澄清区,设有三相分离器,完成沼气、污水、污泥三相的分离。被分离的消化气从上部导出,被分离的污泥则自动落入下部反应区。

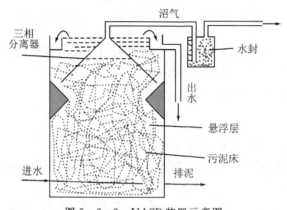

图 5-2-2　UASB 装置示意图

整个 UASB 反应器由污泥反应区、气-液-固三相分离器(包括沉淀区)和气室三部分组成。在其底部反应区内存留大量厌氧污泥,具有良好的沉淀性能和凝聚性能的污泥在下部形成污泥层。要处理的污水从厌氧污泥床底部流入,与污泥层中污泥进行混合接触,污泥中的微生物分解污水中的有机物,把它转化为沼气。沼气以微小气泡形式不断放出,微小气泡在上升过程中不断合并,逐渐形成较大的气泡,在污泥床上部由于沼气的搅动,使得浓度较稀薄的污泥和水一起上升进入三相分离器,沼气碰到分离器下部的反射板时,折向反射板的四周,然后穿过水层进入气室。集中在气室的沼气,用导管导出,固-液混合物经过反射进入三相分离器的沉淀区,污水中的污泥发生絮凝,颗粒逐渐增大,并在重力作用下沉降。沉淀至斜壁的污泥沿着斜壁滑回厌氧反应区内,使反应区内累积大量的污泥,与污泥分离后的处理出水从沉淀区溢流堰上部溢出,然后排出污泥床。

3. 实验材料

1)仪器

(1)UASB 反应装置 1 套。设备本体由水箱、UASB 反应器、水浴等组成。反应器主体为不锈钢反应器,下部为双层圆柱体,外层为保温柱,上部为三相分离器,柱体上有进水阀、排泥阀、出水阀和气阀等。

(2)COD 测定仪、烘箱、分析天平、马弗炉、台秤、坩埚、漏斗、漏斗架、100 mL 量筒、250 mL 烧杯等。

2)试剂

厌氧生物处理的模拟废水水质如表 5-2-3 所示(COD 约为 2000 mg/L)。

表 5－2－3　实验所需营养物一览表

序号	营养物	品级	加入量
1	葡萄糖	食用级	60 g
2	蛋白胨	CP	2 g
3	牛肉膏	CP	2.4 g
4	$(NH_4)_2CO_3$	CP	1.2 g
5	$NaHCO_3$	CP	20 g
6	KH_2PO_4	CP	1.2 g
7	尿素	CP	1.2 g
8	$MgSO_4$	CP	0.24 g
9	$CaCl_2$	CP	0.12 g
10	$FeSO_4 \cdot 6H_2O$	CP	0.1 g
11	水	—	25 L

4. 实验步骤

(1)设计 UASB 反应器处理高浓度有机废水的启动方案,包括提高有机负荷的方式、接种污泥的来源及浓度、污泥和水力停留时间、进水 pH 值等。一般取城市污水处理厂成熟的消化污泥,接种污泥浓度为 3～7 g/L,以 UASB 反应器体积确定投入污泥量。密闭消化反应系统,放置一天,以便兼性细菌消耗反应器内的氧气。

(2)实验方案。

①第一组任务。启动:初始进水 COD 控制在 2000～3000 mg/L,污水连续进水。每隔 12 h 测定进水和出水 COD、pH 值、产气量,每隔 1 d 测定进水和出水氨氮的量。当进水 COD 达到 2000 mg/L 左右,且去除率达到 90% 左右时,即完成启动。

运行:运行时,仍然控制进水浓度 COD 在 2000 mg/L 左右,污水连续进水。每隔 12 h 测定进水和出水 COD、pH 值、产气量,每隔 1 d 测定进水和出水氨氮的量和 pH 值,每隔 2 d 在反应器中部取样,测总可溶性固形物(TSS)。

②第二至四组任务。提高负荷:在第一组完成启动的基础上即进水 COD 达到 2000 mg/L 时,第二组到第四组分别以 3000 mg/L、4000 mg/L、5000 mg/L 的 COD 提高进水浓度。探求 COD 去除率达到 80%～90% 的时间。在整个过程中,每隔 12 h 测定进水和出水 COD、pH 值、产气量,每隔 1 d 测定进水和出水氨氮的量和 pH 值,并每天从反应器中部取样口取样,测 TSS。

5. 数据记录与处理

(1)实验操作参数。

①实验开始和结束日期:_____月_____日—_____月_____日;

②UASB 反应器容积:_____L;

③实验温度:平均_____℃;

④进水量:_____L/h;

⑤进水容积负荷：_____m³/d。

(2)氨氮标准曲线数据记录,填写表 5-2-4,并绘制标准曲线。

表 5-2-4 氨氮标准曲线数据记录

标准试剂取样体积 V/mL					
浓度 c/(μg·mL^{-1})					
吸光度 A					

(3)启动期和运行期水质参数记录,填写表 5-2-5 中。

表 5-2-5 启动期及运行期水质参数记录表

序号	初始 COD	时段	产气量	pH 值	氨氮量	TSS
1						
2						
3						
4						
⋮	⋮	⋮	⋮	⋮	⋮	⋮

(4)绘制启动期及高负荷运行期水质指标 COD、氨氮量、pH 值、产气量、TSS 随时间的变化曲线并进行数据分析,找出 COD 去除率达到 80%～90% 的时间。

【注意事项】

(1)对启动初期的目标应明确。初期的目标是使反应器进入"工作"状态,即菌种的活化过程,因而不能有较大的负荷,启动开始时污泥负荷应低于 0.1 kgCOD/(kg(TSS)·d)。对于本实验,控制进水 COD 不超过 3000 mg/L。

(2)采用负荷逐步增加的操作方法,可通过增大或降低进液稀释比的方法进行。启动时乙酸浓度应控制在 1000 mg/L 以下,若废水中原有的或发酵过程中产生的各种挥发性有机酸浓度较高时,不应提高有机物容积负荷率。只有当可降解的 COD 去除率达到 80% 左右时,才能逐渐增加有机物容积负荷率。

(3)二次启动的初始反应器负荷可以较高,进液浓度在开始时一般可与初次启动相当,但可以迅速地增大进液浓度,负荷与浓度增加的模式与初次启动类似,但相对容易。

6. 思考题

(1)试说明三相分离器的作用。

(2)试说明好氧处理法与厌氧处理法各有什么特点。

实验 3 废水处理单元组合设计实验

1. 实验目的

(1)中和-混凝沉淀与活性污泥法是目前废水处理应用较多的工艺,它们的创新和发展,随应用的日趋广泛而日新月异,因此对其基本原理的掌握和新技术发展的了解是十分必要的。开设本实验的目的就是加强对其基本原理的掌握与主要工艺过程的了解。

（2）通过本实验，掌握中和-混凝沉淀过程废水中溶解性金属离子中和、水解、沉淀的基本规律，了解该工艺流程、主要设备结构、过程控制参数与技术经济指标；掌握活性污泥法中污染物的降解和微生物的增长递变规律、氧的供给与消耗之间的关系，了解该工艺流程、主要设备结构、过程控制参数与技术经济指标。

（3）通过本实验，使理论与实践相结合，在提高实际动手能力的同时，进一步巩固所学基础理论知识；掌握中和-混凝沉淀与活性污泥法运行操作中主要参数的控制与有关指标的测定。

（4）通过制订实验计划和实验操作程序，加强实验研究能力、理论知识的应用能力、团结协作能力，最终达到专业素质的综合提高。

2. 实验设计内容

1）**实验设计课题**

（1）中和-混凝沉淀工艺条件实验。

实验采用装置：磁力搅拌器、250～300 mL 烧杯与监测分析设备等。

实验以铜冶炼厂酸性废水为处理对象，探讨中和-混凝沉淀净化该废水的工艺条件与效果。

（2）多功能实验生化污水处理系统连续闭路运行及有关参数测定实验。

实验可选用装置：①多功能多阶完全混合式实验污水生化处理系统；②多功能氧化沟式实验污水生化处理系统。

实验选取学校生活废水为处理对象，探讨生化处理的工艺条件与效果。

2）**实验设计基本内容**

（1）中和-混凝沉淀工艺条件实验。其基本流程如图 5-2-3 所示。

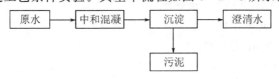

图 5-2-3　中和-混凝沉淀实验基本流程图

实验程序与工艺条件的选择：

①原废水水质测定：测定水质指标有 pH 值，Cu、Pb、Zn、As、SO_4^{2-} 含量，浊度等，每个小组测定指标除 pH 值与浊度外，另选一至二项，最后由指导教师认定。

②选定中和剂和混凝剂，决定投加方式与投加量，并配制试剂，配制数量和浓度由各组计算选定后经指导教师认定。

③选择实验程序，并决定搅拌方式、搅拌时间、搅拌强度等控制参数，写成实验方案计划书，经指导教师认定后，按其进行实验。

（2）多功能实验生化污水处理系统连续闭路运行及有关参数测定实验。其基本流程 A 如图 5-2-4 所示。

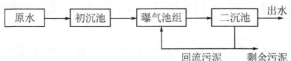

图 5-2-4　实验基本流程 A 示意图

本流程采用多功能多阶完全混合式实验水处理系统。具体实验流程的确定由各组自己设计运行流程,可在1阶到4阶之间选择。运行过程控制值主要是系统的DO值和污泥浓度(以沉降比表示)。对传统好氧活性污泥法,所有曝气池的DO值都控制在2~4 mg/L;对厌氧-好氧工艺(A-O法),厌氧池的DO值控制在小于0.5 mg/L,好氧池的DO值控制在大于2 mg/L。具体控制指标由各组选定后,经指导教师确定后再进行实验。

基本流程B如图5-2-5所示。

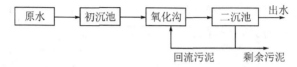

图5-2-5　实验基本流程B示意图

本流程采用KL-1型氧化沟式实验污水处理系统。主要运行指标是控制系统的DO值和污泥浓度(以沉降比表示)。

①传统好氧工艺,三台曝气机的DO值控制在4~6 mg/L。

②厌氧-好氧工艺(A-O法)。第一台曝气机的DO值为0.5~2 mg/L,后两台曝气机的DO值为4~6 mg/L。具体流程工艺条件由各组讨论决定。

过程控制参数与测定:

①溶解氧(DO值)是过程的主要控制参数之一,其测定方法有两种:DO测定仪法、叠氮化钠修正法。

②COD的测定采用快速测定法测定。

③TN采用过硫酸钾紫外分光光度法测定。

④TP采用钼锑抗分光光度法测定。

⑤污泥沉降比以100 mL量筒测定。

⑥浊度采用浊度计测定。

3. 实验安排

由于实验需要较长连续运行时间,拟将全班分为四个大组,连续进行,实验采取分组平行交换进行,具体安排如下。

1)**实验准备**

准备时间安排在实验前1周,主要完成以下几项工作:

(1)每班分为四个大组,每个大组又分为四个小组,大、小组各定一负责人,要求切实认真负责。

(2)准备工作中要求认真查阅有关分析测试方法,通过讨论制订各组的实验方案及计划,并报指导教师审核。具体安排由指导教师协调。

(3)熟悉实验装置,按实验计划组装实验设备,并通过指导教师检查合格后才能运行。

(4)做好分析、测试准备工作,包括根据分析方法的要求,领取试剂和设备,并配制所需试剂,熟悉分析操作。

(5)分别准备两个实验所需的试剂和药品,如中和-混凝沉淀工艺条件实验的中和剂、混凝剂,其中中和剂可选用 $NaOH$、$Ca(OH)_2$,混凝剂可选用 $Fe_2(SO_4)_3$、$Al_2(SO_4)_3$、$Al_n(OH)_m$ Cl_{3n-m};多功能实验生化污水处理系统连续闭路运行及有关参数测定实验所需的活性污泥培养与驯化,曝气池中的污泥浓度为 3000～4000 mg/L,活性污泥浓度决定了所需的活性污泥量,为做好实验应尽可能提高污泥浓度。

2)实验步骤

(1)中和-混凝沉淀工艺条件实验。在完成配制废水水质测定的基础上,按所制订的混凝工艺实验计划,各组开始实验。各组所制订的混凝工艺实验计划原则上不相重复,但最终结果和有关参数要互相交流,并反映到实验报告中。

(2)多功能实验生化污水处理系统连续闭路运行及有关参数测定实验。

①在准备过程中,经培养驯化,使污泥浓度达到 3000～4000 mg/L,并测定废水的 COD、TN 和 TP 等值,作为实验的基础。

②当处理系统配制合理,所有准备工作就绪,原水的 COD、TP、TN、DO 等值已测定时,即可开始系统连续运行实验,并按计划通过测定 DO,调整曝气强度,使之达到要求。

③连续运行实验时间尽可能不少于 48 h,并要求记录全部运行过程及定时监测数据,具体实验方案与计划安排由各组讨论提出,经指导教师审核后执行。

4. 实验总结

(1)实验完成后由各组组织总结、分析监测的有关数据,进行数据处理与运算,讨论过程中的影响因素。

(2)由个人撰写包括实验目的意义、实验原理方法、装置与运行、分析监测数据及处理结果分析与讨论等的实验报告。

实验 4　水处理剂的制备与应用实验

水处理剂是工业用水、生活用水、废水处理过程中所必需使用的化学药剂,其主要作用是控制水垢、污泥的形成,减少泡沫,降低与水接触的材料的腐蚀,除去水中的悬浮固体和有毒有害物质,除臭脱色,软化和稳定水质等。针对不同对象(不同用户)、不同要求,选择适宜的药剂或复配药剂组成最佳水处理配方的水处理剂,并利用其相应的配套处理技术对水质进行处理,使水质达到符合要求的标准的过程称为水处理技术。

本实验要求学生围绕环境污染治理、水质软化和污泥处理等主要目标设计开发一种环境友好的水处理剂,并进行实际应用评价。

绿色水处理剂的开发已经成为国内外水处理行业研究的热点,是今后水处理行业研究的主要方向,目前最常用的一些水处理剂包括如下几种。

高分子絮凝剂:絮凝剂沉淀法是目前国内外普遍采用的既经济又简便的水处理方法之一,与无机絮凝剂相比,有机高分子絮凝剂的净化效果更好,并具有用量少,成本低,絮凝速度快,毒性小,受盐类、体系 pH 值及温度影响小,产生污泥量少且容易处理等优点,是絮凝剂研究和开发的重点。目前应用于水处理中的高分子絮凝剂,大多数是高聚合度的水溶性有机高分子聚合物或共聚物,其分子中含有许多能与胶粒和细微悬浮物表面上某些点位发生作用的活性基团,相对分子质量在数十万至数百万之间。为充分发挥絮凝剂的吸附连接作用,应使它的长链伸展到最大限度,同时让可离解的基团达到最大的离解度且充分暴露,以便产生更多的带电部位,并与微粒有更多的碰撞机会。

天然改性有机高分子化合物:由于天然高分子物质具有相对分子质量范围大、活性基团多、结构多样化等优点,易制成性能优良的絮凝剂。同时,还由于其原料来源广、价格低廉,可以再生且无毒,所以这类絮凝剂的开发前景广阔,国外已有不少商品化产品。

生物絮凝剂:生物絮凝剂是一类具有絮凝活性的微生物代谢产物,它作为高效、安全、无污染的新型水处理剂越来越引起国内外研究工作者的重视。它所表现出的广谱絮凝活性、安全性、絮凝剂产生菌的不致病性及制备条件简单等特点,显示了它在水处理、食品加工和发酵工业等方面的广阔应用前景。

绿色环保阻垢分散剂:对于生产过程用水,控制管道系统的腐蚀、沉积物和微生物是冷却水面临的主要问题。一些无机物或有机物(如铬酸盐、锌盐、聚磷酸盐、有机磷酸盐等)已被成功用作冷却水中的缓蚀阻垢剂,但这些药剂会对环境造成污染,其使用受到限制。近年来,国内外水处理剂领域的两个研究热点是有机磷酸缓蚀阻垢剂和高聚物阻垢分散剂。有机磷酸及其盐具有化学性能稳定、耐高温和腐蚀、有明显的溶限效应和协同效应等特点,因此它的出现使水处理技术得到了很大的提高,是目前广泛使用的一类水处理剂。同时,开发低磷或无磷的新型绿色阻垢剂已成为国内外水处理剂方面研究的重要课题。

根据实验室条件,学生可以选择以下实验项目。

(1)高分子絮凝剂的合成技术研究。

(2)天然改性有机高分子化合物的制备技术研究。

1. 实验目的

(1)学习和掌握文献资料的检索和应用,培养收集和整理资料的能力。

(2)巩固实验操作技能,能够熟练进行相关水质指标的测定。

(3)学习、熟悉和运用高分子特性黏数、动力黏度等的测定方法和合成技术,对水处理方法和药剂有更深入的感性和理性认识。

(4)通过整个实验过程,锻炼学生发现问题、分析问题和解决问题的综合能力,使其创新思维能力得到提高。

2. 实验原理

根据实验研究目标结合文献自行编写。

3. 实验步骤

1)方案的初步确定

学生通过检索和查阅有关文献资料,设计出实验方案,包括实验目的、原理、装置,所需设备仪器和试剂,操作步骤等。

2)实验方案的修正

指导教师审查学生设计的实验方案后,与学生讨论并修正设计方案,确定实验计划后方可开展实验。

3)实验操作

学生按设计的方案进行全过程操作(包括溶液配制、安装实验装置、药剂制备、效果研究、药剂的微观表征等),实验完成后整理实验数据,对实验结果进行分析评价,提交正式实验报告。

4)实验评价

教师对实验报告进行评价,并将评价意见反馈给学生。

4. 数据处理

由学生根据实验目的、实验过程和实验效果自行设计整理。数据处理主要包含以下内容。

(1)研究题目的确定。

(2)实验方案。

(3)实验研究效果。

(4)结论和建议。

5. 思考题

(1)通过检索的资料,试总结各种水处理剂的适用范围。

(2)通过实验,分析影响水处理剂处理效果的因素有哪些。

实验 5　农林废物制备生物炭

1. 实验目的

(1)掌握利用农林废物制备生物炭的方法。

(2)验证制备得到的生物炭的吸附性能。

2. 实验原理

随着我国城镇化的迅速发展,城市绿化率不断提高,园林景观植物修剪过程中产生的生物质也越来越多,这些生物质的综合利用问题亟待解决,利用农林废物制备生物炭是一种对其资源化利用的方法。生物炭是生物质在控制氧气氛条件下热解后形成的具有多孔性的木炭。生物炭由于表面含有羧基、酚羟基、羰基、醌基等官能团,具有很大的比表面、孔隙率和离子交换能力,具有良好的吸附脱色能力,可以作为吸附有机物和重金属的良好介质。

3. 实验材料

1)仪器

粉碎机、烘箱、振动筛(20 目(0.85 mm)、60 目(0.25 mm)、100 目(0.15 mm)等筛网)、管式马弗炉、高倍显微镜、恒温振荡器、玻璃器皿等。

2)试剂及材料

(1)甲基橙。

(2)农林废物:校园绿化植物修剪下来的枝条生物质、秸秆等。

4. 实验步骤

1)生物炭的制备

(1)将农林废物用自来水清洗,再用去离子水洗净,用不锈钢刀将这些生物质切成长度小于 1 cm 的小块,于 60 ℃ 干燥箱中烘干。用不锈钢粉碎机将干燥后的生物质破碎并过 20 目(0.85 mm)筛,备用。

(2)将破碎后的生物质放入管式马弗炉后控制氧气氛进行煅烧,管式马弗炉升温速率保持在 20 ℃/min,当温度升至 300 ℃ 后分别煅烧 2 h、2.5 h 和 3 h,自然冷却后取出炭化产物,即为生物炭,并将其研磨过 60 目(0.25 mm)筛后装入密闭塑料袋中,备用。

(3)不同煅烧时间的产物通过高倍显微镜观察、拍照。

2)甲基橙吸附

(1)配制一定浓度(6.0 mol/L)甲基橙溶液:取 50 mL 甲基橙溶液置于锥形瓶中,依次加入 0.00 g、0.20 g、0.50 g、0.80 g、1.00 g 和 1.50 g 生物炭,控制恒温振动器振荡速度 150 r/mim、水温 30 ℃条件下吸附 1 h。

(2)在相同吸附条件下,在 50 mL 浓度为 6.0 mol/L 的甲基橙溶液中投加 0.50 g 生物炭,振荡吸附 10 min、30 min、60 min、90 min、120 min、150 min 和 180 min。

(3)在波长 509 nm 下测定标准系列和样品的吸光度值,利用标准曲线计算水溶液中剩余甲基橙浓度,并计算生物炭对废水中甲基橙的吸附量及吸附速率。

5.数据记录与处理

1)生物炭制备

按照不同煅烧时间,观察生物炭的微观形态。

2)甲基橙吸附实验

参照 3.3 节中实验 8 相关内容,自行设计记录表格并记录数据。

6.思考与讨论

(1)不同煅烧温度下制备的生物炭形貌有什么区别?

(2)生物炭吸附甲基橙的吸附等温线属于哪种类型?

实验 6　城市生活垃圾的处理工艺实验

1.实验目的

(1)掌握城市生活垃圾的采样、组合与特性分析。

(2)通过破碎和筛分实验,掌握破碎、筛分技术及实验数据的分析整理。

(3)掌握热值测定方法和氧弹热量仪的基本操作方法。

2.实验原理

目前生活垃圾的处理方式主要有卫生填埋、焚烧、生物堆肥、厌氧消化等。城市生活垃圾来自城市生活的各个方面,其来源及性质复杂,影响其处理方式。城市生活垃圾的处理实验包括样品的采集与制备、物化特性分析等。

1)实验生活垃圾的破碎和筛分

破碎是利用外力克服固体废物质点间的内聚力而使大块固体废物分裂成小块的过程。磨碎是使小块固体废物颗粒分裂成粉末的过程。固体废物经破碎和磨碎后,粒度变得小而均匀。其主要目的如下。

(1)原来不均匀的固体废物经破碎和磨碎之后变得均匀一致,可提高焚烧、热解、熔烧、压缩等作业的稳定性和处理效率。

(2)固体废物粉碎后堆积密度减小,体积减小,便于压缩、运输、储存和高密度填埋及加速复土还原。

(3)固体废物粉碎后,原来连生在一起的矿物或联结在一起的异种材料等单体分离,便于从中分选、拣选回收有价物质和材料。

(4)防止粗大、锋利废物损坏分选、焚烧、热解等设备或炉腔。

(5)为固体废物的下一步加工和资源化做准备。

筛分是利用一个或一个以上的筛面,将不同粒径颗粒的混合物分成两组或两组以上颗粒组的过程。该过程可看作是由物料分层和细粒透筛两个阶段组成的。物料分层是完成筛选的条件,细粒透筛是筛选的目的。

2)热值分析

垃圾焚烧是一种传统的处理垃圾的方法,焚烧的主要目的是尽可能焚毁废物,使被焚烧的物质变为无害和最大限度地减容,并尽量减少新的污染物质产生,避免造成二次污染。固体废弃物需要一定热量才能正常燃烧,要使物质维持燃烧就要求其燃烧释放出来的热量足以提供加热废物到达燃烧温度所需要的热量和发生燃烧所必需的活化能,否则就要消耗辅助燃料才能维持燃烧。固体废物热值是指单位质量固体废物在完全燃烧时释放出来的热量。有害废物焚烧一般需要的热值为 18600 kJ/kg。采用氧弹热量仪可测定固体废物的发热量或固体废物的热值。

物质的燃烧热或热值,是指单位质量的物质完全燃烧并冷却到原来温度时所放出的热量。任何一种物质,在一定的温度下,物料所获得的热量为

$$Q = C \times \Delta t = mq \qquad (5-2-1)$$

式中:C 为物质的热容,J/K;m 为物质的质量,g;Δt 为初始温度与燃烧温度之差,K;q 为物料热值。所以

$$C = mq/\Delta t \qquad (5-2-2)$$

在操作温度为 20 ℃、热量仪中水体积一定、水纯度稳定的条件下,C 为常数,氧弹热量仪系统的热容量是固定的,当可燃垃圾燃烧发热时,会引起热量仪中水温的变化(Δt),通过探头即可得到垃圾的发热量。

3. 实验材料

1)仪器

(1)高速万能粉碎机、标准筛、台秤、搪瓷盘、烘箱、全自动电脑热量仪、马弗炉、压片机。

(2)垃圾采样工具:垃圾桶、垃圾袋、橡皮手套、口罩、磅秤、剪刀等。

2)材料

集中收集的某生活区的生活垃圾。

4. 实验步骤

1)生活垃圾的采集与组成分析

(1)生活垃圾的采集:人工选取典型城市生活垃圾,最大尺寸小于 100 mm,用四分法取样得到粗样约 100 kg。

(2)按照我国生活垃圾"大三类九小类"进行分类、称重,分析城市生活垃圾的组成,均以湿重百分数计,结果见表 5-2-6。

2)生活垃圾的破碎和筛分

(1)取样:从生活垃圾中选取代表性的可燃样品,如纸张、塑料、木材树叶、布料织物等,用

四分法得到需要的样品。

(2)烘干:将准备好的实验物料放入电热鼓风干燥机中,于100 ℃下烘干。

(3)破碎:选取适量烘干好的物料放入高速万能机中进行粉碎。观察破碎前后物料的物理尺寸和表面化学变化,并对实验材料破碎前后的体积和质量进行详细的记录。

(4)将破碎样品收集,进行筛分。

(5)检查所用的标准筛,按照规定的次序叠好。套筛的次序是从上到下孔径依次减小。

(6)把每个筛子上的物质用托盘天平称重,并且记录在表5-2-7中。各级别的重量相加所得的总和,与试样重量相比较,误差不应超过1%。如果没有其他原因造成显著的损失,可以认为损失是由操作时微粒飞扬引起的。允许把损失加到最细级别中,以便和试样原重量相平衡。

3)可燃垃圾热值的测定

(1)按照2)中处理得到的垃圾样品,称取1.0 g试样,压片。

(2)启动电脑及氧弹热量仪。

(3)按屏幕提示,从内桶中慢慢加注蒸馏水或去离子水,让内桶水位保持在2/3水位左右,直至屏幕提示"将溢水口打开",放置24 h,使水温与室温平衡(其差值应小于1.5 ℃)。

(4)仪器预热30 min。

(5)仪器热容量的测定:称取一定量的标准物质,将其放入燃烧锅内,装好点火丝。

(6)在氧弹头底部加入10 mL蒸馏水并装好氧弹头,放入自动桶内待测。

(7)在电脑软件中设置测定热容量,同时输入试样参数,开始测定。

(8)测试完毕后,读取的热值即为仪器的热容量。

(9)样品热值的测定:将上述经过破碎后的固体废物压片,准确称取1.0 g试样,重复上述操作(4)~(6),测试完毕后读取的热值即为固体废弃物的热值。

5. 数据记录与分析

1)生活垃圾的组成分析

按照表5-2-6测定生活垃圾各组成的重量并分析其质量百分数。

表5-2-6　城市生活垃圾组成重量分析

项目	易腐物			渣土			废品					
	动物性	植物性	小计	渣砾 ≥15	灰土 ≤15	小计	纸类	纺织品	塑料橡胶类	金属	玻璃	小计
重量/ kg												
湿重百分数/%												

2)筛分实验数据记录

将生活垃圾筛分的结果进行统计,结果填入表5-2-7中。

表 5-2-7　筛分实验数据

初始质量：_____　　筛后质量：_____　　实验日期：_____

实验次序	分级序号	1	2	3	4	5	6	7	8
	分级粒径 $d/\mu m$								
	平均粒径 $d/\mu m$								
第一次实验	质量 D_i/g								
	质量百分数 $\Delta D_i/\sum \Delta D_i$								
	筛上累计 $jR/\%$								
	筛下累计 $jD/\%$								
第二次实验	质量 D_i/g								
	质量百分数 $\Delta D_i/\sum \Delta D_i$								
	筛上累计 $jR/\%$								
	筛下累计 $jD/\%$								
第三次实验	质量 D_i/g								
	质量百分数 $\Delta D_i/\sum \Delta D_i$								
	筛上累计 $jR/\%$								
	筛下累计 $jD/\%$								
平均	质量 D_i/g								
	质量百分数 $\Delta D_i/\sum \Delta D_i$								
	筛上累计 $jR/\%$								
	筛下累计 $jD/\%$								

3)**热值测定实验记录**

记录生活垃圾热值测定的结果,填入表 5-2-8 中。

表 5-2-8　热值实验数据

废弃物名称：_____　　实验日期：_____

实验次数/次		
标准物质质量/g		
仪器热容量/$(kJ \cdot kg^{-1})$		
试样质量/g		
试样热值/$(kJ \cdot kg^{-1})$		

【注意事项】

(1)点火丝不能碰到坩埚。

(2)氧弹每次工作前要加入 10 mL 水,充氧需稳定 30 s。

(3)工作时,关好实验室门窗。

(4)将氧弹放入量热仪前,一定要先检查点火控制键是否位于"关"的位置,点火结束后,应立即将其关闭。

(5)氧弹充氧的操作过程中,人应站在侧面,以免意外情况下弹盖或阀门向上冲出,发生危险。

6. 思考题

在热值测定过程中,有哪些因素影响测量的精度?

实验 7　固体废弃物的淋滤实验

固体废弃物未经无害化处理随意堆放,会因为自然降水的淋滤作用产生携带有毒物质的渗滤液,从而对土壤层和地下水造成严重污染。本节的固体废弃物淋滤实验研究废弃物与水接触时各种元素的浸出特性,为固定废弃物的管理和污染放置提供依据。

1. 实验目的

(1)了解不同条件下粉煤灰中重金属镉(Cd)的滤出情况。

(2)分析粉煤灰淋滤液的环境危害性。

2. 实验原理

大气降水渗入地下的过程中渗流水不仅能把地表附近细小的破碎物质带走,还能把周围岩石中易溶成分溶解带走,经过渗流水的物理和化学作用后,地表附近岩石逐渐失去其完整性、致密性,残留在原地的则是未被冲走、又不易溶解的松散物质,这个过程称淋滤作用,残留在原地的松散物质称残积层。

粉煤灰是由煤粉中的矿物质在燃烧过程中形成的一种固体废弃物,通常将飞灰、底灰和底渣统称为粉煤灰。煤炭成分非常复杂,几乎所有痕量元素都存在其中,随着燃烧过程也会富集于粉煤灰中。Cd 是粉煤灰中含有的一种重金属元素,经过淋滤后,粉煤灰中的 Cd 会随雨水进入土壤和地下水中,造成严重污染。

本实验以粉煤灰作为固体废弃物,探究淋滤液初始 pH 值、淋滤时间和液固比等因素对粉煤灰中 Cd 的淋滤特性的影响。

3. 实验材料

1)仪器

原子吸收分光光度计、pH 计、天平、秒表、电热板、水平振荡仪。

2)材料

量筒、50 mL 聚乙烯瓶。

3)试剂

优级纯的 HCl、NaOH、H_2SO_4、HNO_3 和 $HClO_4$,光谱纯的金属 Cd。

4. 实验步骤

1)淋滤液初始 pH 值的影响

(1)分别配制 1×10^{-4} mol/L 的 HCl 和 1×10^{-4} mol/L 的 NaOH 溶液,用这两种溶液加上去离子水分别配制 pH 值为 4、7 和 10 的三种淋滤液(需实测 pH 值)。

(2)用天平称量 1.0 g 粉煤灰装入 50 mL 聚乙烯瓶中,按照液固比 30∶1 装入 30 mL 淋滤液,密封好后轻摇使淋滤液与粉煤灰混合充分。装好平行测试的若干聚乙烯瓶分别放入水平振荡仪,振荡频率设置为(150±10)次/min,振幅为 40 mm,振荡时间为 8 h。

(3)振荡结束后静置 16 h。静置完成后立即用 0.45 μm 的合成纤维树脂微孔滤膜过滤,滤出液加入 1 mL HNO₃ 以防止其他化学反应的发生,置于 4 ℃冷藏待测。

(4)用火焰原子吸收法测定 Cd。

2)液固比的影响

(1)将 H₂SO₄ 和 HNO₃ 按照体积比 3∶2 混合后用去离子水稀释至 pH=4 得到模拟酸雨。

(2)分别在 50 mL 的聚乙烯瓶中加入 1.0 g 粉煤灰,然后在各个聚乙烯瓶中分别加入 5 mL、10 mL、20 mL、30 mL 模拟酸雨,密封好后轻摇使淋滤液与模拟酸雨混合充分。装好平行测试的若干聚乙烯瓶分别放入水平振荡仪,振荡频率设置为(150±10)次/min,振幅为 40 mm,振荡时间为 8 h。

(3)振荡结束后静置 16 h。静置完成后立即用 0.45 μm 的合成纤维树脂微孔滤膜过滤,滤出液加入 1 mL HNO₃ 以防止其他化学反应的发生,置于 4 ℃冷藏待测。

(4)用火焰原子吸收法测定 Cd。

3)淋滤时间的影响

(1)称取 30.0 g 粉煤灰装入 1000 mL 聚乙烯瓶中,按照液固比 30∶1 装入 900 mL 模拟酸雨,密封好后轻摇使之与粉煤灰混合充分。装好平行测试的若干聚乙烯瓶分别放入水平振荡仪,振荡频率设置为(150±10)次/min,振幅为 40 mm。

(2)分别在实验开始后的 0.25 h、0.5 h、1 h、2 h、4 h、6 h、8 h 各取样 20 mL,取样后立即用 0.45 μm 的合成纤维树脂微孔滤膜过滤,滤出液加入 1 mL HNO₃ 以防止其他化学反应的发生,置于 4 ℃冷藏待测。

(3)用火焰原子吸收法测定 Cd。

5. 数据记录与分析

(1)绘制标准曲线,具体可参考 5.1 节实验 4 土壤环境质量监测相关内容。

(2)按照表 5-2-9、表 5-2-10、表 5-2-11 记录实验数据。

表 5-2-9　淋滤液初始 pH 值对粉煤灰淋滤特性的影响

淋滤液初始 pH 值	液固比/(mL·g⁻¹)	淋滤时间/h	序号	滤出液 Cd 浓度/(mg·L⁻¹)	滤出液 Cd 浓度平均值/(mg·L⁻¹)
4			1		
			2		
			3		
7	30∶1	8	1		
			2		
			3		
10			1		
			2		
			3		

表 5 - 2 - 10　　液固比对粉煤灰淋滤特性的影响

淋滤液初始 pH 值	液固比/(mL·g⁻¹)	淋滤时间/h	序号	滤出液 Cd 浓度/(mg·L⁻¹)	滤出液 Cd 浓度平均值/(mg·L⁻¹)
4	5∶1	8	1		
			2		
			3		
	10∶1		1		
			2		
			3		
	20∶1		1		
			2		
			3		
	30∶1		1		
			2		
			3		

表 5 - 2 - 11　　淋滤时间对粉煤灰淋滤特性的影响

淋滤液初始 pH 值	液固比/(mL·g⁻¹)	淋滤时间/h	序号	滤出液 Cd 浓度/(mg·L⁻¹)
4	30∶1	0.25	1	
		0.5	2	
		1	3	
		2	4	
		4	5	
		6	6	
		8	7	

(3)分别绘制滤出液 Cd 浓度随淋滤液初始 pH 值、液固比和淋滤时间变化关系图,分析这三个因素对粉煤灰中 Cd 滤出特性的影响。

【注意事项】

(1)实验用玻璃器皿和容器均用 5% HNO_3 溶液浸泡至少 24 h,待使用之前用超纯水冲洗干净,以避免容器污染造成的测试偏差。

(2)每次取样前要将粉煤灰和淋滤液充分混匀。

6. 思考题

固体废弃物的淋滤现象可能会受哪些因素影响?

实验 8　剩余污泥中磷的不同形态测定

剩余污泥中含有大量的有机物质,可以脱水后掺入煤中提高煤的燃烧特性,也可以稳定化后作为优质的土壤改良剂和农肥使用。当污泥的最终处置途径为土地利用时,确定其中营养成分及含量尤为重要。磷是植物必需营养元素,是衡量水体富营养化的重要指标之一,其含量也是污水处理厂污泥农林业资源化利用技术的一项重要参数,因此,测定污水处理厂的污泥中的磷含量非常有必要。

剩余污泥里的磷的形态不尽相同,根据 SMT(Standards,Measurements and Testing)分级法将所提取的磷分为 5 种:非磷灰石无机磷(NAIP,与 Al、Fe 和 Mn 的氧化物和氢氧化物有关的形态)、磷灰石磷(AP,与 Ca 相关的形式)、无机磷(IP)、有机磷(OP)和总磷(TP)。进行不同的预处理之后上清液中的磷含量均以活性磷酸盐(SRP)形态存在,并用钼锑抗分光光度计法测定。该方法虽是针对测定沉积物中磷含量提取而来的,但对污泥样品中磷含量的测定同样有很好的实用性。

1. 实验目的

(1)了解剩余污泥中的磷的形态。

(2)了解剩余污泥中不同形态的磷的含量。

(3)掌握磷的基本检测方法。

2. 实验原理

污泥含磷量的准确测定是污水处理系统磷平衡分析的重要前提,而磷在污泥中赋存形态分布的研究则有助于摸清污泥中可利用磷的含量及确定其提取方法。磷主要分为无机磷和有机磷。磷的分级提取方法起源于土壤分析领域,后扩展至沉积物分析领域。1996 年欧盟委员会基于 SMT 流程启动了地表水沉积物磷分级提取的合作项目,随后确定了磷分级提取的方法。

磷的主要无机形式为:①被交换位点吸附,松散结合、不稳定或可交换磷,该部分易于释放,可被藻类利用;②与铝、铁和锰的氧化物和氢氧化物结合的部分,磷常通过配体交换吸附在铁配合物上,因此沉积物中 FeOOH 的含量是控制磷释放的一个重要因子,该部分磷可以用 NaOH 提取,称为非磷灰石无机磷(NAIP);③与钙结合的部分,通常称为磷灰石磷(AP),可以用 HCl 提取。无机磷和有机磷相加的数值为总磷,需要用高浓度的 HCl 提取。详见图 5-2-6。

分级提取后得到的溶液中的磷可采用钼锑抗分光光度法测定,其原理是酸性条件下正磷酸盐与钼酸铵、酒石酸锑氧钾反应,生成磷钼杂多酸,被还原剂抗坏血酸还原,变成被称为磷钼蓝的蓝色络合物,通过测量其吸光度计算磷浓度。

3. 实验材料

1)仪器

马弗炉、烘箱、分光光度计、离心机、振荡培养箱。

2)试剂

(1)硫酸(1+1)。

(2)10%抗坏血酸溶液:溶解 10 g 抗坏血酸于蒸馏水中,并稀释至 100 mL。该溶液贮存在棕色玻璃瓶中,在约 4 ℃可稳定几周。如颜色变黄,则弃去重配。

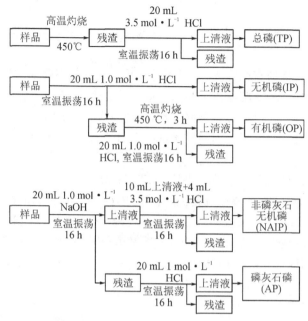

图 5 - 2 - 6　磷形态分级提取的 SMT 流程

(3)钼酸盐溶液：溶解 13 g 钼酸铵于蒸馏水中，并稀释至 100 mL。溶解 0.35 g 酒石酸锑氧钾于蒸馏水中，并稀释至 100 mL。在不断搅拌下，将配好的钼酸盐徐徐加到 300 mL 硫酸(1＋1)中，然后将配好的酒石酸锑氧钾溶液也加进去且混合均匀，贮存在棕色的玻璃瓶中约 4 ℃保存。至少可稳定两个月。

(4)磷酸盐贮备液：将优级纯磷酸二氢钾于 110 ℃干燥 2 h，在干燥器中冷却。称取其 0.2197 g 溶于蒸馏水，移入 1000 mL 容量瓶中，加入硫酸(1＋1)5 mL，用水稀释至标线，此溶液每毫升含 50.0 μg 磷。

(5)磷酸盐标准溶液：吸取 10.00 mL 磷酸盐贮备液于 250 mL 容量瓶中，用水稀释至标线，此溶液每毫升含 2.00 μg 磷。现用现配。

4. 实验步骤

1)**样品预处理**

方法一：所测污泥经 103～105 ℃烘干，磨碎后过 60 目(0.25 mm)筛，放置干燥器中备用。

方法二：所测污泥事先进行冷冻处理，冷冻好之后进行真空冷冻干燥，然后进行研磨过 60 目(0.25 mm)筛，放置于干燥器中备用。

2)**不同形态的磷进行分级提取**

(1)分别称取 3 份预处理过的污泥 0.2 g。

(2)1 份样品置于马弗炉中 450 ℃灼烧 3 h，冷却后加入 20 mL 3.5 mol/L HCl 溶液，室温密闭振荡 16 h，2000 r/min 离心 15 min，收集上清液，其中磷浓度用于计算样品总磷(TP)含量。

(3)1 份样品直接加入 20 mL 1 mol/L HCl 溶液，室温密闭振荡 16 h，2000 r/min 离心 15 min，收集上清液，其中磷浓度用于计算样品无机磷(IP)含量。同时收集离心后的固相，加入 12 mL 去离子水清洗，振荡 5 min 后 2000 r/min 离心 15 min，弃去上清液，重复两次。离心管中固相 80 ℃烘干，超声 10 s 使固相松散，然后完全转移至坩埚，在 450 ℃下灼烧 3 h，冷却后加入 20 mL 1 mol/L HCl,室温密闭振荡 16 h,2000 r/min 离心 15 min,收集上清液,其中磷浓度用于计算样品有机磷(OP)含量。

(4)1 份样品直接加入 20 mL 1 mol/L NaOH 溶液,室温密闭振荡 16 h,2000 r/min 离心 15 min。取 10mL 上清液,加入 4 mL 3.5 mol/L HCl 溶液,剧烈振荡 20 s,密闭静置 16 h,2000 r/min离心 15 min,收集上清液,其中磷浓度用于计算样品非磷灰石无机磷(NAIP)含量。1 mol/L NaOH 溶液反应后离心固相加入 12 mL 1 mol/L NaCl 溶液,振荡 5 min 后2000 r/min离心 15 min,弃去上清液,重复两次。然后加入 20 mL 1 mol/L HCl 溶液,室温密闭振荡 16 h,2000 r/min 离心 15 min,收集上清液,其中磷浓度用于计算样品磷灰石磷(AP)含量。

3)磷浓度测定

标准曲线的绘制:

(1)按表 5-2-12 取 0 mL、0.5 mL、1.0 mL、2.0 mL、3.0 mL、4.0 mL、5.0 mL 磷标准使用液(含磷 2.00 μg/mL),移入 25 mL 比色管,加入去离子水至 25 mL 刻度线,得到不同含磷浓度的溶液。

(2)显色:向比色管中加入 1 mL 10% 抗坏血酸溶液,20 s 后加入 2 mL 钼酸盐溶液,放置显色 15 min。

(3)测量:用 10 mm 或者 30 mm 比色皿于波长 700 nm 处,以蒸馏水为参比,测定吸光度,数据记入表 5-2-12。

(4)根据各管标准样磷含量(μg)和相应的吸光度绘制标准曲线。

样品测定:

(1)取适量分级提取过后样品的上清液(使含磷量不超过 30 μg)于 50 mL 的比色管中,用水稀释至标线。

(2)按绘制标准曲线的步骤进行显色和测量,实验数据记入表 5-2-13。减去空白实验的吸光度,并根据标准曲线计算出磷浓度。

5.数据记录与处理

1)标准曲线绘制数据记录

表 5-2-12　标准曲线绘制测定数据记录表

项目	0 号管	1 号管	2 号管	3 号管	4 号管	5 号管	6 号管
标准溶液/mL	0	0.5	1.0	2.0	3.0	4.0	5.0
含磷量/μg	0	1.0	2.0	4.0	6.0	8.0	10.0
吸光度							

2)污泥分级提取样品测试数据记录

表 5-2-13　污泥不同形态磷浓度测试记录表

指标	空白	TP	IP	OP	NAIP	AP
吸光度						
含磷量/μg						
磷浓度/$(mg \cdot L^{-1})$						
污泥含磷量/$(mg \cdot g^{-1})$						

【注意事项】

(1)在进行样品分析前,所有玻璃器皿用 30％盐酸浸泡 2 h。

(2)在高温灼烧之后 HCl(NaOH)溶液可以直接加入到坩埚中,以减少误差。

(3)如试样中色度影响测量吸光度时,需要做补偿矫正。在 50 mL 比色管中,分取样品测定相同的水样,定容后加入 3 mL 浊度补偿液,测量吸光度,然后从水样的吸光度中减去校正吸光度。

(4)测试磷浓度时,如果室温低于 13 ℃,显色步骤可以改在 20～30 ℃水浴中显色 10 min。

6. 思考题

磷的哪些存在形态是可以被藻类和植物利用的?

5.3　设计创新实验

设计创新实验是高等院校在实验、实训、实践教学环节中的最高阶段,具有一定的难度和挑战性。教学实践中证明,这也是师生最为感兴趣的创造性教学活动,因此它的积极作用是不言而喻的。设计创新实验要求实验的内容、方法、步骤、结果没有确定性,是学生利用已经掌握的理论知识,为解决现实或科学研究中的某一个问题而设计的实验。

1. 设计创新实验要求

(1)针对现实中需要解决的某些环境问题,或科学研究中的课题提出实验题目。

(2)实验的内容、方法、步骤要有一定的创新性,技术路线要合理先进,采用的研究方法要有一定的前沿性。

(3)利用已具备的实验条件,或经过努力可以实现的条件,提倡自己动手组装、研制、开发实验设备,使整个研究实验活动都在创新中完成。

(4)要对实验目的的可达性进行充分论证,对各种风险要进行充分预测。

(5)根据优化方案着手实施,边实施,边完善,最终写出实验研究报告。

(6)不应将实验是否一定成功作为实验选择的首要条件,更重要的是实验的创新性,且应将对学生创新能力的挖潜与提高作为创新实验的主要目的。

2. 创新实验方案的设计

创新实验的成功与否,是否能够达到锻炼学生的目的,关键是实验题目的选择与实验方案的设计,其步骤如下:

(1)在指导教师的启发下,激发学生的创新意识,调动学生参加创新实验的积极性。

(2)学生通过查阅资料、社会调查,进行头脑激发,针对现实中的环境问题与科研中的环境问题,提出若干个实验题目。

(3)根据自身的知识储备、学历层次与能力,实验条件与可用试剂等,学生对备选题目的可达性进行风险评估,并且通过努力扩大机遇、降低风险。

(4)选定题目,确定实验方法与技术路线,制订实验计划,明确小组人员分工。

(5)实施实验方案,定期对实验情况与进度进行评估,调整实验进度与计划。

(6)定期整理并分析实验数据。实验数据的可靠性和定期整理分析是实验工作的重要环节,实验者必须经常用已掌握的基本概念分析实验数据,通过数据分析加深对基本概念的理解。

（7）检查并发现实验设备、操作运行、测试方法和实验方向等方面的问题，以便及时解决，使实验工作能较顺利地进行。

（8）终期评估。对实验计划执行情况、存在的问题、取得的成果进行认真总结，写出实验报告，汇报实验结果。分析是否解决了某一问题、是否验证了某一观点、是否达到了预期效果。如果实验失败，需要认真分析实验数据，查找实验日志，分析其失败原因并提出新的实验方案。

在实验的全过程中，指导教师应以一个参与者或顾问的身份出现，而不应该以教师的身份出现，着力调动学生的积极性、提高学生的动手能力、激发学生的潜能。指导教师应只对学生的实验方案及实验的实施进行提示与启发，不应对学生的超常想象、思路和方法等进行限制，可只对一些较明显的错误给予指正，保证学生是在一个自由想象的空间内构想工作，激发他们的成就感和自我实现意识。设计创新实验流程如图 5-3-1 所示。

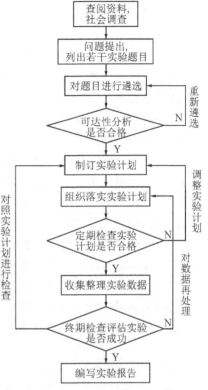

图 5-3-1 设计创新实验流程图

3. 设计创新实验的组织模式

一个创新性实验不是一次实验课就能够完成的，短的要几周，长的要几个月才能够完成，因此，有效的实验组织是保证实验按计划进行，并且取得理想实验结果的重要基础。一般实验要以小组进行，每小组 3～5 人，对于综合性创新实验，可以由更多学生组成小组进行。实验小组要有明确的分工与合作。

组长：负责实验的全流程的统筹，对实验计划的制订、组织落实、实施进度等进行把控，协调成员间工作，解决遇到的困难等。

副组长：应协助组长做好组织工作，并完成自己承担的工作。

成员：要有明确的分工，对自己承担的工作负责，同时按实验计划协助其他成员工作。

实验过程中要经常向指导教师汇报实验进度与实验数据，特别是要及时与指导教师沟通对实验计划的调整，保证实验顺利进行。

4. 创新实验报告

创新实验报告主要包括以下内容：①对实验进行综述，对实验装置和过程进行描述。②对实验数据进行处理、分析与讨论。③通过实验掌握了哪些新的知识，说明是否解决了提出研究的问题、是否证明了文献中的某些论点。④说明实验结论是否可用于改进已有的工艺设备和操作运行条件，或是否设计了新的处理设备。⑤如果实验没有达到理想的结果，总结其原因，认真分析实验数据、查找实验日志，分析原因，给出结论或提出新的实验方案。

好的创新实验报告应近似于一个科学研究的报告，可参考科技论文写作模式。因此，做好创新实验、写好创新实验报告能提高学生的科研写作能力，为完成学位论文或进行科学研究打下良好的基础。

5. 创新实验设计思路

1) 环境监测与评价创新实验

学生可根据实验要求或专业兴趣选择某一专题进行实践,也可自行设计实验内容。

(1)水环境监测与评价。选择某区域典型的地表水(如河流、湖泊、水库等)或地下水分布区,从污染源调查、现状监测优化布点、采样、分析、数据处理、质量保证等方面设计实验方案。根据监测结果进行水环境质量评价,根据当地发展规划预测水环境质量发展变化趋势,并提出保护和改善水环境质量的措施。

(2)大气环境监测与评价。根据某区域不同的环境功能区划分,从污染源调查、能源结构调查、现状监测优化布点、采样、分析、数据处理、质量保证等方面设计实验方案。根据监测结果进行环境空气质量评价,根据当地发展规划预测大气环境质量发展变化趋势,并提出保护和改善大气环境质量的措施。

(3)噪声监测与评价。根据某区域不同的环境功能区划分,进行区域环境噪声监测与评价,或选择某一区域主要交通路网,进行噪声监测布点,对其进行昼、夜噪声水平监测,评价噪声水平,以及分析不同噪声水平下暴露人口情况,提出噪声防治措施。

(4)工业污染源监测与评价。对某区域进行工业污染源现状调查,选择重点污染源进行监测,根据监测结果进行污染源评价,确定主要污染源及主要污染物,提出污染控制规划的简要思路。

(5)土壤污染监测与评价。对于某污染区域进行现场调查,监测布点,确定主要污染源及监测到的主要污染物,评价污染程度并提出污染控制简要方法。

2)水污染控制创新实验

(1)工业污水处理实验。对所要治理企业(生产车间)污水的水质、水量、排放规律进行调查,再结合污水排放标准、企业投资能力、运行控制成本等条件,选择合理的污水处理工艺路线,确定实验方案,通过运行实验装置取得监测数据,对数据进行分析处理,写出完整的实验报告。对所选择方案的可行性撰写结论报告,为企业提供决策参考。

(2)生活污水处理运行参数实验。对于某个城市(区)生活污水处理运行参数模拟实验,对集水区内的管网情况进行调查,针对不同的管网,采集综合水样,测定其主要水质指标,根据污水总量、处理目标确定处理工艺路线,经实验得到最佳运行参数。如选择以活性污泥法为代表的好氧处理系统,需确定停留时间、污泥负荷、泥龄、污泥浓度等主要控制参数。通过实验取得的较佳运行参数,用于扩大设计。

(3)高浓度有机废水处理实验。对于高浓度有机废水,根据测定的污染物浓度或给定的浓度,首先分析污水水质特点,再根据出水标准要求或回用标准,选择工艺路线或对成熟工艺进行组合,如厌氧-好氧系统、好氧-超滤系统等,组装实验装置,进行实验研究,取得实验数据,分析结果,撰写实验报告。

(4)开发新设备或新处理工艺。针对某种废水,改变现有的设备、流程、运行参数等,以期达到更好的运行效果,提高出水水质,降低运行成本。根据已经掌握的理论和实践经验,提出新的处理技术或设备,并对其使用效果进行研究。

3)大气污染控制创新实验

以理论和实践相结合为出发点,根据所研究对象,进行调查,确定主要污染物,对监测结果进行处理分析,与排放标准相对比,根据污染物特点,选择工艺设备,组装工艺系统,在实验室模拟污染控制过程,详细记录各相关参数,整理分析实验研究结果,在此基础上提出控制工艺的可行性报告。

4)噪声控制创新实验

(1)工业噪声综合控制实验。对选定的车间的噪声现状进行调查,对现场生产情况进行了解,制定监测方案,对车间噪声、设备噪声及振动进行全面测量,根据测量结果、噪声产生的特征、所要达到的标准综合地提出改善设备运行状态、减少振动、消声、吸声等综合措施。

(2)特定区域交通噪声的控制实验。掌握我国现行有关住宅区的噪声标准,预测可能对小区产生交通噪声影响的道路噪声特性,可以通过类似道路噪声的实际测量、已掌握道路噪声数据库的类比分析,预测车流密度、进行噪声预报,尽可能准确地预测道路噪声分贝,用于后续设计。并使用模拟方法对设计方案的防噪效果进行验证,根据模拟结果,反复调整设计方案,最终达到降噪要求。

5)固体废物资源化利用创新实验

(1)餐厨垃圾的厌氧发酵及资源化利用实验。餐厨垃圾所占城市生活垃圾的比重逐步上升,餐厨垃圾具有高水分、高油脂、高盐分及易腐发臭、易生物降解等特点,厌氧发酵技术能够将餐厨垃圾中的有机质变废为宝,转化成清洁能源。探索厌氧发酵工艺中各运行参数有助于其对餐厨垃圾的处理。

(2)农作物秸秆的资源化利用实验。探索农作物秸秆转换为资源化的途径,使其可作为食用菌的培养基;或进行堆肥处理,使其变成有机肥料;或使其发酵制备沼气;或使其炭化等。

(3)废塑料的资源化利用实验。开发废塑料分选、分离自动化技术装备,实行废塑料的高速高效自动化分离,解决传统靠人工和化学分离的低效率和高污染问题;开发废塑料再生利用技术和资源环境污染控制关键技术,拓宽废塑料的资源化利用方式,确保废塑料的合理资源化利用,抑制二次污染的发生。

(4)垃圾渗滤液综合处理实验。掌握垃圾渗滤液中评价指标的测定方法,并利用高级氧化法或与其他工艺联合处理渗滤液的方法,评比实验结果,确定最佳的实验反应条件。

(5)污水处理厂污泥处理实验探究。由于污泥中含有氮、磷、有机物、细菌、重金属等多种污染物质,如果得不到有效的处理,会对水体、土壤和大气造成极大的危害。

结合所学的知识,利用生物质超临界水化制氢技术、污泥焚烧技术等,考察其处理效果,并提出较为合理的污泥处理实验方案,以达到污泥减量化、无害化和资源化的目的。

6)污染物来源示踪方法的探究

如果想知道大气中或某一区域中重金属主要来自哪些污染物的排放? 地下水中的硝酸盐主要来自哪里? 类似这样的问题,都可以采用同位素示踪的方法来解决。利用核同位素示踪探测器可随时追踪它在体内或体外的位置、数量及其转变等,稳定性同位素虽然不释放射线,但可以利用它与普通相应同位素的质量之差,通过质谱仪、气相层析仪、核磁共振等质量分析仪器来测定。利用所学的知识及通过查阅相关文献,将富营养化的水体取样,分离得到硝酸盐氮,测定其氮稳定同位素值,根据文献数据,分析该河流的氮污染来源。

5.4　环境工程虚拟仿真实验

虚拟仿真实验教学是传统实验教学的必要补充和延伸,仿真实验可以将一些在真实实验过程中做不到的、或无法观察实验整个过程的问题,通过在计算机上的模拟实验来解决。充分利用虚拟仿真实验平台,可为环境工程专业的学生开设水污染控制、大气污染控制及固废污染控制等课程的仿真实验,如开设了超滤系统、电除尘器性能、碱液吸收 SO_2、有机固体废物好氧堆肥及有机垃圾厌氧发酵、垃圾焚烧仿真实验等。将虚拟仿真实验引入实践教学,也营造了"自主学习"的环境,即由传统的"以教促学"的学习方式转变为学生通过自身与信息环境的相互作用来获得知识、技能的新型学习方式,更有助于培养学生的实践动手能力和提高学生参与实验的积极性。

虚拟仿真训练也被越来越多的大型企业应用到职业培训中,对企业提高培训效率,提高员工分析、处理问题能力,减少决策失误,降低企业风险起到了重要的作用。利用虚拟仿真技术建立起来的虚拟培训基地,其"设备"与"部件"多是虚拟的,可以根据条件变化随时生成新的"设备",其培训内容可以不断更新,使实践训练及时跟上技术的发展。同时,虚拟与现实的交互性,使学员能够在虚拟的学习环境中扮演一个角色,全身心地投入到学习环境中去,这非常有利于学员的技能训练。另外,由于虚拟的训练系统无任何危险,学员可以反复练习,直至掌握操作技能为止。

本节介绍的仿真实验,借助于北京东方仿真软件技术有限公司提供的仿真平台,仅供参考。

实验 1　电除尘器性能仿真实验

1. 实验目的

(1)通过电除尘器虚拟仿真实验,加深对电除尘器的组成和内部构造的了解。

(2)了解电除尘器的运行操作方法,考察气体流速、入口粉尘浓度、电场强度、粉尘种类改变对除尘效率的影响,培养学生实验方案设计、装置设计及运行等自主动手和创新能力。

2. 实验原理

1)电除尘器结构组成和工作原理

图 5-4-1 所示为单管式电除尘器结构组成示意图,接地的金属管叫集尘极,为正极;与高压直流电源相接的细金属线叫放电极(又称电晕极),为负极。放电极置于圆管的中心,靠下端的吊锤拉紧,含尘气体从除尘器下部的进气管进入,净化后的清洁气体从上部排气管排出。

电除尘的基本原理包括电晕放电、粉尘荷电、粉尘沉积和清灰四个基本过程。

(1)电晕放电。电除尘器内设有高压电场,电极间的空气离子在电场的作用下向电极移动,形成电流。开始时,空气中的自由离子少,电流较小。当电压升高到一定数值后,电晕极附近离子获得了较高的能量和速度,它们撞击空气中性分子时,中性分子会电离成正、

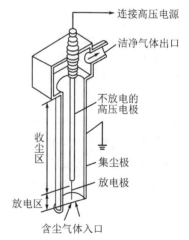

图 5-4-1　单管式电除尘器示意图

负离子,这种现象称为空气电离。空气电离后,由于连锁反应,在电极间运动的离子数大大增加,表现为电极间电流(电晕电流)急剧增大。当电晕极周围的空气全部电离后,形成了电晕区,此时在电晕极周围可以看见一圈蓝色的光环,这个光环称为电晕放电。如果在电晕极上加的是负电压,则产生的是负电晕;反之,则产生正电晕。

(2)粉尘荷电。在放电电极附近的电晕区内,正离子立即被电晕极表面吸引而失去电荷;自由电子和负离子则因受电场力的驱使和扩散作用,向集尘极移动,于是在两极之间的绝大部分空间内部都存在着自由电子和负离子,含尘气流通过这部分空间时,粉尘与自由电子、负离子碰撞而结合在一起,实现粉尘荷电。

(3)粉尘沉积。电晕区的范围一般很小,电晕区以外的空间称为电晕外区。电晕区内的空气电离之后,正离子很快向负极(电晕极)移动,只有负离子才会进入电晕外区,向阳极(集尘极)移动。含尘气流通过电除尘器时,只有少量的尘粒在电晕区通过,获得正电荷,沉积在电晕极上。大多数尘粒在电晕外区通过,获得负电荷,在电场力的驱动下向集尘极运动,到达极板失去电荷后最后沉积在集尘极上。

(4)清灰。当集尘极表面的灰尘沉积到一定厚度后,会导致火花电压降低,电晕电流减小;而电晕极上附有少量的粉尘,也会影响电晕电流的大小和均匀性。为了防止粉尘重新进入气流,应保持集尘极和电晕极表面的清洁,隔一段时间应及时清灰。

2)影响除尘性能的因素

影响除尘效率的主要因素有粉尘特性、含尘气流特性、火花放电频率和操作因素等。

(1)粉尘特性。粉尘特性主要包括粉尘的粒径分散度、真密度、堆积密度和比电阻等,其中最主要的是粉尘的比电阻。影响粉尘比电阻的因素很多,但主要是气体的温度和湿度。所以,对于比电阻值偏高的粉尘,往往可以通过改变其烟气的温度和湿度来调节,具体的方法是向其烟气中喷水,这样可以同时达到增加烟气湿度和降低烟气温度的双重目的。为了降低烟气的比电阻,也可以向烟气中加入 SO_3、NH_3 及 Na_2CO_3 等化合物,以增加粉尘的导电性。

(2)含尘气流特性。含尘气流特性主要包括烟气温度、压力、成分、温度、含尘浓度、断面气流速度和分布等。

①气体的温度和湿度。含尘气体的温度对除尘效率的影响主要表现为对粉尘比电阻的影响。在低温区,由于粉尘表面的吸附物和水蒸气的影响,粉尘的比电阻较小;随着温度的升高,上述影响作用减弱,使粉尘的比电阻增加;在高温区,主要是粉尘本身的电阻起作用。因而随着温度的升高,粉尘的比电阻降低。

当温度低于露点时,气体的湿度会严重影响除尘器的除尘效率。主要会因捕集到的粉尘结块黏结在降尘极和电晕极上,难于振落,而使除尘效率下降。当温度高于露点时,随着湿度的增加,不仅可以使击穿电压增高,而且可以使部分尘粒的比电阻降低,从而使除尘效率有所提高。

②断面气流速度。从电除尘器的工作原理不难得知,除尘器断面气流速度越低,粉尘荷电的机会越多,除尘效率也就越高。例如,当锅炉烟气的流速低于 0.5 m/s 时,除尘效率接近100%;烟气流速高于 1.6 m/s 时,除尘效率只有 85% 左右。可见,随着气流速度的增大,除尘效率也就大幅度下降。从理论上讲,低流速有利于提高除尘效率,但气流速度过低的话,不仅经济上不合理,而且管道易积灰。实际生产中,断面上的气流速度一般为 0.6~1.5 m/s。

③断面气流分布。断面气流速度分布均匀与否,对除尘效率影响很大。如果断面气流速

度分布不均匀,在流速较低的区域,就会存在局部气流停滞,造成集尘极局部积灰严重,使运行电压变低;在流速较高的区域,又易造成二次扬尘。因此,断面气流速度差异越大,除尘效率越低。为解决除尘器内气流分布问题,一般采取在除尘器的入口或在出、入口同时设置气流分布装置。为了避免在出、入口风道中积尘,应将风道内气流速度控制在 15～20 m/s。

④含尘浓度。除尘电场中,荷电粉尘形成的空间电荷会对电晕极产生屏蔽作用,从而抑制电晕放电,随着含尘浓度的提高,电晕电流逐渐减少,这种现象被称为电晕阻止效应。当含尘浓度增加到某一数值时,电晕电流基本为零,这种现象被称为电晕闭塞。此时,除尘器失去除尘能力。

为避免产生电晕闭塞,进入电除尘器的气体含尘浓度应小于 20 g/m³。当气体含尘浓度过高时,除了选用曲率大的芒刺型电晕电极外,还可以在电除尘器前串接除尘效率较低的机械除尘器,进行多级除尘。

(3)火花放电频率。为了获得最佳除尘效率,通常用控制电晕极和集尘极之间火花频率的方法,做到既维持较高的运行电压,又避免火花放电转变为弧光放电。这时的火花频率被称为最佳火花频率,其值因粉尘的性质和浓度、气体的成分、温度和湿度的不同而不同,一般取 30～150次/min。

(4)操作因素。操作因素主要包括伏安特性、漏风率、二次飞扬和电晕线肥大等。

电除尘器运行过程中,电晕电流与电压之间的关系称为伏安特性,它是很多变量的函数,其中最主要的是电晕极和除尘极的几何形状、烟气成分、温度、压力和粉尘性质等。电场的平均电压和平均电晕电流的乘积即电晕功率,它是投入到电除尘器的有效功率,电晕功率越大,除尘效率也就越高。

3. 主要设计参数

电除尘器的设计主要是根据需要处理的含尘气体流量和净化要求,确定集尘极面积、电场断面面积、电场长度、集尘极和电晕极的数量和尺寸等。静电除尘器有平板形和圆筒形,这里仅介绍平板形静电除尘器的有关设计计算。

(1)电场断面面积:

$$A_{\varepsilon} = \frac{Q}{u}$$

式中:A_{ε} 为电场断面面积,m²;Q 为处理气体流量,m³/s;u 为除尘器断面气流速度,m/s。

(2)集尘极面积:

$$A = \frac{Q}{v_d} \ln \left(\frac{1}{1-\eta} \right)$$

式中:A 为集尘极面积,m²;Q 为处理气体流量,m³/s;η 为集尘效率;v_d 为微粒有效驱进速度,m/s。

(3)集尘室的通道个数。由于每两块集尘极之间为一通道,则集尘室的通道个数 n 可由下式确定:

$$n = \frac{Q}{bh}$$

式中:b 为集尘极间距,m;h 为集尘极高度,m;μ 为流体的动力黏度。

(4)电场长度:

$$L = \frac{A}{2nh}$$

式中:L 为集尘极沿气流方向的长度,m;h 为电场高度,m。

(5)工作电流。工作电流 I 可由集尘极的面积 A 与集尘极的电流密度 Id 的乘积计算:

$$I = A \times Id$$

(6)工作电压。根据实际需要,工作电压可按下式计算:

$$U = 250b$$

$$\eta = 1 - \exp(-\frac{A}{Q}\omega)$$

式中:A 为集尘极面积,m²;Q 为处理气体流量,m³/s;ω 为粉尘粒子的驱进速度。

驱进速度计算公式:

$$\omega = qE_{\mathrm{p}}/(3\pi\mu d_{\mathrm{p}})$$

其中,

$$q = 3\pi\varepsilon_0 E_0 d_{\mathrm{p}}^2/(\frac{\varepsilon}{\varepsilon+2})$$

式中:E_0 为电场强度,V/m;μ 为流体的动力黏度,20 ℃时空气为 1.81×10^{-5} Pa•s,150 ℃时空气约为 2.4×10^{-5} Pa•s;d_{p} 为粉尘粒径,m;ε_0 为真空介电常数,8.85×10^{-12} F/m;ε 为粒子介电常数,飞灰介电常数为 1.5~1.7 F/m,水泥介电常数为 1.5~2.1 F/m。

4. 实验操作

1)程序启动

软件安装完毕之后,软件自动在"桌面"和"开始菜单"生成快捷图标。

(1)启动方式:

①双击桌面快捷图标"东方仿真客户端"。

②通过"开始菜单—所有程序—东方仿真—超滤系统 3D 实验"启动软件。

(2)运行方式选择。系统启动界面出现之后会出现主界面如 5-4-2 所示,输入"姓名、学号、机器号",设置正确的教师指令站地址(指导教师站 IP 或者教师计算机名),同时根据教师要求选择"单机练习"或者"局域网模式",进入软件操作界面。

单机练习:是指学生站不连接教师计算机,独立运行,不受教师站软件的监控。

局域网模式:是指学生站与教师站连接,教师可以通过教师站软件实时监控学员的成绩,规定学生的培训内容,组织考试,汇总学生成绩等。

图 5-4-2　仿真实验操作主界面

　　(3)工艺选择。选择软件产品之后,进入软件项目工艺列表页面。除尘器性能操作主界面如图5-4-3所示。

图5-4-3　电除尘器性能操作主界面

2)实验步骤

实验步骤分为运行原理、运行操作、结构设计三个模块。

(1)运行原理。进入系统后,根据右上角提示,点击NPC进行对话,如图5-4-4所示。

图5-4-4　操作人员进行对话界面

　　对话两次后,视角转向电除尘器,鼠标左键点击高亮部分,进入半透明模式。点击下方文字部分,可进行各结构介绍,同时介绍部位有闪烁效果。点击介绍部位弹出详细介绍,如图5-4-5所示。

图5-4-5　各部件详细功能介绍

（2）运行操作。点击电除尘器主体后进入实验视角，点击画面正上方"实验设置"按钮进行参数调节，如图 5 - 4 - 6 所示。

图 5 - 4 - 6　实验参数设置界面

设置完毕后切换视角，"走"到楼梯旁控制柜，开启电除尘器。打开右下角菜单中"实验数据"，观察除尘效率，如图 5 - 4 - 7 所示。

参数	结果
处理烟气量（m³/h）	27502
入口含尘浓度（g/m³）	7.8
气体流速（m/s）	2.1
粉尘种类	煤粉（飞灰）
驱进速度（m/s）	0.12
电场电压（kV）	6.9
极板间距（m）	0.26
温度（℃）	150
粉尘平均粒径（μm）	45
除尘效率	75.40%

图 5 - 4 - 13　实验数据显示界面

（3）结构设计。点击 NPC 对话后进入实验操作。点击电除尘器主体后进入实验视角，点击画面正上方"实验设置"按钮进行参数调节。实验操作过程同（2）运行操作模块。

5. 退出系统

关闭软件需切换到启动窗口进行关闭，不可直接关闭 3D 界面。

实验 2　碱液吸收 SO_2 仿真实验

1. 实验目的

(1)了解用吸收法净化废气中 SO_2 的效果。

(2)测定填料吸收塔的吸收效率和压降。

(3)了解影响填料吸收塔的吸收效率的因素。

2. 实验原理

由于 SO_2 在水中的溶解度不高,因此常采用化学吸收方法吸收。SO_2 的吸收剂种类较多,本实验采用 NaOH 或 Na_2CO_3 溶液作吸收剂,吸收过程发生的主要化学反应:

$$2NaOH + SO_2 \longrightarrow Na_2SO_3 + H_2O$$
$$Na_2CO_3 + SO_2 \longrightarrow NaSO_3 + CO_2$$
$$Na_2SO_3 + SO_2 + H_2O \longrightarrow 2NaHSO_3$$

实验过程中,通过测定填料吸收塔进、出口气体中 SO_2 的含量,即可近似计算出吸收塔的平均净化效率,进而了解吸收效果。

3. 实验装置

碱液吸收 SO_2 工艺流程如图 5-4-8 所示。

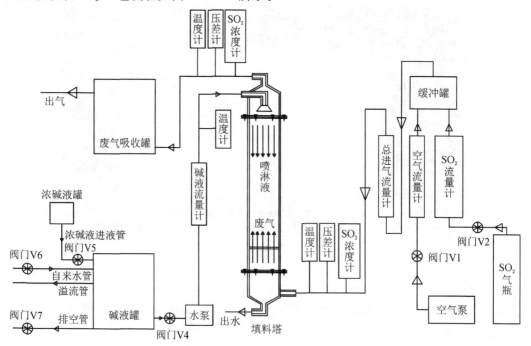

图 5-4-8　碱液吸收 SO_2 工艺流程图

4. 实验步骤

软件启动过程可参考本节实验 1,碱液吸收 SO_2 仿真软件主界面如图 5-4-9 所示。

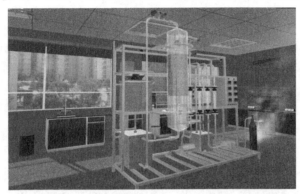

图 5-4-9　碱液吸收 SO_2 仿真软件主界面

1) **探究进气流量与填料塔压降关系**

(1)输入环境温度(建议 20～25 ℃),选择一种填料,点击总电源开机,点击风机的电源开关,启动风机;

(2)由小到大调节风机阀门,得出至少十组干塔下不同进气流量下进、出口压力数据,并记录到数据表中;

(3)将风机阀门慢慢下调至 0,确认浓碱液阀门、排空管阀门、碱液泵阀门关闭,然后调节自来水管阀门,V101 罐水位上升至 0.9～1.0 m 后关闭自来水管阀门;

(4)点击温度表示数,弹出碱液温度设置画面,将温度值设定为 20 ℃;

(5)点击水泵开关,打开水泵,点击碱液泵阀门,调节其开度,使碱液流量计示数落在 960～1000 L/h,重复步骤(2)和(3)得出至少十组湿塔下不同进气流量下进、出口压力数据;

(6)实验结束后将进气流量、碱液流量调回至 0。

2) **探究吸收效率与液气比关系**

(1)确定碱液温度为 20 ℃,通过调节使碱液罐水位在 0.9～1.0 m,打开搅拌机,再调节碱液罐 pH 值在 7.8 左右;

(2)调节碱液流量至 500 L/h 左右,调节空气流量至 150 m³/h 左右,调节进气 SO_2(体积百分比)浓度在 0.16％左右,不断降低碱液流量,得出不同液气比下出口的 SO_2 浓度,出口 SO_2 浓度不得高于 0.1％;

(3)实验结束后将进气流量、碱液流量调回至 0。

3) **探究吸收效率与塔内气体流速的关系**

(1)确定碱液温度为 20 ℃,通过调节使 V101 水位在 0.9～1.0 m,再调节 V101pH 值在 7.8 左右;

(2)调节碱液流量至 60 L/h 左右,调节空气流量至 60 m³/h 左右,调节进气 SO_2 浓度在 0.16％左右,保持液气比在 1.0 L/m³ 左右和 SO_2 浓度在 0.16％左右,不断提高碱液流量和进气总流量,得出不同塔内气体流速下 SO_2 的出口浓度,出口 SO_2 浓度不得高于 0.1％;

(3)实验结束后将进气流量、碱液流量调回至 0。

4)探究吸收效率与碱液 pH 值的关系

(1)确定碱液温度为 20 ℃,通过调节使 V101 水位在 0.9～1.0 m,再调节 V101pH 值在 10.16 左右;

(2)调节碱液流量至 150 L/h 左右,调节空气流量至 150 m³/h 左右,调节进气 SO_2 浓度在 0.16%左右,保持液气比在 1.0 L/m³ 左右,不断降低碱液的 pH 值,得出不同 pH 值下 SO_2 出口浓度,出口 SO_2 浓度不得高于 0.1%;

(3)实验结束后将进气流量、碱液流量调回至 0。

5)探究吸收效率与进口 SO_2 浓度的关系

(1)确定碱液温度为 20 ℃,通过调节使 V101 水位在 0.9～1.0 m,再调节 V101pH 值在 7.8 左右;

(2)调节碱液流量至 150 L/h 左右,调节空气流量至 150 m³/h 左右,保持液气比在 1.0 L/m³ 左右,不断提高 SO_2 的进口浓度,得出不同 SO_2 进口浓度下 SO_2 的出口浓度,出口 SO_2 浓度不得高于 0.1%;

(3)实验结束后将进气流量、碱液流量调回至 0。

5. 退出系统

直接关闭流程图窗口和评分文件窗口,弹出关闭确认对话框点击“确定”即可。另外,还可在菜单中点击“系统退出”退出系统。

实验 3　有机固体废物好氧堆肥仿真实验

有机固体废物的堆肥技术是一种最常用的固体废物生物转换技术,是对固体废物进行稳定化、无害化处理的重要方式之一。

1. 实验目的

(1)加深对好氧堆肥的了解。

(2)了解好氧堆肥过程的各种影响因素和控制措施。

2. 实验原理

好氧堆肥是在有氧条件下,依靠好氧微生物的作用来转化有机固体废物。有机固体废物中的可溶性有机物质可透过微生物的细胞壁和细胞膜被微生物直接吸收,不溶性的胶体有机物质则先吸附在微生物体外,依靠微生物分泌的胞外酶分解为可溶性物质,再渗入细胞。微生物通过自身的生命活动进行分解代谢和合成代谢,把一部分被吸收的有机物氧化成简单的无机物,并释放生物生长、活动所需要的能量;把另一部分有机物转化合成新的细胞物质,使微生物繁殖,产生更多的生物体。

3. 实验装置

好氧堆肥虚拟仿真实验装置如图 5-4-10 所示,主要由控制箱、空压机、发酵罐、除臭器、电磁阀、进气阀、排气阀、排液阀等组成。

图 5-4-10　好氧堆肥仿真实验装置图

4. 实验步骤

1) **含水率对堆肥效果的影响实验**

(1) 打开实验模式选择界面,选择将要进行的实验。

(2) 打开参数界面,设定含水率、温度、有机质含量、碳氮比、pH 值等进料参数,并锁定含水率参数。

(3) 实验过程中剩余料量数据稳定后,在"数据记录"界面记录实验数据。

(4) 改变含水率,重复上述步骤,进行多组对比实验。

2) **有机质含量对堆肥效果的影响实验**

(1) 打开实验模式选择界面,选择将要进行的实验。

(2) 打开参数界面,设定含水率、温度、有机质含量、碳氮比、pH 值等进料参数。

(3) 实验过程中剩余料量数据稳定后,在"数据记录"界面记录实验数据。

(4) 改变有机质含量,重复上述步骤,进行多组对比实验。

3) **碳氮比对堆肥效果的影响实验**

(1) 打开实验模式选择界面,选择将要进行的实验。

(2) 打开参数界面,设定含水率、温度、有机质含量、碳氮比、pH 值等进料参数,并锁定碳氮比参数。

(3) 实验过程中剩余料量数据稳定后,在"数据记录"界面记录实验数据。

(4) 改变碳氮比,重复上述步骤,进行多组对比实验。

4) pH **值对堆肥效果的影响实验**

(1) 打开实验模式选择界面,选择将要进行的实验。

(2) 打开参数界面,设定含水率、温度、有机质含量、碳氮比、pH 值等进料参数,并锁定 pH 值参数。

(3) 实验过程中剩余料量数据稳定后,在"数据记录"界面记录实验数据。

(4) 改变 pH 值,重复上述步骤,进行多组对比实验。

5) **温度对堆肥效果的影响实验**

(1) 打开实验模式选择界面,选择将要进行的实验。

(2) 打开参数界面,设定含水率、温度、有机质含量、碳氮比、pH 值等进料参数,并锁定温度参数。

(3) 实验过程中剩余料量数据稳定后,在"数据记录"界面记录实验数据。

(4) 改变温度,重复上述步骤,进行多组对比实验。

5. 退出系统

直接关闭流程图窗口和评分文件窗口,弹出关闭确认对话框,退出系统。或可在菜单中点击"系统退出"退出系统,结束实验。

实验 4　垃圾焚烧仿真实验

1. 实验目的

(1)探究垃圾焚烧实验的影响因素。
(2)探究垃圾焚烧产物的变化规律。

2. 实验原理

机械炉排式焚烧炉工作原理:垃圾通过进料斗进入倾斜向下的炉排(炉排分为干燥区、燃烧区、燃尽区),由于炉排之间的交错运动,将垃圾向下方推动,使垃圾依次通过炉排上的各个区域(垃圾由一个区进入到另一区时,起到一个大翻身的作用),直至燃尽排出炉膛。燃烧空气从炉排下部进入并与垃圾混合;高温烟气通过锅炉的受热面产生热蒸汽,同时烟气也得到冷却,最后烟气经烟气处理装置处理后排出。

特点:炉排的材质要求和加工精度要求高,要求炉排与炉排之间的接触面相当光滑、排与排之间的间隙相当小。另外炉排结构复杂、损坏率高、维护量大、造价及维护费用高,使其推广应用困难重重。

3. 实验设备

垃圾焚烧仿真实验工艺流程如图 5-4-11 所示,其主要设备有焚烧炉、余热锅炉、预热器、鼓风机和尿素储罐。实验过程中可调节的参数有碱液用量、活性炭用量及尿素用量,具体参数指标如图 5-4-12 所示。

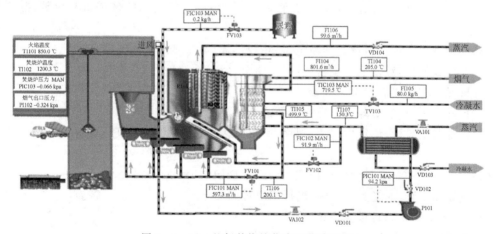

图 5-4-11　垃圾焚烧炉仿真工艺流程图

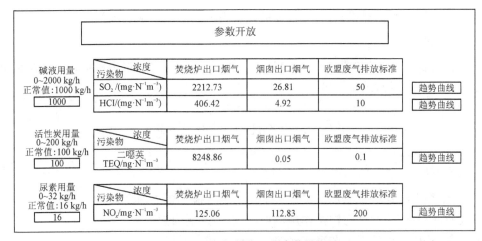

参数开放				
碱液用量 0~2000 kg/h 正常值:1000 kg/h 1000	污染物　浓度	焚烧炉出口烟气	烟囱出口烟气	欧盟废气排放标准	趋势曲线
	SO_2/(mg·N^{-1}m^{-3})	2212.73	26.81	50	趋势曲线
	HCl/(mg·N^{-1}m^{-3})	406.42	4.92	10	趋势曲线
活性炭用量 0~200 kg/h 正常值:100 kg/h 100	污染物　浓度	焚烧炉出口烟气	烟囱出口烟气	欧盟废气排放标准	
	二噁英 TEQ/ng·N^{-1}m^{-3}	8248.86	0.05	0.1	趋势曲线
尿素用量 0~32 kg/h 正常值:16 kg/h 16	污染物　浓度	焚烧炉出口烟气	烟囱出口烟气	欧盟废气排放标准	
	NO_x/mg·N^{-1}m^{-3}	125.06	112.83	200	趋势曲线

图 5 - 4 - 12　垃圾焚烧工艺参数设置界面

通过"碱液用量"、"活性炭用量""尿素用量"的参数开放设置,查看烟气污染物浓度的趋势曲线,分析了解相关参数对烟气中污染物处理结果的影响。

4. 实验步骤

1)一次进风量的影响

(1)打开参数界面,选择"一次进风量"为本次实验的可调变量。

(2)打开中控界面,将一次空气流量控制阀阀门开度调节至100。

(3)待数据稳定后,在仪表界面点击"记录"按钮,记录当前数据,将数据保存在"数据"界面。

(4)重复上述步骤,记录不同进风量下的多组数据。

2)二次进风量的影响

(1)打开参数界面,选择"二次进风量"为本次实验的可调变量。

(2)打开中控界面,将二次空气流量控制阀阀门开度调节至100。

(3)待数据稳定后,在仪表界面点击"记录"按钮,记录当前数据,将数据保存在"数据"界面。

(4)重复上述步骤,记录不同进风量下的多组数据。

3)进料量的影响

(1)打开参数界面,选择"进料量"为本次实验的可调变量。

(2)打开仪表界面,将给料机速度调大至适当速度。

(3)待数据稳定后,在仪表界面点击"记录"按钮,记录当前数据,将数据保存在"数据"界面。

(4)重复上述步骤,记录不同进风量下的多组数据。

4)进风温度的影响

(1)打开参数界面,选择"进风温度"为本次实验的可调变量。

(2)调节空气预热器蒸汽流量调节阀 VA101,将进风温度调节至200 ℃。

(3)待数据稳定后,在仪表界面点击"记录"按钮,记录当前数据,将数据保存在"数据"界面。

(4)重复上述步骤,记录不同进风温度下的多组数据。

实验完成后,在数据界面点击"生成实验报告"按钮,点击生成实验报告。

5. 退出系统

直接关闭流程图窗口和评分文件窗口,弹出关闭确认对话框,退出系统。或可在菜单中点击"系统退出"退出系统,结束实验。

实验 5   SBR 工艺仿真实验

1. 实验目的

(1)熟练掌握 SBR 活性污泥法工艺各工序的运行操作要点。

(2)正确理解 SBR 活性污泥法作用机理、特点和影响因素。

(3)了解 SBR 活性污泥工艺曝气池的内部构造和主要组成。

(4)了解有机负荷对有机物去除率及活性污泥增长率的影响。

2. 实验原理

间歇式活性污泥法又称序批式活性污泥法(sequencing batch reactor activated sludge process,SBR)。本工艺最主要的特征是集有机污染物降解与混合液沉淀于一体,与连续式活性污泥法相比较,本工艺组成简单,无需设污泥回流设备,不设二沉池,一般情况下,不产生污泥膨胀现象,在单一的曝气池内能够进行脱氮和除磷反应,易于自动控制,处理水水质好。

间歇式活性污泥曝气池在流态上属于完全混合式,在有机物降解方面是时间上的推流,有机污染物是沿着时间的推移而降解的。

SBR 工艺曝气池的运行操作是由①进水;②反应;③沉淀;④出水;⑤待机(闲置)五个工序组成,如图 5-4-13 所示。这五个工序构成了一个处理污水的周期,可以根据需要调整每个工序的持续时间,进水、排水、曝气等动作均由自动控制箱设置的程序自动运行。

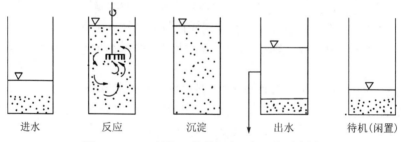

进水　　　　反应　　　　沉淀　　　　出水　　　待机(闲置)

图 5-4-13　SBR 工艺曝气池运行工序示意图

3. 实验设备

1) 主要设备

SBR 工艺实验设备由本体、附属设备和工作台等组成,外形尺寸:长×宽×高=860 mm×760 mm×1250 mm。

本体为一矩形有机玻璃制作的水池,长×宽×高=800 mm×400 mm×400 mm。内有曝气管、厌氧搅拌器、浮动出水堰、进水管、排水管,如图 5-4-14 所示。

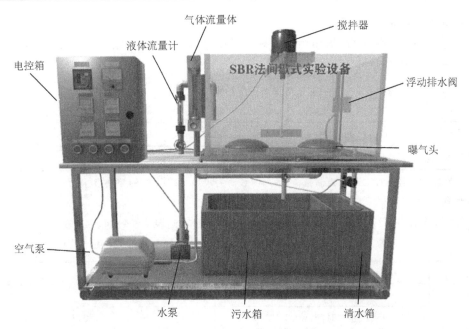

图 5 - 4 - 14　　SBR 工艺实验设备图

2）污水水质、水量

本实验污水水质、水量具体参数如表 5 - 4 - 1 所示。

表 5 - 4 - 1　　污水水质一览表

pH 值	COD_{Cr} /(mg · L^{-1})	BOD_5 /(mg · L^{-1})	SS /(mg · L^{-1})	氨氮 /(mg · L^{-1})	总磷 /(mg · L^{-1})
6～9	200～800	30～400	60～150	16～60	2.2～10

3）污水检测指标

污水检测指标主要有 pH 值、COD_{Cr}、BOD_5、SS、氨氮和总磷。

4）水质指标检测方法

本实验水质指标检测方法如表 5 - 4 - 2 所示。

表 5 - 4 - 2　　水质指标检测方法一览表

序号	检测指标	检测方法
1	pH 值	水质 pH 值的测定 玻璃电极法 （GB 6920—1986）
2	SS	水质 悬浮物的测定 重量法 （GB 11901—1989）
3	COD	水质 化学需氧量的测定 重铬酸盐法 （HJ 828—2017）
4	BOD_5	水质 生化需氧量（BOD）的测定 微生物传感器快速测定法 （HJ/T 86—2002）
5	NH_3-N	水质 氨氮的测定 纳氏试剂分光光度法（HJ 535—2009）
6	TP	水质 总磷的测定 钼酸铵分光光度法 （GB 11893—1989）

5)污水排放要求

本实验处理后的污水按《城镇污水处理厂污染物排放标准》一级 A 标准排放,其水质要求如表 5-4-3 所示。

表 5-4-3　《城镇污水处理厂污染物排放标准》一级 A 标准表

单位:mg·L⁻¹

项目	pH 值(无量纲)	SS	COD	BOD	NH₃-N	TP
最高允许浓度	6～9	10	50	10	5(8)	0.5

注:括号外数值为水温>12℃时的控制指标,括号内数值为水温≤12 ℃时的控制指标。

6)操作工艺参数

操作时,需控制工艺参数进行实验,操作工艺的参数见表 5-4-4。

表 5-4-4　操作工艺参数一览表

序号	工艺参数	取值
1	进水量/(L·h⁻¹)	50
2	进水时间/min)	10,20,30
3	曝气时间/min)	120～480
4	沉淀时间/min)	30～60
5	排水时间/min)	5～20
6	排泥时间/min)	5～20
7	DO/(mg·L⁻¹)	2～4
8	MLSS/(mg·L⁻¹)	1500～5000

4.实验步骤

1)软件程序启动(略)

2)实验操作

(1)活性污泥的培养和驯化。

①取城市污水处理厂回流泵房的活性污泥装入本体中,体积为本体有效容积的 1/3～2/3,剩余体积装入自来水。

②开动曝气的空气泵曝气 1～2 d,然后在配水箱配低 COD 浓度的试验用水,或稀释的生活污水或工业废水,控制每次进水量按梯度从 0 增加至设定的进水量(50 L/h),延长曝气时间至 24 h 不间断曝气。根据污泥沉降性能和出水水质,逐步增大进水浓度和进水水量,直到直接进入原污水。

③上述阶段主要有两个目的,一是使污泥适应将要处理废水中的有机物,二是使污泥具有良好的沉降性能。装置运行稳定的标志是①污泥浓度基本稳定;②有机物去除率基本稳定。

(2)负荷运行实验。

①按进水-曝气-沉淀-排水顺序设定四个时间继电器的运行时间,其中进水 20 min、曝气 180 min、沉淀 45 min、排水 10 min。

②配水箱灌满自来水,打开进水阀,打开进水泵,SBR 装置开始进水。同时开启搅拌器慢速搅拌 200 min。

③进水结束后打开空气泵,曝气一段时间,再关闭空气泵停止曝气一段时间,曝气结束同时停止搅拌。

④打开排水电磁阀排一部分水,观察浮动出水堰是否灵活。一个周期接着一个周期,周而复始,重复循环。

(3)负荷运行实验。根据污水、出水水质和污泥性质,确定每个周期的进水量、出水量,每个工序的持续时间。重复清水实验的操作,完成一个完整的处理周期,通常一个周期的持续时间在 $4\sim8$ h,进水量或出水量在 1/3 左右,当污水可生化性较差时持续时间要延长。

3)数据编辑

通过左侧数据栏,查看操作参数和水质指标,待指标满足出水指标后,表示实验完成。点击"实验结束"模拟实验结束取样,切换到参数和水质指标界面,如图 5-4-15 所示,根据实验数据自动绘制出水水质曲线,观察在每一个水处理装置中的水质变化。

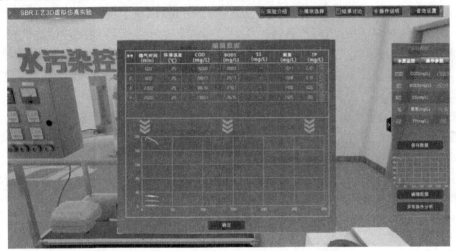

图 5-4-15 SBR 工艺仿真操作参数和水质指标界面

污泥驯化实验、实验练习和实验考核三个模块完成后,可点击菜单栏的"结果讨论",完成实验结果讨论,并查看实验报告及得分。

【注意事项】

(1)出水 COD 超标:考虑污泥负荷增加情况,通过延长曝气时间、降低排泥量或者是减少进水量等措施来解决。

(2)出水 SS 超标:考虑污泥泥龄过长,需加大排泥量降低反应器中的污泥泥龄;同时减少进水时间、延长沉淀时间等措施来解决。

(3)泥量过大:增大污泥排放时间,降低反应器中污泥浓度。

(4)取样的时候,不得取用 SBR 出水前两分钟的水样进行测定,须出水稳定后开始取样。

5.退出系统

直接关闭流程图窗口和评分文件窗口,弹出关闭确认对话框,点击"确认"退出系统。还可在工艺菜单中点击"系统退出"退出系统。

附录 A

科技论文的撰写

经过选题、实验设计、实验、数据处理和分析,科研工作的最后一步一般是撰写科技论文。科技论文是一种交流、传播、贮存科技信息的载体,是记录科学技术的历史文件,是人们进行科学技术成果推广及学术交流的有力手段。所以,将科学研究成果以论文的形式展现出来是科研工作全过程中最后的、不可缺少的工序。

科技论文主要是发表新见解、新观点、新理论、新方法,以便于科研人员与同行进行学术交流,促进本学科的发展。所以,写作科技论文时应遵守科技论文写作的一般规则和要求,按目前通用的形式,采用大家已经习惯了的体裁和格式写。这样,可以使读者正确理解作者的观点和见解,容易看到科研成果的理论意义和实用价值。若用自己创造的体裁和格式写,容易造成疏漏和误解,难以被同行和读者接受。

目前采用的科技论文形式是逐渐演变而成的。随着科学技术的不断发展、先进的仪器设备和实验手段的出现,科技论文的形式还会不断演变,但在较长的一段时期内,其形式还是相对稳定的。另外,初次进行科研工作的人员很多是模仿自己阅读过的论文,或者经导师指点来写科技论文的。由于他们没有经过系统的学习,不熟悉论文的体裁和格式,不了解写科技论文的规则和要求,写出的论文存在许多问题,给审读、编辑和印刷工作带来许多不便。

综上所述,学习并掌握科技论文的写作方法是很必要的。

A.1 科技论文的内容

科技论文的内容一般包括以下几个方面:论文题目、作者工作单位、作者姓名、摘要、引言、实验方法和流程、实验结果的分析与讨论、结论、致谢、附录和参考文献。不同会议、不同期刊对论文内容的要求也不一样,可根据具体情况删去某些内容,或将几部分内容合在一块写。

1. 论文题目

论文题目是论文的总纲,是对论文内容和研究成果的高度概括,比如当前有关水处理的期刊很多,每期刊物中的论文也很多,由于读者的时间和精力有限,不可能详细阅读每篇论文,许多读者都是先看期刊的目录,由论文的题目决定该论文是否值得细看。因此,一篇有价值的论文,如果题目不恰当、不醒目,就不容易引起读者的注意,缩小了论文的影响范围。由此可见,正确、恰当地拟定论文题目是至关重要的。在拟定论文题目时应注意以下几个问题。

(1)能准确表达论文的特定内容,恰如其分地反映研究的范围和达到的深度,指明所研究问题各因素之间的关系,使读者一看题目就觉得有兴趣、有价值,值得详细阅读。

(2)在含义确切的前提下,文字要简练,做到简短明了、易读、易懂、便于记忆。一般不要超过 20 个字,如果题目太长而且不准确,可考虑用"主标题+副标题"的形式,副标题用以引申主题、补充说明主题。

(3)不使用过于笼统、抽象、泛指性很强的词汇,也尽量不使用过于华丽的辞藻。

(4)题目中应含有被研究的对象和因素,不包括细节和结论。

(5)在符合语法结构的前提下,尽可能把最能说明论文性质和内容的词提到前面。

(6)题目不能模棱两可,也不能过分夸张,以免引起读者误解。

(7)题目中应使用公认的名词和术语。

2. 署名

论文的署名,不仅是作者辛勤劳动的体现和应获得的荣誉,而且还表示对论文承担的责任。署名者要对论文的全部内容,如观点、数据、社会效益负责任。所以,只有那些在选定课题和制定研究方案中直接参加论文全部工作,作出主要贡献并能对论文内容负责的人方可署名。对仅参加部分工作而对全面工作缺乏了解者,不应署名,但可列在附注中,或写于致谢中,表明其贡献和责任。对提出研究设想并指导科研工作进展者,或完成主要研究工作及解决关键问题者,均可作为论文的第一作者。署名的先后,不应按职位高低、资历长短来排列,参加部分工作的合作者,负责某一项测试的技术人员,接受委托负责某项分析、检验、观测的实验人员不得署名,但可作为参加人员——列入致谢部分。

3. 摘要

摘要是以提供文献内容梗概为目的,对论文内容准确扼要而不加注释或评论的简略陈述,摘要应具有独立性和自明性,并且拥有与文献同等量的主要信息,即不阅读全文,就能获得必要的信息,是一篇完整的短文。通俗地讲,摘要是科技论文内容有关要点的概括,它是论文的重要组成部分,通常放在引言部分的前面。

一篇完整的论文都要求写随文摘要,按摘要的不同功能来划分,大致有如下三种类型。

①报道性摘要:是指明一次文献的主题范围及内容梗概的简明摘要,相当于简介。报道性摘要一般用来反映科技论文的目的、方法及主要结果与结论,在有限的字数内向读者提供尽可能多的定性或定量的信息,充分反映该研究的创新之处。科技论文如果没有创新内容,如果没有经得起检验的与众不同的方法或结论,是不会引起读者的阅读兴趣的,所以建议学术性期刊(或论文集)多选用报道性摘要,用比其他类摘要字数稍多的篇幅,向读者介绍论文的主要内容。如以"摘录要点"的形式报道出作者的主要研究成果和比较完整的定量及定性的信息,篇幅以 300 字左右为宜。②指示性摘要:是指明一次文献的论题及取得成果的性质和水平的摘要,其目的是使读者对该研究的主要内容(即作者做了什么工作)有一个轮廓性的了解,创新内容较少的论文,其摘要可写成指示性摘要,一般适用于学术性期刊的简报、问题讨论等栏目及技术性期刊等只概括地介绍论文的论题,使读者对论文的主要内容有大致的了解,篇幅以 100 字左右为宜。③报道-指示性摘要:是以报道性摘要的形式表述论文中价值最高的那部分内容,其余部分则以指示性摘要形式表达,篇幅以 100~200 字为宜。

论文发表的最终目的是要被人阅读和引用。如果摘要写得不好,在当今信息激增的时代,论文进入文摘、杂志、检索数据库后,被人阅读、引用的机会就会少得多,甚至丧失这样的机会。一篇论文价值很高,创新内容很多,若写成指示性摘要,也可能会失去较多的读者。所以一般地说,向学术性期刊投稿,应选用报道性摘要形式;只有创新内容较少的论文,其摘要可写成报道-指示性或指示性摘要。

摘要的作用是:

（1）节省读者时间。使读者看完摘要后，在最短的时间内确定有无必要阅读论文的全文。

（2）便于读者做笔记。读者看完全文后，再看一下摘要，就能把全文回忆起来，加深印象。

（3）可为情报检索人员的检索工作提供方便。一方面可按摘要把论文归入合适的类别；另一方面可直接将论文摘要汇编成册，为科技人员提供最新的科技信息。

摘要一般由三部分组成：

（1）研究目的：包括研究的宗旨及解决的问题。

（2）研究方法：介绍研究途径、采用的模型、实验范围和方法。

（3）结果和结论：评价论文的价值及其结果。

写论文摘要时应注意下列几个问题：

（1）开头要叙述所涉及的问题、研究目的及方法，把论文题目未能充分表达的内容在摘要中体现出来。

（2）重点叙述论文的贡献，明确结论，不要叙述获得结果的途径。

（3）摘要主要由文字表达，不使用图、表、化学结构式、非公用符号和术语，可使用必要的数字和公式。

（4）每项内容可由一句和几句话组成。

（5）摘要应用第三人称，不要使用"本人""本文""我们""作者""笔者"等作为陈述的主语。

4. 引言

引言是论文的开场白、总说明。引言中应向读者说明问题的由来，研究工作的目的、范围。目前国内外关于这方面的研究包括有关重要文献的简述、研究方法和试验设计，以及这个问题在理论上和实用上的价值，以引导读者转入正文。如果研究工作是在现场进行的，应在引言中说明工作场所、协作单位，有时间性的工作应说明工作期限和时间。

引言一般包括如下几部分内容。

（1）论文的背景。论文的背景通常与社会的需要密切相关，一篇论文的基础源于某项研究，而该研究的意义即为什么要做这项工作，就形成了研究的背景。研究者们可通过社会调查或广泛查阅文献及专利来获得相关信息。在论文写作时，再挑选出与该文内容直接相关的文献，用自己的话把它的意思简洁地表达出来即成为研究背景。有的作者研究的课题较冷门，文献不多，则涉及的专业范围可宽一些；而热门课题的文献量较大，则相关范围宜窄一些，只引用与课题非常贴近的数篇即可（这点与综述文章不同，综述文章的参考文献通常有 $30 \sim 50$ 篇，论文引言部分参考文献建议 $10 \sim 20$ 篇）。对课题背景明确的作者，寥寥数语就可概括全部背景，不仅令读者一目了然，而且可看出作者头脑清晰，对该研究工作的目的十分明确。不谈课题背景，只提及自己做了某项工作，这样的引言是不完整的，与一篇实验报告无多大区别。

（2）论文作者的创新性。科技论文是反映科学技术创新水平的窗口，是知识创新的历史记录。创新性在科技论文中占有尤其重要的地位，甚至在审稿阶段，其是审稿人决定让论文通过与否的重要依据。作者创新之处的叙述在简明扼要的前提下，应尽量具体，仅仅一句"……未见文献报道"是没有说服力的。

（3）论文的应用前景。任何研究工作都有其潜在的用途，有的本身就是一项应用工作，即便某些基础性较强的研究，也是可大致预测应用于某些方面的，所以在引言的结尾处应该指明本工作成果可用在何领域或可间接起到何种作用，这无疑会给读者一个完整的概念，也是吸引读者继续细读论文的一种手段。

写引言时应注意以下几个问题。

(1)言简意明、直奔主题。科技论文与综述文章不同,综述文章通常面对的读者大多是初次涉及该领域的学生及科研人员,或正在选题的人员,因而一般要述及一些基本原理、介绍一些浅易的知识等,其引言涉及的专业面较广,尤其是要将题名所指内容的来龙去脉交代清楚,甚至回溯到历史第一人,占去不少篇幅。而科技论文的读者对象大多是已进入此领域的同行,甚至是专家,阅读文章的目的是想更多地了解最新的研究动向,因此,科技论文的引言一开始就要直奔主题。

(2)避免与摘要和结论雷同。有的作者在引言的后半部分常常将课题采用的方法及所得出的结论等摘要内容完全重复一遍,其实读者刚刚看完摘要,已大致明白了课题所采用的方法及结论,尤其是具体的实施方法及结论都将在论文的后续部分展开,此处不应再赘述。

(3)应有一定量的新文献。研究工作是在别人已做过工作的基础上的延伸和探讨,而不是对已有研究的重复,查阅新文献,才能了解你的研究的最新动态,也能体现出你的研究的价值。没有新文献,一般表示你的研究工作过于冷门或者没人感兴趣。所以,引言部分一定要有适量的最新文献,最近 5 年的文献应该占到该部分文献的一半以上。

(4)系列文章的引言不要重复。通常,一个较大的研究课题,作者可以写出数篇文章,即系列文章。由于它们不在同一期上刊登,或者写作的间隔时间较长,所以看上去好像是彼此独立的文章。但这些文章的引言部分常常大量重复,引用的文献也几乎相同,不仅浪费了版面,而且无形地使读者阅读时容易割断与上篇文章的联系。鉴于同一个课题的背景是相同的,作者完全可以用"前文【X】阐述了……"这样的语句来简单地概括前文的研究内容,并以引用文献【X】的形式来代替重复部分,然后再简单提及这篇文章所要谈及的内容。有兴趣的读者则可以根据文献的提示去查阅前文的内容。

(5)引言中对他人已有成果的评价要客观实在,不要解释基本理论,也不要推导基本公式。

5. 实验方法和流程

实验方法和流程是论文的核心内容之一,应把实验的方法、工艺流程、设备、材料及实验的条件,也就是能够获得实验结果所必需的一切条件逐项说明。这样做既是为了说明实验结果的真实性和结论的可靠性,同时也为同行们重复试验及核实论文所报告的结果提供了方便。如果实验方法、流程、材料和实验条件说得不详细,就可能使读者产生怀疑和误解,造成混乱,引起不必要的争论。

本部分应详细说明下列内容:

(1)实验的指导思想、所采用的实验方法的依据。如果采用旧的方法,只需要提出该方法的出处,不必重复叙述;如果是对旧方法的改进,或者是一种新创的方法,则需要明确说明,并叙述清楚。

(2)实验的工艺流程,应有工艺流程图和方框图,如果有条件,应有实验设施的实物照片。

(3)实验设备和仪器的牌号、型号、生产厂家、出产日期。

(4)所用药品的名称、分子式、纯度、生产厂家、出产日期。

(5)实验条件,包括季节、温度、湿度、试剂浓度、操作步骤、时间等。

6. 实验结果的分析与讨论

实验结果的分析与讨论是一篇论文中最重要的部分,是论文的核心内容,实验结果的分析与讨论可以分成两节来写,但这两部分关系密切,通常是合在一节写。结果与讨论是相辅相成的,结果是得到了"什么",是讨论的基础,是前提,是根本;讨论是由结果发现了"什么",即作者通过"结果"得到的新发现、新见解或新建议等,是根据结果的逻辑推理过程,是结果的升华,是认识的飞跃。讨论的重点包括论文内容的可靠性、外延性、创新性和可用性。作者要回答引言中所提的问题,评估研究结果所蕴含的意义,用结果去论证所提问题的答案,讨论部分写得好可充分体现论文的价值。结果常与讨论合并在一节,具体包括实验中获得的现象和结果;对实验结果进行定性或定量分析,说明实验结果的必然性;实验数据的分析处理,理论分析和数学推导;给出结论,指出存在问题和今后研究的方向。实验结果的分析与讨论主要采用叙述性文字,但为了使研究结果表达得更直观、更清楚,常常需要附以图、表和数学模型。论文中图表的数目不能太多,图、表和数学模型的形式不能太复杂。表中的数据和图中的曲线要用文字解释说明,不能只写结果见某某表或结果见某某图后就下结论。数学模型要有推导过程,并说明假设条件,引用的研究成果的出处、参数和系数的来源与适用范围等。同时,也不能把文字叙述变成数据的重复、图中曲线的描述或数学模型的注解,而应着重指出数据、图形、公式与实验条件之间的关系。这一部分在写作上应注意下列几个问题。

(1)逻辑性。一篇论文可能要讨论几个问题,这几个问题的排列顺序必须合理,一般按时间、因果、重要性、复杂性、对比等几个方面的次序来考虑,使内容有条理、有联系、逻辑性强,同时要突出重点。

(2)回答问题。科学研究的目的就是为了解决问题,论文就是回答选题报告中提出的若干问题。论文中除了回答这些问题外,还应该站在读者的位置,估计读者看完论文后可能提出的各种问题,详细给予回答,以消除读者的疑惑和误解。所以,这一节中必须详细说明实验工作中各种因素的影响程度,各因素之间的关系;详细说明现象发生的原因、条件和机理。对于未能解决、有待解决及无法解决的现象和问题也应明确指出,不能避而不谈。

(3)指出研究结果的理论意义和实用价值。论文中应该指出研究的结果对本学科的发展有何贡献,与有关学科的关系,对某些公认的理论、原理、规则和规范有何修正或改进,除此之外,还应指出研究结果的实用价值和推理应用后的经济效益。

(4)展望。对于论文中未能解决的问题,继续研究可能出现的问题及解决这些问题的设想、方法和途径,在论文中也应该指出,以引起读者的兴趣和思考。在所指出的问题中,应说明哪些是本论文作者将要进行研究的、哪些是正在进行的、哪些是已经完成将要发表的,以引导起读者的注意。

7. 致谢

现代科学研究往往不是一个人独立完成的,需要别人的帮助。所以,发表论文时必须对别人的劳动给予充分的肯定,并表示感谢。

致谢的对象和范围包括:

(1)协助本研究工作的实验人员。

(2)参加讨论提出过指导性意见的人员。

(3)提供实验材料、仪器及给予其他方便的人员。

(4)向作者提供数据、图表、照片的人员。

(5)资助研究工作的学会、基金会、合同单位及其他组织和个人。

(6)在撰写论文过程中提出过建议和提供过帮助的人员。

(7)对论文提供过某种有用信息,但不是论文的共同作者,对论文不负责的人员。

8. 附录

附录是在论文末作为正文主体的补充项目。包括附注、统计表、附图、计算机打印输出件、计算推导过程等必须说明的信息,附录只在必要时才采用,下列内容可列入附录中:

(1)插入正文后有损编排条理性和论文完整性的材料。

(2)篇幅过大,或取材于复制件,不便编入正文的材料。

(3)对一般读者并非必要阅读,但对本专业同行者有参考价值的材料。

(4)某些重要的原始数据、数学推导、计算框图、结构图等。

9. 参考文献

科学有继承性,后人的研究成果绝大部分都是在前人研究成果上的发展和继承。因此,凡是在论文中引用或参考过的有关文献的数据、观点和论点,均应按出现的先后顺序予以标明。这样做的目的是:

(1)反映论文的科学态度和依据。

(2)充分表明对他人科学劳动成果的尊重。

(3)便于读者了解该领域里前人所做的工作,便于读者查找核实有关内容。

论文中引用参考文献时,应在博览前人研究成果的基础上,选取最新最重要的、为数不多的文献。这些文献必须是亲自阅读过而且在论文中直接引用过的,切忌罗列教科书中已经公认的陈旧史料,这表明作者已经掌握了本学科的最新知识和信息。

长期以来,引用参考文献的著录方法和在正文中标注的方式极不统一。我国国家标准局以国际标准为依据,规定如下:

(1)正文中引用参考文献的标注方法。现行两大体系,均可采用。

①著者-出版年制。这种体系在正文中有两种格式:

a.姓名(出版年)。

例:顾惕人(1984)在《溶液中的理想吸附》一文中提出……。

b.(姓名,出版年)。

例:在《溶液中的理想吸附》一文(顾惕人,1984)中指出……。

②顺序编码制。这种体系是在论文中引用文献的作者姓名或成果叙述文字的右上角或右侧,用方括号标注阿拉伯数字,依正文出现的前后顺序编号。在参考文献表中著录时,按此序号顺序列出。

例:顾惕人[ ]指出……。

文献[ ]指出……。

(2)参考文献表的著录方法。

①书。[序号]作者.书名[M].出版地:出版社,出版年份。

例:[4]葛家,林志军.现代西方财务会计理论[M].厦门:厦门大学出版社,2001.

②期刊论文。[序号]作者.篇名[J].刊名,出版年份,卷号(期号):起止页码.

例如:[1]王海粟.浅议会计信息披露模式[J].财政研究,2004,21(1):56-58.

③学术报告。[序号]作者.篇名[R].出版地:出版者,出版年份:起始页码.

例:[12]冯西桥.核反应堆压力管道与压力容器的 LBB 分析[R].北京:清华大学核能技术设计研究院,1997:9-10.

A.2　写作中的注意事项

科技论文是科学研究工作的总结。科技论文写作时应注意科学性、逻辑性、客观性、真实性。为此,在写作科技论文时应注意下列事项。

1. 要实事求是

实验研究的结果往往是在一定的条件下获得的,结论只能在特定的范围内适用,不是无边无际的。所以写结论时一定要慎重,要说明结论的适用范围,不能随意夸大结论。

2. 用词要清楚准确

(1)名词的定义必须清楚准确。对于专业名词,特别是非本专业的技术名词,使用时必须慎重,如果不知道它的确切含义,千万不可随便使用,非用不可时,应请有关专业人员核对。

(2)名词要专一化,一篇论文中,一个名词只能用来表示一个意思,一件事物只能用一个名词来表示。

(3)比较副词,如"偏""较""更""最""太""特"等,使用时要慎重。

(4)避免使用俗语、土语、口语、行语。应当使用公认的、合乎规范的科技名词。如有必要使用一个新名词时,应该给它下一个定义,或者进行详细的解释。对于一些不常用的术语,在论文中第一次出现时也应加以注解。

(5)不使用模棱两可的词,如"也许""有可能""差不多""大概""基本上"等。论文中不能肯定的"事实"若肯定则会主观武断,但能肯定的"事实"不肯定,用模棱两可的词来表示,会使论文失去应有的价值。

(6)不要用华丽的或带有情感的辞藻,严肃的科技论文应避免使用比喻,论文中一般不要谈感想。

3. 要谦虚、以理服人

(1)与别人的研究工作进行比较时,不要用苛刻的词句或狡辩的语气,不能随意抬高自己,贬低别人。

(2)如果认为别人的研究方法有问题,研究结果不正确,应该就事实和文字进行讨论,不能随意猜测别人的动机和想法。

4. 要多次修改论文

论文写成后要进行多次修改,不要急于发稿,以免降低论文的质量。修改的内容包括:题目、篇幅、结构、语句等。一般情况下,前几次主要修改篇幅和结构,后几次修改题目、语句和其他细节。

附录 B

常用主要仪器设备的使用说明

B.1 电子天平

B.1.1 仪器概况及外形

ESJ210系列天平如图B-1-1所示,其有后置式电磁力平衡传感器、宽敞的称量室;天平内装有校准砝码,全自动一键校正,便于随时校准;有超大液晶白色背景显示屏,多种计量单位和称量方式;具有超载/欠载报警、全量程去皮、累加/累减、底钩称量等功能,可满足各种实验室质量分析之需求。

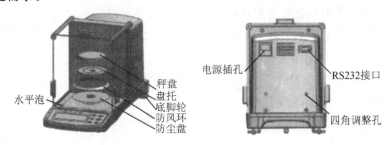

图 B-1-1 ESJ210系列天平示意图

B.1.2 天平安装

(1)称盘组件安装:防风罩安装在天平体上,将天平秤盘正确地安装在秤盘柱上。

(2)调整天平:调整后的天平后下方的两个可调底角,使天平上的水平泡位于水平仪的中心。

(3)通电:将电源线插入220 V/20 Hz的交流电插座内,电源线的另一端插到天平后部的电源孔插座内。

B.1.3 操作步骤

1. 普通称重

(1)每次通电后,为达到最佳的称量效果,应该将天平预热至少30 min。

(2)保持天平秤盘清洁,按"开/关"键使天平显示0.0000 g或者自动校准完成后显示0.0000 g。

(3)如果需要其他称量单位,或者其他称量方式,按"模式"键调整显示其他单位或其他称量方式。

(4)拉开天平称量室门,将待测物体轻轻放到秤盘中央,然后将称量室门轻轻关上,等待称量数据稳定后读取数据。

(5)打开称量室门取出物体,进行下一次称量;如果不再继续称量,则关闭称量室门,避免灰尘浸入天平内部。

2. 容量称量

(1)将容器放在秤盘上。

(2)等待"o"稳定指示符出现后按"去皮"键去皮,天平将显示 0.0000 g。

(3)将待测物体放在容器内。

(4)等待"o"稳定指示符出现后,读取待测物体的重量。

3. 计数称量

(1)按照系统参数表选择样品数量。

(2)按"去皮"键,等待天平稳定后显示 0.0000 g。

(3)按"模式"键,将天平调整到计数模式状态。

(4)将样品放在秤盘中央,并关闭称量室门。

(5)按"校准"键,天平系统将会对样品按照 C2 参数进行采样。

(6)采样结束后,天平按照 C2 参数显示样品数量,移除样品,等待天平回零稳定后,用户可以进行技术称量操作。

注意:样品数量的可读最小值不能小于天平的最小分辨率。

4. 百分比称量

(1)按"去皮"键,待天平稳定后显示 0.0000 g。

(2)按"模式"键,将天平调整到百分比称重状态。

(3)将样品放在秤盘中央,并关闭称量室门。

(4)按"校准"键,天平系统将会以此样为参照物作为 100.00% 的基础值。

(5)成功采样后,天平显示 100.00%,移除样品,待天平回零稳定后,用户可以进行百分比称重操作。

注意:样品数量可读最小值不能小于天平的最小分辨率。

B.1.4 校准天平

1. 全自动校准

全自动校准状态下,系统将会随着时间的变换、温度的变换,主动地在适当的情况下执行自校准操作。

注:当称盘有重物或内部砝码加载到称重机构上的时候,不执行校准操作,显示屏上将会显示需要校准的提示信息,当移除秤盘上的重物或卸载内部校准砝码以后,天平将继续执行校准操作。

2. 半自动校准

当用户需要立刻校准天平时,用户只需要按"校准"键即可,天平接收到校准指令后将会执行校准操作。

注:同全自动校准事项,但用户可在天平没有执行校准之前,以再按"校准"取消校准操作。

B.1.5　注意事项

(1)为确保称量准确,天平在使用前通电 30 min 预热。

(2)天平正常工作应有一个良好的适应环境,应放在稳定、水平的工作台上。

(3)称量物品时,应轻拿轻放,不要冲击秤盘,如有严重冲击,可能会导致天平机械系统不能恢复原位。

(4)称量液体时,应小心称量,不要让液体从秤盘底下流入天平内部,如有类似情况发生,应立刻拔掉电源,清理内部液体,或等液体全部蒸发,确保无残留后可继续使用。

(5)天平清洁前,应将电源线拔下,不得使用带有腐蚀性的清洁剂清洁,建议使用酒精或柔和的溶剂清洁,不要让水溅到天平内部,清洁完成后,用干燥不掉毛的软布将天平擦干。

(6)清洁后,最好将其罩上,以防灰尘侵入。

B.2　便携式 pH 计

B.2.1　仪器概况及外形

便携式 pH 计(见图 B-2-1)一般采用背光 LCD 液晶显示,同时显示 pH 值、温度或 mV (氧化还原电位,oxidation reduction potential,ORP),温度具有手动温度补偿功能;支持两点标定,外形新颖、携带方便、操作简单,并配有 E-201-C 型 pH 复合电极。

主要技术指标:

(1)测量范围:pH 值:0.00～14.00;mV:-1400 ～1400。

(2)分辨率:pH:0.01 pH;mV:1 mV。

(3)基本误差:pH:±0.03 pH±1 个字;mV:±0.2%F.S.。

(4)输入阻抗:不小于 3×1011 Ω。

(5)稳定性:(±0.03pH±1 个字)/3h。

(6)温度补偿范围:手动 0.0～60.0 ℃。

(7)电　源:2 节 5 号碱性电池。

(8)外形尺寸(mm):170×75×30。

(9)仪器重量:0.5 kg。

(10)机箱外形编号:WXS-A004-1。

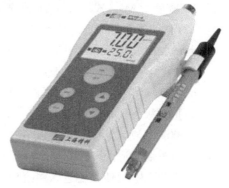

图 B-2-1　便携式 pH 计

B.2.2　仪器的使用

1. 开机前准备

(1)打开仪器电池盒,装入 5 号电池。

(2)将 pH 复合电极下端的电极保护套拔下,并且拉下电极上端的橡皮套使其露出上端小孔。

(3)用蒸馏水清洗电极。

2. 电位(mV 值)的测量

(1)按"开关"键接通电源,仪器进入"mV"测量模式。

(2)把电极插在被测溶液内,即可在显示屏上读出该离子选择电极的电极电位(mV 值),还可以自动显示正负极性。

注:如果被测信号超出仪器的测量范围,或测量端开路时,显示屏不会亮。

3. pH 值的测定

仪器使用前首先要标定,一般情况下仪器在连续使用时,每天要标定一次。

(1)仪器标定。

①按"开关"键接通电源,仪器进入"mV"测量模式;

②按"模式"键仪器进入温度设置状态,"℃"指示符号闪烁,按"▲"或"▼"键,使仪器温度显示为标定溶液的温度,按"确认"键,把设置的温度存入仪器内,此时"℃"指示符号停止闪烁;

③然后再按"模式"键,此时仪器显示"SDT1",表明仪器进入第一点标定(如果不需要进行标定则按"模式"键两次,使仪器显示"MEAS"直接进入 pH 值的测量);

④把用蒸馏水清洗过的电极插入三种 pH 缓冲溶液中的任意一种,此时仪器显示此缓冲溶液的电位 mV 值,待读数稳定后按"确认"键,仪器显示此缓冲溶液的 pH 值,第一点标定结束,再按"模式"键此时仪器显示"SDT2"表明仪器进入第二点标定状态;

⑤把清洗过的电极插入另一种 pH 缓冲溶液中,此时仪器显示第二点缓冲溶液的电位 mV 值,待读数稳定后按"确认"键,仪器显示第二点缓冲溶液的 pH 值,再按"模式"键,此时"SDT2"熄灭,"MEAS"显示,表明仪器标定结束进入 pH 值测量状态。

(2)测量。经标定过的仪器,即可用来测量被测溶液,被测溶液与标定溶液温度是否相同,所引起的测量步骤也有所不同,具体操作步骤如下:

①被测溶液与定位溶液温度相同时,测量步骤如下:

a. 用蒸馏水清洗电极头部,再用被测溶液清洗一次;

b. 把电极浸入被测溶液中,用玻璃棒搅拌溶液,使溶液均匀后读出该溶液的 pH 值。

②被测溶液与定位溶液温度不同时,测量步骤如下:

a. 用蒸馏水清洗电极头部,再用被测溶液清洗一次,用温度计测出被测溶液的温度值;

b. 按"模式"键使仪器进入温度设置状态(℃符号闪烁),按"▲"或"▼"键,使仪器温度显示为标定溶液的温度,按"确认"键,此时"℃"指示符号停止闪烁;

c. 再按"模式"键三次,使仪器显示"MEAS pH"状态,即可测量溶液的 pH 值;

d. 把电极插入被测溶液内,用玻璃棒搅拌溶液,使溶液均匀后读出该溶液的 pH 值。

注:若仪器出现不正常现象,可将仪器关掉,然后按住"确认"键,再将仪器打开,使仪器处于初始化状态。

B.2.3　仪器的维护

(1)电极在测量前必须用已知 pH 值的标准缓冲溶液进行校准,其 pH 值愈接近被测溶液 pH 值愈好。

(2)取下电极护套后,应避免点电极的敏感玻璃泡与硬物接触,因为任何破损或擦毛都会使电极失效。

（3）测量结束，及时将电极保护套套上，电极套内应放少量外参比补充液，以保持电极球泡的湿润，切记浸泡在蒸馏水中。

（4）复合电极的外参比补充液应高于被测溶液液面 10 mm 以上，如果低于被测溶液液面，应及时补充外参比补充液，复合电极不使用时，应拉上橡皮套，防止补充液干涸。

（5）电极的引出端必须保持清洁干燥，绝对防止输出两端短路，否则将导致测量失准或失效。

（6）信号输入端必须保持干燥清洁，仪器不用时，将 Q 短路插头插入插座，防止灰尘及水汽浸入。

（7）电极应避免长时间浸入蒸馏水、蛋白质溶液和酸性氟化物溶液中，电极应与有机硅油接触。

（8）电极经长期使用后如发现斜率略有降低，则可把电极下端浸泡在 4％ HF（氢氟酸）中（3～5 s），用蒸馏水洗净，然后在 0.1 mol/L 盐酸溶液中浸泡，使之复新。

（9）被测溶液如含有易污染敏感球泡或堵塞液接界的物质而使电极钝化，会出现斜率降低，显示读数不准现象，如发生该现象，则应根据污染物质的性质，用适当溶液清洗电极，使电极复新。

（10）请不要让强光长时间直射液晶显示器，以延长液晶显示的使用寿命，必须防止硬物接触显示器，以防其划伤显示器表面玻璃。

（11）仪器长时间不用请将电池取出。

B.2.4　注意事项

（1）玻璃电极的保质期为一年，出厂一年以后不管是否使用，其性能都会受到影响，应及时更换。

（2）第一次使用的 pH 电极或长期停用的 pH 电极，在使用前必须在 3 mol/L 氯化钾溶液中浸泡 24 h。

（3）选用清洗剂时，不能用四氯化碳、三氯乙烯、四氢呋喃等能溶解聚碳酸树脂的清洗液，因为电极外壳是用聚碳酸树脂制成的，其溶解后极易污染敏感玻璃球泡，从而使电极失效，也不能用复合电极去测上述溶液。

（4）pH 复合电极的使用，最容易出现的问题是外参比电极的液接界堵塞。

B.3　电导率仪

B.3.1　仪器外形和主要技术指标

仪器外形如图 B-3-1 所示。

图 B-3-1　电导率仪

计量技术参数:0.00 μS/cm～199.9 mS/cm;0.5 级。

电子测量范围:0.0 μS/cm～199.9 mS/cm;0.1 mg/L～199.9 g/L(TDS);0～100 ℃。

分辨率自动分档;0.1 ℃。

精度:±0.5%F.S.。

数据存储 30 组。

电源:4×AAA7 号电池>250 h。

尺寸(mm)/重量(kg):90×170×35/0.16(不含电池)液晶显示器。

B.3.2　校准

1.选择标准溶液

使用 ST300C 型电导率仪测量前,需要先选择一个标准液进行校准。

长按"模式/设置/向下"键,设置图标、显示,按读数键两次到当前标准液闪烁;用"存储/回显/向上"和"模式/设置/向下"键选择需要的标准液,最后按"读数"键确认。按"退出"键退出参数设置模式。

4 种预设的标准液:10 μS/cm、84 μS/cm、1413 μS/cm 和 1288 mS/cm ,仪表程序中包含了对于每一种标准液的自动温度补偿。

2.校准操作

将电导率仪的电极放入相应的标准液中,按"校准"键。

校准图标和测量图标显示在屏幕上。在校准过程中,测量图标一直闪烁。仪表根据预先选定的终点方式达到校准终点,自动终点方式下结果稳定后自动达到终点,手动终点方式下按"读数"键达到终点。

校准结束后,标准溶液值显示并保存;测量图标闪烁 3 次后不再显示。最后,终点稳定图标和自动终点图标闪烁 3 次后锁定在屏幕上。如果校准是手动判断终点,仅仅有终点稳定图标闪烁 3 次后锁定在屏幕上。

完成校准后电极常数会显示在屏幕上 3 s 后自动回到测量状态。为确保精确的电导率测量,最好每天校验电极常数并在需要时重新校准。请使用新制备的标准液校准(切忌使用不在有效期内的标准液)。推荐使用内置温度探头的电导电极,如果您选择人工温度补偿模式,应该输入正确的温度值,校准和测量时也要在此温度下。

3. 样品测量

将电极放入待测样品中,按"读数"键开始测量。测量图标显示在屏幕上。在测量过程和样品电导率值显示中此图标一直闪烁。仪表默认终点判断方式为自动终点判断(显示"$\sqrt{\text{Auto}}$")。当结果稳定后,读数锁定,测量图标闪烁 3 次后不再显示。此时测量终点被确定认定,自动终点图标"$\sqrt{\text{Auto}}$"闪烁 3 次后锁定屏幕。

长按"读数"键,可以在自动终点和手动终点方式间切换。在手动终点方式下,按"读数"键终止测量,测量图标闪烁 3 次后不再显示;终点稳定图标闪烁 3 次后锁定在屏幕上。

电导率自动终点判断算法:电极所测量到的电导率值与 6 s 内测得的电导率的平均值之间不相差超过 0.4% 时,仪表自动判定已达到测量终点。

注:样品的测量值是根据测定的样品温度和温度补偿系数(a 值)自动补偿到参比温度(20 ℃ 或 25 ℃)的值。

4. TDS 测量

要测量溶解性总固体(total dissolved solid,TDS)值,请参考电导率的测量方法。按"模式/设置/向下"键可在电导率和 TDS 测量之间切换。

5. 使用存储器

(1)存储一个读数。便携式电导率仪可存储 30 个终点测量结果。当测量结束时按下"存储/回显/向上"键。M01 表示存储了一个测量结果。

如果您在显示 M30 时又按了按"存储/回显/向上"键,FUL 表示数据库已存满。要存储数据就必须清空存储器。

(2)调取存储数据。当测量结束时长按"存储/回显/向上"键可从存储器中查看已存储的数据。

按"存储/回显/向上"和"模式/设置/向下"键可以滚动显示存储的结果。R01 至 R30 表示显示的是第几个存储结果。按"读数"键可退出。

(3)清除存储数据。持续按"存储/回显/向上"或"模式/设置/向下"键滚动显示存储的结果时,直到看到 MRCL 出现。接着按"读数"键,屏幕出现闪烁的 CLr,再次按"读数"键以确认清空存储器的操作。或者按"退出"键取消清空操作并返回测量模式。

注:仪表连续 10 min 没有操作时将自动关机以节省电量。

6. 参数设置

(1)设置温度补偿系数。长按"模式/设置/向下"键,直到参数设置图标"%"显示,并且当前标准液闪烁。按"读数"键略过标准液设置;仪表自动跳到温度补偿系数 a 值。用"存储/回显/向上"和"模式/设置/向下"键选择温度修正值。按"读数"键确认此设置。然后进行参比温度设置或按"退出"键回到测量模式下。

注:温度补偿系数默认值为 2.00%/℃,如果您希望样品的测量值为原始值而不是经过温度补偿到参比温度(20 ℃ 或 25 ℃)的数值,可以将该系数设置为 0。

(2)设置参比温度。在设置确认温度补偿系数后,屏幕显示参比温度。利用"存储/回显/

向上"和"模式/设置/向下"键在 25 ℃和 20 ℃值中选定一个温度。按"读数"键确认此设置,按"退出"键回到测量模式。

(3)设置 TDS 因子。在选定温度单位后,当前 TDS 转化因子闪烁。利用"存储/回显/向上"和"模式/设置/向下"键设置该值,按"读数"键确认此设置,仪表会自动退回到测量模式下。TDS 因子默认值为 0.5。

B.4　便携式溶解氧测试仪

1. 仪器概述及外形

精密型溶解氧测试仪(见图 B-4-1)DO3210 能快速可靠地测试溶氧量。DO3210 操作便利,在所有应用中具有很高的测试可靠性和精度。有效地溶氧校正程序可让溶解氧测试仪的使用更为便利。溶解氧测试仪显示屏如图 B-4-2 所示。

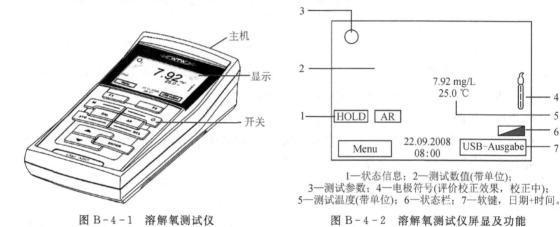

1—状态信息; 2—测试数值(带单位);
3—测试参数; 4—电极符号(评价校正效果,校正中);
5—测试温度(带单位); 6—状态栏; 7—软键,日期+时间。

图 B-4-1　溶解氧测试仪　　　　　图 B-4-2　溶解氧测试仪屏显及功能

2. 基本设置

(1)开启仪表:按下"On/Off"键,仪表自行检测,显示屏显示厂商 logo,同时进行仪表自行检测,显示测试值屏幕。

(2)关闭仪表:按下"On/Off"键。

(3)自动关闭:仪表有自动关闭功能,可以节省用电,在设定的关闭间隔内,若无任何按键,仪表会自动关闭。

(4)背景灯:若 30 s 内无任何按键,仪表会自动关闭背景灯。再次按键时,背景灯会再亮起来,也可以手动将背景灯设置为常开或常关模式。

(5)操作模式:

①测试:在显示屏上显示所接触传感器的测试数值;

②校正:校正程序,并显示校正信息、功能和设置;

③数据存储:仪表手动存储数据;

④设置:系统主菜单或传感器菜单,并显示子菜单、设置和功能。

3. 测定操作

可以测试以下参数:

溶氧浓度[mg/L]

溶氧饱和系数[%]

溶氧分压[mbar(0.1 kPa)]

准备工作：

(1)将溶氧电极连接至仪表，显示溶氧测试窗口。

(2)校正或检查带传感器的仪表。

测试过程：

(1)执行准备操作。

(2)将溶氧电极浸入待测样品中。

为什么要进行溶氧校正？由于溶氧电极的老化，溶氧电极斜率会稍有变化。校正可以决定电极常数的当前数值，并将此储存在仪表内。

何时校正：

(1)连接另一个溶氧电极。

(2)传感符号闪烁（校正间隔过期）。

(3)在水蒸气饱和的空气中校正。

校正步骤：

(1)将溶氧电极连至测试仪表。

(2)将溶氧电极放至空气校正套内。

(3)通过"CAL"键开启校正，显示最近一次校正数据（相关斜率）。

B.5　浊度计

B.5.1　仪器概述及外形

WGZ 系列浊度计用于测量悬浮于水或透明液体中不溶性颗粒物质所产生的光的散射程度，并能定量表征这些悬浮颗粒物质的含量。本仪器采用国际标准 ISO7027 中规定的福尔马肼浊度标准溶液进行标定，采用 NTU 作为浊度计量单位，可以广泛应用于发电厂、纯净水厂、自来水厂、生活污水处理厂、饮料厂、环保部门、工业用水、制酒行业及制药行业、防疫部门、医院等部门的浊度测定。浊度计外形如图 B-5-1 所示。

主要技术参数：

测定原理：90°散射光。

最小显示值(NTU)：0.001。

测量范围(NTU)：0～10；0～100；0～200。

示值误差极限：±2%F.S.。

零点漂移（NTU/30 min）：空腔 ±0.03；零水 ≤ ±0.5%F.S.。

电压波动影响：±0.3%F.S.。

供电电源：交流电源适配器 220V/50 Hz 或直流 1.5V、

图 B-5-1　浊度计

5 节 AA 碱性干电池。

使用环境：温度 5～35 ℃；湿度 <80%RH，不冷凝。

B.5.2 使用操作说明

1.开机预热

按动仪器面板上的按键"开"，对仪器进行开机预热，显示屏上显示"昕瑞仪器"英文字样并闪烁。微机系统预热 15 s 后，自动进入测量状态，显示年、月、日、时、分，所在量程，测量值及测量单位。

2.仪器校正

仪器必须在开机预热 5 min 后使用，在测量状态时按"设置"键一次，进入主菜单"LCK"设置栏。

(1)按一下"设置"键进入 CS1 量程校准状态（测量量程 1，测量范围 0～10 NTU），10 NTU 可通过"←""↑""↓"键进行修改。

调零：将装好的零浊度水试样瓶置于测量座内，并保证试样瓶的刻线应对准试样座的白色定位线，然后盖好遮光盖，待显示稳定后，按"调零"键，使显示值为 0.00（允许误差±0.02）。

校正：取出零浊度水试样瓶，采用同样的方法换上 10 NTU 标准溶液，盖好遮光盖，待显示稳定后，按"校正"键，使显示值为 10 NTU（允许误差±0.02）。

(2)按一下"设置"键，进入 CS2 量程校准状态（测量量程 1，测量范围 0～100 NTU）。

(3)按一下"设置"键，进入 CS3 量程校准状态（测量量程 1，测量范围 0～200 NTU）。

调零与校正操作同(1)。

3.进入测量状态

通过按"设置"键或者"存储"键退出设置状态，进入测量状态。取出标准溶液，换上样品试样瓶，待显示稳定后，将显示的浊度值加上 0.10 NTU 后即为样品的实际浊度。

4.关机

自动开机起约 40 min 后仪器会自动关机，或者按"关"键可直接关机。

5.测量值存储或打印

在测量状态下按"存储/打印"键时，打印显示内容，同时将显示内容进行储存。如未连接打印机时或打印机处于离线状态时，只进行数据存储。

6.已存测量值查询

在测量状态下按"查询"键时，显示最近一次已存测量值。通过"↑""↓"键可对已存测量值最近一次向上查询，共可查 20 个数据。再按一下查询键，退出查询状态。

7.测量状态下快捷校准

调零：在测量状态下，放置零浊度水，按"调零"键，可将测量值自动归零。

校正：在测量状态下，放置标准溶液，按"校正"键一下，进入校正状态，通过"上、下键"选择校正点设置值，按一下"校正"键，可将标准溶液进行校正。再按"校正"键一次，退出校正状态。

8. 平均值输出

在测量状态下，按"平均"键一次，显示"wait…"字样，微机自动按照辅菜单已设置的平均采样时间进行采样，并对所有采样值进行平均计算，最后稳定显示计算值及测量时间。再按一下"平均"键，可自动退出状态。

9. 错误代码显示

LOW(测量值低)，FULL(测量值超量程)。当出现错误代码时，并非仪器本身故障，一般为使用不当所致，只要按照使用操作方法从低到高重新进行调零和校正即可排除故障现象。

B.5.3　维护和检修

(1)浊度计长时间停用的情况下，应定期开机预热一段时间，有利于驱除机内的潮气。

(2)浊度计贮存或运输期间，应避免高温或低温及潮湿的地方，以防止损坏仪器内的光学系统及电器元件。

(3)定期清洗测样瓶及清除式样座内的灰尘，可有效地提高测量准确值，清洗时，不能划伤玻璃表面。

B.6　混凝搅拌机

1. 仪器概况及外观结构图

该仪器结构图如图 B-6-1 所示，仪器上有全中文工作界面、大屏幕液晶显示，每个操作步骤有菜单提示，仅需按键选择，使用异常简单。可存储 12 组程序，每组程序可设 10 段不同转速；程序的编写、修改十分方便。运行时各种参数(程序号、转速、时间、温度、速度梯度 G 值、GT 值)全屏幕显示，工作状态一目了然。控制器与机箱分开设计，使更换维修非常方便。搅拌、加药和升降功能由三块电路板控制，维修仅需更换电路板即可，维修费用极低并且快捷。搅拌电机直接连不锈钢搅拌桨，无机械传动装置，避免传统搅拌机皮带和齿轮等传动部件频繁故障的缺陷。所有机型配有圆形或方形烧杯(1 L、1.5 L)，六只烧杯形状和出水口完全一样，可保证实验结果的同步性。

主要技术参数：

(1)转速：10～1000 r/min，无级调速；转速精度±0.5％；速度梯度 G 值为 10～1000 s^{-1}。

(2)每一段运行时间：0～99 分 99 秒(每个程序最多可运行十段)，时间精度±0.1％。

(3)测温：0～50 ℃，测温精度±1 ℃。

(4)电源：220 V(精度±5％)，50/60 Hz。

(5)功耗：六联，180 W。

2. 操作步骤

(1)打开电源，调节控制器右上角的灰度旋钮时屏幕上有清晰文字显示。

(2)点击控制器上"LIFT"键，使搅拌头抬起，注意：上升"LIFT"键和下降"DOWN"键只需点击一下就好，2 s 后方会执行升、降动作，不要按住不放。

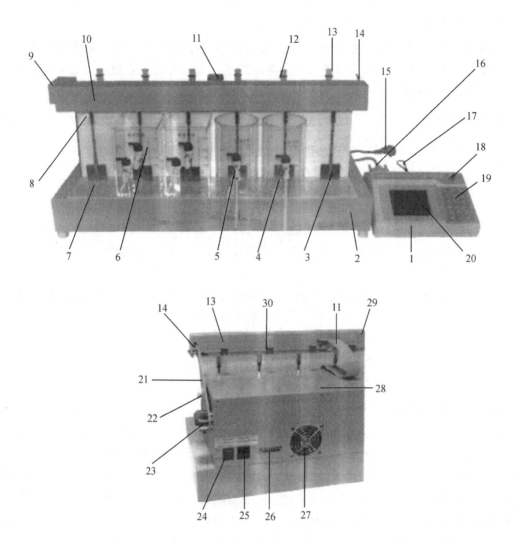

1—控制器；2—主机；3—搅拌浆；4—圆形烧杯；5—取水样阀门；6—方形烧杯；7—灯箱(塑料板下面)；
8—浆固定螺丝(上面一颗)；9—加药电机；10—搅拌头(内含六个搅拌电机)；11—信号电缆；12—试管定位胶圈；
13—加药试管；14—加药手柄；15—电源线；16—连接电缆；17—温度传感器；18—亮度旋钮；19—按键开关；
20—液晶显示器；21—升降臂；22—塑料支撑；23—锁紧帽；24—电源开关；25—电源插座；26—连接电缆插座；
27—散热风扇；28—主机盖板；29—搅拌头盖板；30—试管夹。

图 B-6-1　混凝搅拌机结构示意图

（3）6 个烧杯装好水样后放入灯箱上相应的定位孔,按"↓"键使搅拌头下降。另准备一烧杯放入相同水样,把温度传感器放入水样中,实验过程中传感器将所测得水样温度对应的黏度系数引入控制器芯片参与速度梯度 G 值的计算。

（4）根据实验要求通过刻度吸管向试管中加入稀释好的混凝剂溶液和稀释用蒸馏水,总体积保持在 9 mL。可通过药液浓度来控制体积。

（5）按控制器上任意一键,即转入主菜单,以后所有的操作均可根据屏幕提示进行。

（6）按数字键"1"或者"2"选择同步运行或独立运行。同步运行:6 个搅拌头运行相同程序。独立运行:可分别运行最多 6 组不同程序,当遇到 6 组程序运行时间不同的情况时,为保证所有的搅拌头同时结束搅拌进入沉淀(此时搅拌头抬起),各头会不同时开始运行,运行时间长的先开始,而其他各头则要等待相应的时间以达到同时结束搅拌的目的,各头的等待时间是由控制器自动计算,自动执行的,不需实验者考虑。

(7)输入程序:同时运行时输入 1 个程序号;独立运行则需分别输入 6 个程序号(可相同也可不同)。注意输完一个程序号时,要按回车键才能输入下一个程序号,若输入内容为空的程序号,则这个桨不运行;若不输入程序号,直接按回车键,此桨也不运行。

(8)输完程序号后要核查一下,如有误可返回重输,如正确即可按回车键开始搅拌。在搅拌或沉淀过程中,按"↓"键可终止程序运行,停止后根据提示选择返回主菜单或换水样后重新启动运行原程序。按"↓"键的时间要求稍长些,大概需要一秒钟。

(9)搅拌过程中,如要多次加药,必须在前次加药结束后,即准备好新的药液,注入试管等待。为了减少试管中残留药液造成的实验误差,可在第一次加药后,用等量蒸馏水洗涤试管,然后手动或自动加药将洗水加入烧杯。

(10)当各段搅拌完成后,搅拌头自动抬起,并报警提示开始进入沉淀。注意:若程序未设置沉淀段,则搅拌头搅拌结束后不会抬起。

(11)沉淀结束后,蜂鸣器报警(除"1""2"键外的任意键可解除报警),此时可取水样测试浊度或 COD 等水质指标。控制器自动转入另一菜单,可选择返回主菜单或继续运行原程序。在搅拌头重新降下前,必须先解除报警。控制器上的复位键用于控制器的重新启动,常用于编程、输入程序号、程序查阅等步骤,对搅拌头不起作用,因而在各搅拌桨运行时不要按动。若发现搅拌桨出现异常情况,而按"↓"键终止也不起作用时则需关掉总电源开关。当搅拌头运动到最高或最低点时,若蜂鸣器仍响个不停,则说明电机仍在工作(可能是控制线路有故障),此时必须关电停机进行维修,考虑更换提升电路板。

3. 编写程序

本控制器可编写存储多达 12 组数据,每个程序最多可设 10 段不同的转速和时间。编程方法如下:主菜单中选择编程操作,输入程序号,按回车键,显示屏上出现程序表格。光标在待输入处闪动,按数字键即可依次输入各项内容,光标自动右移,换行,请注意分钟和秒钟示数都是两位数,转速示数为四位数,高位若为零,也应输入零或按"→"键跳过。如在该段程序开始时要自动加药,即在加药栏输入数字"1",不加药则输入"0";最后沉淀程序需把转速设为"0000"。对原有程序进行修改时,可用四个箭头键将光标移到相应位置,再输入新数字。当输入程序后,以后的各段程序就全部自动删除。程序编写或修改完后,按回车键结束,根据屏幕上的提示选择存储或者继续编写等功能。在主菜单可按"4"键进入程序查阅,可查看各程序内容,按"↓"键向后翻页。在查阅时不能修改程序。在主菜单按"5"键可删除所有程序。本机不能单独删除某一段程序。

4. 注意事项及故障处理

(1)本搅拌机虽然已考虑了防水问题,但实验者仍须注意避免将水溅到机箱或控制器上,溅上后要立即擦干。

(2)当工作头处于升起状态时,避免将手放在搅拌桨下,以防工作头突然掉下来伤手。

(3)搅拌头在工作时,不能升降出入水,若叶片一边高速旋转一边进入水中,可能会损坏电路,此点必须注意,若不慎操作错误,须立即关掉电源,5 min后再开机检查。

(4)某一搅拌头不转动:打开主机盖板,查看右侧驱动电路板上对应保险管是否完好。

(5)若液晶显示器亮,但是转动亮度旋钮不能调出文字,可考虑更换电位器,打开控制器,更换与亮度开关相连接的电位器,若还无字则要更换液晶,安装在控制器内的控制电路板与窗口间,只需松开相应插头和螺丝即可更换。

(6)控制器上按键一个或多个不动作:打开控制器,将按键后面引出的透明排线从控制电路板上拔掉,再插紧,看是否是接触不良造成的,若不行,则要更换整个按键薄膜,松开排线插头,从控制器外面撕掉整个蓝色按键,贴上新的,再插紧插头即可。

(7)控制器液晶和主机内日光灯都不亮:有可能是主机后右侧的电源插座内保险丝烧掉了,可检查更换。电源插座内有两根保险管,一用一备,若更换后仍然不亮,则可能是主机箱内的开关电源故障,用万用表测量确定后更换,开关电源更换需要专业人员操作。

(8)若机箱内蜂鸣器持续鸣叫,搅拌头不提升或提升不到位,则需要更换主机内左侧的提升电路板或提升电机。强烈建议本机单独使用一个电源插座,若与别的电器共用插座,有可能受到干扰,在搅拌过程中,工作头会突然升起。

(9)有时搅拌机刚开箱使用时,若出现灯箱内亮度不均匀的情况,这可能是灯管在运输过程中松动造成的,先关闭电源开关,拔掉电源线,将搅拌机向后侧翻转90°,露出底部,松开灯箱底部螺丝,拿出灯箱,旋转灯管到位即可,若灯管损坏,则更换同型号日光灯管。

B.7　低速离心机

1. 仪器概况与外形

台式低速离心机结构如图B-7-1所示,采用直流无刷电机驱动,微电脑控制转速和离心时间,键盘设定工作参数,高亮度、长寿命LED数字显示离心时间、转速和离心力。该机采用提篮式试管适配器,可与多种试管匹配,拿取方便。该机广泛应用于医学检验、基础医学、农业科学、化工、生物等各类实验室。

主要技术参数:

(1)最高转速:6000 r/min。

(2)最大相对离心力:5000×g。

(3)转速精度:±20 r/min。

(4)转子最大容量:100 mL×4。

(5)温升指标:≤10 ℃(运行20 min)。

(6)噪音:≤65 dB。

(7)定时范围:1~9999 min/连续/点动。

(8)结构:钢制结构,不锈钢离心腔。

(9)重量:51 kg。

图B-7-1　台式低速离心机

(10)外形尺寸:430 mm×500 mm×415 mm(长×宽×高)。

2.控制面板说明

仪器控制面板如图 B-7-2 所示：

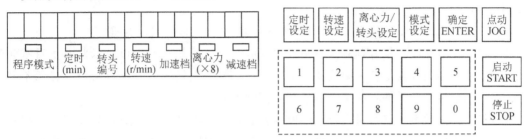

图 B-7-2 仪器控制面板示意图

各部分的功能如表 B-7-1 所示：

表 B-7-1 控制面板各部分功能表

序号	名称	功能说明
(1)	显示状态	显示设定状态,当某种状态有效时,对应指示灯亮
(2)	定时设定键	用于样品离心所需时间的设定
(3)	转速设定键	用于样品离心过程中所需转速的设定
(4)	离心力/转头设定键	用于样品离心过程中所需离心力或转头的设定
(5)	模式设定键	用于样品离心所需模式的设定
(6)	确定键	用于每次设定参数后的确认
(7)	点动键	用于离心机的点动运转
(8)	数字键	用于对设定参数的修改
(9)	启动键	按此键可使离心机开始运转
(10)	停止键	按此键可使离心机停止运转

3.操作步骤

打开电源开关,离心机显示出厂前的设定值。如果对"定时""转速""离心力"等参数进行修改,可以按以下方法进行操作：

(1)定时修改。定时设定可分为：连续运转和按设定时间运转。

连续运转：当定时窗口显示为数字时,按两次"定时设定"键,定时窗口闪烁显示为"□□□□",按"确定"键确认后,离心机即为连续运转。

按设定时间运转：当定时窗口显示为数字时,按一次"定时设定"键,定时窗口闪烁显示此时间值,按数字键对其进行修改为需要的时间值,按"确定"键确认。定时窗口显示为"□□□□"时(即处于连续运转状态),按一次"定时设定"键,定时窗口闪烁显示一数字如 60,再按数字键对其进行修改为需要的时间值,按"确定"键确认。

(2)转速修改。按一次"转速设定"键后,按数字键对转速进行修改,按"确定"键确认。在修改过程中,对应的离心力也作相应的变化并在离心力窗口中显示。

(3)离心力修改。按"离心力/转头设定"键,在离心力显示窗口显示此时的离心力,按数字键对离心力进行修改,按"确定"键确认。在修改过程中,对应的转速也作相应的变化并在转速窗口中显示。

注:转速和离心力是交互设定的,如两者都被修改时,则以后设的为准。

(4)转头型号修改。按"离心力/转头设定"键,在转头编号显示窗口显示此时机器默认的转头型号,如要切换为其他转头则按数字键"1"或"2"或"3",转头编号显示窗口会显示不同的转头型号,当显示为所需的转头型号后按"确定"键确认。

(5)程序模式编程。离心机内含12种可编程序模式和10种加、减速挡,在每一种程序模式里,可存储不同的定时时间、转速、离心力、加速挡和减速挡,以便于用户根据需要对不同模式进行编程,以备以后使用时调用。

如果想改变程序模式,可以按一次"模式设定"键,"程序模式"窗口开始闪烁显示,此时程序模式显示为当前程序模式,按数字键对其进行修改,一直到所需要的模式,按"确定"键确认,即调出所需的模式。

如果想对程序模式中设定的内容进行修改,连续按两次"模式设定"键,"定时"窗口开始闪烁显示,参照(1)~(3)条,即可对"定时""转速""离心力"进行修改。当离心力参数修改完成后再按"确定"键,"加速挡"窗口开始闪烁显示此种程序模式下的当前加速挡设定内容,此时按数字键可对加速挡进行修改,按"确定"键确认后,"离心力"开始闪烁显示,按数字键对其进行修改,按"确定"键确认后,"减速挡"窗口开始闪烁显示此种程序模式下的当前加速挡设定内容,按数字键对其进行修改,按"确定"键确认后,一次修改或编程结束,并且以上修改或设定的参数被保存在当前的程序模式中。

注:①每种程序模式中的加速和减速分别包含10个挡,其中0挡位为最快挡,第9挡位为最慢挡。②如果用户第一次使用某种转头,离心机软件将默认第一种程序模式;如果用户第一次使用程序模式,加、减速挡均默认的是第5挡。③如转头半径过大,加、减速将受限制。④在修改过程中,如果长时间没有按"确定"键确认,则软件会自动进行确认,即延时确认。⑤12种程序模式各自独立,没有优先顺序,每种模式均可由用户根据需要设定。

(6)使用举例。设定模式:按一次"模式设定"键,若此时程序模式为"1"则显示为"1",按数字键修改模式数值,最后按"确定"键确认。

设定模式内参数:按"模式设定"键,再按数字键,此时可修改模式号,再按一次"模式设定"键,定时窗口闪烁显示,按数字键可修改离心时间,最后按"确定"键确认;确认后自动转为转速窗口闪烁显示,按数字键可修改转速,按"确定"键确认;确认后自动转为加速挡窗口闪烁显示,按数字键可修改加速挡位。例如加速挡位为2,则显示为ACC2,此时按数字键可对加速挡进行修改,按"确定"键确认;确认后自动转为离心力窗口闪烁显示,按数字键可修改离心力,按"确定"键确认;确认后自动转为减速挡窗口闪烁显示,按数字键可修改减速挡位,按"确定"键确认。

(7)离心机提供点动功能,按住"点动"键,离心机开始按设定转速运转,如中途松开"点动"键,则离心机开始降速直至停止运转,如再次按住"点动"键,则离心机仍然可以进行点动运转。

B.8　分光光度计

B.8.1　仪器的基本操作

1. 显示屏和按键

分光光度计显示屏和按键示意图如图 B-8-1 所示。

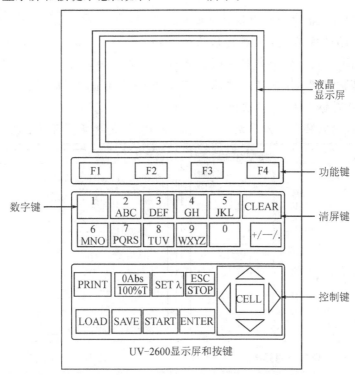

图 B-8-1　分光光度计显示屏及按键示意图

按键描述：

【LOAD】	数据调出键；
【SAVE】	数据存储键；
【SETλ】	设置波长键；
【0Abs/100％T】	调 100％T/0Abs，和建用户基线键；
【PRINT】	打印输出键；
【START】	试验或测试启动键；
【ESC/STOP】	退回前屏显示或取消当前操作；
【ENTER】	输入确认键；
【F1】～【F4】	功能键，与屏幕上显示相对应；
【0】～【9】	数字及字母键；
【+/-/.】	正负号和小数点键；

【CLEAR】　　　　　　　　清屏,清掉当前的输入数据,删除文件;

【<】,【>】　　　　　　　　修改 X 坐标,逐点观察数据;

【∧】,【∨】　　　　　　　　修改 Y 坐标,逐点观察峰值,输入大小写字;

【CELL】　　　　　　　　　设置样品槽位置(在安装有 8 联架的情况下)。

2. 仪器通电

仪器接通电源(每次关机后,不要立即再打开,应等待至少 10 s 的时间),测试前需让仪器至少预热 15 min。

注意:①通电后,仪器会自动自检并初始化。首先检查内存(见图 B-8-2),按任意键可跳过这一步,待初始化完成后,仪器将预热 15 min(见图 B-8-3),15 min 后或按"ESC/STOP"键跳过到图 B-8-4,屏幕最底行会显示:"重新校刻系统? 否",选"是"做系统校刻(图 B-8-5 推荐选"是"),选"否"跳过,待三声鸣叫,进入主显示界面(见图 B-8-6)。

②如果内存中数据已丢失,仪器将直接校刻系统。

③如果仪器没有安装自动样品架,图 B-8-6 中"样品架 ♯1"将不会显示。

图 B-8-2　内存检测界面　　　　　　图 B-8-3　仪器预热界面

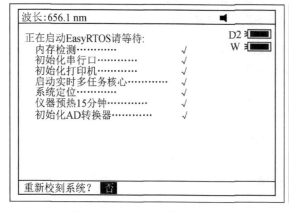

图 B-8-4　重新校刻系统界面　　　　图 B-8-5　系统校刻界面

3. 仪器的基本操作

1)调空白

(1)让盛参比液的比色皿入光路;

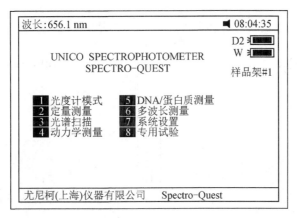

图 B-8-6　主显示界面

(2)按"0Abs/100％T"键调空白。

注：①如果参比液太浓，"能量低…"将显示在屏幕的右上角(见图 B-8-7)，如果"能量低…"显示在屏幕的右上角，试验将会中止，告警符号："Warning"将显示在屏幕中央(见图 B-8-8)。

②如果没有安装自动样品架，图 B-8-8 中"样品架＃1"和"Max E"将不会出现。

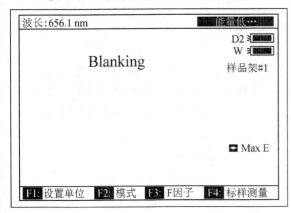

图 B-8-7　空白显示界面

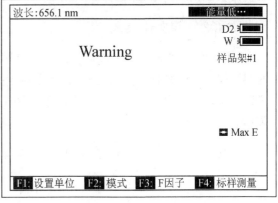

图 B-8-8　"Warning"显示界面

2)设置波长

在"光度计模式"中设置波长步骤如下：

(1)按"SETλ"键；

(2)屏幕下部会出现对话条(见图 B-8-9)，用数字键输入波长 450(nm)。

(3)按"ENTER"键确认。波长从 656.1 nm 走到 450.0 nm，然后自动调空白一次，最后屏幕显示如图 B-8-10 所示。

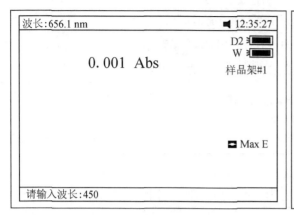

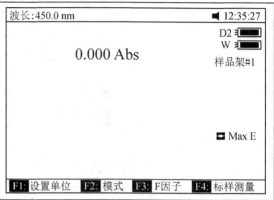

图 B-8-9　设置波长界面　　　　　图 B-8-10　波长设置后调空白界面

3)**实验前的准备**

(1)将实验用比色皿或试管用蒸馏水或其他专门的清洗剂清洗干净,并用柔软的棉布或纸巾将其表面的手指印或滴液擦拭干净。

(2)将盛参比液的比色皿放入4联手动样品架最靠近实验者的槽位中,再将推杆向前推到头使比色皿正对光路,关上样品室盖。

B.8.2　光度计模式

UV-2600系列分光光度计为用户提供了多种不同的分析方法,此光度计模式是最基本的测试模式。将参比液推入光路,在主菜单中按"1"键便进入"光度计模式"测试界面。进入后仪器会自动调空白一次,然后屏幕显示如图 B-8-11 所示,若按"ESC/STOP"键则回到主菜单。

图 B-8-11　光度计模式测试界面

通过按"F2"键,共有三种测试模式可供选择,分别为:吸光度、透过率、含量浓度。

1. 吸光度模式

参比液入光路,按"F2"键后按"∧"键或"∨"键选择吸光度模式,按"ENTER"键确认,按"0Abs/100％T"键校准空白,最后将测试样品拉入光路,读取实验结果。

2. 透过率模式

参比液入光路,按"∧"键或"∨"键选择吸光度透过率模式,按"ENTER"键确认,按"0Abs/100％T"键校准空白,最后将测试样品拉入光路,读取实验结果。

3. 含量浓度模式

按"F1"键后按"∧"键或"∨"键选择浓度单位,按"ENTER"键确认。若没有所需要的浓度单位,可选择"自定义",按"ENTER"键确认后,通过输入数字或字母自定义浓度单位,再按"ENTER"键确认,如图 B-8-12 所示。

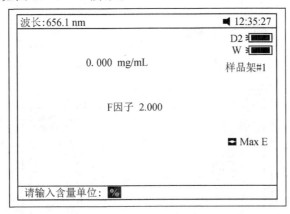

图 B-8-12　测量的不同模式

参比液入光路,按"0Abs/100％T"键调空白,接下来有两种测量浓度的方法:

(1)按"F3"键直接输入已知浓度因子 F 的值后,按"ENTER"键确认,然后将待测溶液拉入光路读取浓度值。

(2)将已知浓度值的标准溶液拉入光路中,按"F4"键输入标液浓度值后按"ENTER"键确认,然后将待测溶液拉入光路读取浓度值。

注:①要选择波长,可于任何时候按"SETλ"键并输入波长值后按"ENTER"键确认来进行,波长选定后,仪器总是自动调空白一次。

②如果浓度因子的值 F 大于 9999,将显示"数据越限"的信息。

B.8.3　多波长测量

主界面中按"6"键直接进入"多波长测量"界面,如图 B-8-13 所示。按"ESC/STOP"键退回到主界面。

1. 参数设置

按"F1"键进入波长设置编辑界面,输入波长后按"ENTER"键确认(见图 B-8-14),按"∧"键或"∨"键可输入更多的波长。按"CLEAR"键可以清掉已输入的波长。按"ESC/STOP"键退出该界面。

注:建议最大的波长第一个输入。

2. 选择测量模式

按"F2"键选择测量模式,如图 B-8-15 所示。

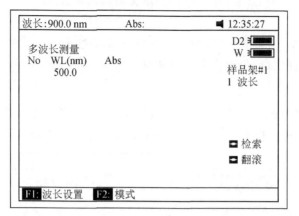

图 B-8-13　多波长测量界面

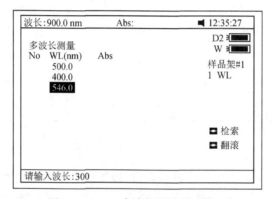

图 B-8-14　多波长测量界面设置

图 B-8-15　选择测量模式

3. 测量步骤

(1)将参比液拉入光路中,按"0Abs/100％T"键调空白。

(2)待测样品拉入光路中,按"START"键开始测量。一组波长测完,总是回到第一个波长处。最后测量结果显示如图 B-8-16 所示。

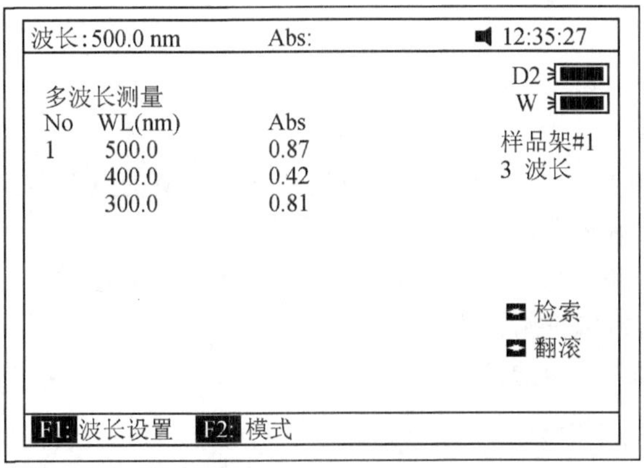

```
波长:500.0 nm        Abs:              ◀ 12:35:27
                                           D2 ▣▰▰▰
多波长测量                                  W  ▣▰▰▰
No   WL(nm)        Abs
1    500.0         0.87                 样品架#1
     400.0         0.42                 3 波长
     300.0         0.81



                                       ⇨ 检索
                                       ⇨ 翻滚

F1: 波长设置   F2: 模式
```

图 B-8-16 结果显示

(3)若在上述设置下有多个样品要测试,只需再按"START"键即可。

(4)按"<"键或">"键可以查看多个样品的测试结果,直接输入样品编号即可,也可按"∧"键和"∨"键逐个查看测试结果。

B.9 COD 快速测定仪

B.9.1 仪器概述与外形

化学需氧量(COD)是指在一定严格的条件下,水中的还原性物质在外加的强氧化剂的作用下,被氧化分解时所消耗氧化剂的数量,以氧的 mg/L 表示。化学需氧量反映了水受还原性物质污染的程度,这些物质包括有机物、亚硝酸盐、亚铁盐、硫化物等。但一般水及废水中无机还原性物质的数量相对不大,而被有机物污染是很普遍的,因此,COD 可作为有机物质相对含量的一项综合性指标。COD 快速测定仪如图 B-9-1 所示,其采用密封消解法处理样品,并采用先进的冷光源及窄带干涉技术和微电脑自动处理数据,可直接显示样品的 COD(mg/L)值。该仪器广泛适用于环境监测,污水处理及大专院校、科研单位等的实验室研究。

图 B-9-1 COD 快速测定仪

B.9.2　操作步骤

1. 开机及参数调整

(1)依次连接好 220 V 交流电压电源线及消解器与主机的电缆连接线,检查无误后打开电源开关。测定样品前仪器必须预热半小时。

(2)系统缺省消解温度为 165 ℃,消解时间为 20 min,若需修改,可重新设定。

(3)系统时钟若有误,可重新设定。

(4)选定曲线可在 1～5 中选择。

2. 样品的消解

(1)如不需进行消解温度及消解时间的修改,则直接打开消解器开关,消解炉自动升温,至 165 ℃时保持恒温,显示器温度栏跟踪显示炉温。

(2)将装有样品的反应管依次放入已恒温的炉孔内,当炉温降至 165 ℃以下时按"消解"键,当炉温回升至设定温度后,仪器开始计时消解。

(3)经 20 min 恒温消解,仪器发出蜂鸣声,提示样品消解时间到。

(4)将反应管从炉孔内取出,冷却,待测。

3. 标准曲线的确定

水样中化学耗氧量 C 与消解后样品中的吸光度 A 在一定范围内呈线性关系,其表达式为:$C=K\times A+b$,通过测定一系列已知 COD 值标准样品的吸光度,仪器通过最小二乘法自动算出 K、b 及 r 值。其中,K 为斜率,其值在 1.0～9999.9 范围内;b 为截距,其值在 -999.9～999.9 范围内,r 为相关系数,其值在 0～1 范围内。

(1)移动光标选择"曲线标定"选项,按"确认"键予以确认。

(2)光标自动移至曲线标定区中序号为"0"的 COD 值处,用预先消解好待测的空白标样清洗比色皿,并缓缓注入一定量的空白标样于比色皿内,打开比色计盖子,将比色皿平移置入比色室内,盖上比色计盖。此时吸光度处显示该吸光度值,待读数稳定后,按"确认"键,仪器自动调零。同时光标自动移至序号"1"的 COD 值处。

(3)用 1 号标样清洗比色皿后,注入一定量的标样于比色皿内,将比色皿平移置入比色室内,盖上比色计盖。此时显示出该标样吸光度值,待读数稳定后输入其理论 COD 值,并按"确认"键予以确认。此时光标自动移至序号"2"的 COD 值处。

(4)重复上述操作,分别标定其余标样,直至全部标样标定完后,按"结束"键结束标定,仪器自动算出并于标定曲线区显示此次标定的最小二乘法标准曲线方程及 r 值。输入该曲线序号(I=1～5),按"确认"键保存该曲线于仪器内。

4. 测定样品

(1)利用光标选择"选定曲线"选项后,按"确认"键予以确认,然后按键选择所需的标准曲线序号,按"确认"键确认,此时标准曲线区自动显示该条曲线及 r 值,按"确认"键予以确认。

(2)选择"测试空白"选项,按"确认"键进入样品空后的测定。将已消解好待测的样品空白注入比色皿内,测其吸光度,待吸光度稳定后,按"确认"键,仪器自动调零。

(3)选择"测试样品"选项,按"确认"键进入实际样品的测定,将已消解好待测的样品注入比色皿内,测其吸光度,待吸光度值稳定后,按"确认"键予以确认,则可显示该样品的 COD

值,并于"历史记录"区处存储及显示该值。

5. 输入曲线

(1)移动光标选择"曲线标定"选项,按"确认"键予以确认。

(2)光标自动移至标准曲线区曲线方程处,利用数字键及移动光标输入该曲线方程,"+""-"号可用"上"键修改,按"确认"键确认。

(3)光标自动移至 r 值处,此时不需输入 r 值直接按"确认"键确认。

(4)光标自动移至曲线序号(I)处,输入该曲线的序号(1~5)按"确认"键即可将该曲线存入仪器内。

6. 删除曲线

仪器工作一段时间后,如认为某条曲线不适用需删除,则移动光标选择"删除曲线"选项,按"确认"键确认,然后利用"箭头"键选定所需曲线的序号,按"确认"键确认即可删除。

B.9.3　试剂配制

(1)邻苯二甲酸氢钾标准溶液:

①准确称取在 105~110 ℃烘干 2 h 的邻苯二甲酸氢钾(优级纯)0.8501 g,溶于 500 mL 容量瓶中,以蒸馏水定容至标线,摇匀备用,该标液的 COD 理论值为 2000 mg/L。

②准确移取理论值为 2000 mg/L 标准溶液 50 mL 于 100 mL 容量瓶中,并以蒸馏水定容至标线,摇匀备用,该标液的 COD 理论值为 1000 mg/L。

③准确移取理论值为 1000 mg/L 标准溶液 10 mL 于 100 mL 容量瓶中,并以蒸馏水定容至标线,摇匀备用,其 COD 理论值为 100 mg/L。

(2)专用氧化剂(随机配备):

①COD 值为 5~100 mg/L 氧化剂:取标明 5~100 mg/L 专用氧化剂整瓶于 250 mL 烧瓶中,先加入 160 mL 蒸馏水,再加入 40 mL 浓硫酸,冷却至室温置于试剂瓶中,摇匀备用。

②COD 值为 100~1200 mg/L 氧化剂:取标明 100~1200 mg/L 专用氧化剂整瓶于 250 mL 烧瓶中,先加入 160 mL 蒸馏水,再加入 40 mL 浓硫酸,冷却至室温置于试剂瓶内,摇匀备用。

③COD 值为 1000~2000 mg/L 氧化剂:取标明 1000~2000 mg/L 专用氧化剂整瓶于 250 mL 烧瓶中,先加入 160 mL 蒸馏水,再加入 40 mL 浓硫酸,冷却至室温置于试剂瓶内,摇匀备用。

(3)专用复合催化剂贮备液(随机配备):取整瓶催化剂溶于 200 mL 浓硫酸中,摇匀放置 1~2 d,使其完全溶解,并置于阴暗处存放。

(4)专用复合催化剂使用液:取专用复合催化剂贮备液 100 mL,再加入 400 mL 浓硫酸,摇匀备用。

(5)掩蔽剂:称取 20 g 硫酸汞,溶解于 200 mL 10%的硫酸溶液(20 mL 浓硫酸缓慢加入到 180 mL 蒸馏水中)。

B.10　BOD_5 分析仪

B.10.1　仪器概况及外形

BOD_5 分析仪(见图 B-10-1)作为电子设备仪器是依据 ICE 1010 安全标准进行制作并

测试,并使我们的测试符合绝大多数的技术安全要求。只有当用户理解了操作手册中规定的有关安全注意事项后,仪器的功能和操作安全性才有保障。

图 B-10-1 BOD₅ 分析仪示意图

(1)在上电前,要确保变压器上标明的电压与电源电压相符。

(2)注意磁性,要考虑到磁场的影响。

(3)周边气候条件要符合操作手册中"技术参数"中的规定,只有这样,才能保障最佳的仪器操作及安全性。

(4)如果仪器从温度低的地方移到温度高的地方时,可能会产生凝结现象干扰仪器功能,这时要等到温度平衡后才能使用。

(5)维修工作只能由被授权的有资格的技师来完成。

(6)如果怀疑仪器的操作安全性,要适当做上标记,防止进一步使用。

B.10.2 操作指南

1.测试原理

OxiTop 测试系统测试 BOD 采用压力测试法(压差测试),即用压电传感器侧压力。下列功能使 OxiTop 测试系统简化了测试,非常适宜无汞压力 BOD 测试法。

(1)AUTO TEMP 功能。控制温度,仪器自动开始测试,启动测试后测试时间最少 1 h,最多 3 h。即在启动测试之前不必准确调整温度到 20 ℃,温度在 15～20 ℃ 的样品可以立刻启动测试,但仪器直到样品温度达到 20 ℃ 时才开始测试。这就是所谓的自动调温功能。

(2)数据记录。每天自动存储数据一次,可达五天,可在周末时自动测试。

(3)当前值。显示测试值(0～40),仪器把压力转化成数字显示后,测试值不能改变。

(4)量程预留。显示测试值为 40～50 内的数字,超量程时不必开瓶复位。

2.BOD₅ 测试

通常情况下市政污水不含有毒物质,且其中有充足的营养成分和合适的微生物,在这种情况下,OxiTop 测试系统不用稀释样品就可以分析 BOD₅。

3.测试时需要的辅助器件

OxiTop 测试系统、电磁感应搅拌系统、恒温培养箱(20±1) ℃、棕色瓶(标准体积 510 mL)、搅拌子、搅拌杆、合适的溢流烧杯、橡胶套、NaOH 药丸。

4.选择样品体积

测试之前要预估一下样品 BOD₅ 值,通常 BOD₅＝80％×COD。从表 B-10-1 可以查出

所需样品体积:

表 B-10-1　样品体积估算表

样品体积/mL	BOD₅ 测试量程/(mg · L⁻¹)	系数
432	0～40	1
365	0～80	2
250	0～200	5
164	0～400	10
97	0～800	20
43.5	0～2000	50
22.7	0～4000	100

B.10.3　测试步骤

要点:量取样品体积时,通常用溢流烧杯或者量筒,从上表中选出合适的样品体积,量程太大会造成测试不准确,通常预估的 BOD 值为 COD 的 80%。测试步骤如下:

(1)制样并把样品注入瓶子中。

(2)漂洗瓶壁后彻底倒空。

(3)准确量取一定体积的样品,保证样品中含足够的饱和氧气,样品要完全混合均匀。

(4)把电磁搅拌子放入瓶子中。

(5)把橡胶套装到瓶颈上。

(6)用镊子往橡胶套中加入两粒 NaOH 药丸。(注:药丸不能掉入样品中!)

(7)旋上直读培养瓶,注意要旋紧。

(8)把整套仪器放入培养箱中,在 20 ℃条件下放置 5 d,样品温度达到 20 ℃仪器才能开始测试氧气消耗量,测试时间最少 1 h,最多 3 h,由 AUTO TEMP 功能控制。

(9)在这 5 d 中,样品一直在搅拌状态中,OxiTop 测试系统每隔 24 h 自动贮存一次数值,若要显示当前测试值,请按"M"键。

(10)5 d 后读出存贮的数值。按"S"键将读出存贮的测试值(显示 1 s),再按一次,将显示第二天的 BOD 值,测试值显示 5 s。如图 B-10-2 所示:

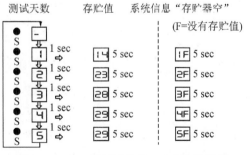

图 B-10-2　测试系统及 5 d 存贮数据图

(11)把显示值转换成 BOD 值,显示值×系数＝ BOD₅,单位为 mg/L。

B.10.4　故障分析及注意事项

(1)如果测试值低于量程下限,屏幕将显示"00"或者很小的数值,可能原因是仪器密封效果不好(请检查橡胶套,旋紧直读培养瓶);样品准备不充分;样品温度调节不够(<15 ℃)。

(2)样品 BOD 值超过测试范围:选的量程太小,如果 BOD>2000 mg/L,可稀释样品;未加硝化抑制剂。

(3)注意事项:

①处理样品不能用杀毒剂!(杀毒剂会杀死有用的微生物)

②用刷子清除瓶壁上的粘黏物。

③用清水或待测样品漂洗瓶壁。(使用洗涤剂后要彻底漂洗,因为洗涤剂会干扰 BOD_5 的分析)

④过程中不能使用酒精或丙醇。

⑤用软湿布和肥皂水清洗仪器。

附录 C

相关监测方法及排放标准

C.1.1 环境监测方法标准

1. 水质监测方法标准

(1)水质 粪大肠菌群的测定 多管发酵法和滤膜法(试行)(HJ/T 347—2007)

(2)水质 硝酸盐氮的测定 紫外分光光度法(试行)(HJ/T 346—2007)

(3)水质 亚硝酸盐氮的测定 4-氨基苯磺酰胺分光光度法 GB 7493—1987

(4)水质 硫酸盐的测定 铬酸钡分光光度法(试行)(HJ/T 342—2007)

(5)水质 铁的测定 邻菲啰啉分光光度法(试行)(HJ/T 345—2007)

(6)水质 氨氮的测定 水杨酸分光光度法(HJ 536—2009)

(7)水质 氨氮的测定 蒸馏-中和滴定法(HJ 537—2009)

(8)水质 溶解氧的测定 电化学探头法(HJ 506—2009)

(9)水质 五日生化需氧量的测定 稀释与接种法(HJ 505—2009)

(10)水质 挥发酚的测定 4-氨基安替比林分光光度法(HJ 503—2009)

(11)水质 采样 样品的保存和管理技术规定(HJ 493—2009)

2. 空气监测方法标准

(1)环境空气 总悬浮颗粒物的测定 重量法 (GB/T 15432—1995)

(2)空气质量 甲醛的测定 乙酰丙酮分光光度法 (GB/T 15516—1995)

(3)环境空气 臭氧的测定 靛蓝二磺酸钠分光光度法 (GB/T 15437—1995)

(4)环境空气 总烃的测定 气相色谱法 (GB/T 15263—1994)

(5)环境空气 氮氧化物(一氧化氮和二氧化氮)的测定 盐酸萘乙二胺分光光度法 (HJ 479—2009)

(6)环境空气 二氧化硫的测定 甲醛吸收-副玫瑰苯胺分光光度法 (HJ 482—2009)

(7)环境空气 氨的测定 次氯酸钠-水杨酸分光光度法 (HJ 534—2009)

(8)固定污染源废气 铅的测定 火焰原子吸收分光光度法 (暂行)(HJ 538—2009)

3. 固体废物监测方法标准

(1)固体废物 浸出毒性浸出方法 水平振荡法 (HJ 557—2010)

(2)固体废物 浸出毒性浸出方法 醋酸缓冲溶液法 (HJ/T 300—2007)

(3)固体废物 浸出毒性浸出方法 硫酸硝酸法 (HJ/T 299—2007)

(4)固体废物 六价铬的测定 二苯碳酰二肼分光光度法 (GB/T 15555.4—1995)

(5)固定废物 总铬的测定 硫酸亚铁铵滴定法 (GB/T 15555.8—1995)

(6)固体废物 总铬的测定 直接吸入火焰原子吸收分光光度法 (GB/T 15555.6—1995)

(7)固定废物 总铬的测定 二苯碳酰二肼分光光度法 (GB/T 15555.5—1995)

(8)固体废物 腐蚀性的测定 玻璃电极法（GB/T 15555.12—1995）

4. 土壤监测方法标准

(1)土壤质量 铅、镉的测定 石墨炉原子吸收分光光度法（GB/T 17141—1997）

(2)土壤 总铬的测定 火焰原子吸收分光光度法（HJ 491—2009）

C.1.2 环境质量标准

(1)地表水环境质量标准(GB 3838—2002)

(2)地下水质量标准（GB/T 14848—93）

(3)室内空气质量标准(GB/T 18883—2002)

(4)环境空气质量标准(GB 3095—1996)

(5)土壤环境质量标准(GB 15618—1995)

(6)声环境质量标准(GB 3096—2008)

C.1.3 污染排放标准

1. 水污染物排放标准

(1)污水综合排放标准(GB 8978—1996)

(2)制浆造纸工业水污染物排放标准(GB 3544—2008)

(3)磷肥工业水污染物排放标准(GB 15580—2011)
　　（GB 15580—2011 代替 GB 15580—1995）

(4)肉类加工工业水污染物排放标准(GB 13457—1992)

(5)钢铁工业水污染物排放标准(GB 13456—2012)
　　（GB 13456—2012 代替 GB 13456—1992）

(6)纺织染整工业水污染物排放标准(GB 4287—2012)
　　（GB 4287—2012 代替 GB 4287—92）

2. 废气污染物排放标准

(1)锅炉大气污染物排放标准(GB 13271—2014)

(2)火电厂大气污染物排放标准(GB 13223—2011)
　　（GB 13223—2011 代替 GB13223—2003）

(3)大气污染物综合排放标准(GB 16297—1996)

(4)饮食业油烟排放标准(GB 18483—2001)

3. 固体废物排放标准

(1)生活垃圾填埋场污染控制标准(GB 16889—2008)

(2)生活垃圾焚烧污染控制标准(GB 18485—2014)

(3)城镇垃圾农用控制标准(GB 8172—1987)

(4)农用粉煤灰中污染物控制标准(GB 8173—1987)

4. 环境噪声排放标准

(1)工业企业厂界环境噪声排放标准(GB 12348—2008)

(2)社会生活环境噪声排放标准(GB 22337—2008)

附录 D

常用单位及数据表

1. 国际单位制(SI)及单位换算表

表 D‐1‐1(1)　　国际单位制(SI)基本单位表

量	单位名称	符号	
		中　文	国　际
长度	米	米	m
质量	千克	千克	kg
时间	秒	秒	s
电流	安[培]	安	A
热力学温度	开[尔文]	开	K
物质的量	摩[尔]	摩	mol
发光强度	坎[德拉]	坎	cd

表 D‐1‐1(2)　　国际单位制导出单位示例表

量	单位名称	国际单位制(SI)单位	
		符　号	
		中　文	国　际
面积	平方米	米^2	m^2
体积	立方米	米^3	m^3
速度	米每秒	米/秒	m/s
加速度	米每平方秒	米/秒^2	m/s^2
密度	千克每立方米	千克/米^3	kg/m^3
电流密度	安[培]每平方米	安/米^2	A/m^2
物质的量浓度	摩[尔]每立方米	摩/米^3	mol/m^3
质量浓度	千克每立方米	千克/米^3	kg/m^3
压强	帕[斯卡]	帕	Pa
体积流量	立方米每秒	米^3/秒	m^3/s
动力黏度	帕[斯卡]秒	帕·秒	Pa·s

续表

量	单位名称	国际单位制(SI)单位		
		符　号		
		中　文	国　际	
能量 内能 焓	焦[耳]	焦	J	
潜热	焦[耳]每千克	焦/千克	J/kg	
功率	瓦[特]	瓦	W	
电位 电压 电动势	伏[特]	伏	V	
电导	西[门子]	西	$S(\Omega^{-1})$	

2. 几种酸和氨水的近似相对密度与浓度表

表 D-1-2　几种酸和氨水的近似相对密度与浓度表

试剂名称	相对密度	含量/%	浓度/(mg·L^{-1})
盐酸	1.18～1.19	36～38	1.16～1.24
硝酸	1.39～1.40	65～68	14.4～15.2
硫酸	1.83～1.84	95～98	17.8～18.4
磷酸	1.69	85	14.6
冰醋酸	1.05	99.8(优级纯) 99.5(分析纯,化学纯)	17.4
氨水	0.91～0.90	25～28	13.3～14.8

3. 各种压力和温度下水中溶解氧饱和浓度表(标准状态下)

表 D-1-3　各种压力和温度下水中溶解氧饱和度表(标准状态下)

单位:mg/L

t/℃	大气压/mmHg							
	775	760	750	725	700	675	650	625
0	14.9	14.6	14.4	13.9	13.5	12.9	12.5	12.0
1	14.5	14.2	14.1	13.6	13.1	12.6	12.2	11.7
2	14.1	13.9	13.7	13.2	12.0	12.3	11.8	11.4
3	13.8	13.5	13.3	12.9	12.4	12.0	11.5	11.1
4	13.4	13.2	13.0	12.5	12.1	11.7	11.2	10.8
5	13.1	12.8	12.6	12.2	11.8	11.4	10.9	10.5

t/℃	大气压/mmHg							
	775	760	750	725	700	675	650	625
6	12.7	12.5	12.3	11.9	11.5	11.1	10.7	10.3
7	12.4	12.2	12.0	11.6	11.2	10.8	10.4	10.0
8	12.1	11.9	11.7	11.3	10.9	10.5	10.1	9.8
9	11.8	11.6	11.5	11.1	10.7	10.3	9.9	9.5
10	11.6	11.3	11.2	10.8	10.4	10.1	9.7	9.3
11	11.3	11.1	10.9	10.6	10.2	9.8	9.5	9.1
12	11.1	10.8	10.7	10.3	10.0	9.6	9.2	8.9
13	10.8	10.6	10.5	10.1	9.8	9.4	9.1	8.7
14	10.6	10.4	10.2	9.9	9.5	9.2	8.9	8.6
15	10.4	10.2	10.0	9.7	9.3	9.0	8.7	8.3
16	10.1	9.9	9.8	9.5	9.1	8.8	8.5	8.1
17	9.9	9.7	9.6	9.3	9.0	8.6	8.3	8.0
18	9.7	9.5	9.4	9.1	8.8	8.4	8.1	7.8
19	9.5	9.3	9.2	8.9	8.6	8.3	8.0	7.6
20	9.3	9.2	9.1	8.7	8.4	8.1	7.8	7.5
21	9.2	9.0	8.9	8.6	8.3	8.0	7.7	7.4
22	9.0	8.8	8.7	8.4	8.1	7.8	7.5	7.2
23	8.8	8.7	8.5	8.2	8.0	7.7	7.4	7.1
24	8.7	8.5	8.4	8.1	7.8	7.5	7.2	7.0
25	8.5	8.4	8.3	8.0	7.7	7.4	7.1	6.8
26	8.4	8.2	8.1	7.8	7.6	7.3	7.0	6.7
27	8.2	8.1	8.0	7.7	7.4	7.1	6.9	6.6
28	8.1	7.9	7.8	7.6	7.3	7.0	6.7	6.5
29	7.9	7.8	7.7	7.4	7.2	6.9	6.6	6.4
30	7.8	7.7	7.6	7.3	7.0	6.8	6.5	6.2
31	7.7	7.5	7.4	7.2	6.9	6.7	6.4	6.1
32	7.6	7.4	7.3	7.0	6.8	6.6	6.3	6.0
33	7.4	7.3	7.2	6.9	6.7	6.4	6.2	5.9
34	7.3	7.2	7.1	6.8	6.6	6.3	6.1	5.8
35	7.2	7.1	7.0	6.7	6.5	6.2	6.0	5.7
36	7.1	7.0	6.9	6.6	6.4	6.1	5.9	5.6
37	7.0	6.8	6.7	6.5	6.3	6.0	5.8	5.6

$t/℃$	大气压/mmHg							
	775	760	750	725	700	675	650	625
38	6.9	6.7	6.6	6.4	6.2	5.9	5.7	5.5
39	6.8	6.6	6.5	6.3	6.1	5.8	5.6	5.4
40	6.7	6.5	6.4	6.2	6.0	5.7	5.5	5.3

4. 常用正交实验表

表 D-1-4(1)　$L_4(2^3)$ 表

实验号	列号		
	1	2	3
1	1	1	1
2	1	2	2
3	2	1	2
4	2	2	1

表 D-1-4(2)　$L_8(2^7)$ 表

实验号	列　号						
	1	2	3	4	5	6	7
1	1	1	1	1	2	1	1
2	1	1	1	2	1	2	2
3	1	2	2	1	2	2	2
4	1	2	2	2	1	1	1
5	2	1	2	1	2	1	2
6	2	1	2	2	1	2	1
7	2	2	1	1	2	2	1
8	2	2	1	2	1	1	2

表 D-1-4(3)　$L_{12}(2^{11})$ 表

实验号	列　号										
	1	2	3	4	5	6	7	8	9	10	11
1	1	1	1	2	2	1	2	1	2	2	1
2	2	1	2	1	2	1	1	2	2	2	2
3	1	2	2	2	2	1	2	1	2	1	1
4	2	2	1	1	2	2	2	2	1	2	1

实验号	列 号										
	1	2	3	4	5	6	7	8	9	10	11
5	1	1	2	2	1	2	2	2	1	2	2
6	2	1	2	1	1	2	2	1	2	1	1
7	1	2	1	1	1	1	2	2	2	1	2
8	2	2	1	2	1	2	1	1	2	2	2
9	1	1	1	1	2	2	1	1	1	1	2
10	2	1	1	2	1	1	1	2	1	1	1
11	1	2	2	1	1	1	1	1	1	2	1
12	2	2	2	2	2	1	2	1	1	1	2

表 D - 1 - 4(4)　$L_9(3^4)$ 表

实验号	列 号			
	1	2	3	4
1	1	1	1	1
2	1	2	2	2
3	1	3	3	3
4	2	1	2	3
5	2	2	3	1
6	2	3	1	2
7	3	1	3	2
8	3	2	1	3
9	3	3	2	1

5. 离群数据分析判断表

表 D - 1 - 5(1)　吉布斯临界值法数据分析判断表

m	显著性水平 α				m	显著性水平 α			
	0.05	0.025	0.01	0.005		0.05	0.025	0.01	0.005
3	1.153	1.155	1.155	1.155	30	2.745	2.908	3.103	3.236
4	1.463	1.481	1.492	1.496	31	2.759	2.924	3.119	3.253
5	1.672	1.715	1.749	1.764	32	2.773	2.938	3.135	3.270
6	1.822	1.887	1.944	1.973	33	2.786	2.952	3.150	3.286
7	1.938	2.020	2.097	2.139	34	2.799	2.965	3.164	3.301
8	2.032	2.126	2.221	2.274	35	2.811	2.979	3.178	3.316

续表

m	显著性水平 α				m	显著性水平 α			
	0.05	0.025	0.01	0.005		0.05	0.025	0.01	0.005
9	2.110	2.255	2.323	2.387	36	2.823	2.991	3.191	3.330
10	2.176	2.290	2.410	2.482	37	2.835	3.003	3.204	3.343
11	2.234	2.355	2.485	2.564	38	2.846	3.014	3.216	3.356
12	2.285	2.412	2.550	2.636	39	2.857	3.025	3.228	3.369
13	2.331	2.462	2.607	2.699	40	2.866	3.036	3.240	3.381
14	2.371	2.507	2.659	2.755	41	2.877	3.046	3.251	3.393
15	2.409	2.549	2.705	2.806	42	2.887	3.057	3.261	3.404
16	2.443	2.585	2.747	2.852	43	2.896	3.067	3.271	3.415
17	2.475	2.620	2.785	2.894	44	2.905	3.075	3.282	3.425
18	2.504	2.650	2.821	2.932	45	2.914	3.085	3.292	3.435
19	2.532	2.681	2.854	2.968	46	2.923	3.094	3.302	3.445
20	2.557	2.709	2.884	3.001	47	2.931	3.103	3.310	3.455
21	2.580	2.733	2.912	3.031	48	2.940	3.111	3.319	3.464
22	2.603	2.758	2.939	3.060	49	2.948	3.120	3.329	3.474
23	2.624	2.781	2.963	3.087	50	2.956	3.128	3.336	3.483
24	2.644	2.802	2.987	3.112	60	3.025	3.199	3.411	3.560
25	2.663	2.822	3.009	3.135	70	3.082	3.257	3.471	3.622
26	2.681	2.841	3.029	3.157	80	3.130	3.305	3.521	3.673
27	2.698	2.859	3.049	3.178	90	3.171	3.347	3.563	3.716
28	2.714	2.876	3.068	3.199	100	3.207	3.383	3.600	3.754
29	2.730	2.893	3.085	3.218					

表 D-1-5(2)　最大方差法数据分析判断表

m	$n=2$		$n=3$		$n=4$		$n=5$		$n=6$	
	$\alpha=0.01$	$\alpha=0.05$	$\alpha=0.01$	$\alpha=0.05$	$\alpha=0.01$	$\alpha=0.05$	$\alpha=0.01$	$\alpha=0.05$	$\alpha=0.01$	$\alpha=0.05$
2	—	—	0.995	0.975	0.979	0.939	9.959	0.906	0.937	0.877
3	0.993	0.967	0.942	0.871	0.883	0.798	0.834	0.745	0.793	0.707
4	0.968	0.906	0.864	0.768	0.781	0.684	0.721	0.629	0.676	0.590
5	0.928	0.841	0.788	0.684	0.696	0.598	0.633	0.544	0.588	0.506
6	0.883	0.781	0.722	0.616	0.626	0.532	0.564	0.480	0.520	0.445
7	0.838	0.727	0.664	0.561	0.568	0.480	0.508	0.431	0.466	0.397
8	0.794	0.680	0.615	0.516	0.521	0.438	0.463	0.391	0.423	0.360

续表

m	$n=2$		$n=3$		$n=4$		$n=5$		$n=6$	
	$\alpha=0.01$	$\alpha=0.05$	$\alpha=0.01$	$\alpha=0.05$	$\alpha=0.01$	$\alpha=0.05$	$\alpha=0.01$	$\alpha=0.05$	$\alpha=0.01$	$\alpha=0.05$
9	0.754	0.638	0.573	0.478	0.481	0.403	0.425	0.358	0.387	0.329
10	0.718	0.602	0.536	0.445	0.447	0.373	0.393	0.331	0.357	0.303
11	0.684	0.570	0.504	0.417	0.418	0.348	0.366	0.308	0.332	0.281
12	0.653	0.541	0.475	0.392	0.392	0.326	0.343	0.288	0.310	0.262
13	0.624	0.515	0.450	0.371	0.369	0.307	0.322	0.271	0.291	0.246
14	0.599	0.492	0.427	0.352	0.349	0.291	0.304	0.255	0.274	0.232
15	0.575	0.471	0.407	0.335	0.332	0.276	0.288	0.242	0.259	0.220
16	0.553	0.452	0.388	0.319	0.316	0.262	0.274	0.230	0.246	0.208
17	0.532	0.434	0.372	0.305	0.301	0.250	0.261	0.219	0.234	0.198
18	0.514	0.418	0.356	0.293	0.288	0.240	0.249	0.209	0.223	0.189
19	0.496	0.403	0.343	0.281	0.276	0.230	0.238	0.200	0.214	0.181
20	0.480	0.389	0.330	0.270	0.265	0.220	0.229	0.192	0.205	0.174
21	0.465	0.377	0.318	0.261	0.255	0.212	0.220	0.185	0.197	0.167
22	0.450	0.365	0.307	0.252	0.246	0.204	0.212	0.178	0.189	0.160
23	0.437	0.354	0.297	0.243	0.238	0.197	0.204	0.172	0.182	0.155
24	0.425	0.343	0.287	0.235	0.230	0.191	0.197	0.166	0.176	0.149
25	0.413	0.334	0.278	0.228	0.222	0.185	0.190	0.160	0.170	0.144
26	0.402	0.325	0.270	0.221	0.215	0.179	0.184	0.155	0.164	0.140
27	0.391	0.316	0.262	0.215	0.209	0.173	0.179	0.150	0.159	0.135
28	0.382	0.308	0.255	0.209	0.202	0.168	0.173	0.146	0.154	0.131
29	0.372	0.300	0.248	0.203	0.196	0.164	0.168	0.142	0.150	0.127
30	0.363	0.293	0.241	0.198	0.191	0.159	0.164	0.138	0.145	0.124
31	0.355	0.286	0.235	0.193	0.186	0.155	0.159	0.134	0.141	0.120
32	0.347	0.280	0.229	0.188	0.181	0.151	0.155	0.131	0.138	0.117
33	0.339	0.273	0.224	0.184	0.177	0.147	0.151	0.127	0.134	0.114
34	0.332	0.267	0.218	0.179	0.172	0.144	0.147	0.124	0.131	0.111
35	0.325	0.262	0.213	0.175	0.168	0.140	0.144	0.121	0.127	0.108
36	0.318	0.256	0.208	0.172	0.165	0.137	0.140	0.118	0.124	0.106
37	0.312	0.251	0.204	0.168	0.161	0.134	0.137	0.116	0.121	0.103
38	0.306	0.246	0.200	0.164	0.157	0.131	0.134	0.113	0.119	0.101
39	0.300	0.242	0.196	0.161	0.154	0.129	0.131	0.111	0.116	0.099
40	0.294	0.237	0.192	0.158	0.151	0.126	0.128	0.108	0.114	0.097

6. F 分布表

表 D - 1 - 6(1)　α＝0.05 的 F 分布表

n_2	n_1														
	1	2	3	4	5	6	7	8	9	10	12	15	20	60	∞
1	161.4	199.5	215.7	224.6	230.2	234.0	236.8	238.9	240.5	241.9	243.9	245.9	248.0	252.2	254.3
2	18.51	19.00	19.16	19.25	19.30	19.33	19.35	19.37	19.38	19.40	19.41	19.43	19.45	19.48	19.50
3	10.13	9.55	9.28	9.12	9.01	8.94	8.89	8.85	8.81	8.79	8.74	8.70	8.66	8.57	8.53
4	7.71	6.94	6.59	6.39	6.26	6.16	6.09	6.04	6.00	5.96	5.91	5.86	5.80	5.69	5.63
5	6.61	5.79	5.41	5.19	5.05	4.95	4.88	4.82	4.77	4.74	4.68	4.62	4.56	4.43	4.36
6	5.99	5.14	4.76	4.53	4.39	4.28	4.21	4.15	4.10	4.06	4.00	3.94	3.87	3.74	3.67
7	5.59	4.74	4.35	4.12	3.97	3.87	3.79	3.73	3.68	3.64	3.57	3.51	3.44	3.30	3.23
8	5.32	4.46	4.07	3.84	3.69	3.58	3.50	3.44	3.39	3.35	3.28	3.22	3.15	3.01	2.93
9	5.12	4.26	3.86	3.63	3.48	3.37	3.29	3.23	3.18	3.14	3.07	3.01	2.94	2.79	2.71
10	4.96	4.10	3.71	3.48	3.33	3.22	3.14	3.07	3.02	2.98	2.91	2.85	2.77	2.62	2.54
11	4.84	3.98	3.59	3.36	3.20	3.09	3.01	2.95	2.90	2.85	2.79	2.72	2.65	2.49	2.40
12	4.75	3.89	3.49	3.26	3.11	3.00	2.91	2.85	2.80	2.75	2.69	2.62	2.54	2.38	2.30
13	4.67	3.81	3.41	3.18	3.03	2.92	2.83	2.77	2.71	2.67	2.60	2.53	2.46	2.30	2.21
14	4.60	3.74	3.34	3.11	2.96	2.85	2.76	2.70	2.65	2.60	2.53	2.46	2.39	2.22	2.13
15	4.54	3.68	3.29	3.06	2.90	2.79	2.71	2.64	2.59	2.54	2.43	2.40	2.33	2.16	2.07
16	4.49	3.63	3.24	3.01	2.85	2.74	2.66	2.59	2.54	2.49	2.42	2.35	2.28	2.11	2.01
17	4.45	3.59	3.20	2.96	2.81	2.70	2.61	2.55	2.49	2.45	2.38	2.31	2.23	2.06	1.96
18	4.41	3.55	3.16	2.93	2.77	2.66	2.58	2.51	2.46	2.41	2.34	2.27	2.19	2.02	1.92
19	4.38	3.52	3.13	2.90	2.74	2.63	2.54	2.48	2.42	2.38	2.31	2.23	2.16	1.98	1.88
20	4.35	3.49	3.10	2.87	2.71	2.60	2.51	2.45	2.39	2.35	2.28	2.20	2.12	1.95	1.84
21	4.32	3.47	3.07	2.84	2.68	2.57	2.49	2.42	2.37	2.32	2.25	2.18	2.10	1.92	1.81
22	4.30	3.44	3.05	2.82	2.66	2.55	2.46	2.40	2.34	2.30	2.23	2.15	2.07	1.89	1.78
23	4.28	3.42	3.03	2.80	2.64	2.53	2.44	2.37	2.32	2.27	2.20	2.13	2.05	1.86	1.76
24	4.26	3.40	3.01	2.78	2.62	2.51	2.42	2.36	2.30	2.25	2.18	2.11	2.03	1.84	1.73
25	4.24	3.39	2.99	2.76	2.60	2.49	2.40	2.34	2.28	2.24	2.16	2.09	2.01	1.82	1.71
30	4.17	3.32	2.92	2.69	2.53	2.42	2.33	2.27	2.21	2.16	2.09	2.01	1.93	1.74	1.62
40	4.08	3.23	2.84	2.61	2.45	2.34	2.25	2.18	2.12	2.08	2.00	1.92	1.84	1.64	1.51
60	4.00	3.15	2.76	2.53	2.37	2.25	2.17	2.10	2.04	1.99	1.92	1.84	1.75	1.53	1.39
120	3.92	3.07	2.68	2.45	2.29	2.17	2.09	2.02	1.96	1.91	1.83	1.75	1.66	1.43	1.25
∞	3.84	3.00	2.60	2.37	2.21	2.10	2.01	1.94	1.88	1.83	1.75	1.67	1.57	1.32	1.00

表 D-1-6(2)　$\alpha=0.01$ 的 F 分布表

n_2	n_1														
	1	2	3	4	5	6	7	8	9	10	12	15	20	60	∞
1	4052	4999.5	5403	5625	5764	5859	5928	5982	6022	6056	6106	6157	6209	6313	6366
2	98.50	99.00	99.17	99.25	99.30	99.33	99.36	99.37	99.39	99.40	99.42	99.43	99.45	99.48	99.50
3	34.12	30.82	29.46	28.71	28.24	27.91	27.67	27.49	27.35	27.23	27.05	26.37	26.69	26.32	26.13
4	21.20	18.00	16.69	15.98	15.52	15.21	14.98	14.80	14.66	14.55	14.37	14.20	14.02	13.65	13.46
5	16.26	13.27	12.06	11.39	10.97	10.67	10.46	10.29	10.16	10.05	9.89	9.72	9.55	9.20	9.02
6	13.75	10.92	9.78	9.15	8.75	8.47	8.26	8.10	7.98	7.87	7.72	7.56	7.40	7.06	6.88
7	12.25	9.55	8.45	7.85	7.46	7.19	6.99	6.84	6.72	6.62	6.47	6.31	6.16	5.82	5.65
8	11.26	8.65	7.59	7.01	6.65	6.37	6.18	6.03	5.91	5.81	5.67	5.52	5.36	5.03	4.86
9	10.56	8.02	6.99	6.42	6.06	5.80	5.61	5.47	5.35	5.26	5.11	4.96	4.81	4.48	4.31
10	10.04	7.56	6.55	5.99	5.64	5.39	5.20	5.06	4.94	4.85	4.71	4.56	4.41	4.08	3.91
11	9.65	7.21	6.22	5.67	5.32	5.07	4.89	4.74	4.63	4.54	4.40	4.25	4.10	3.78	3.60
12	9.33	6.93	5.95	5.41	5.06	4.82	4.64	4.50	4.39	4.30	4.16	4.01	3.86	3.54	3.36
13	9.07	6.70	5.74	5.21	4.86	4.62	4.44	4.30	4.19	4.10	3.96	3.82	3.66	3.34	3.17
14	8.86	6.51	5.56	5.04	4.69	4.46	4.28	4.14	4.03	3.94	3.80	3.66	3.51	3.18	3.00
15	8.68	6.36	5.42	4.89	4.56	4.32	4.14	4.00	3.89	3.80	3.67	3.52	3.37	3.05	2.87
16	8.53	6.23	5.29	4.77	4.44	4.20	4.03	3.89	3.78	3.69	3.55	3.41	3.26	2.93	2.75
17	8.40	6.11	5.18	4.67	4.34	4.10	3.93	3.79	3.68	3.59	3.46	3.31	3.16	2.83	2.65
18	8.29	6.01	5.09	4.58	4.25	4.01	3.84	3.71	3.60	3.51	3.37	3.23	3.08	2.75	2.57
19	8.18	5.93	5.01	4.50	4.17	3.94	3.77	3.63	3.52	3.43	3.30	3.15	3.00	2.67	2.49
20	8.10	5.85	4.94	4.43	4.10	3.87	3.70	3.56	3.46	3.37	3.23	3.09	2.94	2.61	2.45
21	8.02	5.78	4.87	4.37	4.04	3.81	3.64	3.51	3.40	3.31	3.17	3.03	2.88	2.55	2.36
22	7.95	5.72	4.82	4.31	3.99	3.76	3.59	3.45	3.35	3.26	3.12	2.98	2.83	2.50	2.31
23	7.88	5.66	4.76	4.26	3.94	3.71	3.54	3.41	3.30	3.21	3.07	2.93	2.78	2.45	2.26
24	7.82	5.61	4.72	4.22	3.90	3.67	3.50	3.36	3.26	3.17	3.03	2.89	2.74	2.40	2.21
25	7.77	5.57	4.68	4.18	3.85	3.63	3.46	3.32	3.22	3.13	2.99	2.85	2.70	2.36	2.17
30	7.56	5.39	4.51	4.02	3.70	3.47	3.30	3.17	3.07	2.98	2.84	2.70	2.55	2.21	2.01
40	7.31	5.18	4.31	4.83	3.51	3.29	3.12	2.99	2.89	2.80	2.66	2.52	2.37	2.02	1.80
60	7.08	4.98	4.13	3.65	3.34	3.12	2.95	2.82	2.72	2.63	2.50	2.35	2.20	1.84	1.60
120	6.85	4.79	3.95	3.48	3.17	2.96	2.79	2.66	2.56	2.47	2.34	2.19	2.03	1.66	1.38
∞	6.63	4.61	3.78	3.32	3.02	2.80	2.64	2.51	2.41	2.32	2.18	2.04	1.88	1.47	1.00

7. T 分布表

表 D-1-7　T 分布表

n	α=0.25	α=0.10	α=0.05	α=0.025	α=0.01	α=0.005
1	1.0000	3.0777	6.3138	12.7062	31.8207	63.6574
2	0.8165	1.8856	2.9200	4.3027	6.9646	9.9248
3	0.7649	1.6377	2.3534	3.1824	4.5407	5.8409
4	0.7407	1.5332	2.1318	2.7764	3.7469	4.6041
5	0.7267	1.4759	2.0150	2.5706	3.3649	4.0322
6	0.7176	1.4398	1.9432	2.4469	3.1427	3.7074
7	0.7111	1.4149	1.8946	2.3646	2.9980	3.4995
8	0.7064	1.3968	1.8595	2.3060	2.8965	3.3554
9	0.7027	1.3830	1.8331	2.2622	2.8214	3.2498
10	0.6998	1.3722	1.8125	2.2281	2.7638	3.1693
11	0.6974	1.3634	1.7959	2.2010	2.7181	3.1058
12	0.6955	1.3562	1.7823	2.1788	2.6810	3.0545
13	0.6938	1.3502	1.7709	2.1604	2.6503	3.0123
14	0.6924	1.3450	1.7613	2.1448	2.6245	2.9768
15	0.6912	1.3406	1.7531	2.1315	2.6025	2.9467
16	0.6901	1.3368	1.7459	2.1199	2.5835	2.9208
17	0.6892	1.3334	1.7396	2.1098	2.5669	2.8982
18	0.6884	1.3304	1.7341	2.1009	2.5524	2.8784
19	0.6876	1.3277	1.7291	2.0930	2.5395	2.8609
20	0.6870	1.3253	1.7247	2.0860	2.5280	2.8453
21	0.6864	1.3232	1.7207	2.0796	2.5177	2.8314
22	0.6858	1.3212	1.7171	2.0739	2.5083	2.8188
23	0.6853	1.3195	7.7139	2.0687	2.4999	2.8073
24	0.6848	1.3178	1.7109	2.0639	2.4922	2.7969
25	0.6844	1.3163	1.7081	2.0595	2.4851	2.7874
26	0.6840	1.3150	1.7056	2.0555	2.4786	2.7787
27	0.6837	1.3137	1.7033	2.0518	2.4727	2.7707
28	0.6834	1.3125	1.7011	2.0484	2.4671	2.7633
29	0.6830	1.3114	1.6991	2.0452	2.4620	2.7564
30	0.6828	1.3104	1.6973	2.0423	2.4573	2.7500

n	$\alpha=0.25$	$\alpha=0.10$	$\alpha=0.05$	$\alpha=0.025$	$\alpha=0.01$	$\alpha=0.005$
31	0.6825	1.3095	1.6955	2.0395	2.4528	2.7440
32	0.6822	1.3086	1.6939	2.0369	2.4487	2.7385
33	0.6820	1.3077	1.6924	2.0345	2.4448	2.7333
34	0.6818	1.3070	1.6909	2.0322	2.4411	2.7284
35	0.6816	1.3062	1.6896	2.0301	2.4377	2.7238
36	0.6814	1.3055	1.6883	2.0281	2.4345	2.7195
37	0.6812	1.3049	1.6871	2.0262	2.4314	2.7154
38	0.6810	1.3042	1.6860	2.0244	2.4286	2.7116
39	0.6808	1.3036	1.6849	2.0227	2.4258	2.7079
40	0.6807	1.3031	1.6839	2.0211	2.4233	2.7045
41	0.6805	1.3025	1.6829	2.0195	2.4208	2.7012
42	0.6804	1.3020	1.6820	2.0181	2.4185	2.6981
43	0.6802	1.3016	1.6811	2.0167	2.4163	2.6951
44	0.6801	1.3011	1.6802	2.0154	2.4141	2.6923
45	0.6800	1.3006	1.6794	2.0141	2.4121	2.6896

8. 相关系数检验表

表 D-1-8　相关系数检验表

$n-2$	5%	1%	$n-2$	5%	1%	$n-2$	5%	1%
1	0.997	1.000	16	0.468	0.590	35	0.325	0.418
2	0.950	0.990	17	0.456	0.575	40	0.304	0.393
3	0.878	0.959	18	0.444	0.561	45	0.288	0.372
4	0.811	0.917	19	0.433	0.549	50	0.273	0.354
5	0.754	0.874	20	0.423	0.537	60	0.250	0.325
6	0.707	0.834	21	0.413	0.526	70	0.232	0.302
7	0.666	0.798	22	0.404	0.515	80	0.217	0.283
8	0.632	0.765	23	0.396	0.505	90	0.205	0.267
9	0.602	0.735	24	0.388	0.496	100	0.195	0.254
10	0.576	0.708	25	0.381	0.487	125	0.174	0.228
11	0.553	0.684	26	0.374	0.478	150	0.159	0.208
12	0.532	0.661	27	0.367	0.470	200	0.138	0.181
13	0.514	0.641	28	0.361	0.463	300	0.113	0.148
14	0.497	0.623	29	0.355	0.456	400	0.098	0.128
15	0.482	0.606	30	0.349	0.449	1000	0.062	0.081

9. 空气的物理性质表(在一个标准大气压下)

表 D-1-9(1)　不同温度下空气密度对照表

空气温度/℃	干空气密度/(kg·m⁻³)	饱和空气密度/(kg·m⁻³)	饱和空气水蒸气分压力/×10² Pa	饱和空气含湿量/g/kg 干空气	饱和空气焓/kJ/kg 干空气
5	1.27	1.266	8.7	5.4	18.51
6	1.265	1.261	9.32	5.79	20.51
7	1.261	1.256	9.99	6.21	22.61
8	1.256	1.251	10.7	6.65	24.7
9	1.252	1.247	11.46	7.13	26.92
10	1.248	1.242	12.25	7.63	29.18
11	1.243	1.237	13.09	8.15	31.52
12	1.239	1.232	13.99	8.75	34.08
13	1.235	1.228	14.94	9.35	36.59
14	1.23	1.223	15.95	9.97	39.19
15	1.226	1.218	17.01	10.6	41.78
16	1.222	1.214	18.13	11.4	44.8
17	1.217	1.208	19.32	12.1	47.73
18	1.213	1.204	20.59	12.9	50.66
19	1.209	1.2	21.92	13.8	54.01
20	1.205	1.195	23.31	14.7	57.78
21	1.201	1.19	24.8	15.6	61.13
22	1.197	1.185	26.37	16.6	64.06
23	1.193	1.181	28.02	17.7	67.83
24	1.189	1.176	29.77	18.8	72.01
25	1.185	1.171	31.6	20	75.78
26	1.181	1.166	33.53	21.4	80.39
27	1.177	1.161	35.56	22.6	84.57
28	1.173	1.156	37.71	24	89.18
29	1.169	1.151	39.95	25.6	94.2
30	1.165	1.146	42.32	27.2	99.65

表 D - 1 - 9(2) 标准大气压下空气的物理性质

温度 T /℃	密度 ρ /$(\mathrm{kg \cdot m^{-3}})$	动力黏度 μ /$(\mathrm{N \cdot s \cdot m^{-2}})$	运动黏度 ν /$(\mathrm{m^2 \cdot s^{-1}})$	比热容比 γ	声速 c /$(\mathrm{m \cdot s^{-1}})$
−40	1.514	1.57 E−5	1.04 E−5	1.401	306.2
−20	1.395	1.63 E−5	1.17 E−5	1.401	319.1
0	1.292	1.71 E−5	1.32 E−5	1.401	331.4
5	1.269	1.73 E−5	1.36 E−5	1.401	334.4
10	1.247	1.76 E−5	1.41 E−5	1.401	337.4
15	1.225	1.80 E−5	1.47 E−5	1.401	340.4
20	1.204	1.82 E−5	1.51 E−5	1.401	343.3
25	1.184	1.85 E−5	1.56 E−5	1.401	346.3
30	1.165	1.86 E−5	1.60 E−5	1.400	349.1
40	1.127	1.87 E−5	1.66 E−5	1.400	354.7
50	1.109	1.95 E−5	1.76 E−5	1.400	360.3
60	1.060	1.97 E−5	1.86 E−5	1.399	365.7
70	1.029	2.03 E−5	1.97 E−5	1.399	371.2
80	0.9996	2.07 E−5	2.07 E−5	1.399	376.6
90	0.9721	2.14 E−5	2.20 E−5	1.398	381.7
100	0.9461	2.17 E−5	2.29 E−5	1.397	386.9
200	0.7461	2.53 E−5	3.39 E−5	1.390	434.5
300	0.6159	2.98 E−5	4.84 E−5	1.379	476.3
400	0.5243	3.32 E−5	6.34 E−5	1.368	514.1
500	0.4565	3.64 E−5	7.97 E−5	1.357	548.8
1 000	0.2772	5.04 E−5	1.82 E−5	1.321	694.8

10. 蒸馏水的物性表

表 D-1-10(1)　蒸馏水的黏度表(0~40℃)

温度 T		黏度 μ	Pa·s 或	温度 T		黏度 μ	Pa·s 或
℃	K	cP	N·s·m^{-2}	℃	K	cP	N·s·m^{-2}
0	273.16	1.7921	1.7921×10^{-3}	20.2	293.36	1	1.0000×10^{-3}
1	274.16	1.7313	1.7313×10^{-3}	21	294.16	0.981	0.9810×10^{-3}
2	275.16	1.6728	1.6728×10^{-3}	22	295.16	0.9579	0.9579×10^{-3}
3	276.16	1.6191	1.6191×10^{-3}	23	296.16	0.9358	0.9358×10^{-3}
4	277.16	1.5674	1.5674×10^{-3}	24	297.16	0.9142	0.9142×10^{-3}
5	278.16	1.5188	1.5188×10^{-3}	25	298.16	0.8937	0.8937×10^{-3}
6	279.16	1.4728	1.4728×10^{-3}	26	299.16	0.8737	0.8737×10^{-3}
7	280.16	1.4284	1.4284×10^{-3}	27	300.16	0.8545	0.8545×10^{-3}
8	281.16	1.386	1.3860×10^{-3}	28	301.16	0.836	0.8360×10^{-3}
9	282.16	1.3462	1.3462×10^{-3}	29	302.16	0.818	0.8180×10^{-3}
10	283.16	1.3077	1.3077×10^{-3}	30	303.16	0.8007	0.8007×10^{-3}
11	284.16	1.2713	1.2713×10^{-3}	31	304.16	0.784	0.7840×10^{-3}
12	285.16	1.2363	1.2363×10^{-3}	32	305.16	0.7679	0.7679×10^{-3}
13	286.16	1.2028	1.2028×10^{-3}	33	306.16	0.7523	0.7523×10^{-3}
14	287.16	1.1709	1.1709×10^{-3}	34	307.16	0.7371	0.7371×10^{-3}
15	288.16	1.1404	1.1404×10^{-3}	35	308.16	0.7225	0.7225×10^{-3}
16	289.16	1.1111	1.1111×10^{-3}	36	309.16	0.7085	0.7085×10^{-3}
17	290.16	1.0828	1.0828×10^{-3}	37	310.16	0.6947	0.6947×10^{-3}
18	291.16	1.0559	1.0559×10^{-3}	38	311.16	0.6814	0.6814×10^{-3}
19	292.16	1.0299	1.0299×10^{-3}	39	312.16	0.6685	0.6685×10^{-3}
20	293.16	1.005	1.0050×10^{-3}	40	313.16	0.656	0.6560×10^{-3}

表 D-1-10(2)　蒸馏水在不同温度下密度表

单位:g·cm^{-3}

$T/℃$	0	0.1	0.2	0.3	0.4	0.5	0.6	0.7	0.8	0.9
5	0.99999	0.99999	0.99999	0.99998	0.999984	0.99998	0.99998	0.99998	0.99997	0.99997
6	0.99997	0.99996	0.99996	0.99996	0.999954	0.99995	0.99995	0.99994	0.99994	0.99993
7	0.99993	0.99992	0.99992	0.99992	0.99991	0.9999	0.9999	0.99989	0.99989	0.99988
8	0.99988	0.99987	0.99986	0.99986	0.999851	0.99984	0.99984	0.99983	0.99982	0.99982
9	0.99981	0.9998	0.99979	0.99979	0.999778	0.99977	0.99976	0.99975	0.99975	0.99974
10	0.99973	0.99972	0.99971	0.9997	0.999692	0.99968	0.99967	0.99966	0.99965	0.99964
11	0.99963	0.99962	0.99961	0.9996	0.999591	0.99958	0.99957	0.99956	0.99955	0.99954

T/℃	0	0.1	0.2	0.3	0.4	0.5	0.6	0.7	0.8	0.9
12	0.99952	0.99951	0.9995	0.99949	0.999478	0.99947	0.99945	0.99944	0.99943	0.99942
13	0.9994	0.99939	0.99938	0.99937	0.999352	0.99934	0.99933	0.99931	0.9993	0.99929
14	0.99927	0.99926	0.99924	0.99923	0.999215	0.9992	0.99919	0.99917	0.99916	0.99914
15	0.99913	0.99911	0.9991	0.99906	0.999065	0.99905	0.99903	0.99902	0.999	0.99899
16	0.99897	0.99895	0.99894	0.99892	0.998904	0.99889	0.99887	0.99885	0.99884	0.99882
17	0.9988	0.99878	0.99877	0.99875	0.998732	0.99871	0.9987	0.99868	0.99866	0.99864
18	0.99862	0.9986	0.99859	0.99857	0.998549	0.99853	0.99851	0.99849	0.99847	0.99843
19	0.99843	0.99841	0.99839	0.99837	0.998354	0.99833	0.99831	0.99829	0.99827	0.99825
20	0.99823	0.99821	0.99819	0.99817	0.998149	0.99813	0.99811	0.99817	0.99806	0.99804
21	0.99802	0.998	0.99798	0.99796	0.997934	0.99791	0.99789	0.99789	0.99784	0.99732
22	0.9978	0.99778	0.99775	0.99773	0.997708	0.99768	0.99766	0.99764	0.99761	0.99759
23	0.99757	0.99754	0.99752	0.9975	0.997472	0.99745	0.99744	0.9974	0.99737	0.99735
24	0.99733	0.9973	0.99728	0.99725	0.997226	0.9972	0.99718	0.99715	0.99713	0.9971
25	0.99707	0.99704	0.99702	0.997	0.996971	0.99694	0.99692	0.99689	0.99637	0.99684
26	0.99681	0.99679	0.99676	0.99673	0.996706	0.99667	0.99665	0.99662	0.9966	0.99657
27	0.99652	0.99651	0.99649	0.99646	0.996431	0.9964	0.99638	0.99635	0.99632	0.99629
28	0.99626	0.99623	0.99621	0.99618	0.996148	0.99612	0.99619	0.99606	0.99603	0.996
29	0.99597	0.99594	0.99591	0.99589	0.995855	0.99503	0.9958	0.99577	0.99574	0.99571
30	0.99568	0.99565	0.99562	0.99558	0.995554	0.99552	0.99549	0.99546	0.99543	0.9954
31	0.99537	0.99534	0.99531	0.99528	0.995244	0.99521	0.99518	0.99515	0.99512	0.99509
32	0.99505	0.99502	0.99499	0.99496	0.995926	0.99489	0.99486	0.99483	0.9948	0.99476
33	0.99473	0.9947	0.99467	0.99463	0.994599	0.99457	0.99453	0.9945	0.99447	0.99443
34	0.9944	0.99437	0.99433	0.9943	0.994264	0.99423	0.9942	0.99416	0.99413	0.99409
35	0.99406	0.99403	0.99499	0.99496	0.994921	0.99489	0.99485			

附录 E

微生物常用染色液的配制

1. 吕氏美蓝染色液

A 液：美蓝(methylene blue，现称亚甲蓝)0.3 g，95％乙醇 30 mL。

B 液：0.01％氢氧化钾溶液 100 mL。

混合 A 液和 B 液即成，用于细菌单染色，可长期保存。根据需要可配制成稀释美蓝液，按 1：10 或 1：100 稀释均可。

2. 革兰氏染色液

(1)结晶紫(crystal violet)液：结晶紫乙醇饱和液(结晶紫 2 g 溶于 20 mL95％乙醇中) 20 mL，1％草酸铵水溶液 80 mL ，将两液混匀置 24 h 后过滤即成。此液不易保存，如有沉淀出现，需重新配制。

(2) 鲁氏碘液：碘 1 g，碘化钾 2 g，蒸馏水 300 mL。先将碘化钾溶于少量蒸馏水中，然后加入碘使之完全溶解，再加蒸馏水至 300 mL 即成。配成后贮于棕色瓶内备用，如变为浅黄色即不能使用。

(3)95％乙醇：用于脱色，脱色后可选用以下(4)或(5)中的一项复染即可。

(4)稀释石炭酸复红乙醇溶液：碱性复红乙醇饱和液(碱性复红 1 g、95％乙醇 10 mL、5％ 石炭酸 90 mL 混合溶解即成石炭酸复红乙醇饱和液)，取石炭酸复红乙醇饱和液 10 mL 加蒸馏水 90 mL 即成。

(5)番红溶液：番红(safranine，又称沙黄)2.5 g，95％乙醇 100 mL，溶解后可贮存于密闭的棕色瓶中，用时取 20 mL 与 80 mL 蒸馏水混匀即可。

以上染液配合使用，可区分出革兰氏染色阳性(G⁺)或阴性(G⁻)细菌，G⁻细菌被染成蓝紫色，G⁺细菌被染成淡红色。

3. 鞭毛染色液

A 液：丹宁酸 5.0 g，$FeCl_3$ 1.5 g，15％甲醛(福尔马林)2.0 mL，1％NaOH 1.0 mL，蒸馏水 100 mL。

B 液：$AgNO_3$ 2.0 g，蒸馏水 100 mL。

B 液中待 $AgNO_3$ 溶解后，取出 10 mL 备用，向其余的 90 mL$AgNO_3$ 溶液中滴加 NH_4OH，即可形成很厚的沉淀，继续滴加 NH_4OH 至沉淀刚刚溶解成为澄清溶液为止，再将备用的 $AgNO_3$ 慢慢滴入，则溶液出现薄雾，但轻轻摇动后，薄雾状的沉淀又消失，继续滴入 $AgNO_3$，直到摇动后仍呈现轻微而稳定的薄雾状沉淀为止，如雾重，说明银盐沉淀出，不宜再用。通常在配制当天便用，次日效果欠佳，第 3 天则不能使用。

4.5％孔雀绿水溶液

孔雀绿 5.0 g，蒸馏水 100 mL。

5. 0.05％碱性复红

碱性复红 0.05 g,95％乙醇 100 mL。

6. 齐氏石炭酸复红液

碱性复红 0.3 g 溶于 95％乙醇 10 mL 中为 A 液;0.01％KOH 溶液 100 mL 为 B 液。混合 A、B 液即成。

7. 吉姆萨染液

(1)贮存液:称取吉姆萨粉 0.5 g,量取甘油 33 mL、甲醇 33 mL。先将吉姆萨粉研细,再逐滴加入甘油,继续研磨,最后加入甲醇,在 56 ℃放置 1～24 h 后即可使用。

(2)应用液(临用时配制):取 1 mL 贮存液加 19 mL pH＝7.4 的磷酸缓冲液即成。亦可取贮存液:甲醇＝1:4 的比例配制成染色液。

8. 乳酸石炭酸棉蓝染色液(用于真菌固定和染色)

石炭酸(结晶酚)20 g、乳酸 20 mL、甘油 40 mL、棉蓝 0.05 g、蒸馏水 20 mL。将棉蓝溶于蒸馏水中,再加入其他成分,微加热使其溶解,冷却后用。滴少量染液于真菌涂片上,加上盖玻片即可观察。霉菌菌丝和孢子均可染成蓝色。染色后的标本可用树脂封固,能长期保存。

9. 1％瑞氏染液

称取瑞氏染色粉 6 g,放入研钵内磨细,不断滴加甲醇(共 600 mL)并继续研磨使溶解。经过滤后染液须贮存一年以上才可使用,保存时间愈入,则染色色泽愈佳。

10. 阿氏异染粒染色液

A 液:甲苯胺蓝 0.15 g、孔雀绿 0.2 g、冰醋酸 1 mL、95％乙醇 2 mL、蒸馏水 100 mL。

B 液:碘 2 g、碘化钾 3 g、蒸馏水 300 mL。

先用 A 液染色 1 min,倾去 A 液后,用 B 液冲去剩余 A 液,并染 1 min。异染粒呈黑色,其他部分为暗绿或浅绿。

参考文献

[1] 马涛,曹英楠. 环境科学与工程综合实验[M]. 北京:中国轻工业出版社,2017.

[2] 尹奇德,王利平,王琼. 环境工程实验[M]. 武汉:华中科技大学出版社,2009.

[3] 章非娟,徐竟成. 环境工程实验[M]. 北京:高等教育出版社,2006.

[4] 李燕城,吴俊奇. 水处理实验技术[M]. 2版. 北京:中国建筑工业出版社,2004.

[5] 李圭白,张杰. 水质工程学[M]. 北京:中国建筑工业出版社,2005.

[6] 严煦世,范瑾初. 给水工程[M]. 北京:中国建筑工业出版社,1999.

[7] 张自杰. 排水工程[M]. 北京:中国建筑工业出版社,2000.

[8] 国家环境保护总局编委会. 水和废水监测分析方法 [M]. 4版. 北京:中国环境科学出版社,2012.

[9] 姜彬慧,李亮,方萍. 环境工程微生物学实验指导[M]. 北京:冶金工业出版社,2011.

[10] 张妍,石建斌,白军红. 环境科学专业实习指导教程[M]. 北京:北京师范大学出版社,2017.

[11] 王兰,王忠. 环境微生物学实验方法与技术[M]. 北京:化学工业出版社,2008.

[12] 郑平. 环境微生物学实验指导[M]. 杭州:浙江大学出版社,2019.

[13] 李军,王淑莹. 水科学与工程实验技术[M]. 北京:化学工业出版社,2001.

[14] 李成平,饶桂维,付得锋. 现代仪器分析实验[M]. 北京:化学工业出版社,2013.

[15] 盛力. 水处理装备装置实验技术[M]. 上海:同济大学出版社,2016.

[16] 周德庆,徐德强. 微生物学实验教程[M]. 3版. 北京:高等教育出版社,2012.

[17] 谢志雄,黄诗笺,戴余军,鲁旭东. 基础生物学实验[M]. 武汉:武汉大学出版社,2015.

[18] 郭婷,陈建荣,王方园. 环境物理性污染控制实验教程[M]. 武汉:武汉大学出版社,2013.

[19] 李光浩. 环境监测实验[M]. 武汉:华中科技大学出版社,2009.

[20] 战金艳,刘世梁,董世魁. 环境科学野外综合实习教程[M]. 北京:北京师范大学出版社,2011.

[21] 董德明,朱利中. 环境化学实验 [M]. 2版. 北京:高等教育出版社,2008.

[22] 姚重华,刘漫丹. 环境工程仿真与控制 [M]. 3版. 北京:高等教育出版社,2004.

[23] 刘凤枝,马锦秋. 土壤监测分析实用手册[M]. 北京:化学工业出版社,2012.

[24] 朱旭芬. 现代微生物学实验技术[M]. 杭州:浙江大学出版社,2011.

[25] 王方园,叶群峰,林红军. 水污染控制实验教程[M]. 武汉:武汉大学出版社,2014.

[26] 聂麦茜. 环境监测与分析实践教程[M]. 北京:化学工业出版社,2003.

[27] 宁平. 固体废物处理与处置[M]. 北京:高等教育出版社,2006.

[28] 梁继东,高宁博,张瑜. 固体废物处理、处置与资源化实验教程[M]. 西安:西安交通大

学出版社，2018.

[29] 裴元生，全向春，林常婧. 水处理工程实验与技术[M]. 北京：北京师范大学出版社，2012.

[30] 郝吉明，马广大，王书肖. 大气污染控制工程 [M]. 3 版. 北京：高等教育出版社，2010.

[31] 张惠灵，龚洁. 环境工程综合实验指导书[M]. 武汉：华中科技大学出版社. 2019.

[32] 孙杰，陈少华，叶恒朋. 环境工程专业实验：基础、综合与设计[M]. 北京：科学出版社，2018.

[33] 郭翠梨. 化工原理实验[M]. 北京：高等教育出版社，2013.

[34] 刘延湘. 环境工程综合实验[M]. 武汉：华中科技大学出版社. 2019.

[35] 王小丹，孟婧，张可，等. 热与流体实验教程 [M]. 2 版. 西安：西安交通大学出版社，2017.

[36] 张清敏. 环境微生物学实验技术[M]. 北京：化学工业出版社，2005.

[37] 闵航. 微生物学实验：实验指导分册[M]. 浙江：浙江大学出版社，2005.

[38] 杨文博. 微生物学实验[M]. 北京：化学工业出版社，2004.

[39] 李建政. 环境工程微生物学[M]. 北京：化学工业出版社，2004.